图 2-32

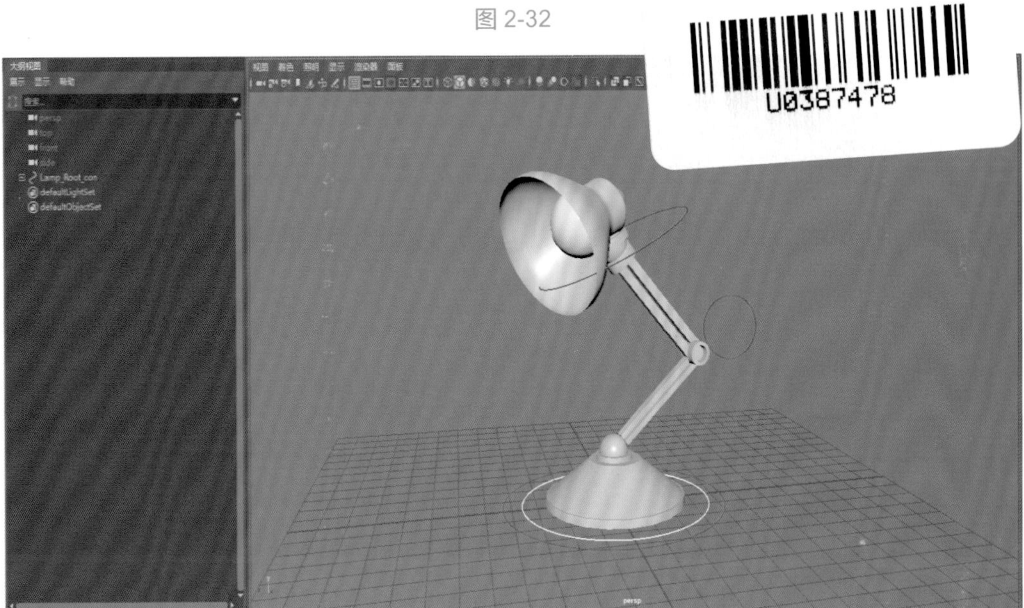

图 3-41

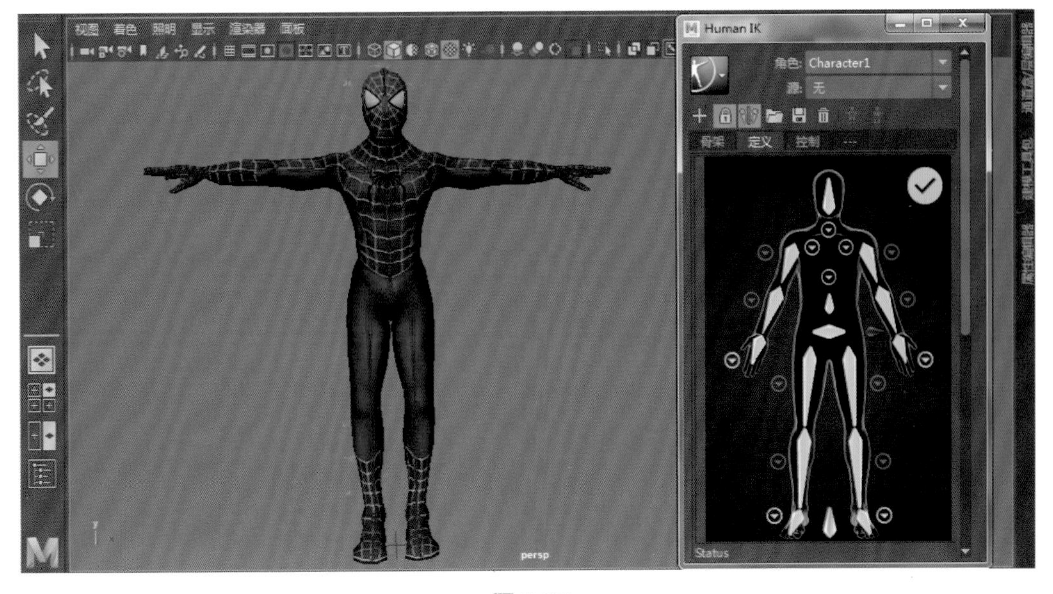

图 8-32

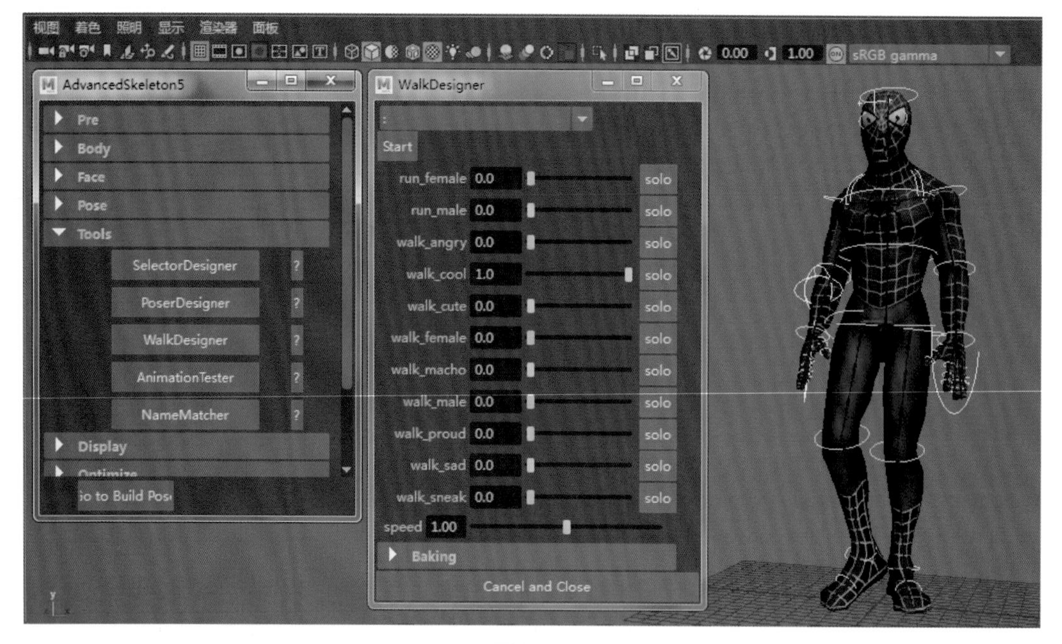

图 9-31

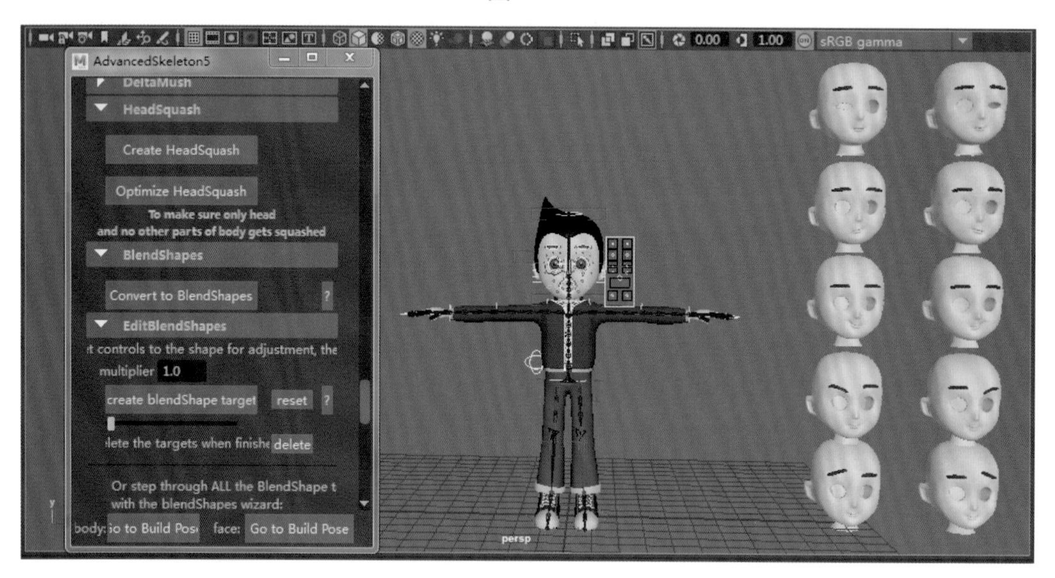

图 9-64

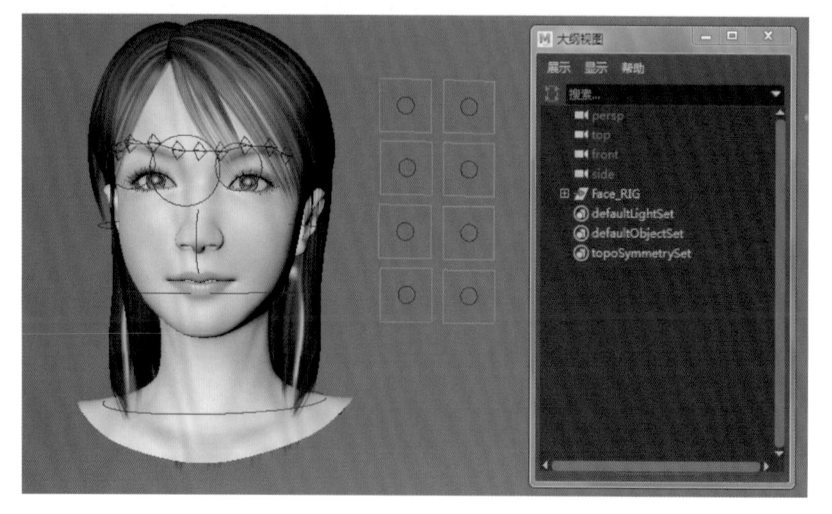

图 10-79

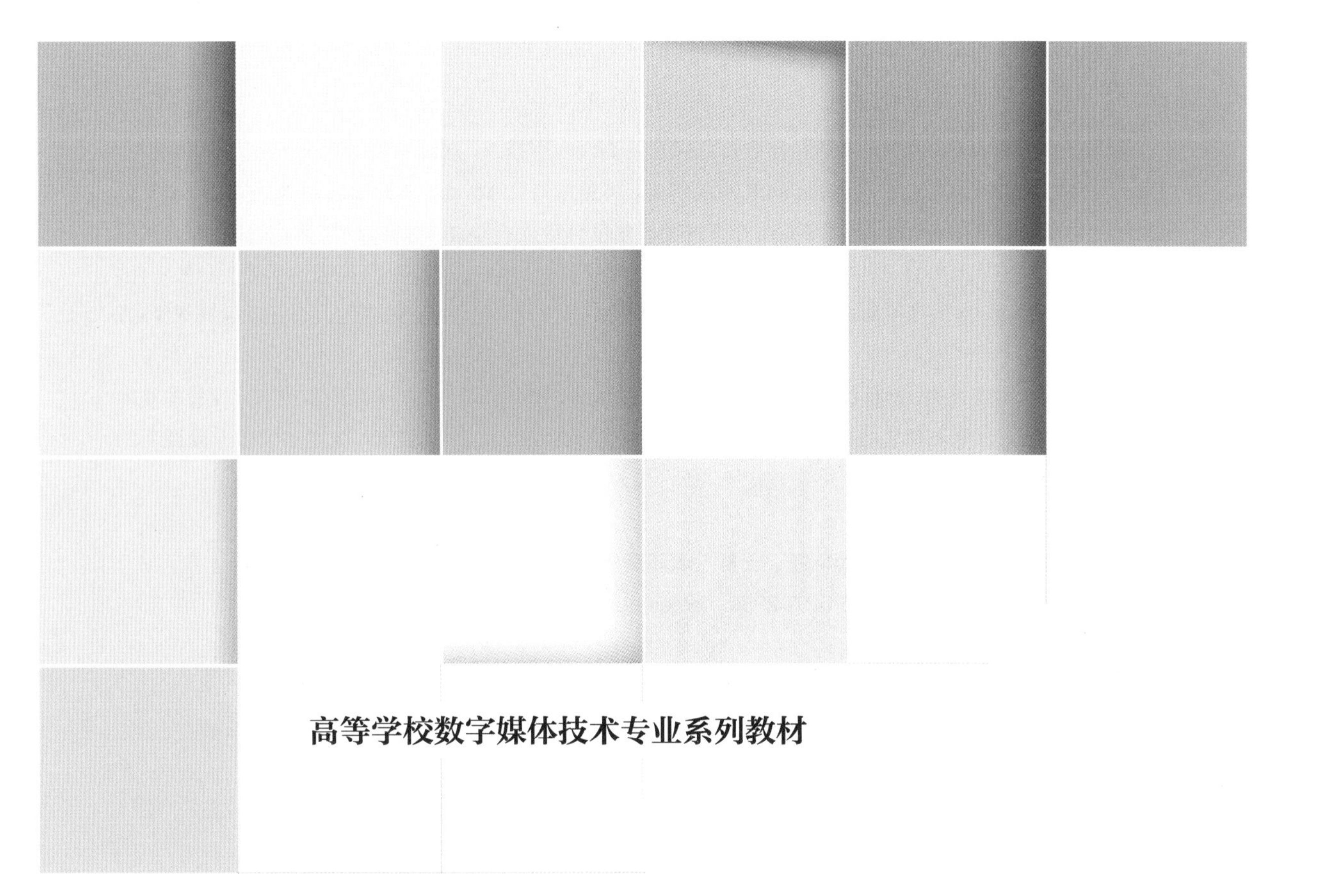

高等学校数字媒体技术专业系列教材

Maya角色绑定技术从入门到实战

周京来　徐建伟　编著

清華大学出版社
北　京

内 容 简 介

本书详细剖析Maya软件在动画制作中角色绑定的高级应用技术，通过机械类直升机绑定、道具类台灯绑定、角色类蜘蛛侠角色绑定、HumanIK系统绑定、阿童木角色AdvancedSkeleton整体绑定技术、角色面部绑定技术等经典案例，深入介绍Maya在三维动画角色绑定技术方面的综合应用，重点介绍Maya内部骨骼绑定技术的应用及外置插件的高级绑定技巧。本书案例新颖，通俗易懂，具有很强的实战性和参考性。每章均由案例分析、案例操作和本章总结三部分组成，层次分明，步骤清晰，同时融入企业项目制作经验，使内容更加翔实。

本书还配套微课视频、教程插件和相关案例工程文件，能满足高等院校三维动画角色绑定课程的实际教学需要。本书可作为高等院校、高职高专院校动漫制作、数字媒体、游戏设计、影视动画等专业课程的教材，也可供三维动画绑定制作人员参考使用，还可作为三维动画培训班的培训教材。

图书在版编目（CIP）数据

Maya角色绑定技术从入门到实战 / 周京来，徐建伟编著 .—北京：清华大学出版社，2024.1
高等学校数字媒体技术专业系列教材
ISBN 978-7-302-65353-0

Ⅰ．①M… Ⅱ．①周… ②徐… Ⅲ．①三维动画软件—高等学校—教材 Ⅳ．① TP391.414

中国国家版本馆CIP数据核字(2024)第012194号

责任编辑： 刘向威
封面设计： 文　静
责任校对： 申晓焕
责任印制： 宋　林

出版发行： 清华大学出版社
网　　址： https://www.tup.com.cn，https://www.wqxuetang.com
地　　址： 北京清华大学学研大厦A座　　**邮　　编：** 100084
社 总 机： 010-83470000　　**邮　　购：** 010-62786544
投稿与读者服务： 010-62776969，jsjjc@tup.tsinghua.edu.cn
质 量 反 馈： 010-62772015，zhiliang@tup.tsinghua.edu.cn
课 件 下 载： https://www.tup.com.cn，010-83470236
印 装 者： 小森印刷霸州有限公司
经　　销： 全国新华书店
开　　本： 185mm×260mm　　**印　　张：** 19.25　　**插　　页：** 1　　**字　　数：** 438千字
版　　次： 2024年1月第1版　　**印　　次：** 2024年1月第1次印刷
印　　数： 1～3000
定　　价： 89.00元

产品编号：101787-01

前言

动画行业被誉为21世纪中国最有发展前景的朝阳行业之一，具有非常广阔的市场和就业前景。电影、游戏、动漫、广告、自媒体等行业都对动画人才有比较旺盛的需求。

“三维角色绑定”是高等院校三维动画专业中重要的专业课程之一，也是动漫行业、影视游戏行业、CG动画制作行业中重要的工作之一。在高等院校开设该课程要本着“因材施教”的教育原则，把实践环节与理论环节相结合，从易到难，深入浅出，逐步展开知识点，以掌握实用技术为原则，以提高动画专业教育水平为目标。

时光荏苒，岁月如梭。编者毕业十余年来一直工作在生产一线上，希望把多年在三维动画项目制作实践中积累的经验和技巧，以及在高等院校教学中积累的教学经验分享给大家，将最新的角色绑定技术与绑定流程呈现在读者面前；同时希望更多的影视动画爱好者了解并加入到CG行业中来，加速国内影视动漫产业发展。

本书以编者多年项目经验为基础编写而成，基于“授人以鱼，不如授人以渔”的理念组织内容。让读者快速有效地掌握实用的专业技能，成为技术应用型人才，这是编者编写这本书的初衷。希望本书能给广大读者带来实实在在的帮助，引领读者在动画制作的道路上踏实前行。

一、内容特色

与同类书籍相比，本书有如下特色。

1. 精品原则

本书不会出现不必要的烦琐的理论讲解，因为编者来自工作一线，工作中每天接触、使用、学习、研究的内容就是如何在保证工作质量的前提下提高工作效率，完成工作任务。本书及时根据新技术、新标准、新规范等更新编写内容，图文并茂，每章案例都配有视频教程，语言生动，传袭经典，突出前沿，着力打造精品教材。

2. 实用原则

本书的编者有丰富的教学经验和项目实践经验，案例来自实践，紧扣实战技巧，书中内容安排遵循由浅入深、循序渐进的原则，从基础知识、简单实例逐步过渡到符合生产要求的成熟案例，突出技术应用，与职业标准、岗位要求有机衔接，使本书更加实用。为了更加生动地诠释知识点，本书配备了大量新颖图片，以提升读者兴趣，加深对相关理论的理解。在文字叙述上，本书摒弃了枯燥的平铺直叙，采用案例与问题引导式；同时，本书还增加了“温馨提示”板块，彰显了以读者为本的人性化特点。

本书真正体现了理论联系实际的理念，使读者能够体会到“学以致用”的乐趣。本书提供微课视频教程、案例配套的相关教学文件、素材文件，以教材为载体，为读者提供课程案例全套解决方案。

3. 创新原则

本书展示三维动画角色绑定制作流程，传授业内的最新绑定技术，突出业内制作最高水准。内容上采用了五维一体教学法中的“项目实践法”教学方式。案例设计新颖，有很多技巧提示，读者不仅可以快速掌握一定的实战经验，而且可以掌握提高制作效率的专业技法。

二、结构安排

本书主要介绍现代数字三维动画角色骨骼绑定技术的相关知识。全书共 10 章，第 1 章为角色绑定概述；第 2 章讲述机械类直升机绑定；第 3 章讲述道具类台灯绑定；第 4 章讲述蜘蛛侠下肢骨骼绑定技法；第 5 章讲述蜘蛛侠躯干骨骼绑定技法；第 6 章讲述蜘蛛侠上肢骨骼绑定技法；第 7 章讲述蜘蛛侠头部骨骼绑定技法；第 8 章讲述蜘蛛侠 HumanIK 高级绑定技巧；第 9 章讲述应用高级角色骨骼绑定插件 AdvancedSkeleton 进行蜘蛛侠身体绑定及阿童木身体和面部绑定的技巧；第 10 章讲述角色面部表情动画绑定与角色面部表情动画的制作技巧。全书细说“角色绑定概念”，品读“典型应用实例”，精讲“角色绑定技术”，活用“角色绑定插件”。本书所有角色模型和工程文件均在共享资料中，读者下载后可以直接调用。

三、读者对象

在学习本书之前，计算机应安装三维软件 Maya 2022 版本。本书适合使用 Maya 2022 及以上版本学习，若有一定软件操作基础，效果更佳。

读者在学习本书时，可以一边看书，一边观看视频教程。学习完每个案例后，可以在计算机上调用相关的工程文件进行实战练习。配套教学资源可到清华大学出版社官方网站本书页面下载。

书中每章案例提供微课视频，可扫描正文中各章节相应位置的二维码观看。

本书适合对角色绑定技术感兴趣的读者，三维动画、影视动画、游戏设计、数字媒体、计算机科学与技术相关专业的本科生、研究生及三维动画绑定相关技术人员。

四、致　谢

本书由高级工艺美术师、资深动画师周京来负责全书统稿，编写第 4 章～第 7 章、第 9 章、第 10 章，并制作配套的教程文件、素材文件及每章案例的视频教程文件；由石家庄工程职业学院的徐建伟老师编写第 1 章～第 3 章和第 8 章。

本书的编写得到了清华大学出版社领导和编辑的大力支持，在此表示感谢。同时，编者感谢父母、同事、领导和朋友们的支持与鼓励，特别感谢精英集团、精英教育传媒集团、中国动漫实训与考级中心、河北精英影视文化传播有限责任公司、河北天明传媒有限公司、北京精英远航教育科技有限公司、石家庄工程职业学院、河北劳动关系职业学院、河北化工医药职业学院、河北传媒学院、河北工业职业技术大学和河北清博通昱教育科技集团有限公司的领导与同事们，在他们的鼓励和帮助下，编者的潜能得到发挥，并超越了自我。

编者一直信奉“书山有路勤为径，学海无涯苦作舟”。人生的价值在于不断的追求，相信现在努力付出，未来一定会有所收获。

限于编者的水平和经验，加之时间比较仓促，疏漏之处在所难免，敬请读者批评指正。

编　者

2023 年 12 月

目录

第 1 章　角色绑定概述 / 1

第 2 章　直升机绑定 / 53

第 3 章　台灯绑定 / 69

第 4 章　蜘蛛侠下肢骨骼绑定 / 87

第 5 章　蜘蛛侠躯干骨骼绑定 / 115

第 6 章　蜘蛛侠手臂骨骼绑定 / 139

第 7 章　蜘蛛侠头部骨骼绑定 / 181

第 8 章　HumanIK 绑定技术 / 201

第 1 章

角色绑定概述

本章学习目标

1. 学习角色绑定的相关理论知识
2. 掌握 Maya 角色绑定合理标准
3. 掌握角色绑定基础命令应用

本章首先介绍 Maya 软件及 Maya 软件应用领域，然后介绍角色绑定的概念、三维动画制作流程和绑定合理的标准，最后介绍角色绑定技术的相关基础知识及命令。

1.1 软件概述

1.1.1 Maya 软件介绍

Maya 2022 简体中文正式版是一款世界顶级三维动画软件，由美国 Autodesk 公司出品。Maya 功能完善，工作灵活，易学易用，制作效率极高，渲染真实感极强，是电影级别的高端制作软件。该软件曾获得过奥斯卡科学技术贡献奖。Maya 2022 的界面如图 1-1 所示。

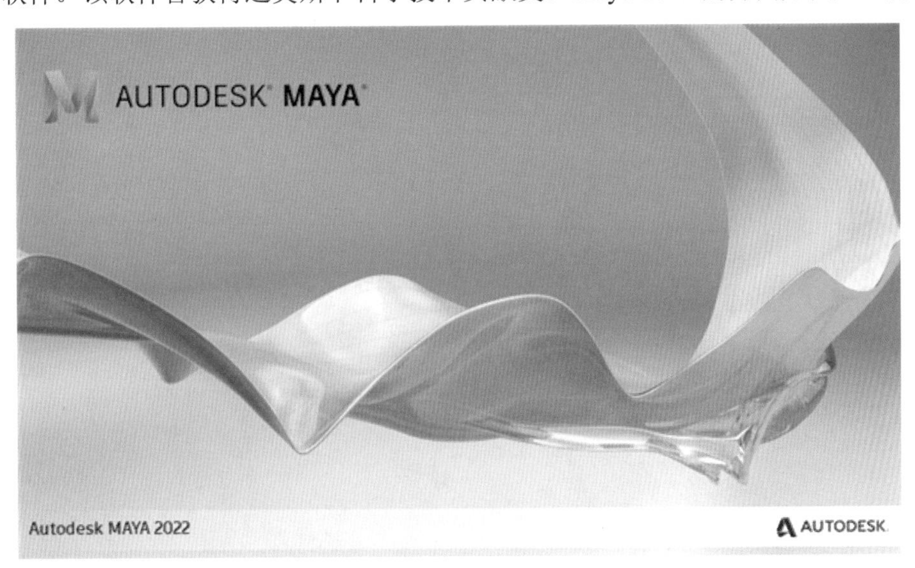

图 1-1

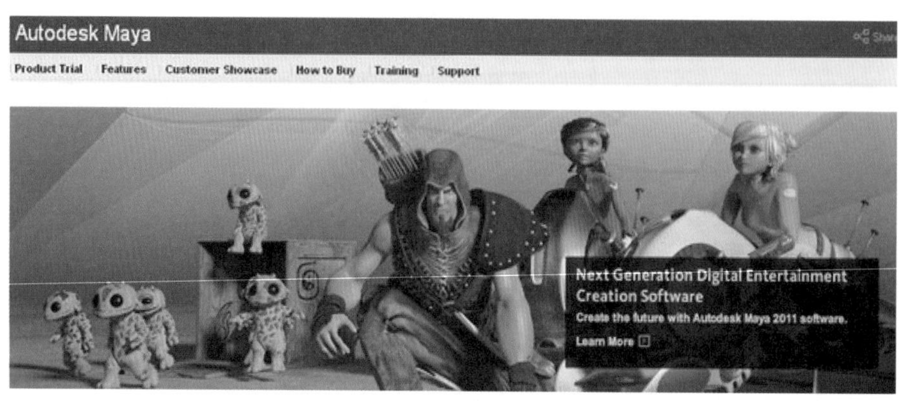

图 1-1 （续）

Maya 售价高昂，声名显赫，是制作者梦寐以求的制作工具。掌握了 Maya，会极大地提高制作效率和品质，调节出仿真的角色动画，渲染出电影一般的真实效果，向世界顶级动画师迈进。Maya 集成了 Alias Wavefront 最先进的动画及数字效果技术。它不仅包括一般三维和视觉效果制作的功能，而且还结合了最先进的建模、数字化布料模拟、毛发渲染、运动匹配技术。Maya 可在 SGI IRIX 操作系统上运行。在目前市场上用来进行数字和三维制作的工具中，Maya 是首选解决方案。

1.1.2 Maya 软件应用领域

Maya 软件应用领域包括专业的影视广告、角色动画、电影特技等，如图 1-2 所示。很多三维设计者采用 Maya 软件，因为它可以提供完美的三维建模、游戏角色动画、电影特效和高效的渲染功能。Maya 软件被广泛用于电影、电视、广告、网络游戏和电视游戏等数码特效创作。

图 1-2

Maya 也被广泛地应用到了平面设计（二维设计）领域。Maya 软件的强大功能正是其被设计师、广告主、影视制片人、游戏开发者、视觉艺术设计专家、网站开发人员极为推崇的原因。Maya 将他们的专业水准提升到了更高的层次。

1.2 绑定概述

Maya 作为一款世界级的三维动画制作软件，深受广大动画艺术家的青睐，但 Maya 的博大精深却给学习者带来困难，尤其是角色绑定动画（如图 1-3 所示），更是让许多学习者难以掌握。在三维动画制作流程中要想让角色动起来，首先就要对角色进行骨骼绑定设置，然后才能实现各种丰富的角色动画。下面就来帮助大家快速有效地掌握这门技术。学习角色骨骼绑定技术之前，首先需要了解绑定的概念，为什么要做绑定，什么样的绑定是合理的绑定，绑定环节涉及哪些知识领域，应该注意什么知识点，目标效果又如何，哪些是重要的，哪些是必要的，哪些是灵活的。作为动画师或者绑定师，无论哪个环节，都必须一步一个脚印地打好基础。本章将重点学习 Maya 角色绑定的基础知识，这是绑定的精髓。万丈高楼平地起，下面就从绑定基础知识开始学习。

图 1-3

1.2.1 绑定的概念

绑定，在三维动画制作流程里又称为角色设置或者装备，英文为 Rigging，我们通常说的骨骼设置也就是骨骼绑定。绑定即赋予角色动的能力，是为模型添加控制系统，使模型能够按照运动规律合理运动，方便动画师制作动画，如图 1-4 所示。

图 1-4

动画片是由会动的画面串联起来的一种艺术表现形式，在二维动画世界里驱使角色运动的是动画师的画笔，通过线条的变化产生运动，如图 1-5 所示。而在三维动画世界里的三维模型如何从静态变成可以随意调节运动的动态模型呢？动画师们通过精心设计的控制系统来操控三维模型，制作出千姿百态的动作和表演。绑定工作指的就是角色整套骨骼控制系统的搭建过程，如图 1-6 所示。

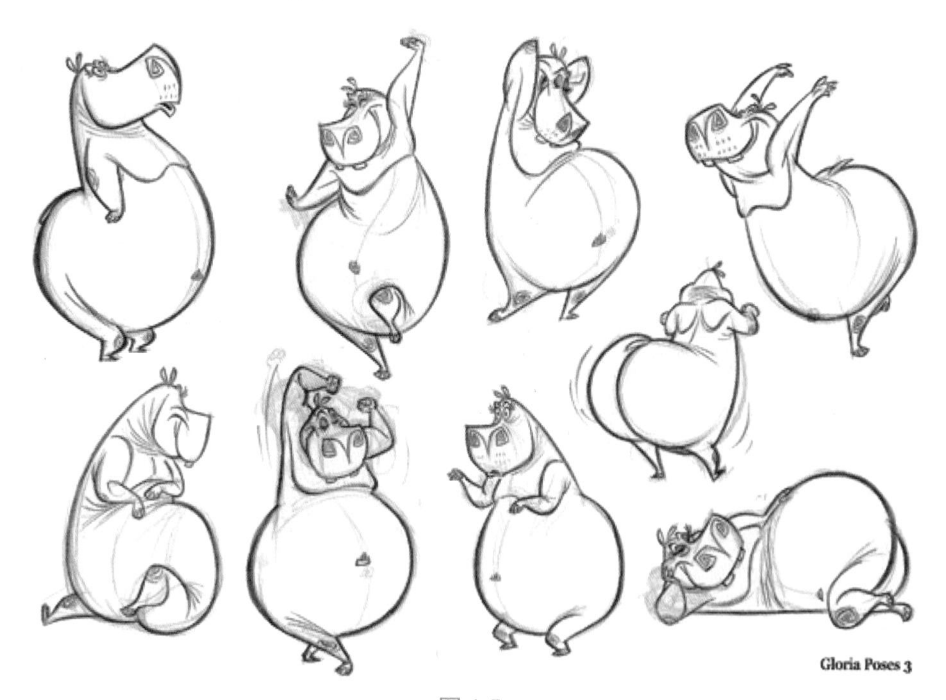

图 1-5

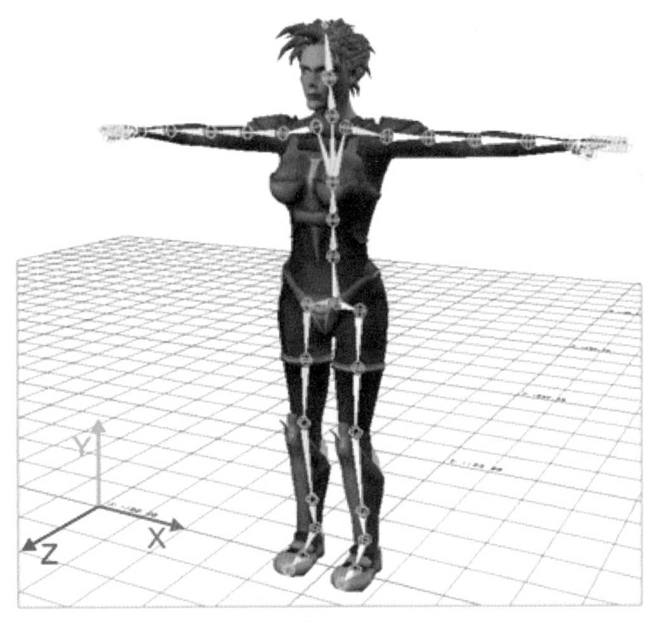

图 1-6

角色绑定即给角色模型添加骨骼、设置 IK（Inverse Kinematics，反向动力学）、添加驱动和控制器的过程。首先添加骨骼 [骨骼本身自成一套控制系统，即 FK（Forward Kinematics，正向动力学）系统]，然后给骨骼必要的部分加上 IK（它是另一套控制系统，即 IK 系统。IK 系统的作用是通过控制某一关节上的 IK 来带动其他关节运动），然后添加控制器（一般使用 EP 曲线。控制器的作用是驱动 IK 和骨骼，调角色动画的时候不再改变骨骼和 IK，而是只调节控制器），如图 1-7 所示。

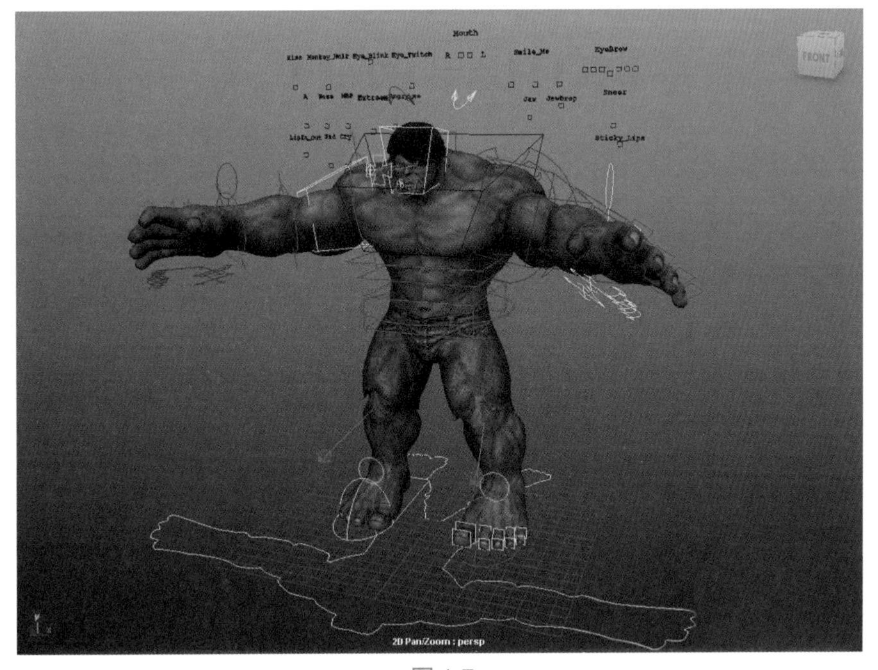

图 1-7

简言之，绑定的原理是控制器控制 IK 与骨骼，IK 也能控制骨骼，而骨骼通过蒙皮最终控制模型。以下是游戏角色的 A-POSE（A 形姿势）、角色 POSE（姿势）设定及角色骨骼绑定，如图 1-8 所示。

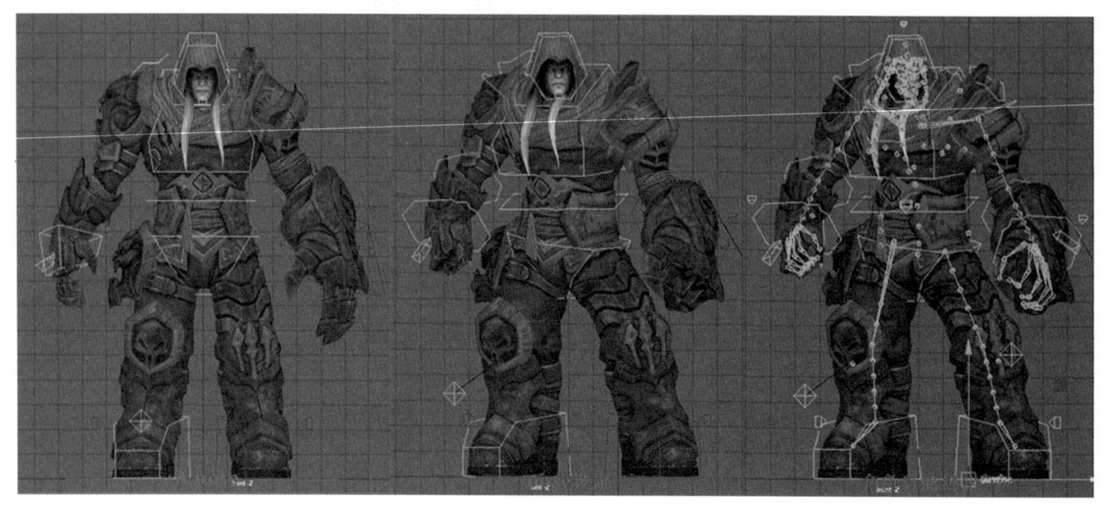

图 1-8

1.2.2 绑定处于整个制作的什么环节

在三维动画的制作流程中，绑定环节基本属于三维动画流程的中期环节，绑定在建模和动画之间起到了桥梁的作用。它将静止的无生命的模型变成有动作的活生生的角色。我们的工作就是要根据角色的需要，通过我们所掌握的技术，提出符合角色动画需要的控制方案，以便动画师随心所欲地塑造角色的性格特征。虽然绑定环节并不需要对模型的所有环节进行操作，但是需要对动画的角色和场景道具进行必要的绑定，便于动画师进行动画的调节。通常，利用 Maya 软件制作一个游戏角色的项目流程相对简单。例如，动作冒险游戏 Darksiders II（《暗黑血统 2》）里的乌鸦教父（Crowfather）角色的制作流程可以概括为如图 1-9 所示。而标准的三维动画项目制作流程相对复杂一些，如图 1-10 所示。

图 1-9

[正交 [平滑 + 高光 + 边面]
1 在 Maya 里，创建BOX后按照原画制作出3D模型。
[透视 [平滑 + 高光 + 边面]
2 整体加一些细节，如衣服、胡须等。
参考图
[透视 [平滑 + 高光 + 边面]
3 模型完成。
4 接下来是展UV，给模型checker，基本保持checker的形状，不要变形太严重。分UV要整齐地细分。

图 1-9 （续）

图 1-9 （续）

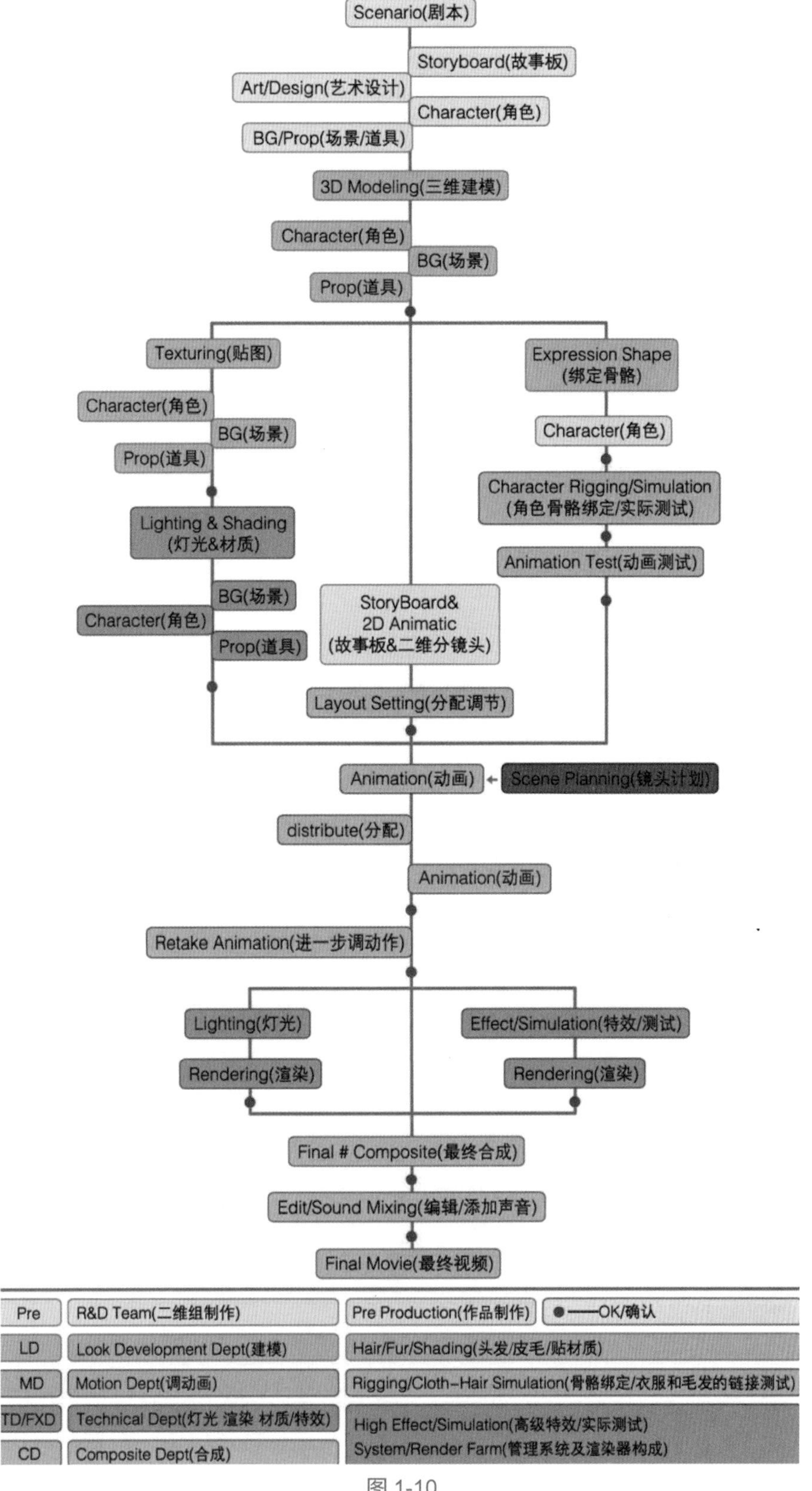
Scenario(剧本)
Storyboard(故事板)
Art/Design(艺术设计)
Character(角色)
BG/Prop(场景/道具)
3D Modeling(三维建模)
Character(角色)
BG(场景)
Prop(道具)
Texturing(贴图)
Expression Shape
(绑定骨骼)
Character(角色)
BG(场景)
Prop(道具)
Character(角色)
Character Rigging/Simulation
(角色骨骼绑定/实际测试)
Lighting & Shading
(灯光&材质)
Animation Test(动画测试)
BG(场景)
Character(角色)
Prop(道具)
StoryBoard&
2D Animatic
(故事板&二维分镜头)
Layout Setting(分配调节)
Animation(动画)
Scene Planning(镜头计划)
distribute(分配)
Animation(动画)
Retake Animation(进一步调动作)
Lighting(灯光)
Effect/Simulation(特效/测试)
Rendering(渲染)
Rendering(渲染)
Final # Composite(最终合成)
Edit/Sound Mixing(编辑/添加声音)
Final Movie(最终视频)
Pre
R&D Team(二维组制作)
Pre Production(作品制作)
OK/确认
LD
Look Development Dept(建模)
Hair/Fur/Shading(头发/皮毛/贴材质)
MD
Motion Dept(调动画)
Rigging/Cloth-Hair Simulation(骨骼绑定/衣服和毛发的链接测试)
TD/FXD
Technical Dept(灯光 渲染 材质/特效)
High Effect/Simulation(高级特效/实际测试)
CD
Composite Dept(合成)
System/Render Farm(管理系统及渲染器构成)

图 1-10

下面具体介绍三维动画项目的各个环节。

1. 文学剧本

文学剧本是动画片的基础，要求将文字表述视觉化，即剧本所描述的内容可以用画面来表现，而不具备视觉特点的描述（如抽象的心理描述等）是被禁止的。动画片的文学剧本形式多样，如神话、科幻、民间故事等，要求内容健康、积极向上、思路清晰、逻辑合理。

图 1-11

2. 分镜头剧本

分镜头剧本是把文字进一步视觉化的重要一步，是导演根据文学剧本进行的再创作，体现导演的创作设想和艺术风格。分镜头剧本的结构为图画 + 文字，表达的内容包括镜头的类别和运动、构图和光影、运动方式和时间、音乐与音效等。每幅图画代表一个镜头，文字用于说明镜头长度、人物台词及动作等内容，如图 1-11 所示。

3. 人物设定

咕咙咙：龙族中的天才少年，8 岁，能文能武，能说能讲，侠肝义胆，古道热肠，勤奋好学，好为人师。（草绿色）

咕哩哩：漂亮的粉红猴子，6 岁女孩，美丽善良，精灵古怪。（粉红色）

咕噜噜：胖乎乎的小牛，7 岁男孩，好奇心极强，热爱冒险，好胜不服输。（红色）

咕叽叽：傲慢耍酷的浣熊，8 岁男孩，个性强，逆反心理重，善用求异思维，爱讲冷笑话。（棕色）

各人物如图 1-12 所示。

4. 造型设计

造型设计包括人物造型、动物造型、器物造型设计，设计内容包括角色的外形设计与动作设计。造型设计的要求比较严格，包括标准造型、转面图、结构图、比例图，如图 1-13 所示。

图 1-12

图 1-13

5. 三维角色建模

根据二维的人物设定图稿，制作出相应的三维角色模型，如图 1-14 所示。

图 1-14

6. 三维角色材质贴图

根据二维的人物设定图稿，绘制出角色的材质与贴图，如图 1-15 所示。

图 1-15

7. 三维角色绑定

根据人体的骨骼结构，对角色创建骨骼系统，以便后期制作动画，如图 1-16 所示。

图 1-16

8. 三维角色动画制作

用绑定好的角色模型和提供的二维分镜头制作角色动画，如图 1-17 所示。

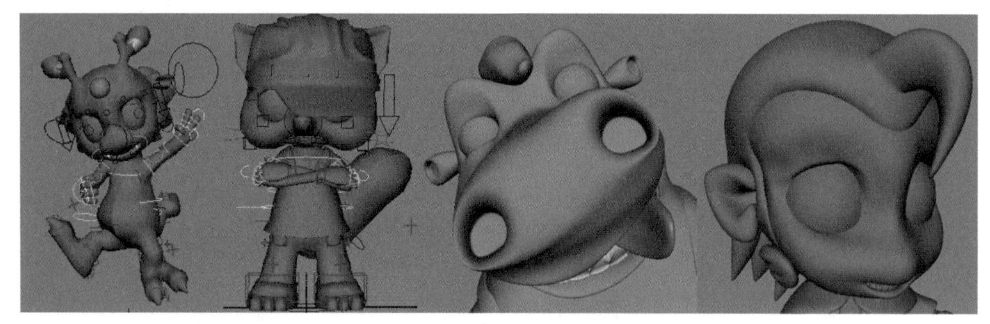

图 1-17

9. 后期合成

用已做好的角色动画和场景，渲染输出动画序列图片，利用 AE 软件进行特效合成制作，利用剪辑软件 EDIUS 进行影片剪辑和配音，最后输出视频影片，如图 1-18 所示。

图 1-18

1.2.3 绑定合格的标准

绑定是赋予静止模型动的能力，动画师才是真正让角色动起来的人。绑定的要求其实相当高，由于它是中间环节，起到承上启下的作用，因此绑定环节首先对于模型环节是个检验，其次则要满足动画环节的需求。

具体来说，合格的绑定工作必须保证模型实现合理的运动方式和合理的变形效果。例如，人物角色动起来，如果身体的运动变化不符合生物解剖和运动规律，绑定肯定是不合格的。绑定还必须满足动画师们苛刻的要求，例如对于动作的简便性、灵活多变性都有各种各样的要求，一个完善的绑定可以应付多种多样的需求，也必定是一项复杂的工程。

我们所做的工作应该方便动画师制作动画。那么，符合运动规律应该是评判绑定是否合格的首要标准，此外，还要检查控制器、层级结构和蒙皮权重是否符合要求。

1. 运动规律

如果是角色类绑定，应符合角色动画原理；如果是机械类绑定，应符合机械原理；如果是生物绑定，应符合生长规律。总之，要让它们动起来后看上去真实可信，如图 1-19 所示。

图 1-19

2. 控制器

控制器是驱动骨骼的一种装置，既对骨骼有保护作用，又可以对骨骼进行约束设置，方便动画师进行动画制作。创建控制器是最基础的绑定操作。为方便动画师创建动画，绑定人员要为被绑定的物体添加控制器。绑定过程中，通常用曲线和虚拟物体作为控制器，其中曲线相对于虚拟物体在形状上更容易控制，因此控制器创建通常以曲线为主。控制器如图 1-20 所示。通常需要进行如下设置：

控制器能够正确控制物体运动。

控制器与被控制器的轴向保持一致。

控制器创建好后需要冻结变换，属性清零，清除物体历史记录。

保留控制器需要用于为动画设置关键帧的属性，锁定并隐藏无用的属性。

图 1-20

3. 层级结构

文件场景中出现的所有物体都要进行规范命名，尤其是骨骼和控制器，如图 1-21 所示。

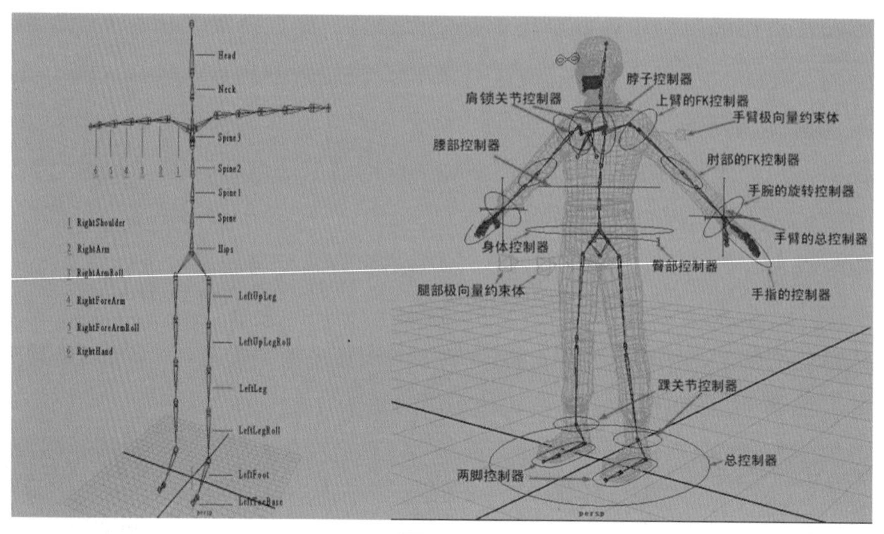

图 1-21

4. 蒙皮权重

蒙皮权重过渡均匀、细致，角色关节位置权重符合生理特征，如图 1-22 所示。

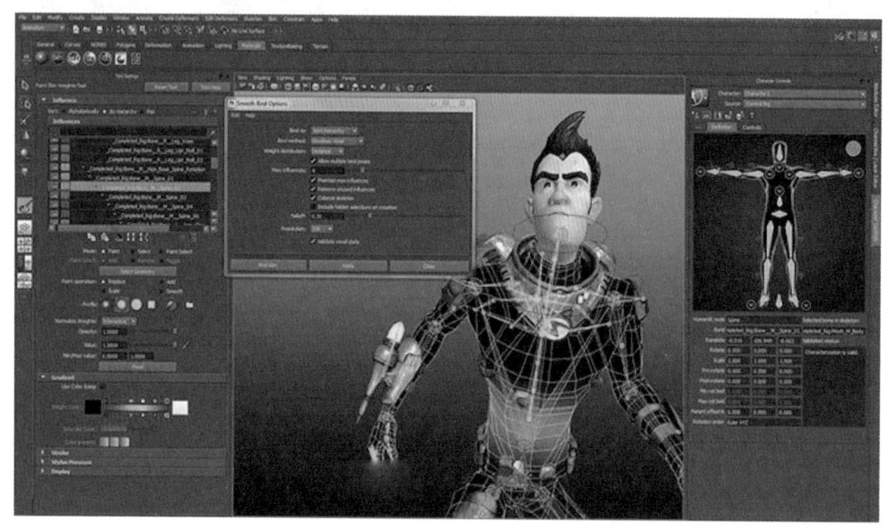

图 1-22

1.2.4 绑定涉及的知识领域

绑定是 CG 领域比较难的模块，要求也比较多。绑定不仅要满足动画师的需求，更重要的是，绑定师要对角色的运动力学和解剖结构非常了解，通过技术手段实现合理的变形。所以，很多绑定师最后都成为了 TD（技术支持）或 R&D（研发）。在欧美的很多工作室中，绑定技术也属于核心资产，非常重要，一般不会外泄。

角色绑定作为一种对逻辑思维要求很高的工作，非常适合擅长钻研技术问题的人从事。绑定工作涉及运动解剖学、机械结构、物理力学、数学、计算机编程等领域，如图 1-23 所示。因为我们可能会和任何物体打交道，所以可能需要研究很多未知的领域，但是最重要的一点是，需要具备对结构和运动特征的理解概括能力，这是一名绑定工作从业者的基本素质。

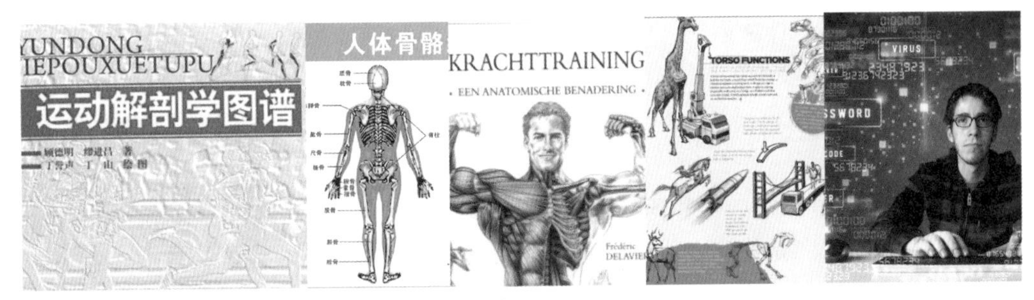

图 1-23

1.2.5　Maya 软件绑定环节的工具概况

由于每个三维动画软件都有其自身的绑定模块和众多工具，这里针对 Maya 软件介绍一下绑定环节的工具概况。

从 Maya 2016 版本开始，将绑定从动画模块分离出来，作为独立的绑定模块。Maya 软件的绑定模块菜单主要有 5 个，分别是骨架、蒙皮、变形、约束、控制，如图 1-24 所示。由此足见绑定环节的复杂性和重要性。人们往往还会根据项目实际需要开发一些工具菜单来满足更多的特殊需求。

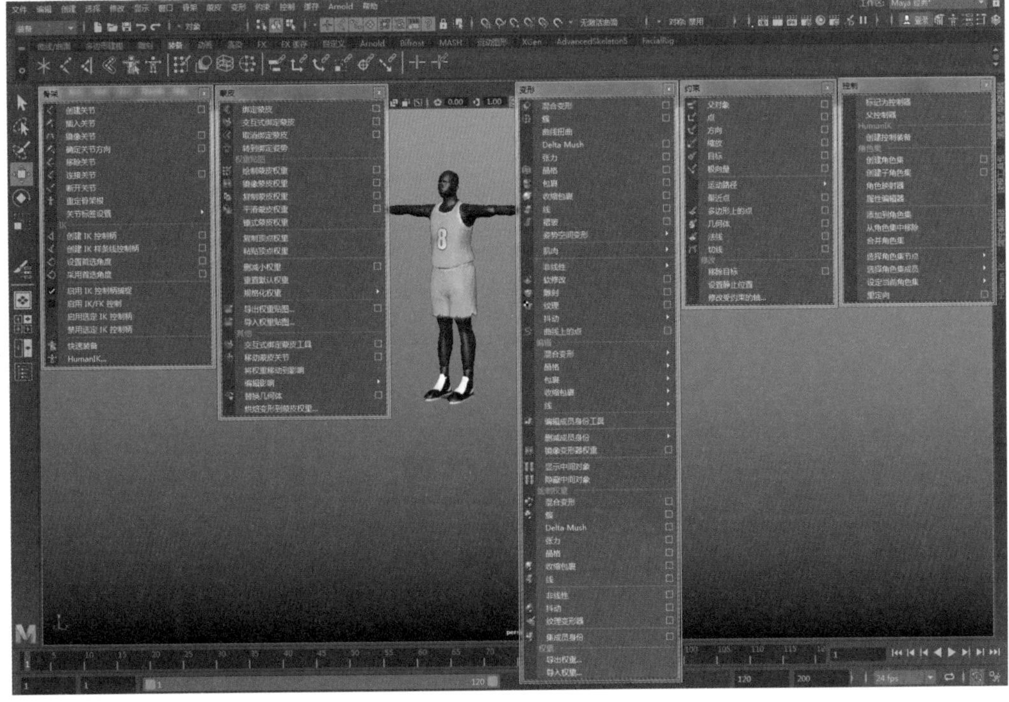

图 1-24

1.3　角色绑定基础

在学习角色绑定之前，先来学习角色绑定将要用到的绑定基础概念及命令：组的概念、父子关系、大纲视图、骨骼系统、FK与IK、约束系统、蒙皮系统、变形器系统。

1.3.1　组的概念

组是一些物体的集合，其作用主要有两方面：一是整理数据以方便数据管理，二是物体分组后，可以使用组来控制组内的物体。

分组命令的菜单位置："编辑"菜单下的"分组"命令。创建分组的快捷键是Ctrl+G，如图1-25所示。

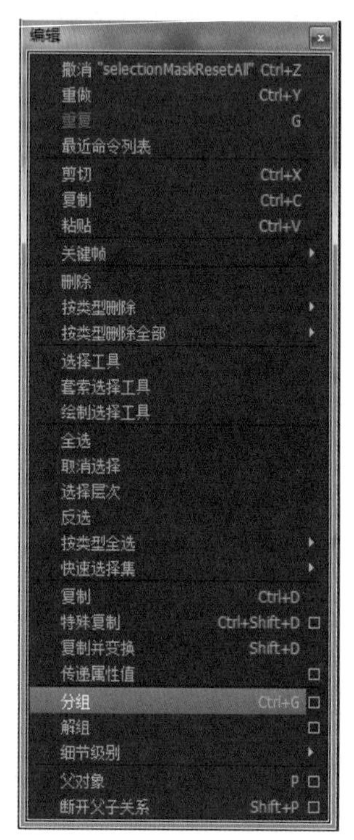

图 1-25

物体分组后，移动分组时分组中的物体会随之移动，但是只有分组的变换节点数值发生变化，分组内物体的变换节点的数值不发生变化。

在绑定的过程中，有时候会用到空组的概念。所谓空组，就是在不选择任何物体的情况下创建的分组。其实分组的物体都是作为一个空组的子物体存在的，执行"创建"菜单中的"空组"命令即可创建空组。如果已经创建的组不再需要了，可以将组进行解组：在大纲视图中选择需要分解的组，执行"编辑"菜单下的"解组"命令即可。

1.3.2　父子关系

父子关系这个命令很形象，其作用就是在选择的对象之间创建父子关系。父子关系创建以后，所有的子物体跟随父物体变换（如移动、旋转、缩放），也就是一种控制与被控制的关系（两个物体形成父子关系后，父物体发生空间上的变化时，子物体也会随着变化）。

创建父子关系时，无论有多少对象，最后选择的对象均为父物体。一个物体可以有多个子物体，但是子物体只能有一个父物体。创建了父子关系后，选择父物体时，会将父物体层级下的子物体一并选中。

父子关系可以通过下面这个例子理解：小红帽拎着一篮水果去看望她的奶奶，这时小红帽就是父物体，篮子和水果就是子物体。小红帽从自己家里走到她奶奶家里，篮子和水果也同时被带到了她奶奶家里。小红帽相对于她的上一个层级——地球来说，发生了位移，而篮子里的水果相对于它的上一个层级——小红帽，没有发生位移，相对地球则发生了位移，如图1-26所示。

图 1-26

通过上面的例子可知，子物体跟随父物体变换，父物体本身的属性（如移动、旋转、缩放）发生了变化，在通道栏中的属性也有了数值。而子物体相对于父物体没有发生变换，只是跟随父物体，所以子物体本身的属性没有发生变化。

在绑定中，父子关系的应用非常频繁。父子关系的操作简单，而且父子关系创建后，子物体既可以跟随父物体变换，也可以随意变换，这就为很多绑定动画问题提供了解决的方法。

父子关系在菜单中的位置为“编辑”菜单中的“父子关系”命令。父子关系的属性窗口，如图 1-27 所示。

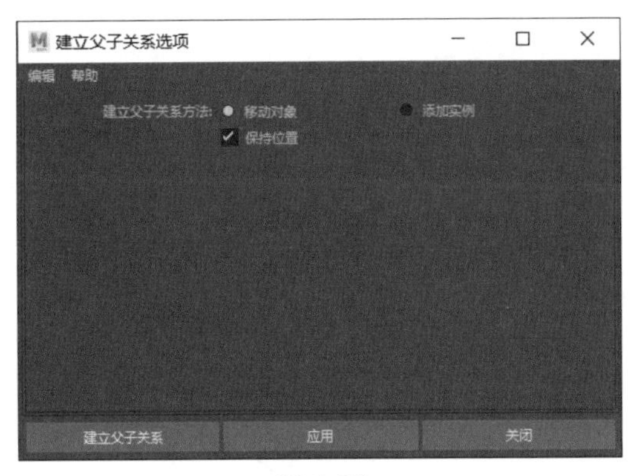

图 1-27

【参数说明】

“父子关系方法”有如下两种方式。

（1）移动对象：如果要父化的子对象是一个群组或者某个父物体的子物体，单击选中移动对象、重新父化时，子对象将从原群组或者原父物体中移出来，作为新的父物体的子物体。

（2）添加实例：如果要父化的子对象就是一个群组或者某一个父物体的子物体，单击选中添加实例项、重新父化时，原来的子对象仍为原群组或者原父物体的子物体，但 Maya 会创建子物体替代物体，作为新的父物体的子物体。

保持位置选项：勾选该选项后，创建父子关系时，Maya 会保持这些对象的变换矩阵和位置不变。该选项默认是选中的。

> 提示
>
> （1）组和父子关系的区别。
>
> 成组后的物体，组的坐标在世界坐标中心，而父子关系的物体坐标就是父物体的坐标。
>
> （2）组和父子关系的继承问题。
>
> 当子层级物体从父层级脱离出来，会继承父层级的变换节点的信息。

1.3.3 大纲视图

大纲视图会列出场景中所有类型对象的名称和层级关系，相当于 Windows 中的资源管理器。可以对大纲视图中的对象进行创建父子关系、群组等操作。大纲视图中列出的对象都有相应的图标，图标后面是对象的名称，在名称上双击可以重新修改对象的名称。在绑定中通常使用大纲视图进行物体的选择、查看、整理层级、为对象命名等操作。执行“窗口”菜单中的“大纲视图”命令就可以打开“大纲视图”窗口。也可以单击 Maya 左侧栏中的图标打开“大纲视图”窗口，如图 1-28 所示。

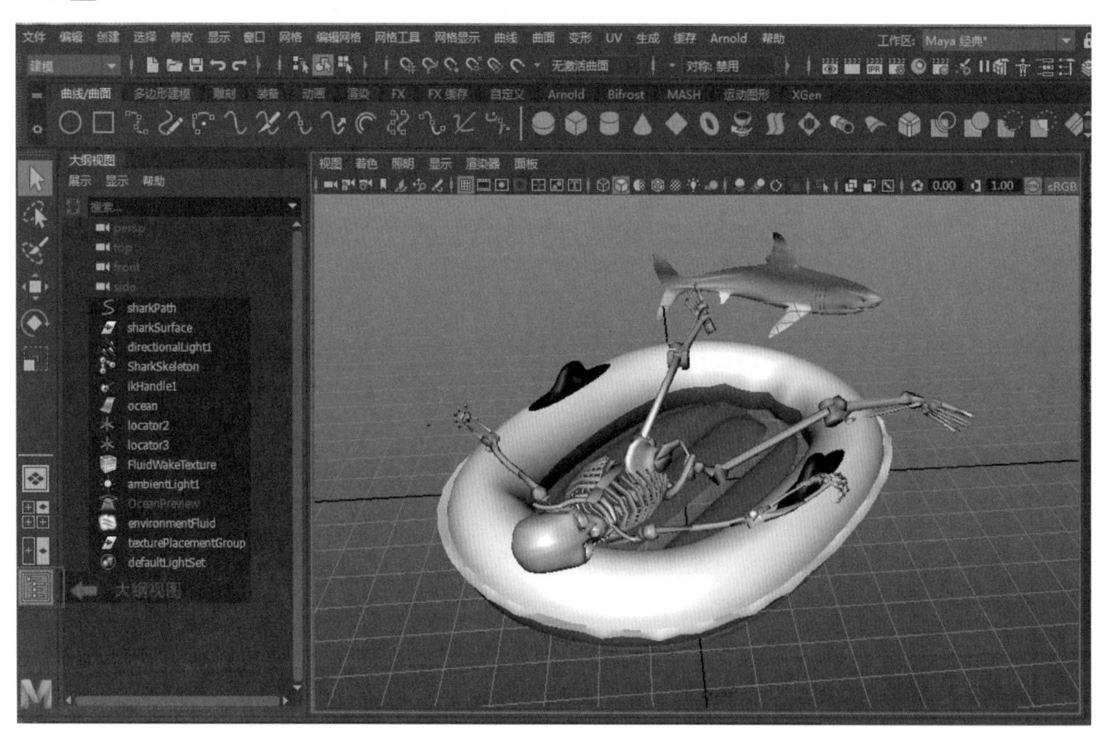

图 1-28

1.3.4 骨骼系统

Maya 提供的骨骼系统如图 1-29 所示，类似人体的骨骼。可以通过骨骼对表层的模型（可以看成人的皮肤）进行控制，通过旋转骨骼来改变模型的形状。

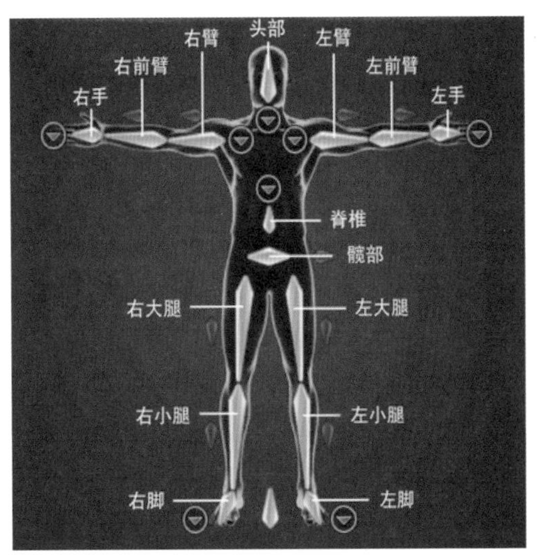

图 1-29

骨骼能使用户创建层级式的关节变形效果。在“骨架”菜单中，用户可以创建骨骼设置的各种命令。骨骼是绑定操作中需具备的最基础的知识，本节将介绍骨骼的创建、编辑、控制的主要命令及使用方法。

1. 什么是骨架

骨架是分层级的有关节的结构，用于绑定模型的姿势和对绑定模型设置动画。骨架提供了一个可变形关节，其基础结构与人类骨架提供给人体的基础结构相同，如图 1-30 所示。

图 1-30

骨架是用来为角色设置动画的基础关节和骨骼层级。每个骨架都有若干父关节和子关节以及一个根关节。骨架层级中的父关节是指下面有其他关节的关节。例如，肘部是腕部的父关节，同时又是肩部的子关节。根关节是骨架层级中的第一个或最上面的关节。

2. 骨骼的基本属性

要进行绑定操作，第一步就是创建骨骼。骨骼不仅可以用于控制人物、动物的肢体动作，还可以控制机械物体、链条、绳子等。要创建骨骼，需要在F3绑定模块的面板当中选取“骨架”菜单下的“创建关节”命令。

在创建骨骼之前，我们先分析一下骨骼的属性。单击关节工具后面的方块□进入骨骼的属性。骨骼是有方向性的，自由度: ✓X ✓Y ✓Z 和 确定关节方向为世界方向: 两个方向是常用的。以默认方式自由度XYZ方式创建，X轴指向关节延伸的方向，Y轴和Z轴其实没什么意义；而勾选“确定关节方向为世界方向：”复选框则表示关节方向是和世界坐标轴一致的。

3. 创建骨骼

建立骨骼是使用关节和骨头搭建层次关联结构的过程。一旦建立了骨骼，便可使用平滑蒙皮为角色建立蒙皮。用户可以组合或者使物体成为关节和骨骼的子物体，并使用骨骼来控制物体的运动，如图1-31所示。

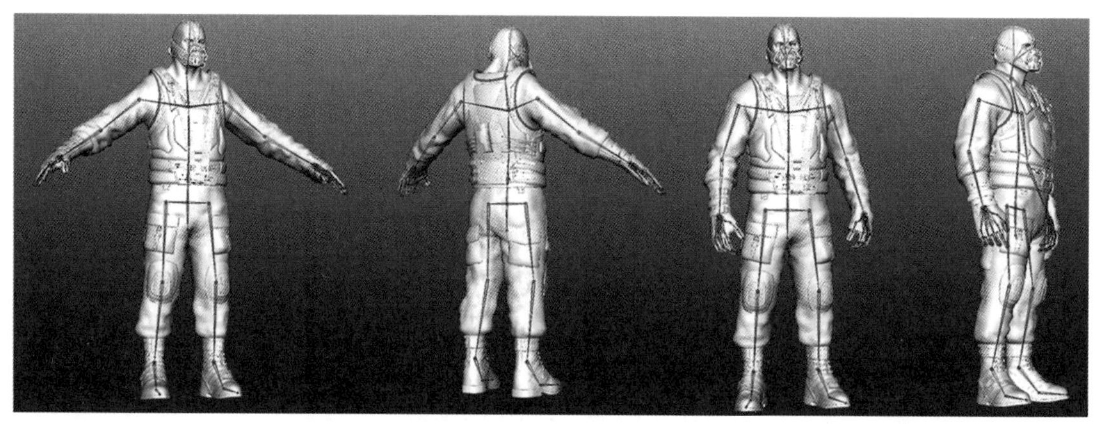

图 1-31

4. 关节和骨头

关节是骨骼中骨头之间的连接点。关节可带动骨头的移动、旋转和缩放。建立的第一个关节叫作根关节，下一级关节是根关节的子关节。

> 提示
>
> 在创建对称的肢体链骨骼时，要在场景坐标的原点开始创建，这样便于创建带有对称部分的骨骼。

5. 关节链

关节链是一系列关节及连接在关节上的骨头的组合。它的层级是单一的。关节链中的关节是线性连接的。关节链的“开始”关节是整个关节链中层级最高的关节，此关节是关节链的父关节。

当为角色创建关节链时，应考虑将如何使用IK手柄去定位关节链。可使用IK手柄定位少量的关节链，如图 1-32 所示。

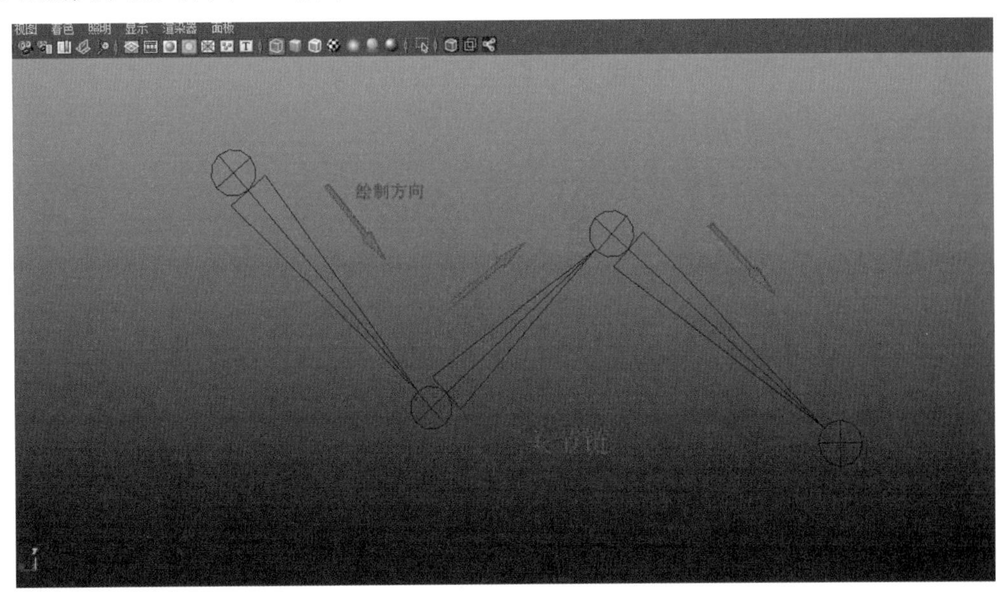

图 1-32

当创建关节链时，应避免让关节链在一条直线上。使用 IK 手柄在适当的角度稍微旋转关节就可以很容易地定位关节。

6. 肢体链

肢体链是一个或多个相连接的关节链的组合。肢体是一种树状结构，其中的骨关节并不是线，如图 1-33 所示。

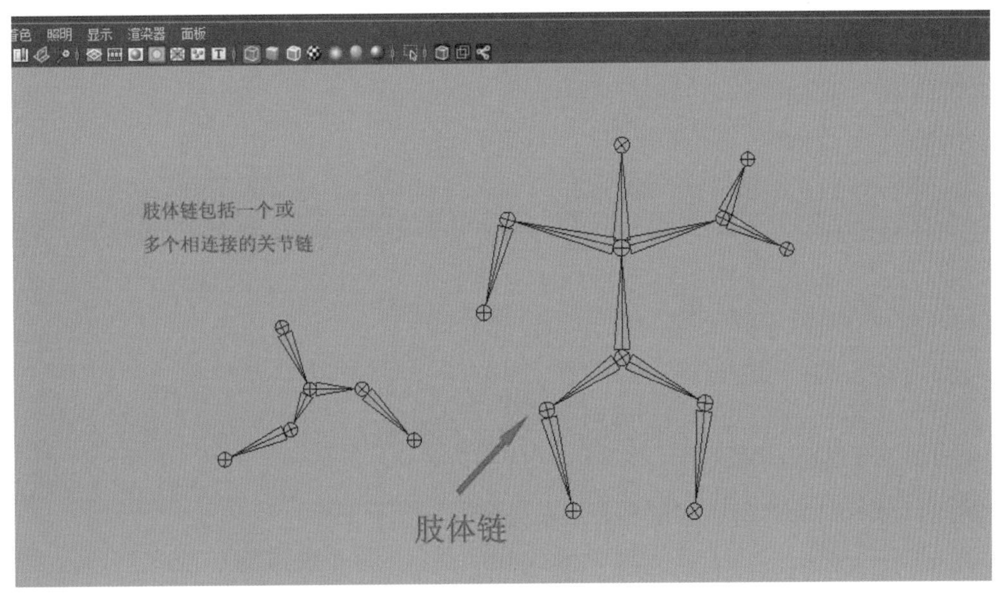

图 1-33

在创建带有对称性肢体链的骨骼时，要在场景的全局坐标原点开始创建（工作空间的中部），因为这样便于创建带有对称部分的骨骼。

7. 骨骼层级

根关节是骨骼中层级最高的关节。骨骼中只能有一个根关节。

父关节可以是骨骼中任意的关节，只要其下有可以被其影响的关节即可。被给出的位于父关节之下的关节称为子关节，如图 1-34 所示。

图 1-34

对于骨骼，不能局限于对它外观上的认识，本质上讲，骨骼上的关节其实定义了一个空间位置，而骨骼就是这一系列空间位置以层级的方式形成的一种特殊关系。可以将连接关节的骨头看作这种关系的外在表现，粗的一端指明了上一级，细的一端指明了下一级，下一级的关节与上一级关节的变换具有继承关系。

8. Create Joints（**创建关节**）

在使用该工具时，还可以进行进一步的设置。单击 Create Joints 右侧的小方块，调出设置对话框，设置 Tool Defaults 标签下的 Joint Options（关节选项）之下的 Degrees of Freedom（自由度），指定所设置的关节在使用 IK 时可以绕哪个骨节点坐标轴旋转（X、Y 或 Z）。系统默认值设置为三个坐标轴的旋转。

例如，不勾选 Y 轴，那么 IK 就不能控制 Y 轴的旋转。也可从通道面板中对相应的轴进行锁定来实现同样的功能。

1）Auto Joint Direction（自动骨节点方向）

设置骨节点坐标轴的方向。选项包括：none、xyz、yzx、zxy、xzy、yxz、zyx。

选择 none 创建骨节点坐标轴的方向和世界坐标轴的方向一致。

其余选项按照第一个坐标轴指向骨骼内部。也就是说，骨节点的第一个坐标轴指向它的子关节。

提示

如果有多个子关节，那么第一个坐标轴指向第一个被创建的子关节的骨节点。

2）Scale Compensate（缩放补偿）

当缩放骨骼父关节时，如果勾选 Scale Compensate 选项，那么子关节不受父关节的缩放影响；取消勾选该选项，子关节将受父关节的缩放影响。

3）Auto Joint Limits（自动关节限定）

该工具在创建时自动限制关节的旋转角度（–360°～360°）。

4）Create IK Handle（创建 IK 手柄）

当创建骨关节或关节链时，IK 手柄即被创建。选择此命令会显示 IK Handle Options。此选项和 Animation 模块下 Skeleton_IK Handle Tool → Tool Settings 命令的功能一致。关于这项功能详见 IK Handle Tool（IK 手柄工具）。

在 Joint Options 下方，单击 Reset Tool 可以回到默认状态。

5）Joint Size（调整骨骼尺寸）

可以调整骨骼和关节的显示尺寸，放大或缩小骨骼和关节的显示尺寸，以便更容易地进行选择和编辑。

（1）在菜单选项中列出百分比参数，这些参数可以用来调整骨骼的显示尺寸。

（2）选择 Display（显示）菜单中的 Joint Size Custom（自定义骨骼大小）命令，可以用滑块来调整为任意的百分比。

完成骨骼的创建之后，如需进一步编辑，还可以使用 Maya 提供的一些方便的工具。

9. Insert Joints（插入关节）

如果所建立骨骼中的关节数不够或者需要增加骨骼，可以在任意层级的关节下插入关节。

提示

插入关节应在添加 IK 手柄和蒙皮之前完成。如果插入带有 IK 手柄的关节就要重做 IK 手柄。

（1）选择 Skeleton（骨架）菜单下的 Insert Joints 命令。

（2）单击选择要插入关节的父关节。

（3）按住鼠标左键，拖动指针到要添加关节的地方。

（4）插入关节以后，按 Enter（回车）完成插入。也可以选择其他工具。

10. Remove Joints（移除关节）

除根关节外，使用该工具可以移除任何一个关节。

（1）选择要移除的关节（注意：一次只能移除一个关节）。

（2）选择 Skeleton（骨架）菜单下的 Remove Joints 命令。

移除当前关节后不影响它的父关节和子关节的位置。

11. Disconnect Joint（**断开关节**）

可以断开除根关节外的任何关节和关节链，将一段骨骼分为两段骨骼。

（1）选择要断开的关节。

（2）选择 Skeleton（骨架）菜单下的 Disconnect Joint 命令。

> 提示
>
> 如果断开带有 IK 手柄的关节链，那么 IK 手柄将被删除。

12. Connect Joint（**连接关节**）

通过连接关节或骨骼链连接关节来组合成一个骨骼。

选择 Skeleton_Connect Joint 命令，打开 Connect Joint Options 视窗。在 Mode（模式）下进行以下操作。

1）当选中 Connect Joint（连接关节）模式时

（1）单击要成为其他骨骼肢体链的一个关节的根关节 B。

（2）按住 Shift 键，在另一个骨骼中选择根关节以外的任何一个关节 A。

（3）选择 Skeleton（骨架）菜单下的 Connect Joint 命令，打开 Connect Joint Options 视窗。

（4）选择根关节 B，按 Shift 加选关节 A，执行连接关节命令。

（5）在“连接关节选项”里选择“连接关节”模式，根关节 B 会自动连接到关节 A 位置处，得到 C 的连接效果，如图 1-35 所示。

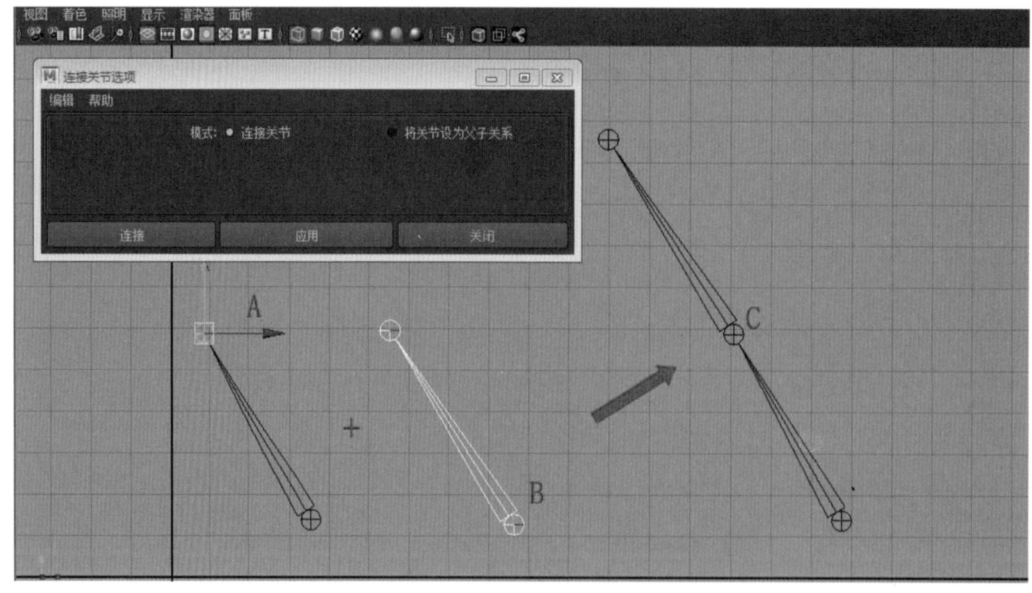

图 1-35

2）当选中 Parent Joint（将关节设为父子关系连接）模式时

（1）单击要成为其他骨骼肢体链的一个关节的根关节 B。

（2）在另一个关节链中，选择父关节或根关节以外的任何一个关节 A。

（3）选择 Skeleton（骨架）菜单下的 Connect Joint 命令，打开“连接关节选项”视窗。

（4）选择“将关节设为父子关系”模式，单击“连接”按钮。

（5）在“将关节设为父子关系”模式下，被结合关节与结合关节之间会自动产生一块新的骨骼，骨节点的位置相对不变，得到 C 的效果，如图 1-36 所示。

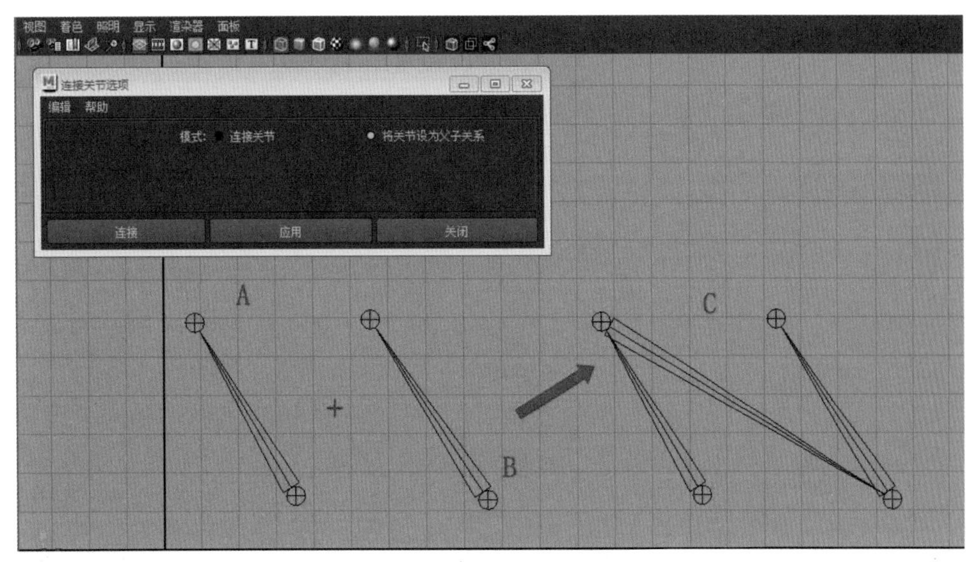

图 1-36

13. Mirror Joints（**镜像关节**）

该工具用于镜像复制肢体骨骼。镜像复制的前提是所制作的骨骼是对称的形态。镜像时，关节、关节属性、IK 手柄（IK Handle）等都会进行镜像复制。

为一个角色创建骨骼时，镜像是非常有用的。例如，先创建角色的左手和左臂，然后通过镜像来得到右手和右臂。

（1）Mirror across（镜像平面）选择镜像时的参考平面。

（2）选择 Mirror function（镜像功能）的 Orientation（方向）选项，关节的自身坐标轴同时也被镜像；若选择 Behavior（行为）选项，则只对选择的关节链的位置进行镜像，不考虑关节的自身坐标轴。

（3）单击 Mirror 或 Apply 按钮完成镜像。

14. Reroot Skeleton（**重新设置根关节**）

该工具通过将所选择的骨节点设置成根关节，来改变骨骼的层级关系。

（1）选择要重设的关节。

（2）调用 Skeleton（骨架）菜单中的 Reroot Skeleton 命令。

15. Set Preferred Angle（**设置优先角度**）

设置优先角度可保证在 IK 定位和动画的过程中更加平滑地运动。

在骨骼中，每个关节的优先角度表明了在 IK 定位的过程中优先旋转的角度。例如，当创建一条腿时，应该创建关节，并且使它们在一条直线上，但在膝关节处应该有一个轻微弯曲。这个弯曲将是 IK 手柄定位关节的优先角度。

建立了骨骼后，准备添加 IK 手柄时，要为骨骼设置优先角度。即使某些关节已经旋转，也可以命令骨骼采用它的优先角度，进而查看优先角度。

（1）先在关节处旋转出一个角度，选择骨骼链的根节点。

（2）选择 Skeleton（骨架）菜单中的 Set Preferred Angle 命令。

（3）将骨骼还原成原始状态。现在 IK 就已经通过优先角度的设置知道了解算的方向。

1.3.5 FK与IK

设置骨骼运动的术语称为动力学，角色动画中的骨骼运动遵循动力学原理。定位和动画骨骼包括两种类型的动力学：正向动力学（FK）和反向动力学（IK）。

1. FK

FK 也称前向动力学运动方式，即由父层级关节的旋转带动子层级关节的位移。以篮球运动员在运动中手握住球的动作为例，如图 1-37 所示。

FK 是指完全遵循父子关系的层级，用父层级带动子层级的运动。

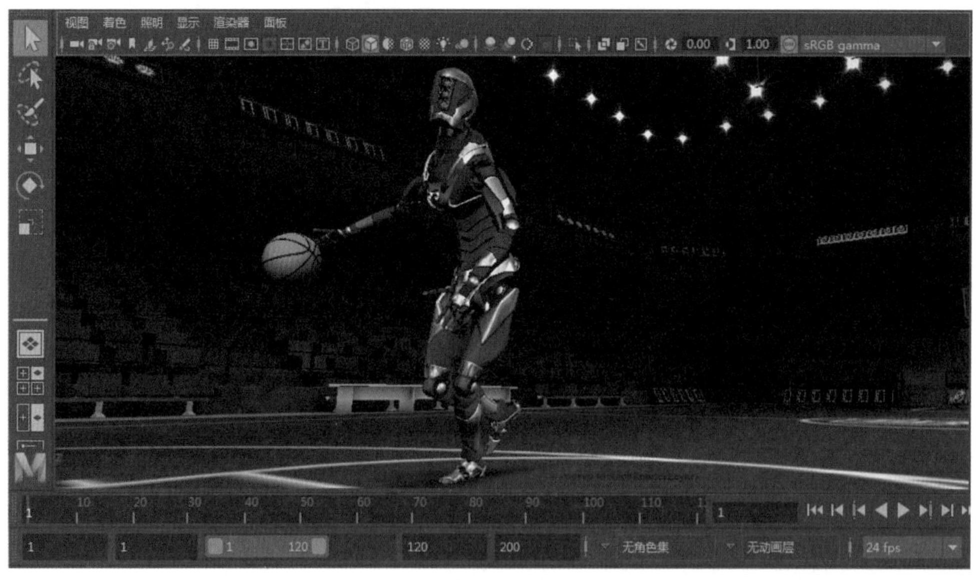

图 1-37

FK 的优点是：计算简单，运算速度快。缺点是：需要指定每个关节的角度和位置，而由于骨骼的各节点之间有内在的关联性，直接指定各关节的值很容易产生不自然或不协调的动作。

2. IK

IK 即反向动力学，利用 IK 控制骨骼运动就是通过定位下层骨骼的位置，由下而上影响上层骨骼。

IK 的运动方式是由子层级关节的位移带动父层级关节的位移。以篮球运动员运动中的甩臂投球动作为例，如图 1-38 所示。

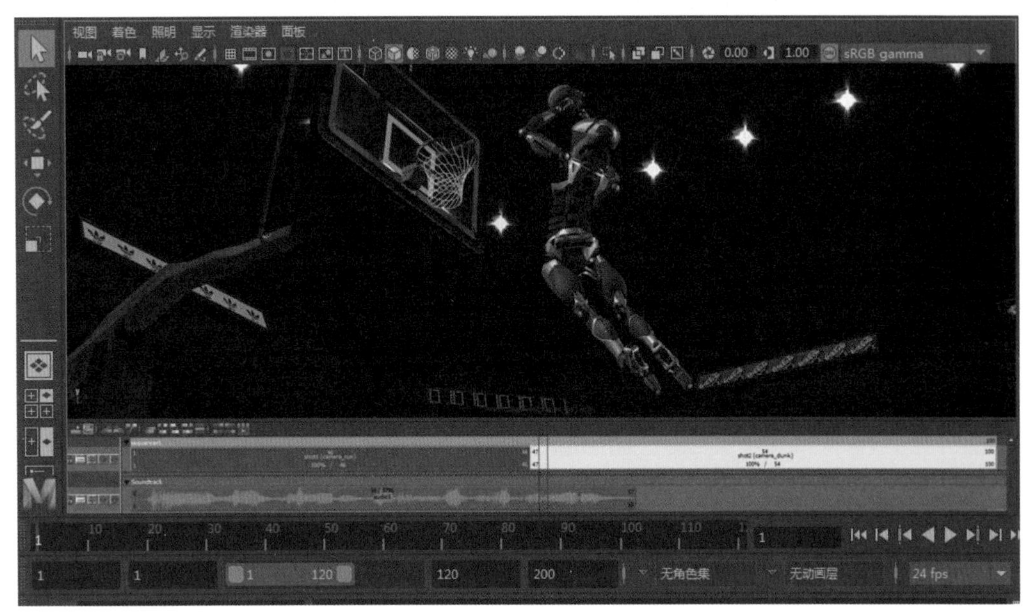

图 1-38

与前向动力学正好相反，反向动力学依据某些子关节的最终位置、角度来反推，求出整个骨骼的形态。它的优点是工作效率高，大幅减少了需要手动控制的关节数目；缺点是求解方程组需要耗费较多的计算机资源，在关节数增多的时候尤其明显。由于是通过末端关节位置反推得到整个骨骼形态，因此在完成从上向下发力的动作时，会产生非常奇怪的动态效果。

3. 线性 IK

线性 IK（IK Spline Handle）即 IK 样条线控制柄工具，它不是通过某个控制柄对骨骼链产生影响，而是生成一条样条线，通过调整曲线形状来影响骨骼，因此也常将 IK 样条线控制柄简称为“线性 IK”。通常可以通过修改样条线的曲线点对线性 IK 产生影响。

IK 样条线控制柄工具与 IK 控制柄工具同样都是使用反向动力学控制骨骼。不同的是，IK 控制柄工具一般是对两节骨骼产生作用，例如对手臂、腿，都能有效地进行控制。但当骨关节数较多时，IK 控制柄工具就只能对某个方向的弯曲进行控制，可控性比较差，不能满足尾巴、脊椎、链条等长链骨骼的控制要求。恐龙尾巴的绑定就需要用 IK 样条线控制柄工具进行控制，如图 1-39 所示。

反向动力学需要与正向动力学互相补充，才能更好更快速地实现各种动画效果。下面介绍的 IK 控制柄工具和 IK 样条线控制柄工具都属于反向动力学的范畴。

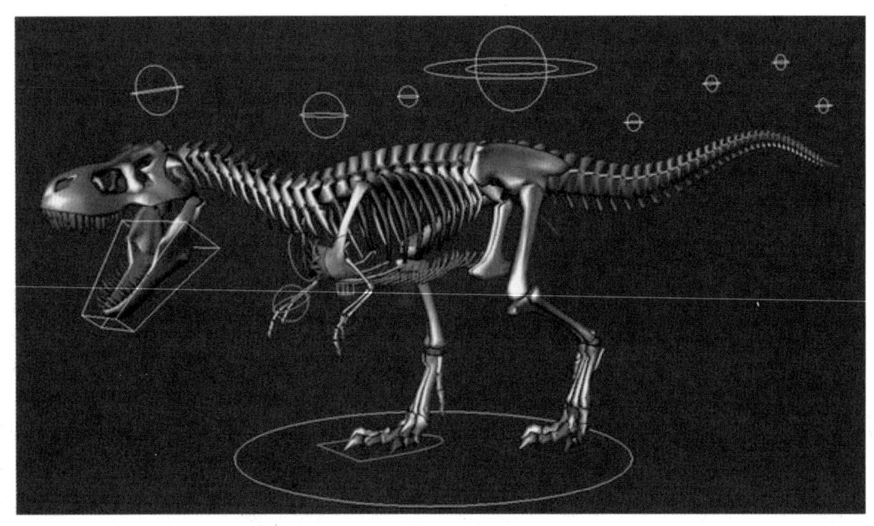

图 1-39

4. **了解 IK 手柄**

IK 手柄是将反向动力学运用在骨骼上并且让角色做关节运动的工具。

Start Joint（开始关节）是 IK 手柄的起始位置。它可以是骨骼和根关节中任何一个层级以上的骨关节。

End Joint（结束关节）是 IK 手柄控制骨骼链和关节链的最后关节。它必须是骨骼中开始关节层级以下的骨关节。

5. **末端效应器**

根据系统的默认设置，末端效应器不显示，它位于结束关节的坐标轴上。如果需要，可以使末端效应器偏离结束关节的位置。

在 Outliner（大纲视图）或 Hypergraph（超图节点编辑器）中可以选择末端效应器。在 Outliner 里选择，需要打开到结束关节才能选择到。在 Hypergraph 中选择会容易一些。

（1）在菜单栏里选择 Window（窗口）菜单中的 Hypergraph（超图节点编辑器）命令。

（2）在键盘上，按 Insert（插入）键看到移动图标。

6. **创建和设置 IK 手柄**

在 Maya 里的 Rigging（绑定）模块下，选择 Skeleton（骨架）菜单中的 Create IK Handle 命令；显示 Tool Settings（工具设置）；在 Tool Defaults 标签下，设置 IK Handle Option（IK 手柄选项）。

IK Handle Option 设置选项如下。

1）Current Solver（当前解算器）

当前解算器的类型中包括 ikRPSolver 和 ikSCSolver。

选择 ikSCSolver 解算器将会创建一个 IK 单链手柄，它可以控制骨骼的整体位置和旋转。

选择 ikRPSolver 解算器将会创建一个 IK 旋转手柄，它可以控制骨骼的整体位置和旋转。

系统默认选项为 ikRPSolver 解算器。

2）Autopriority（自动优先权）

在 Maya 中，IK 手柄开始关节在骨骼层级中的位置设置 IK 手柄的优先权。默认设置为关闭状态。

3）Solver Enable（解算器功能）

该功能在创建 IK 解算器时打开。默认设置为打开。

4）Snap Enable（捕捉功能）

该功能将 IK 手柄捕捉到 IK 手柄的末端效应器。默认设置为打开。

5）Sticky（粘贴）

使用其他手柄定位骨骼或直接变换、旋转、缩放关节时，IK 手柄将粘贴到它的当前位置和方向。默认设置为关闭。

6）Priority（优先权）

Priority 用来设置 IK 单链手柄的优先权。

7）POWeight（权重）

POWeight 用于设置位置和方向的权重。

单击 Reset Tool，回到默认状态。

7. 创建 IK 单链手柄

（1）选择 Skeleton（骨架）菜单中的 Create IK Handle 命令。设置 IK Handle Option 下的 Current Solver 为 ikSCSolver。

（2）在场景里，单击要创建 IK 单链手柄的开始关节。

（3）在结束关节上单击，完成手柄的创建。

8. 介绍 IK 样条手柄

IK 样条手柄用来表现尾巴、脖子、脊骨、鞭子、蛇、胡须和触角等物体。

1）创建 IK 样条手柄

（1）创建关节链。

（2）选择 Skeleton（骨架）菜单下的 Create IK Spline Handle（创建 IK 样条手柄）命令。

（3）选择关节链的始关节，再选择关节链的终关节。

2）利用自定义曲线创建 IK 样条手柄

IK 样条手柄创建在骨骼链上，会自动创建一条曲线，如图 1-40 所示。

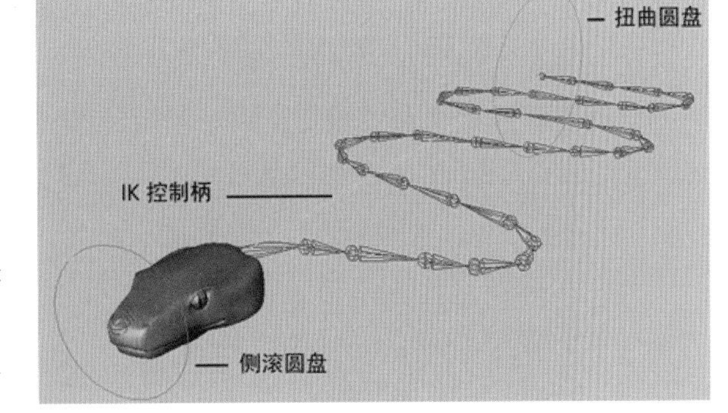

图 1-40

（1）利用建模工具中的曲线工具创建一条曲线。

（2）创建关节链。

（3）选择 Skeleton（骨架）菜单下的 Create IK Spline Handle（创建 IK 样条手柄）命令。

（4）在 Tool Settings 视窗中，关闭 Auto Create Curve 选项。

（5）选择关节链的始关节。

（6）选择关节链的终关节。

（7）选择曲线。

3）扭曲和滚动关节链

（1）选择 IK 样条手柄。

（2）选择 Modify（修改）菜单中的 Transformation Tools_ Show Manipulator Tools 命令；也可以按 T 键。分别在开始关节和结束关节处显示圆形控制手柄。

（3）利用圆形控制手柄可对骨骼链进行滚动调节。

（4）可以对圆形控制手柄设置关键帧。

4）沿曲线滑动关节链

（1）选择 IK 样条手柄。

（2）选择 Modify（修改）菜单中的 Transformation Tools_ Show Manipulator Tools 命令，或按 T 键。

（3）在场景中显示位移控制器。

（4）拖动位移控制器，沿曲线滑动关节。

5）IK 样条手柄前设置选项

在 Maya 里的 Rigging（绑定）模块下，选择 Skeleton（骨架）菜单中的 Create IK Spline Handle 命令；显示 Tool Settings；在 Tool Defaults 标签下，设置 IK Spline Handle Option（IK 样条手柄选项）。

（1）Root On Curve。

如果此项被打开，IK 样条手柄选项的开始关节便被限制到曲线上。拖动位移控制器沿曲线滑动开始关节。

如果此项关闭，移动开始关节离开曲线，便不会再被限制到曲线。

（2）Auto Create Root Axis。

自动创建开始关节的根变换点，利用此点移动和旋转关节。当 Root On Curve 选项关闭时，可以打开 Auto Create Root Axis。

（3）Auto Parent Curve。

假如开始关节有父物体，此选项将曲线作为父物体的子物体，因此曲线和关节将随父物体一起移动。

（4）Snap Curve To Root。

创建手柄自己的曲线，此选项会影响手柄。

（5）Auto Create Curve。

此选项创建 IK 样条手柄需要用的曲线。

（6）Auto Simplify Curve。

此选项自动以指定的 Number of Spans（跨度数）创建曲线。

（7）Number of Spans。

此选项设置曲线中 CV 的数目。

（8）Root Twist Mode。

此选项将 Power Animator IK 样条曲线打开。当用户在结束关节进行转动操作时，开始关节和其他关节有轻微的扭曲。

（9）Twist Type。

扭曲的类型包括 Linear（线性均衡地扭曲所有的部分）、Ease In（在终点减弱内向扭曲）、Ease Out（在起点减弱外向扭曲）、Ease In Out（在中间减弱外向扭曲）。

1.3.6 约束系统

约束可将某个对象的位置、方向或比例限制到其他对象。另外，利用约束可以在对象上施加特定限制并使动画自动进行。

约束是通过某些数学方式或者逻辑方式，对物体的动画产生的一种控制或者形成的某种规则。通俗地讲就是用一个物体限制另一个物体的运动。这样解释有些抽象。举一个简单的例子：如果要快速设置一个雪橇从崎岖小山上滑下的动画，那么首先可能要使用几何体约束将雪橇约束到曲面；然后，可使用法线约束将雪橇平置于曲面上；创建这些约束后，在山顶和山脚为雪橇的位置设置关键帧，动画就完成了。Maya 提供了很多种约束效果，如点约束（控制位移属性）、方向约束（控制旋转属性）、缩放约束（控制缩放属性）、父对象约束（既控制位移属性又控制旋转属性）等，还有一些特殊的约束，如目标约束、法线约束、极向量约束等。

约束在制作角色绑定时十分必要，因为有些效果通过约束完成要比手动设置关键帧方便有效得多。约束可以辅助我们创建一些有特殊要求的动画。

在角色动画制作中，Maya 主要提供了 9 种类型的约束，可以在绑定模块下的约束（Constrain）菜单中调用这些约束工具，如图 1-41 所示。

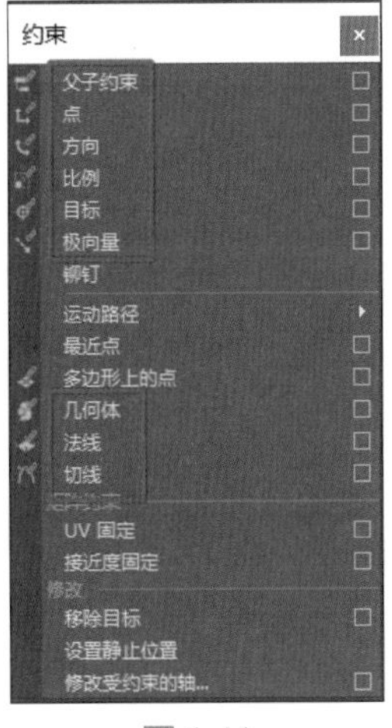

图 1-41

1. **父子约束**

创建父子（Parent）约束时，先选择控制器或物体，再选择被约束物体，然后选择约束菜单下的父子约束命令。父子约束主要实现对被约束物体的位移和旋转属性的控制。

2. **点约束**

创建点（Point）约束时，先选择一个或多个目标物体，再选择被约束物体，然后选择约束菜单下的点约束（Point）命令。被约束物体会自动移动到目标物体的轴心点上，如果存在多个目标物体，则依照目标物体对被约束物体的控制权重来决定被约束物体的位置。

点约束主要实现对被约束物体的位置控制，对被约束物体的方向没有影响。

3. 方向约束

方向（Orient）约束可以使一个或几个物体控制被约束物体的方向，被约束物体只是跟随目标物体的转动而转动，自身的位置不受影响。当存在多个目标物体时，被约束物体的方向按目标物体所施加的影响力取它们的平均值。

创建方向约束时，先选择目标物体和被约束物体，选择约束菜单下的方向（Orient）约束。

4. 比例约束

比例（Scale）约束使被约束物体的缩放跟随目标物体的缩放。当要使多个物体进行相同方式或比例的缩放时，可以利用比例约束来简化操作。另外，对于特殊的动画需求，比例约束也能提供一种良好的解决方案。

创建比例约束时，先选择目标物体和被约束物体，再选择约束菜单下的比例约束命令。

5. 目标约束

目标约束能约束物体的方向，使被约束物体总是瞄准目标物体（如舞台灯光或跟踪摄影机等对于目标的跟随），在角色设定中的主要用途是作为眼球运动的定位器。

要创建目标（Aim）约束时，应先选择一个或多个目标物体，再同时选择被约束物体，选择约束菜单下的目标约束命令。

被约束物体方向的确定是由两个向量来控制的，分别是目标向量（Aim Vector）和向上向量（Up Vector）。在创建目标约束时，应从目标约束选项中进行设定，设定时要注意物体的轴向。

6. 极向量约束

极向量（Pole Vector）约束使得极向量终点跟随目标物体移动。在角色设定中，胳膊关节链的 IK 旋转平面手柄的极向量经常被限制在角色后面的定位器上。在一般情况下，运用极向量约束是为了在操纵 IK 旋转平面手柄时避免意外的反转。当手柄向量接近极向量或与之相交时，会出现反转，使用极向量约束可以让两者之间不相交。

创建极向量约束时，选择一个或多个目标物体（一般是简单几何形或定位器）以及所要约束的 IK 旋转平面手柄，然后选择约束菜单下的极向量约束命令。

7. 几何体约束

几何体（Geometry）约束可以将物体限制到 NURBS 表面、NURBS 曲线或多边形表面上，被约束物体的位置由一个或多个目标物体的最近表面位置驱动。

创建几何体约束时，应先选择目标物体和被约束物体，再选择约束菜单下的几何体约束命令。

8. 法线约束

法线（Normal）约束可约束对象的方向，以使其与 NURBS 曲面或多边形面（网格）的法线向量对齐。当对象在具有唯一、复杂形状的曲面上移动时，法线约束很有用。如果没有法线约束，在曲面上移动对象或设置其动画可能会很乏味且耗时。例如，要让一滴眼泪沿角色的脸落下，可以将眼泪约束到脸的曲面上，而不是直接设置眼泪的动画。制作滑雪的场景、物体在水面漂浮的场景等，都可以考虑使用法线约束。

创建法线约束时，应先选择目标物体和被约束物体，再选择约束菜单下的法线约束命令。

通常情况下，法线约束和几何体约束是搭配使用的，由几何体约束控制物体在表面上的位置，由法线约束控制物体在表面上的方向。

9. 切线约束

切线（Tangent）约束可约束对象的方向，以使某个对象沿曲线移动时始终指向曲线的方向。曲线提供对象运动的路径，对象会调整自身的方向以指向曲线。切线约束用于使对象跟随曲线的方向，例如过山车会跟随轨迹的方向。又如，在制作汽车的轮胎沿曲线转弯的效果时可以利用切线约束来表现合理的运动。

切线约束也经常和几何体约束一起搭配使用。

创建切线约束时，先选择目标曲线和被约束物体，再选择约束菜单下的切线约束命令。

注意，物体沿曲线运动时，X 轴的方向始终同曲线的切线方向相同。

1.3.7 蒙皮系统

1. 蒙皮

在创建完角色模型后，需要为角色添加骨骼绑定，但是由于模型和关节是两个独立的个体，为了使两者之间能够相互关联并产生合理化运动，则需要对角色模型执行蒙皮命令。通过将模型绑定到骨骼，可对模型设置蒙皮，如图 1-42 所示。可通过各种蒙皮方法将模型绑定到骨骼，例如使用间接蒙皮方法，即将晶格或包裹变形器与平滑蒙皮结合使用。蒙皮是使骨骼与模型产生控制与被控制关系的命令。

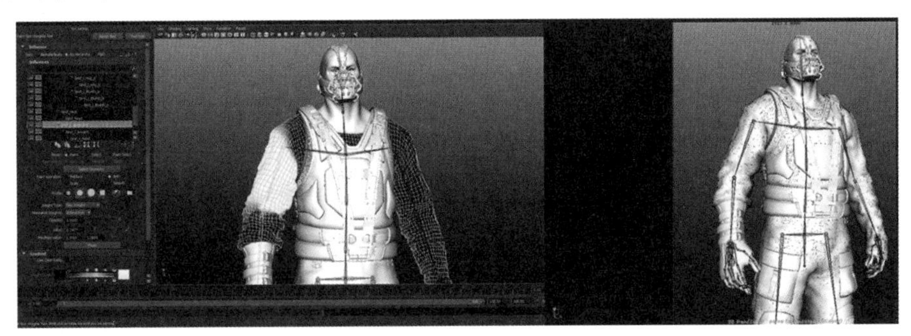

图 1-42

1）将模型绑定到骨骼上

完整的骨骼系统创建完成后，下一步就是用这套骨骼系统控制模型，从而实现模型的运动。为了实现这一目的，需要在骨骼与模型之间建立起联系并对模型进行精确控制，这正是蒙皮系统（蒙皮与权重）需要解决的问题。将模型通过蒙皮绑定到已完成的骨骼系统上，也就是使模型上的点和骨骼上的关节之间产生联系，这样就产生了由控制点组成的皮肤簇。作为皮肤的模型是通过三种关系同骨骼联系在一起的。

（1）继承关系。

对于刚性的机械结构，如轴接类的角色或者不需要变形的生物表面，以及通过一个关节就可以进行控制的部分，可以通过父子级关系，将模型的各部分直接指定给相应的关节成为子物体；通过父子级之间变换继承的关系，将关节的变化转变成模型的变化。

（2）间接绑定。

对于表面不易控制的物体，或为了精减控制点的数量，可以采用间接绑定的方式将模型和骨骼相联系。

间接绑定包括晶格蒙皮和包裹蒙皮。

①晶格蒙皮。先用晶格变形器控制模型的表面，然后将晶格绑定到骨骼，从而实现骨骼对模型的间接控制。

②包裹蒙皮。利用包裹变形对模型进行控制，例如将低分辨率物体作为包裹体来控制高分辨率的模型，再将包裹体绑定到骨骼，从而达到精简控制点的目的。

（3）直接蒙皮。

直接蒙皮是通过平滑蒙皮和刚体蒙皮直接将模型和骨骼相联系的方式。

（4）平滑蒙皮。

平滑蒙皮通过创建交叠的簇来控制关节处的点，交叠点的权重取决于哪个关节施加的影响更大。通过编辑权重可以控制各关节对于交叠点的影响力，从而使得关节处的变形达到设想。

2）蒙皮方式

角色创建骨骼，并为骨骼添加控制器，使之成为一套完整的骨骼控制系统。创建骨骼是为了用骨骼控制模型，使角色动起来。现实中的人体，骨骼外面包裹着脂肪和肌肉，身体的表层才是皮肤。在 Maya 中，模型相当于人体的皮肤，而骨骼与皮肤之间是空的，没有任何介质。为此，Maya 设置了蒙皮的方式，将骨骼和模型联系起来，使骨骼能够控制模型。

Maya 软件中的蒙皮方式有两种：绑定蒙皮和交互式绑定蒙皮，如图 1-43 所示。

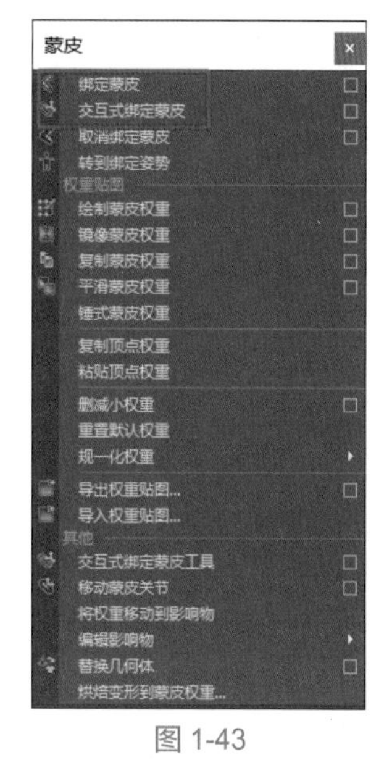

图 1-43

（1）绑定蒙皮。

对角色蒙皮通常使用绑定蒙皮，这样得到的效果会比较平滑，而且便于编辑权重。

（2）交互式绑定蒙皮。

这是 Maya 2013 版本升级后新增加的一项蒙皮方式。

打开“交互式绑定蒙皮”（Interactive Skin Bind Options）窗口，有以下选项可供选择。

①关节层级（Joint Hierarchy）

该选项下，选定的可变形对象将被绑定到从根关节到以下骨骼层次的整个骨骼，即使选择的是某些关节而不是根关节。绑定整个关节层次是绑定角色蒙皮的常用方法，这是默认设置。

②选定关节（Selected Joints）

该选项下，选定的可变形对象将仅被绑定到选定关节，而不是整个骨骼。

③对象层级（Object Hierarchy）

该选项下，选定的可变形几何体将被绑定到选定关节或非关节变换节点的整个层级，从顶部节点到整个节点层级。如果节点层级中存在任何关节，它们也会被包含在绑定中。通过该选项，可以将完整的几何体绑定片到节点，如组或定位器。

> 提示
>
> 当选择“对象层级”选项时，可以仅选择无法蒙皮的关节或对象（如组节点或定位器，而不是几何体片）作为绑定中的初始影响。

④在层次中最近（Closest In Hierarchy）

该选项下，指定关节的影响是基于骨架层级的，这是默认设置。

在角色设置中，此方法可以防止不恰当的关节影响。例如，该方法可避免右大腿关节影响左大腿上的邻近蒙皮点。

⑤最近距离（Closest Distance）

该选项下，指定关节的影响仅基于与蒙皮点的近似。当绑定蒙皮时，Maya 会忽略骨架层次。

在角色设置中，该方法可能会导致不恰当的关节影响，如右大腿关节影响左大腿上的邻近蒙皮点。

⑥热量贴图（Heat Map）

该选项下，使用热量扩散技术分发影响权重。基于网格中的每个影响对象设定初始权重，将该网格用作热量源，并向周边网格发射权重值。较高（较热）权重值最接近关节，向远离对象的方向移动时会降为较低（较冷）的值。

如图 1-44 所示，比较了使用三种不同绑定方法指定给角色左臂关节的默认权重。

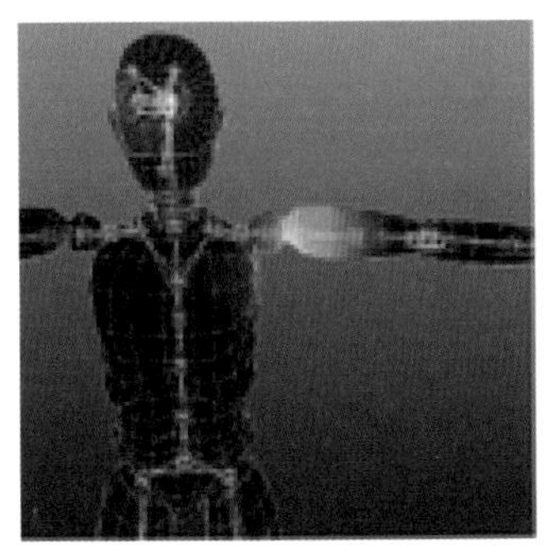

最近距离

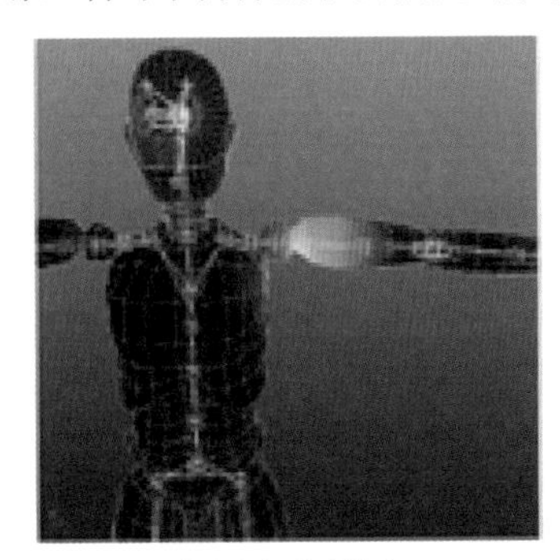

在层次中最近

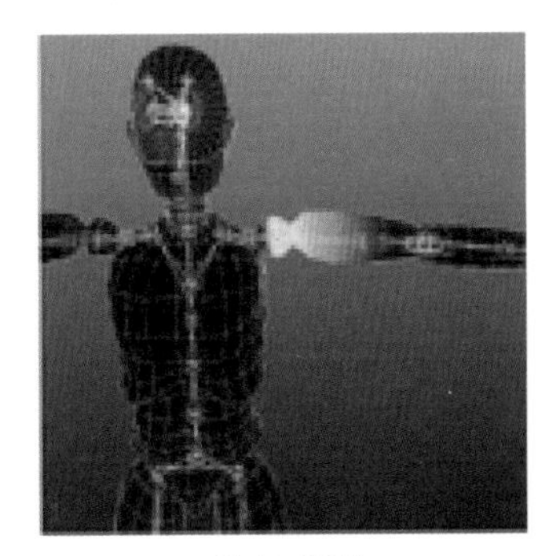

热量贴图

图 1-44

⑦包括方法（Include Method）

该选项用于确定如何将顶点包含在初始交互式绑定操纵器内。可从下列选项中选择。

最近体积（Closest Volume）：基于网格体积创建初始操纵器，通过更改体积操纵器的形状来影响其区域中模型顶点的权重大小。

按最小权重（By Minimum Weight）：基于给定的“最小权重”（Minimum Weight）创建初始操纵器。选择该选项后，可以在“最小权重”字段指定一个权重阈值，以便只有具有比该值更大的权重值的顶点才被包含在操纵器中。默认值为0.25。

⑧体积类型（Volume Type）

该选项选择要创建“胶囊”（Capsule）或“圆柱体”（Cylinder）的操纵器形状。

⑨经典线性（Classic Linear）

该选项将对象设定为使用经典线性蒙皮。如果希望使用基本平滑蒙皮变形效果，请使用该模式，它产生的效果与Maya以前版本中的效果一致。该模式允许产生体积收缩和收拢变形效果。如果将网格设定为线性蒙皮，那么在受到轴上扭曲关节影响的区域会产生体积丢失。

⑩双四元数（Dual Quaternion）

该选项将对象设定为使用双四元数蒙皮。如果希望在绕扭曲关节变形时保持网格中的体积不变，应使用该方法。

⑪权重已融合（Weight Blended）

该选项将对象设定为经典线性和双四元数的融合蒙皮，该融合蒙皮基于用户绘制的逐顶点权重进行贴图。

⑫最大影响（Max Influences）

该选项指定可影响平滑蒙皮几何体上每个蒙皮点的关节数量，默认值为5，将为大多数角色生成良好的平滑蒙皮效果。还可以通过指定衰减速率（Dropoff Rate）来限制关节影响的范围。

⑬保持最大影响（Maintain Max Influences）

该选项启用时，任何时刻平滑蒙皮几何体的影响数量都不得大于“最大影响”（Max Influences）指定的值。该功能将权重的再分布限制于特定数目，同时确保主关节是权重的接收关节。例如，如果将“最大影响”设定为3，然后为第四个关节绘制或设定权重，则会将其他三个关节之一的权重设定为0，以保持由“最大影响”指定的权重影响的总数量。

提示

如果在“属性编辑器”（Attribute Editor）中启用“保持最大影响”（Maintain Max Influences），蒙皮权重不会修改，直到单击“更新权重”（Update Weights）时才会重新指定。

2. 权重

对角色进行平滑绑定蒙皮，可以使模型得到较为平滑的蒙皮效果，但是会存在模型变形过大或变形错误的问题，这就需要通过修改权重的方法来达到想要的效果。什么是权重呢？简单地说，权重就是骨骼对模型的影响力度。那么如何来控制权重呢？通常可以使用绘制权重、精确编辑权重和添加影响物体的方法来编辑平滑蒙皮的权重。

1）绘制权重法（绘制蒙皮权重工具）

对模型的蒙皮权重进行修改时，需要选中该模型，然后选择“蒙皮”菜单“编辑光滑蒙皮”下的“绘制蒙皮权重工具”命令。这时鼠标会变为画笔模式，如图 1-45 所示。

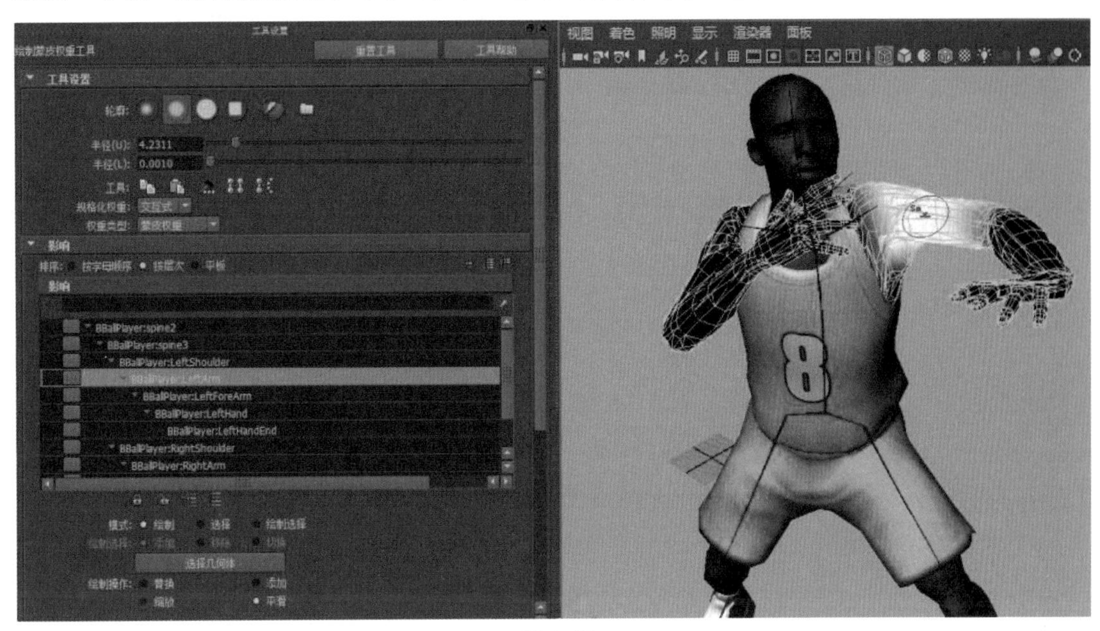

图 1-45

一般情况下，在绘制权重时，都需要打开“蒙皮”菜单“权重贴图”下的“绘制蒙皮权重”设置面板，对笔刷、骨骼等进行详细设置。

如果需要针对某关节骨骼的权重进行设置，那么在“影响”卷展栏下有蒙皮关节的列表，可以选择对应的关节进行蒙皮权重编辑，如图 1-46 所示。

在绘制权重之前，还需要了解权重显示方式，才能对权重值进行适当的修改。当选中某节骨骼时，模型中受这节骨骼影响的区域会以白色显示，代表权重值较高；不受这节骨骼影响的区域会以黑色显示，代表权重值较低；灰色部分是这节骨骼影响范围的过渡区域，即这部分模型上的点部分也受到这节骨骼的影响。

除了以黑白颜色显示外，Maya 还提供其他的权重显示方式。在“渐变”卷展栏中可以对显示方式进行设置，如图 1-47 所示。

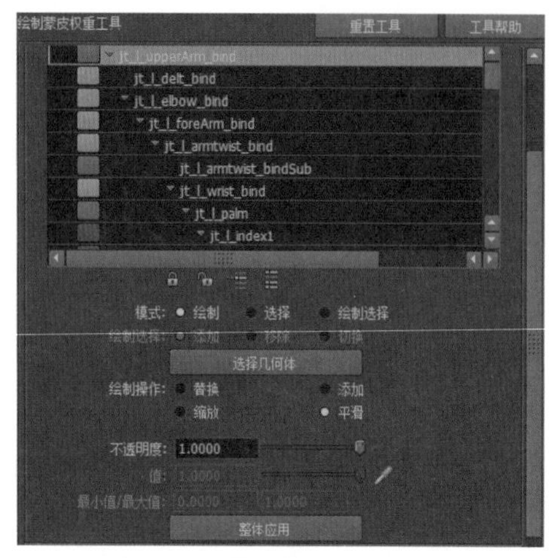

图 1-46

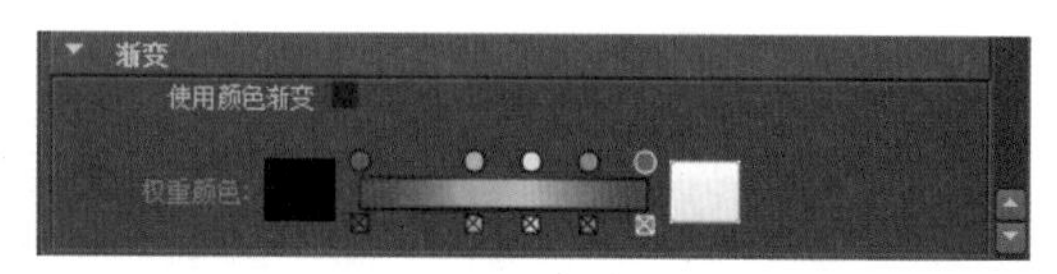

图 1-47

2）精确编辑权重法（组件编辑器）

编辑角色权重时，一定要清楚有哪些骨骼对所编辑部位有影响，再用这些骨骼分配该部位的权重。如果这个部位的权重受到其他骨骼的影响，则会导致权重混乱，影响动画效果。角色不同部位的运动范围是不同的，编辑权重时要从多个角度进行。例如，躯干、肩部、大臂、手腕、颈部都需要对前后左右四个方向的权重进行编辑，以确保每个方向都有光滑的弯曲效果。

有时会出现个别点无论使用笔刷如何修改，也很难达到理想权重效果的情况。Maya 也提供了针对这种情况的相应工具——组件编辑器。

选中模型，切换到点模式，选中某些点后，选择“窗口”菜单“通用编辑器”下的“组件编辑器”命令。打开组件编辑器，切换到“平滑蒙皮”选项卡，如图 1-48 所示。

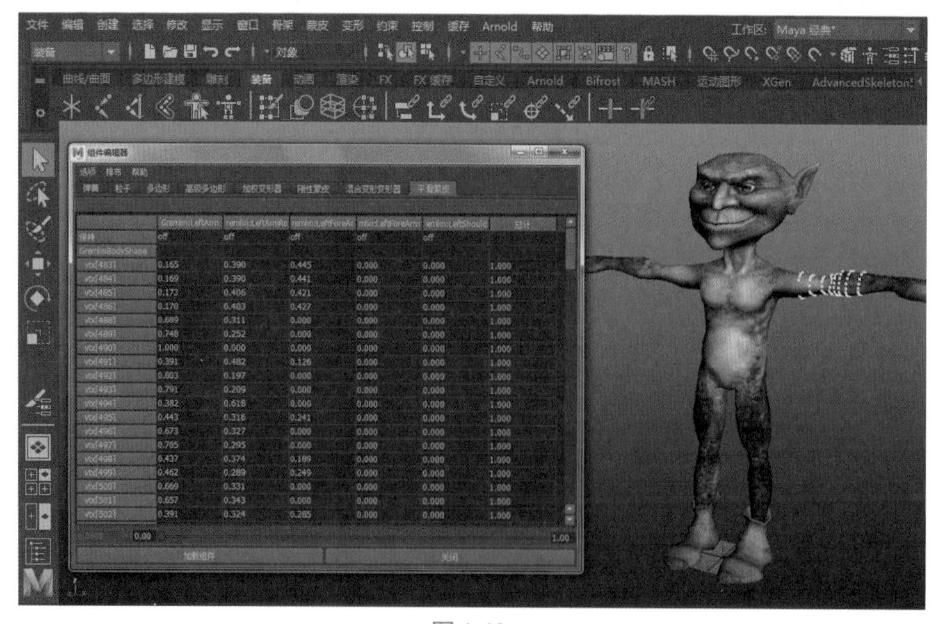

图 1-48

在组件编辑器中，可以清楚地看到每节骨骼在每个点上的权重值大小。例如，“vtx[483]”主要受到“gremlin_LeftForeArm”骨骼的影响，权重值为“0.445”，同时轻微受到其他骨骼的影响。如果希望这个点只受到“gremlin_LeftForeArm”骨骼的影响，可以选中“影响权重值”单元格，调整表格下方的滑块值为1，就对权重值进行了修改。

3）添加影响物体法修正权重

添加影响物体是为已经蒙皮的模型添加新的影响物体（如 Polygon 物体、NURBS 物体、Joint 等）的操作。新添加的物体与之前的影响物体同时起作用。

在对权重进行修正后，手肘内部的凹陷问题就得到解决了。但在真实的手臂弯曲过程中，肘部外侧因为骨骼的存在，会突出一个明显的骨点。要实现这种效果，就需要为模型添加影响物体。

打开“蒙皮”→“编辑平滑蒙皮”→“添加影响”命令的选项设置面板，了解相关参数设置，如图 1-49 所示。

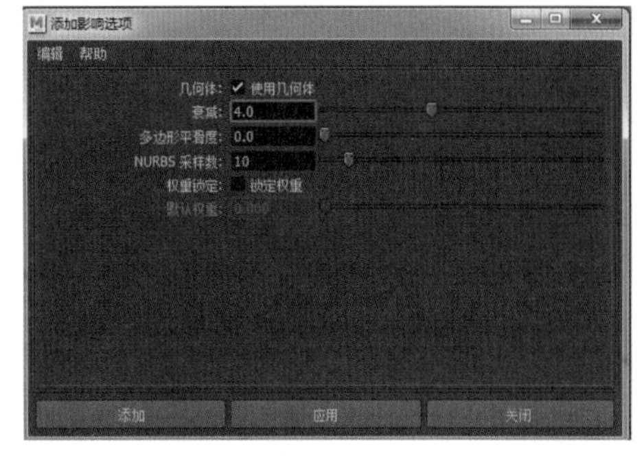

图 1-49

（1）几何体：默认选中。选中时可以使用几何体作为影响物体，并且多边形的位移、旋转、缩放等效果也会对模型产生影响。

（2）衰减：与平滑绑定中衰减属性的功能一致。

（3）多边形平滑度：指多边形影响物体对模型的影响的采样数值。

（4）NURBS 采样数：指 NURBS 影响物体对模型的影响的采样数值。

（5）权重锁定：选中该选项后就不可以手动绘制影响物体的权重，而是通过默认权重统一设置。

绘制权重是一项需要耐心和细心的工作，希望读者能够多加练习，这样才能更快、更熟练地掌握。

1.3.8　变形器系统

变形器（Deformer）是可用来操纵（建模时）或驱动（设置动画时）目标几何体的低级别组件的高级工具。在其他软件包中，对应的术语为“修改器”或者“空间扭曲”。

变形器可以在任何可变形对象上创建变形效果。可变形对象是其结构由控制点定义的任何对象。控制点包括 NURBS 控制顶点（CV）、多边形顶点、NURBS 曲线、NURBS 曲面、多边形网格和晶格，它们全部都是可变形对象。

1. Maya 中的变形器类型

使用 Maya 的变形器，用户可改变物体的几何形状。Maya 提供下列类型的变形。

融合（Blend）变形：使用融合变形可以使一个物体的形状逐渐转变为其他物体的形状。

晶格（Lattice）变形：使用晶格改变物体的形状。

簇（Cluster）变形：使用簇变形，用户可用不同的影响力来控制物体的点（CV、顶点或晶格点）。

弯曲（Bend）非线性变形：使用此命令可沿圆弧弯曲物体。

扩张（Flare）非线性变形：使用此命令可沿两条轴扩张或细化物体。

正弦（Sine）非线性变形：使用此命令可沿正弦曲线改变物体的形状。

挤压（Squash）非线性变形：使用此命令可压缩或拉伸物体。

扭曲（Twist）非线性变形：使用此命令可使物体变为螺旋状。

波浪（Wave）非线性变形：使用此命令，可用圆形正弦波来变形物体，并使物体产生波动效果。

抖动（Jiggle）变形：使用此命令可以让运动物体在速度发生变化的同时产生变形效果。

雕刻（Sculpt）变形：使用球形影响物体让物体变形。

线（Wire）变形：使用一条或多条曲线让物体变形。

褶皱（Wrinkle）变形：综合线变形和簇变形产生褶皱效果。

包裹（Wrap）变形：使用 NURBS 表面、NURBS 曲线或多边形网格让物体变形。

2. 可变形物体、点和集合

变形器可在所有可变形物体上创建变形效果。

对于任何物体，只要它的结构由控制点（Control Point）所定义，就可作为可变形物体。

控制点包括 NURBS 控制顶点（CV）、多边形顶点和晶格点。NURBS 曲线、NURBS 表面、多边形网格和晶格都是可变形物体。为了方便起见，控制点通常简称为点，可变形物体的控制点通常简称为可变形物体点。

角色模型可由一个可变形物体组成（如一个大的多边形面），也可由一组变形物体组成。当用户创建变形时，Maya 把所有的可变形物体点放置到一个集合（Set）中，称为变形集合（Deformer Set）。用户可对此集合进行编辑。

3. 节点、历史和变形顺序

可把 Maya 的场景当作一个节点网。每个节点由指定的信息和与信息相关的操作组成。每个节点都能以属性的方式接收、保持和提供信息。一个节点的属性可以与其他节点的属性相连，从而形成节点网。当用户在 Maya 中工作时，Maya 在不断地创建、连接、计算和销毁节点。无论何时，在工作空间看到的结果都是 Maya 对用户工作的节点网不断计算的结果。总之，在 Maya 中，用户的操作是以动态的、基于节点的体系结构为基础的。

4. 变形顺序定义

Maya 计算变形的顺序称为变形顺序。在使用变形功能时，记清节点的历史是非常重要的。一个变形所产生的变形效果在很大程度上取决于变形在节点历史中的位置，这是因为变形效果随着 Maya 计算变形顺序的不同而变化。

一般而言，用户可以对一个物体应用多个变形。因为变形效果取决于变形功能作用于物体的顺序，所以可创建多种效果。例如，针对一个 NURBS 圆柱，如果用户先创建弯曲变形后创建正弦变形，会得到一种效果；如果用户先创建正弦变形后创建弯曲变形，则会得到另一种效果。通常，在系统默认设置下，变形功能作用于可变形物体的顺序就是变形被创建时的顺序，先创建的变形先作用于原始形状，后创建的变形后作用于原始形状。

Maya 计算变形的过程是从创建节点开始，按顺序一直计算到最终的形状节点，节点的相互连接通常称为“变形链”。注意，在创建一个变形后，用户可通过改变变形顺序来编辑变形节点的放置。

5. 变形放置的类型

变形放置的类型如图 1-50 所示。

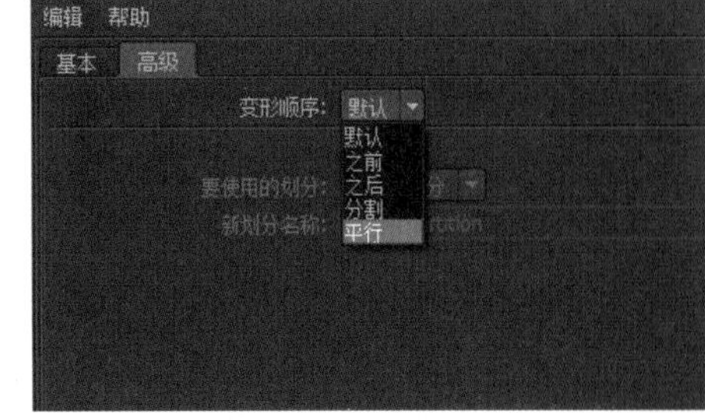

图 1-50

1）默认放置（Default）

使用默认放置时，Maya 把变形器节点放置在形状节点的上游。默认放置与之前放置类似，除非变形作用于没有历史的形状节点上，在这种情况下，默认放置与之后放置相同。当用户使用默认放置为物体创建多个变形时，会产生一条变形链，变形链的顺序与创建变形的顺序相同。

2）之前放置（Before）

使用前置选项时，在创建变形后，Maya 会立即将变形器节点放置在可变形物体的被变形形状（Shape）节点的上游（之前）。在物体的历史中，变形将被放置在被变形形状节点的前面。

3）之后放置（After）

使用后置选项时，Maya 会立即将变形器放置在可变形物体变形形状（Shape）节点的下游（之后）。用户可使用后置功能在物体历史的中间创建一个中间变形形状。注意，使用后置功能时，物体的原始形状不被隐藏。

4）分割放置（Split）

使用分割放置时，Maya 把变形分成两条变形链。通过使用分割放置，能同时以两种方式使一个物体变形，根据一个原始形状创建两个最终形状。

5）平行放置（Parallel）

使用平行放置时，Maya 将把创建的变形和物体历史的上游节点平行放置，然后将现存上游节点和变形提供的效果融合在一起。平行融合节点（默认名为 parallelBlendern，也就是把现存上游节点和新变形的效果融合在一起的节点）和新的变形节点将一同被放置在最终形状节点的前面。

当用户想融合同时作用于一个物体的几个变形效果时，平行放置是非常有用的。例如，如果对于一些物体，使用系统默认的设置创建一个弯曲变形，然后使用平行放置创建一个正弦变形，便可直接控制每个变形对物体的影响程度，融合每个变形的效果。

平行融合节点为每个变形提供了一个权重通道，用户可编辑平行融合节点的通道。

6）前端放置（Front Of Chain）

前端放置选项仅作为融合变形的创建选项。融合变形的一个典型用途是在一个蒙皮角色上创建变形效果。前端放置能确保融合变形效果在蒙皮提供的变形作用之前作用于物体。如果作用顺序颠倒，当用户摆放骨骼姿势时，就将出现不必要的双倍变形效果。通过使用前端放置功能，可以使得在可变形物体的形状历史中，融合变形总是在所有其他变形和蒙皮节点的前面。

6. **其他变形器**

其他变形器如图 1-51 所示。

1）融合变形

融合变形至少需要两个结构相似、形状不同的物体。使用融合变形可以产生从一个形状到另一个形状的过渡效果。融合变形的一种典型用法就是制作角色表情动画，先制作出一系列有表情的头部模型（称为目标体），再将融合变形添加到一个没有表情的头部模型上（称为变形体），如图 1-52 所示。

图 1-51

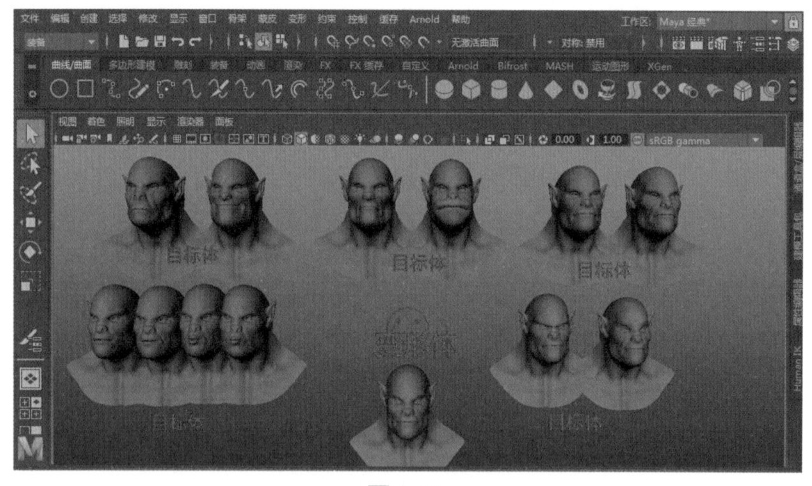

图 1-52

选择“窗口”菜单“动画编辑器”下的“融合变形”选项，通过拖动滑块调节变形，可以对角色的表情进行动画关键帧的设置。角色由默认表情变成微笑表情，如图 1-53 所示。

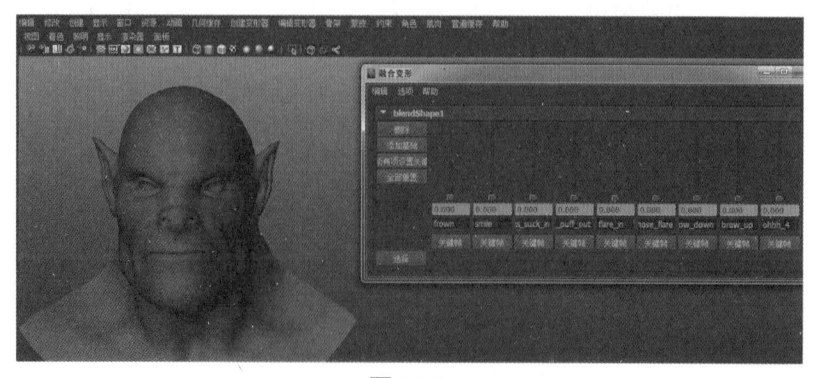

图 1-53

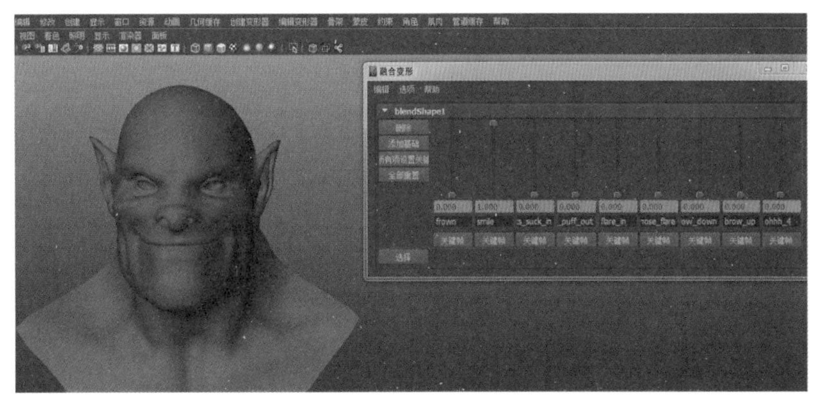

图 1-53 （续）

2）晶格变形

晶格是一种点结构，可以对任何对象执行自由形式变形。用户可以通过移动、旋转或缩放晶格结构，或通过直接操纵晶格点编辑晶格来创建变形效果。晶格变形由两部分组成：基础晶格和影响晶格，如图 1-54 所示。术语“晶格”一般指影响晶格。通常，用户可以通过编辑晶格变形器的任意属性创建变形效果。在系统默认设置下，将基础晶格隐藏，以便用户把注意力放在影响晶格的操作上。但是要记住，变形效果取决于影响晶格和基础晶格之间的关系。

基础晶格

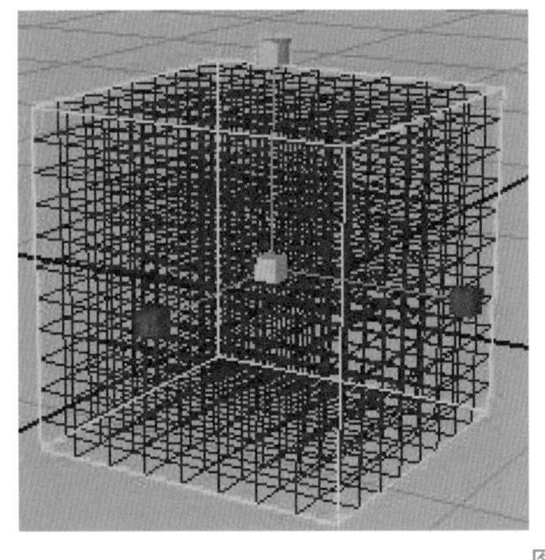

影响晶格

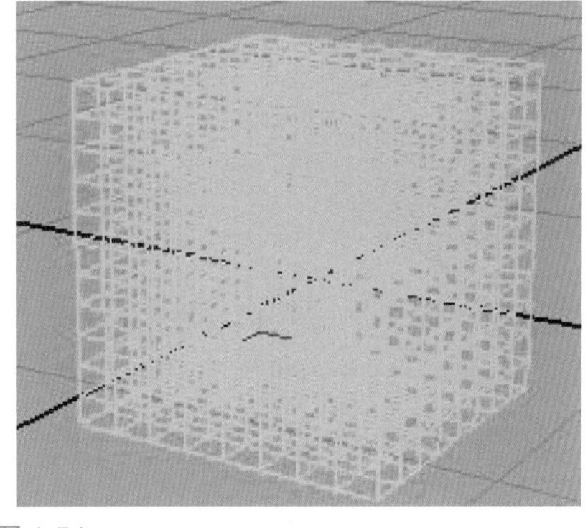

图 1-54

如果物体完全处于基础晶格之外，那么它将不受变形影响。注意，尽管物体可以受晶格影响而被移走，但基础晶格仍然计算的是最初物体所在的位置，如图 1-55 所示。

（1）编辑基础晶格。

当基础晶格不被选择时，它是不可见的。用户可以移动、旋转或缩放基础晶格。与影响晶格不同的是，基础晶格没有晶格点。

（2）重设影响晶格点和去除扭曲。

①重设影响晶格点：选择“编辑变形”菜单“晶格”下的“重置晶格”命令。当影响

晶格产生了“空间变换”和“扭曲”时，可以用“重置晶格”命令来清除对影响晶格所做的一切调整，使它恢复到基础晶格的位置和形状。

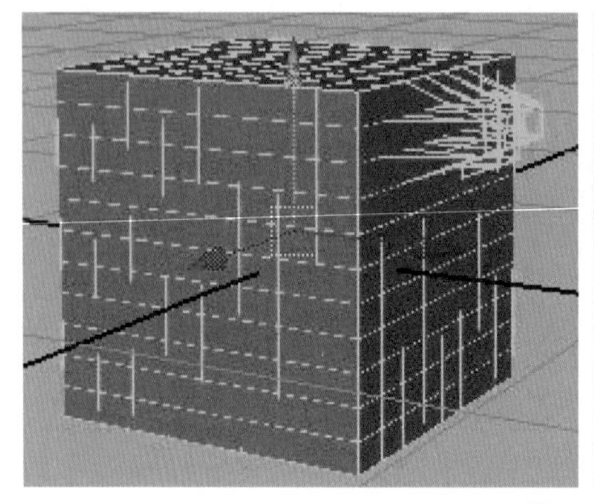
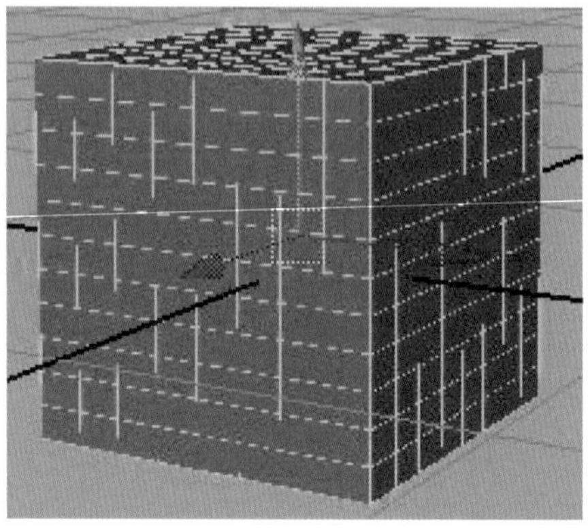

图 1-55

②去除扭曲：选择“编辑变形”菜单“晶格”下的“移除晶格调整”命令。当影响晶格产生了“扭曲”时，可以用该命令来使晶格点恢复到局部空间的原始位置。如果同时出现了“空间变换”，此命令就无法同时使它恢复到基础晶格的位置和形状，如图 1-56 所示。

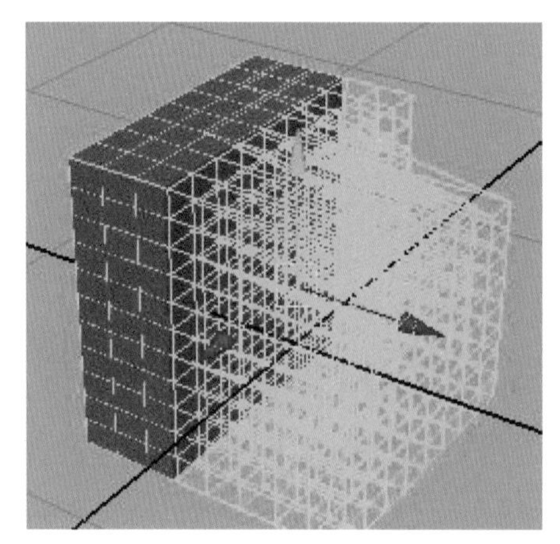
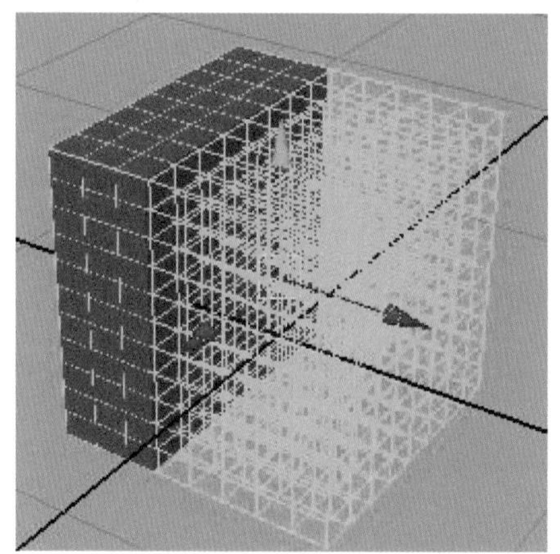

图 1-56

（3）晶格影响范围。

晶格变形的效果通常取决于物体是否在基础晶格（默认名为 ffdnBase）的内部。如果物体完全处于基础晶格的外部，那么没有变形影响，这是因为晶格变形是基于基础晶格、影响晶格和物体在晶格内位置之间的空间关系计算影响效果，如果物体完全处于基础晶格的外部，那么 Maya 就无法计算变形效果。同样，如果物体仅有部分处于晶格内，那么只有处于基础晶格内的元素（如 CV 点）受到影响晶格的影响。

3）簇变形

一个簇变形创建一个组，组中的元素是由选择的点（NURBS 的 CV 点、多边形顶点、细分面点或晶格点）组成。可以为每个点设置权重，当使用“变换”工具（如移动、缩放、旋转）变换簇变形时，簇变形组中的点因权重不同而发生不同程度的改变。

提示

在创建变形后，应该避免改变变形物体的数目（例如，CV点、顶点或晶格点）。改变变形物体的数目可导致意想不到的后果。在开始使用变形前，应尽量满足可变形物体的拓扑结构。

例如，当门受到敲击时，用户可创建一个簇变形，使门的中间部分产生轻微弯曲的变形效果。

要改变簇的变形效果，可以通过绘制成员工具（Paint Set Membership Tool）为簇的成员绘制权重。

（1）添加（Add）：添加成员到指定变形器。

（2）转移（Transfer）：如果物体上有多个变形器，转移操作就会将绘笔扫过的CV点或顶点从当前所属变形器中移除，再将它们添加到指定变形器中。

（3）移除（Remove）：移除操作将已绘制的CV点或顶点从它们所属的变形器中移除，被移除的可控制或顶点不再受任何变形或关节影响。

在绘制簇变形器后可以给每个成员设置一个百分比，控制簇变形器对成员点的变形影响力，这个百分比称为权重。白色区域为完全受簇变形器影响的区域，黑色区域为完全不受影响区，灰色区域为影响过渡区，如图1-57所示。

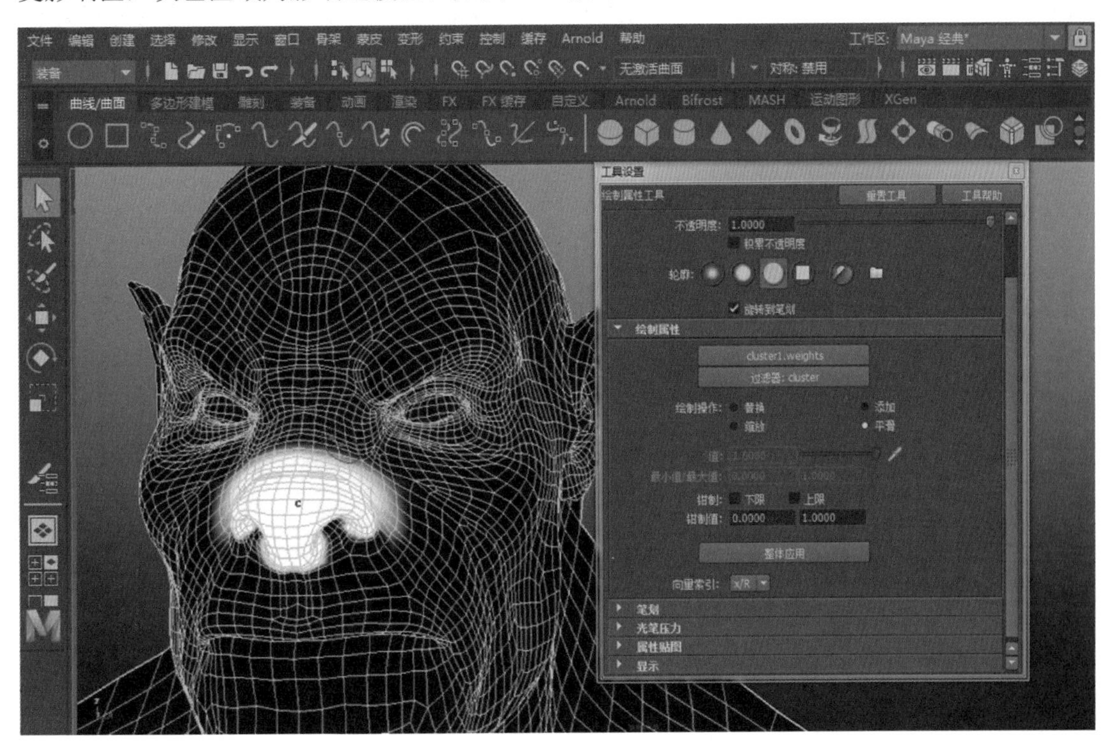

图1-57

要更改点的权重值，可以到“窗口”（Window）菜单下“常规编辑器”（General Editors）的“组件编辑器”（Component Editor）中找到簇点权重值，通过拖动滑块来控制点的权重大小，如图 1-58 所示。

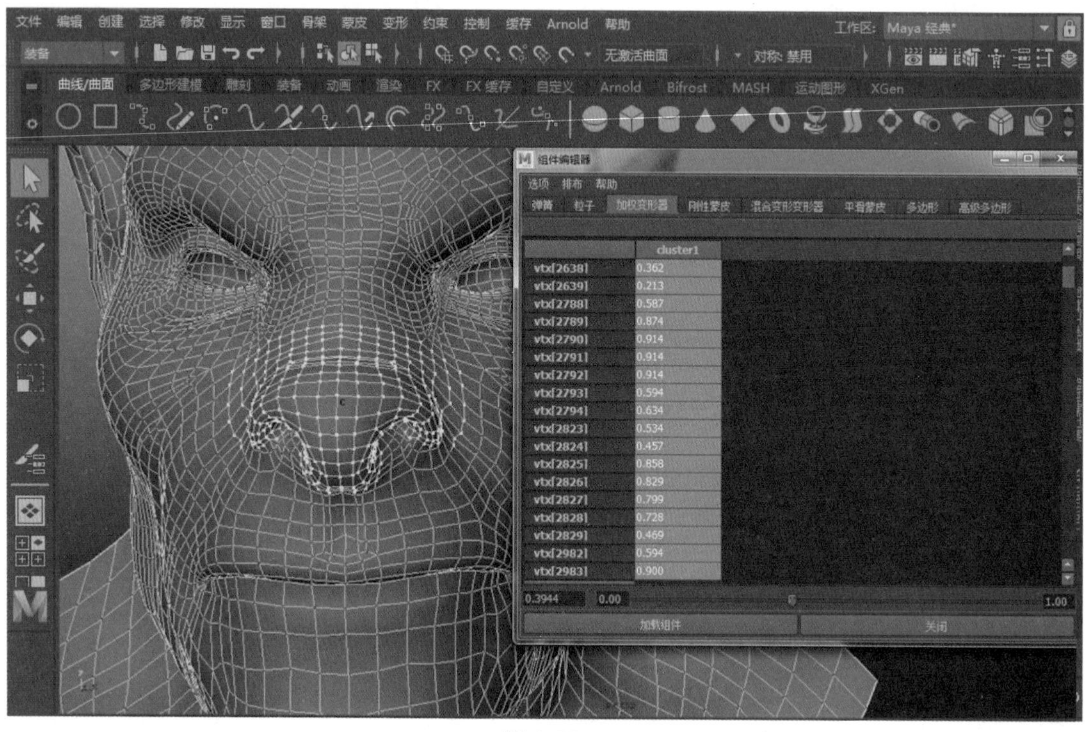

图 1-58

4）非线性变形

“创建变形”（Create Deformers）菜单下的非线性变形（Nonlinear）包括六个变形器，如图 1-59 所示。

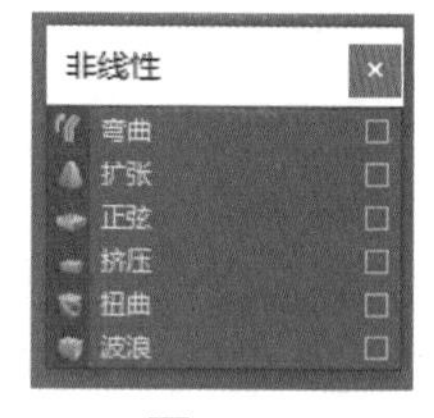

图 1-59

（1）弯曲。

使用弯曲变形器，将一个对象按圆弧均匀弯曲。变形效果可以施加给整个对象，也可以施加给对象局部，如图 1-60 所示。

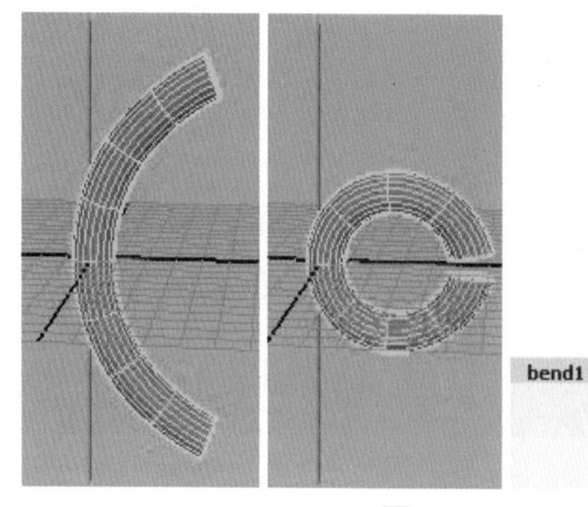

图 1-60

【参数设置】

Envelope（封套）：值为 1 时，影响变形；值为 0 时，不影响。

Curvature（曲率）：设置弯曲的程度，可取正值也可取负值，正负值对应的弯曲方向相反。

Low Bound（下限）：设置变形器沿自身轴向影响范围的下限位置，此值为负值。

High Bound（上限）：设置变形器沿自身轴向影响范围的上限位置，此值为正值。

（2）扩张。

扩张变形器用来将变形对象沿指定轴向的两端进行不等比缩放，如图 1-61 所示。

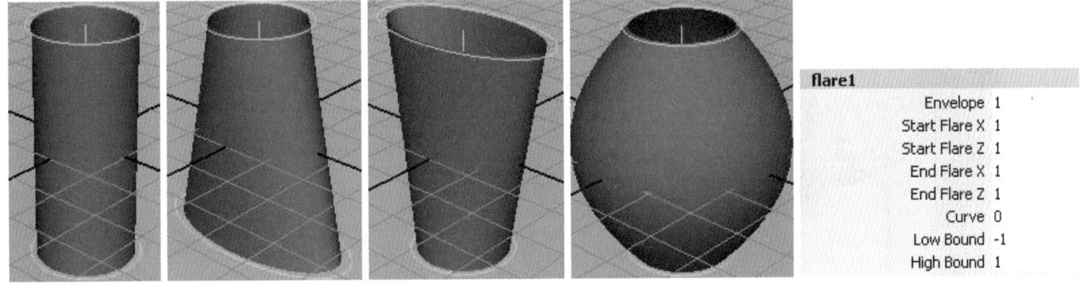

图 1-61

【参数设置】

Start Flare X（开始扩张轴 X）：设置变形器在下限位置沿自身局部坐标 X 轴的扩张或收缩的比例。

End Flare X（结束扩张轴 X）：设置变形器在上限位置沿自身局部坐标 X 轴的扩张或收缩的比例。

Curve（曲线）：设置在下限和上限之间的过渡形式（扩张曲线的侧面形式）。

（3）正弦。

正弦变形器使变形对象产生类似正弦曲线的变形效果，如图 1-62 所示。

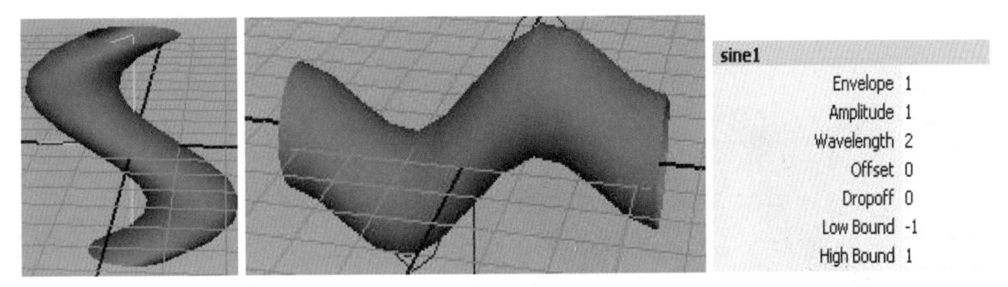

图 1-62

【参数设置】

Amplitude（振幅）：设置正弦曲线的振幅（波起伏的最大值）。

Offset（偏移）：设置正弦曲线与变形器手柄中心的位置关系。改变该值可创建波动效果。

Dropoff（衰减）：设置振幅的衰减方式。若值为负，则振幅向变形器手柄的中心衰减；若值为正，则振幅从变形器手柄中心向外衰减。

（4）挤压。

挤压变形器可挤压或拉伸对象。此变形器可以对整个对象操作，也可以对一个对象的局部操作，如图 1-63 所示。

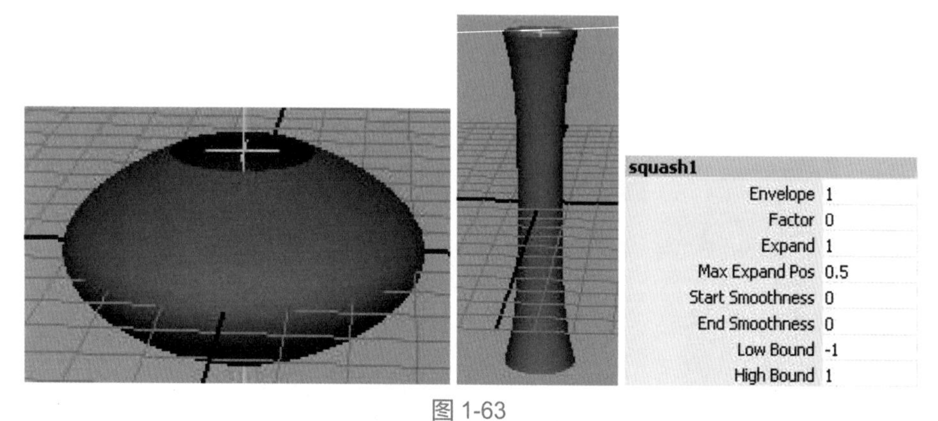

图 1-63

【参数设置】

Factor（系数）：设置挤压或拉伸的系数。若值为负值，则沿变形器的局部 Y 轴挤压；若值为正值，则沿变形器的局部 Y 轴拉伸。

Expand（扩张）：挤压时设置向外的扩张值，拉伸时设置向内的压缩值。值为 0 时，不扩张也不压缩。默认值为 1.0000。

Max Expand Pos（最大扩张位置）：设置上、下限位置之间最大扩张点的位置。

Start Smoothness（初始平滑值）：设置下限位置的平滑数量（沿变形的局部负向轴）。

End Smoothness（终点平滑值）：设置上限位置的平滑数量（沿变形的局部正向轴）。

（5）扭曲。

扭曲变形器可扭曲对象的形状。此变形器可以对整个对象操作，也可以对一个对象的局部操作，如图 1-64 所示。

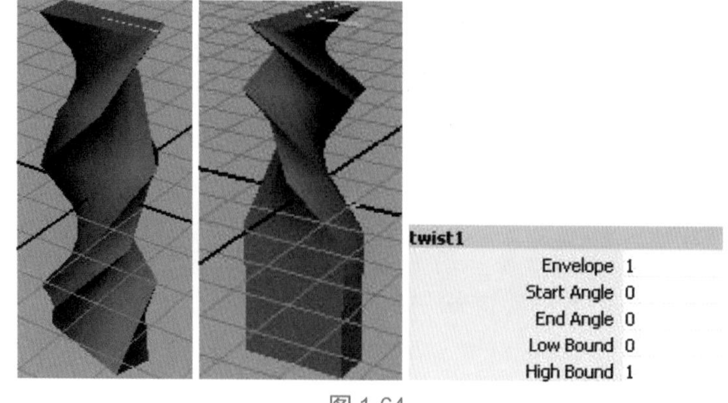

图 1-64

【参数设置】

Start Angle（开始角度）：设置变形器在对象的局部 Y 轴负向下限位置的扭曲度数。

End Angle（结束角度）：设置变形器在对象的局部 Y 轴正向上限位置的扭曲度数。

通用变形系数 Envelope

所有的变形器都有一个名为 Envelope（封套）的参数，它是一个系数。在每个变形器参数控制的变形基础上乘以这个数，就得到最终的变形结果。如果 Envelope 值为 0，就意味着这个变形器的所有参数都失效了。Envelope 经常用来临时去掉某个变形器的参数的作用，因为只需要修改一个参数就可以将一个变形器的作用删除或恢复，所以使用起来很方便。

（6）波浪。

波浪变形器使变形对象产生环形波纹，从一个截面上看，它与正弦变形器的效果是一样的，但波浪变形器同时还沿环形变形，如图 1-65 所示。

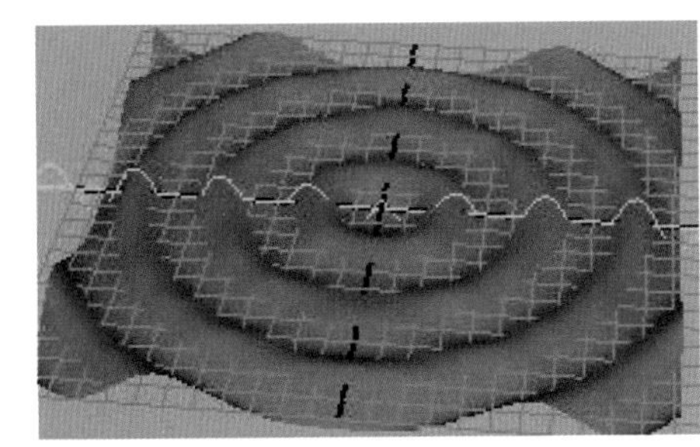

wave1	
Envelope	1
Amplitude	0.1
Wavelength	0.3
Offset	1.4
Dropoff	1
Dropoff Position	0.4
Min Radius	0
Max Radius	1.1

图 1-65

【参数设置】

Amplitude（振幅）：设置波浪的振幅（波起伏的最大值）。

Wavelength（波长）：设置沿变形器的局部 Y 轴的正弦曲线频率。波长减小，频率增大；波长增大，频率减小。

Offset（偏移）：设置正弦曲线与变形器手柄中心的位置关系。改变该值可以创建波动效果。

Dropoff（衰减）：设置振幅的衰减方式。值为负时，振幅向变形器手柄的中心衰减；值为正时，振幅从变形器手柄中心向外衰减。

Dropoff Position（衰减位置）：控制波浪变形时是向内衰减还是向外衰减。值为 0 时，向外衰减；值为 1 时，向内衰减。

Min Radius（内径）：设置波浪变形器影响范围的最近距离，即变形内径。

Max Radius（外径）：设置波浪变形器影响范围的最远距离，即变形外径。

5）抖动变形

抖动变形器可以让运动物体在速度发生变化的同时产生变形效果。（例如，摔跤手腹部的抖动，头发的抖动，昆虫触角的振动。）

抖动变形器可以应用于整个物体，也可以应用于指定的局部点。可使用抖动变形器的点包括 CV 点、晶格点或多边形与细分表面的顶点。可以为同一个物体建立两个或更多的抖动变形，也可以简单地在局部点上应用变形，然后调整权重。可调整的参数如图 1-66 所示。

（1）刚度：设置抖动的刚度，取值范围为 0 ～ 1。

（2）阻尼：较高的值会降低弹性，弱化抖动；较低的值会增加弹性。

（3）权重：控制整体抖动的程度。

①仅在对象停止时抖动：抖动仅发生在移动物体停止运动或静止物体开始移动时，物体移动过程中没有抖动。

②忽略变换：抖动变形器仅响应组元点的动画，而不响应物体变换节点的动画。

6）雕刻变形

使用雕刻变形操作时，可使用内置的线框球或任何 NURBS 物体作为影响物体。这个内置球形影响物体被称为造型球，通过操纵影响物体可以修改变形对象的外形。

雕刻变形可以创建各种类型的圆形变形效果。例如，设置角色的面部动画时，使用雕刻变形可控制人物下巴、眉毛或面颊的动作。

雕刻变形模式包括翻转、投影、拉伸，如图 1-67 所示。

图 1-66

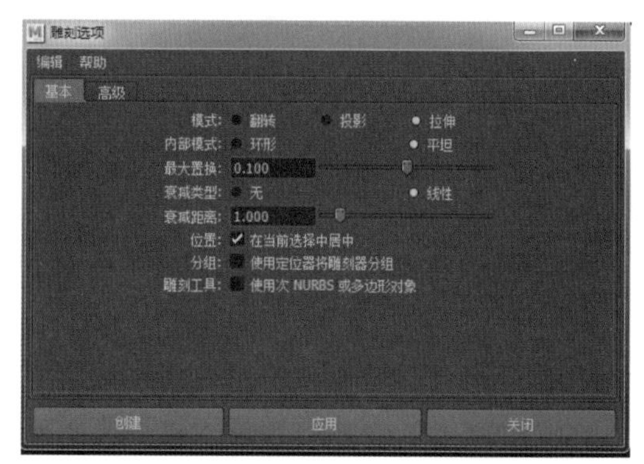

图 1-67

7）线变形

线变形用一条或多条曲线控制物体变形。简单的线变形用一条或多条 NURBS 曲线作为变形操作器来改变可变形物体的形状，如图 1-68 所示。

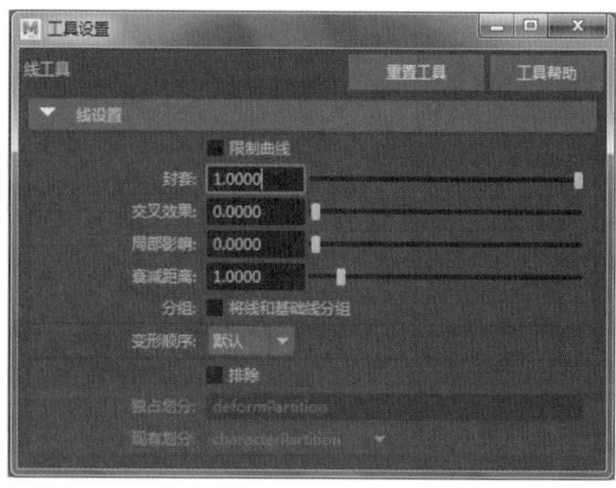

图 1-68

（1）创建简单的线变形。

新建一个场景，包括一个平面、一条曲线。

选择“变形”菜单下的“线变形工具”命令。

在“工具设置”窗口中单击“重置工具”按钮。

关闭工具设置面板。此时注意，光标变为“+”字形，表示正在使用线变形工具。

选择变形对象并按 Enter 键。

选择曲线并按 Enter 键。

修改影响线，变形对象的形状会发生相应的变化，如图 1-69 所示。

（2）创建加限制线的线变形，如图 1-70 所示。

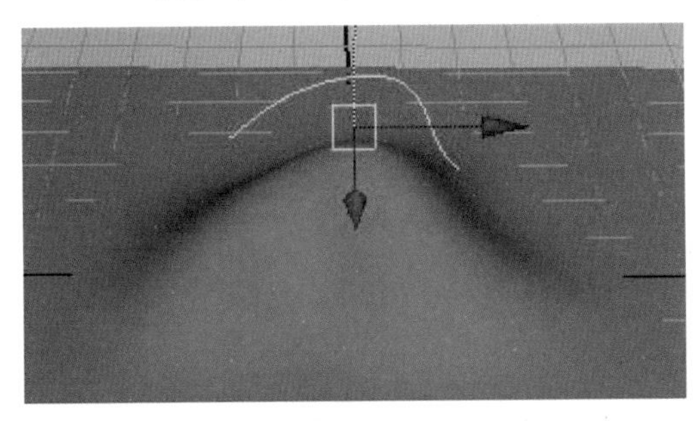

图 1-69

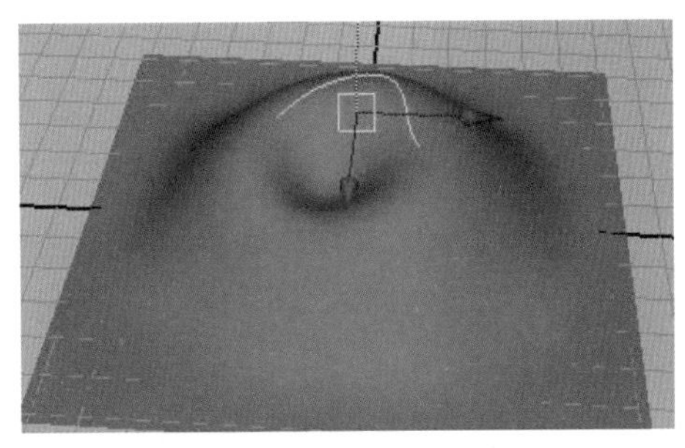

图 1-70

创建一个 NURBS 平面，包括一条曲线和一条圆环曲线。执行 Deform“变形”菜单下的“线变形工具”命令，打开“工具设置”窗口，在窗口中勾选限制曲线，再关闭“工具设置”窗口，此时鼠标指针变为十字形，表示正在使用线变形。选择变形对象并按 Enter 键；选择影响线并按 Enter 键；选择环形线并按 Enter 键；最后在工作空间单击鼠标空选，并按 Enter 键。

（3）编辑变形效果：选择“编辑变形器”菜单下的“线”命令，如图 1-71 所示。

（4）选择绘制线权重工具，如图 1-71 所示。

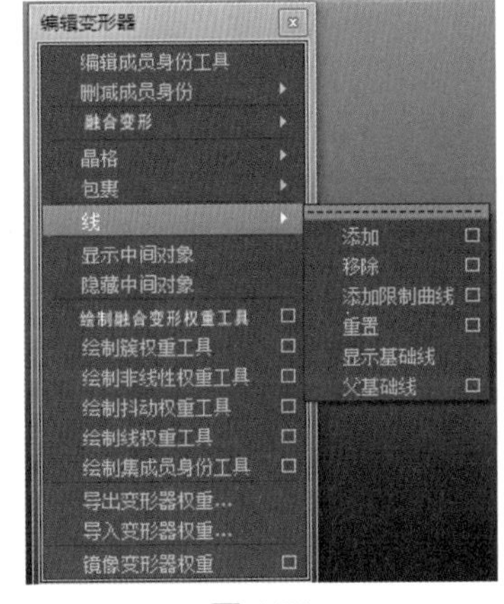

图 1-71

8）褶皱变形

褶皱变形工具包括簇变形和一个或多个线变形，褶皱变形对于建立细致的褶皱效果是非常有用的。褶皱变形提供了线变形簇，可通过控制整个线变形簇或操纵单个线变形创建变形效果，如图 1-72 所示。

（1）选择一个或多个 NURBS 表面。

（2）选择“变形”菜单下的“褶皱工具”命令，NURBS 表面边缘显示出一个红色方框，方框上标有 UV 字样，表明当前直接新建褶皱变形器的影响区域。

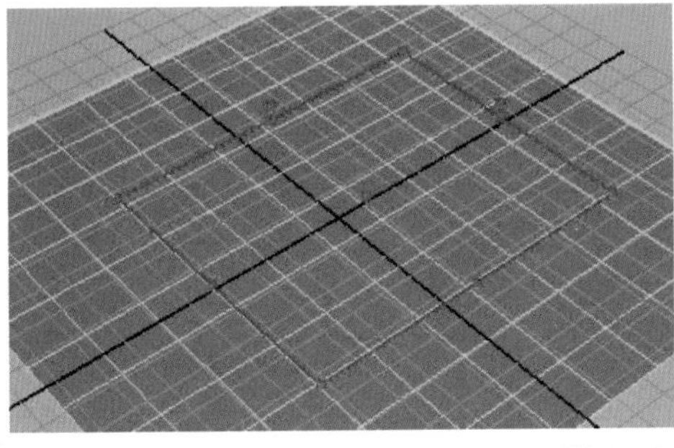

图 1-72

（3）调整 UV 区域。用鼠标中键拖动红色方框每条边的中间可进行区域的缩放，用鼠标中键拖动角上圆点可旋转区域，用鼠标中键拖动 UV 区域中心可移动区域。

（4）按 Enter 键，在变形区域中心出现一个簇变形器操作手柄的标记“C”。

9）包裹变形

包裹变形的操作对象为 NURBS 表面、NURBS 曲线、多边形表面或晶格变形器。包裹变形用影响物体的形状和空间变换变形对象的形状，如图 1-73 所示。

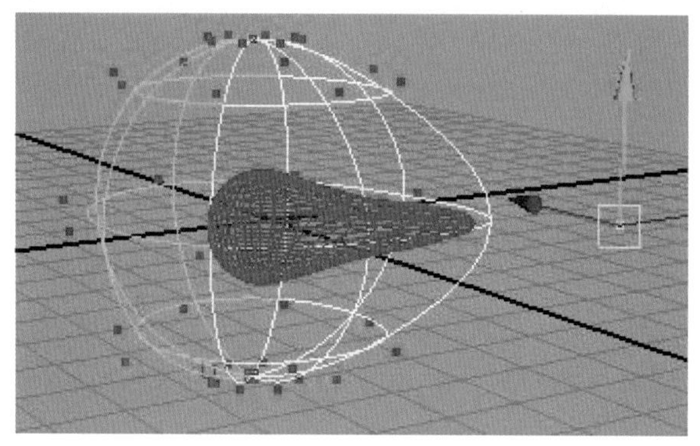

图 1-73

先选高分辨率球体，再加选低分辨率球体。最大距离值为 2，单击“创建”（Create）。现在低分辨率球是包裹影响物体。选择低分辨率球的一些 CV 点并移动，高分辨率球发生相应的形状变化。

以上讲述了角色绑定环节必须掌握的基础命令和应用。本章节的内容虽然基础，却非常重要，希望读者朋友们熟练掌握。只有把本章内容融会贯通，才能为学习后面章节的高级角色绑定技术奠定基础。

本章总结

本章介绍了三维 Maya 软件及应用领域，详细阐述了三维动画的制作流程。本章应重点掌握绑定的概念，绑定的合理标准，角色绑定环节必须掌握的基础命令，包括组的概念、父子关系、大纲视图、骨骼系统、FK 与 IK、约束系统、蒙皮系统、变形器系统。

第2章 直升机绑定

本章学习目标

1. 学习直升机绑定思路
2. 学习创建关节与创建分组
3. 掌握建立父子关系与建立约束关系
4. 掌握直升机的绑定流程

本章带领读者进行机械类载具——直升机绑定案例的学习，重点学习在 Maya 软件绑定过程中如何建立分组，如何建立父子关系与如何建立父子约束。通过学习直升机绑定的制作思路，读者可以熟练掌握直升机绑定的制作流程。

直升机绑定的制作思路如下：

- 了解直升机结构及飞行原理。
- 对直升机模型进行创建分组，分别修改轴心。
- 创建直升机控制器，分别给直升机组和控制器建立父子关系。
- 创建直升机组和控制器之间的约束关系。

2.1 直升机绑定分析

在学习直升机绑定之前，需要了解关于直升机的结构、飞行原理、空气动力学、飞行力学以及机械构造等很多方面的知识。首先来了解一下直升机的分类。直升机按结构形式可分为单旋翼直升机和双旋翼直升机，单旋翼直升机又分为单旋翼有尾桨直升机和单旋翼无尾桨直升机；双旋翼直升机又分为纵列式双旋翼直升机、横列式双旋翼直升机、交叉式双旋翼直升机和共轴式双旋翼直升机。直升机主要由机体和升力（含主旋翼和尾旋翼）、动力、传动三大系统以及机载飞行设备等组成。直升机上仅配有一套主旋翼，为克服主旋翼的反作用力矩并实现方向控制，在机身尾部安装了尾旋翼，这是当今应用最广泛，技术最成熟和数量最多的直升机结构形式。直升机基本部件如图 2-1 所示。

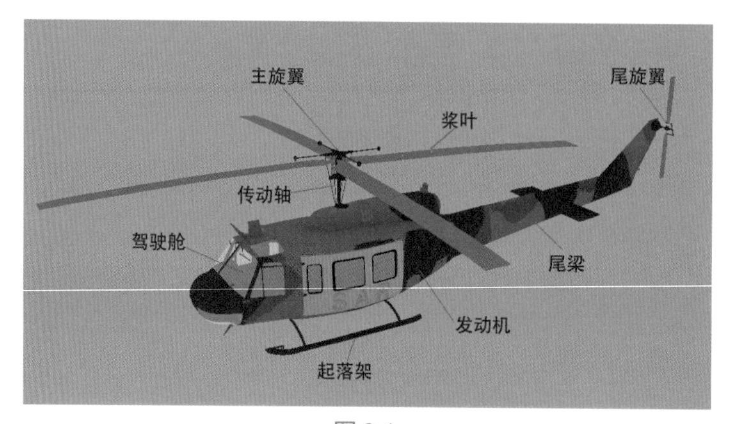

图 2-1

接下来介绍一些关于直升机飞行的基本知识。

直升机的飞行原理是：直升机发动机驱动旋翼提供升力，把直升机托举在空中，通过旋翼驱动直升机倾斜来改变方向。螺旋桨的转速影响直升机的升力，直升机可以由此实现垂直起飞。直升机飞行时，旋翼的桨叶会形成一个带有一定锥度的底面朝上的大锥体，称为旋翼锥体。旋翼的拉力垂直于旋翼锥体的底面，如图 2-2 所示。

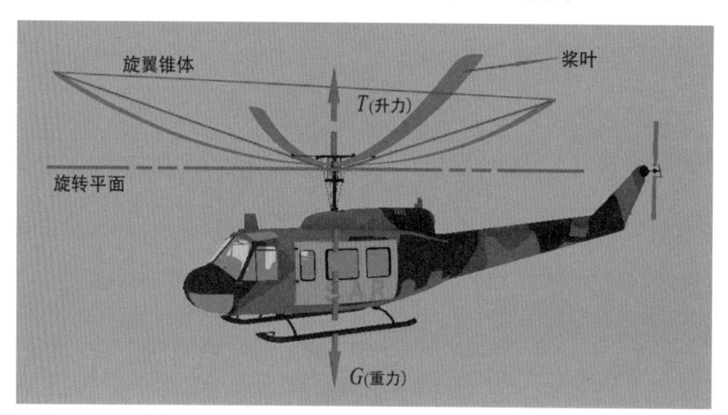

图 2-2

直升机在地面停放时，旋翼的桨叶会因为自身重量的作用呈自然下垂状态，如图 2-3 所示。直升机飞行时，旋翼不断旋转，空气流过桨叶上表面，流管[①]变细，流速加快，压力减小；空气流过桨叶下表面时，流管变粗，流速变慢，压力增大。这样一来，桨叶的上下表面就形成了压力差，在桨叶上产生一个向上的拉力。拉力的大小受到很多方面的影响，如桨叶与气流相遇时的角度、空气密度、机翼的大小和形状，以及和气流的相对速度等。各桨叶拉力之和就是旋翼的升力。

飞行员通常利用操纵杆操纵直升机的上升、下降和水平飞行。当向上的升力大于直升机自身重量时，直升机就会上升；当向上的升力小于直升机自身重量时，直升机就会下降；当向上的升力与直升机重量刚好相等时，直升机就会悬停或水平飞行，如图 2-4 所示。

---

① 流管：在运动流体空间内作一微小的闭合曲线，通过该闭合曲线上各点的流线围成的细管。

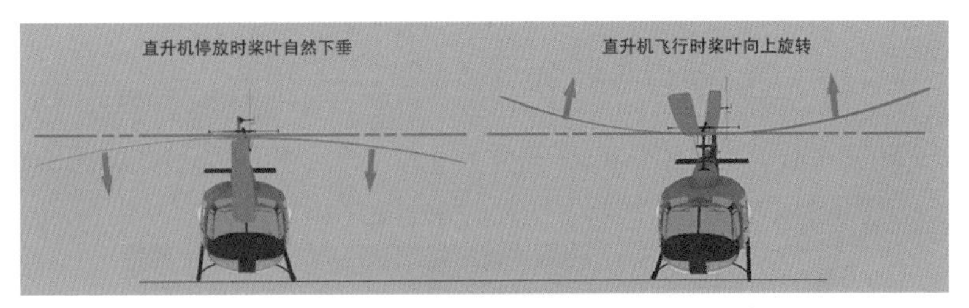

图 2-3

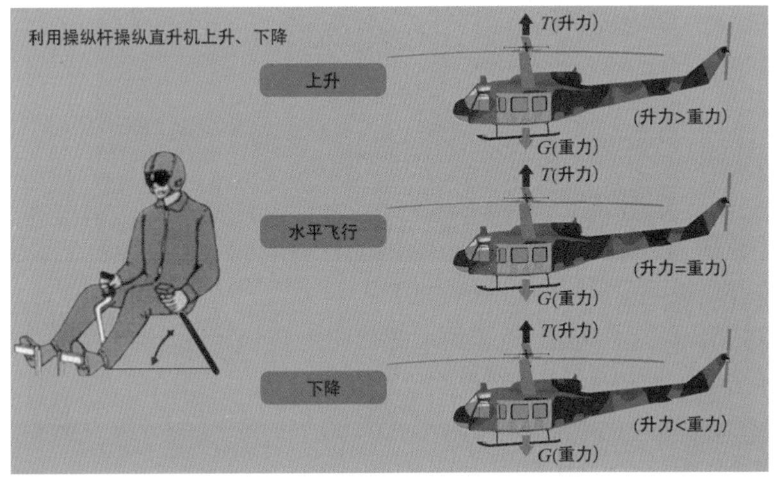

图 2-4

通过控制旋翼锥体向前后左右各方向的倾斜，就可以改变旋翼升力的方向，从而操纵直升机向不同方向飞行。通过控制尾旋翼“拉力”或“推力”的大小，可以达到使直升机偏转的目的，从而实现直升机的转向。通过控制旋翼和尾翼就可以使直升机上升、下降、悬停、前飞、侧飞以及转弯，如图 2-5 所示。

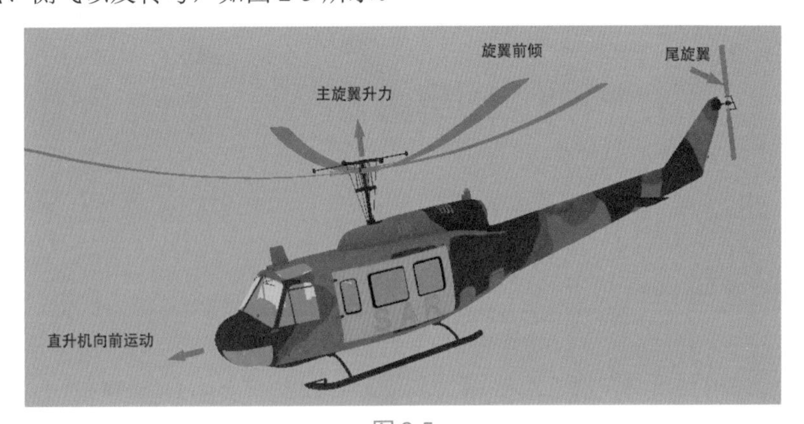

图 2-5

接下来开始直升机案例的绑定操作。

2.2 直升机创建关节

01 导入直升机模型，执行“文件”菜单下的“打开”命令打开场景，如图 2-6 所示。

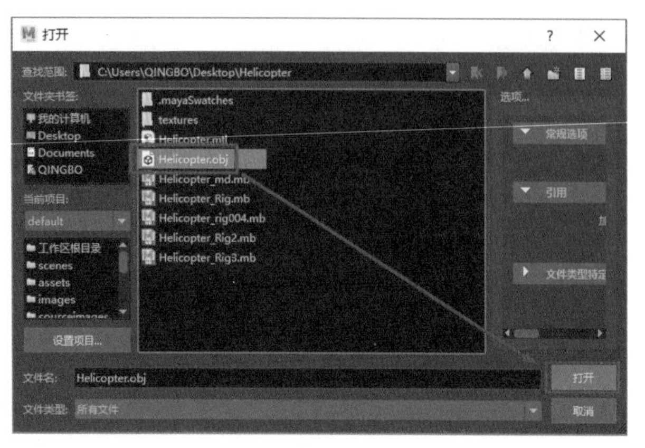

图 2-6

02 在场景中选择直升机前螺旋桨的模型，使用 Ctrl+G 快捷键建立分组并在大纲视图中将其命名为 Roll_front，如图 2-7 所示。

图 2-7

03 选择前螺旋桨组，执行“修改”菜单下的“中心枢轴”命令，将坐标恢复至前螺旋桨组中心处，如图 2-8 所示。

04 将组的轴心显示出来，执行“显示”菜单下“变换显示”选项下的“局部旋转轴”命令，如图 2-9 所示。

05 在大纲视图中选择 Roll_front 组，然后使用 Ctrl+H 快捷键将前螺旋桨组模型进行隐藏，如图 2-10 所示。

修改
变换工具
重置变换
冻结变换
匹配变换
中心枢轴
对齐
捕捉对齐对象
对齐工具
捕捉到一起工具
节点
节点解算
命名
添加层级名称前缀...
搜索和替换名称...
属性
添加属性...
编辑属性...
删除属性...
对象
激活
替换对象
转化
绘制工具
绘制脚本工具
绘制属性工具
资产
资产
图 2-8

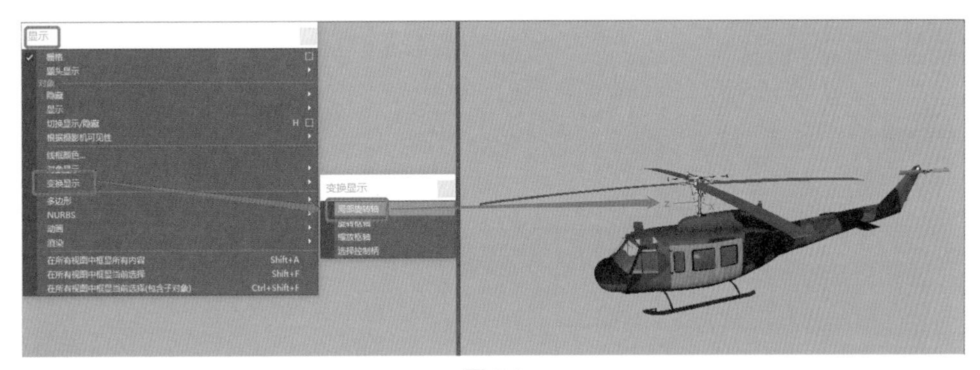
显示
变换显示
NURBS
图 2-9

大纲视图
展示　显示　帮助
视图　着色　照明　显示　渲染器　面板
vitre_006_vitre_mesh_005
mount_mount_mesh
knob_knob_mesh
face_006_face_mesh_006
disk_disk_mesh
button_button_mesh
bkg_bkg_mesh
SecondHand_SecondHand_mesh
MinuteHand_MinuteHand_mesh
HourHand_HourHand_mesh
ElapsedMinutesHand_ElapsedMinutesH
HelicopterpolySurface18
HelicopterpolySurface16
HelicopterpolySurface17
HelicopterpolySurface14
HelicopterpolySurface15
Roll_front
defaultLightSet
defaultObjectSet
图 2-10

06 在场景中选择直升机尾翼的模型，使用 Ctrl+G 快捷键建立分组并在大纲视图中将其命名为 Roll_tail，如图 2-11 所示。

图 2-11

07 选择尾翼组，执行“修改”菜单下的“中心枢轴”命令，将坐标恢复至尾翼组中心处，如图 2-12 所示。

图 2-12

08 将组的轴心显示出来，执行“显示”菜单下“变换显示”选项下的“局部旋转轴”命令，将尾翼组的轴心显示出来，如图 2-13 所示。

09 在大纲视图中选择 Roll_tail 组，然后使用 Ctrl+H 快捷键将尾翼组模型进行隐藏，如图 2-14 所示。

10 在场景中选择直升机机体的模型，使用 Ctrl+G 快捷键建立分组并在大纲视图中将其命名为 helicopter_body，如图 2-15 所示。

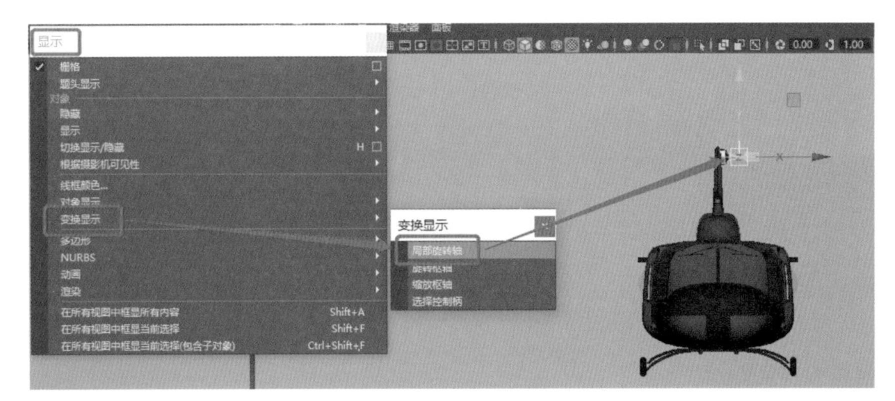

图 2-13

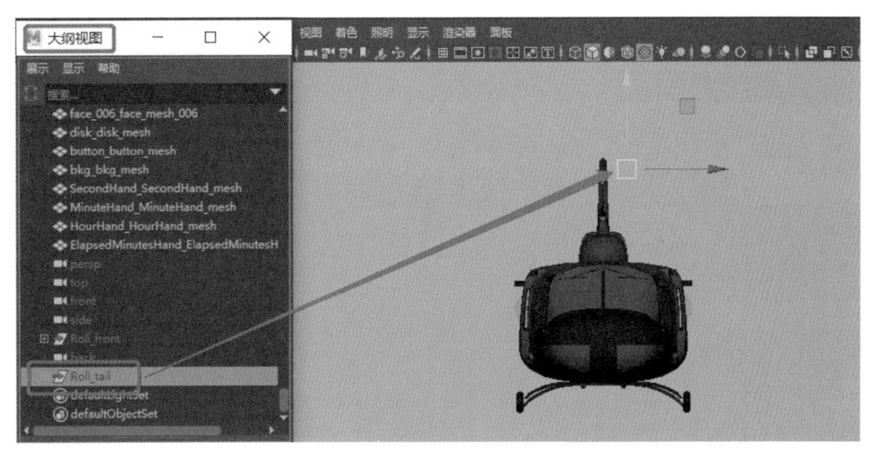

图 2-14

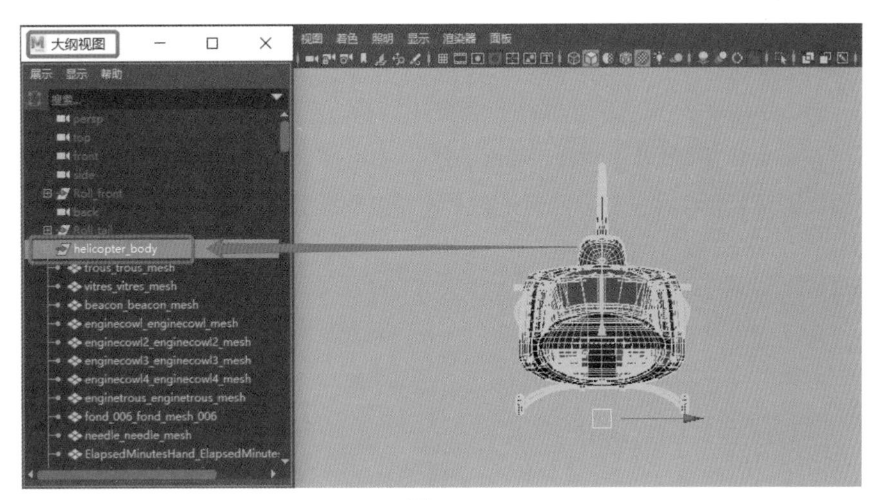

图 2-15

11 在大纲视图中选择直升机机体模型组，然后打开右侧通道盒 / 层编辑器，选择“创建新层并指定选定对象”，将其添加到新的图层，然后按 T 键（冻结锁定），如图 2-16 所示。

12 按空格键切换到右视图。首先创建直升机的根关节，绑定模块执行“骨架”菜单下的“创建关节”命令；然后在直升机重心位置处创建关节，按住 Shift 键垂直绘制前螺旋桨的关节；然后按下小键盘的↑箭头，切换回根关节位置处；接着再向尾翼位置处绘制关节，最后切换到前视图绘制，如图 2-17 所示。

图 2-16

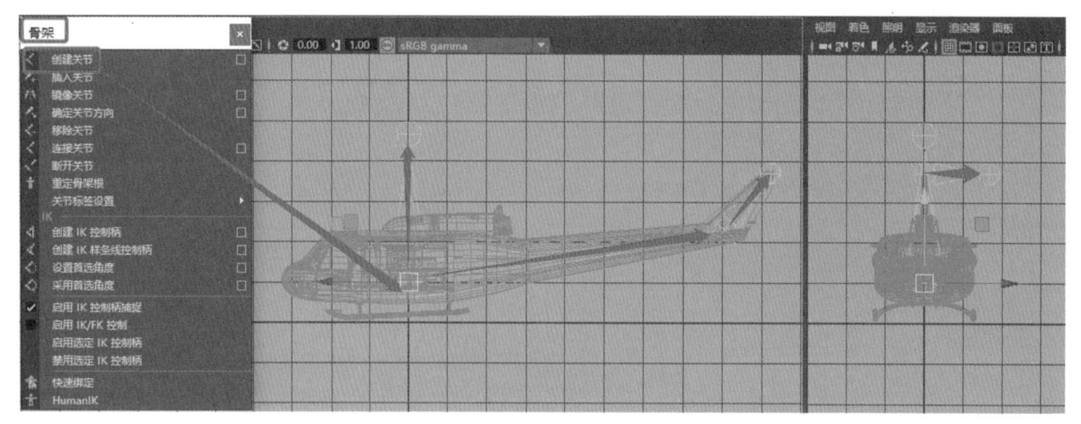

图 2-17

⑬ 然后执行 Shift+H 将隐藏的 Roll_front 前螺旋桨组模型进行显示出来，按下 V 键将前螺旋桨关节吸附至前螺旋桨组的轴心位置处，如图 2-18 所示。

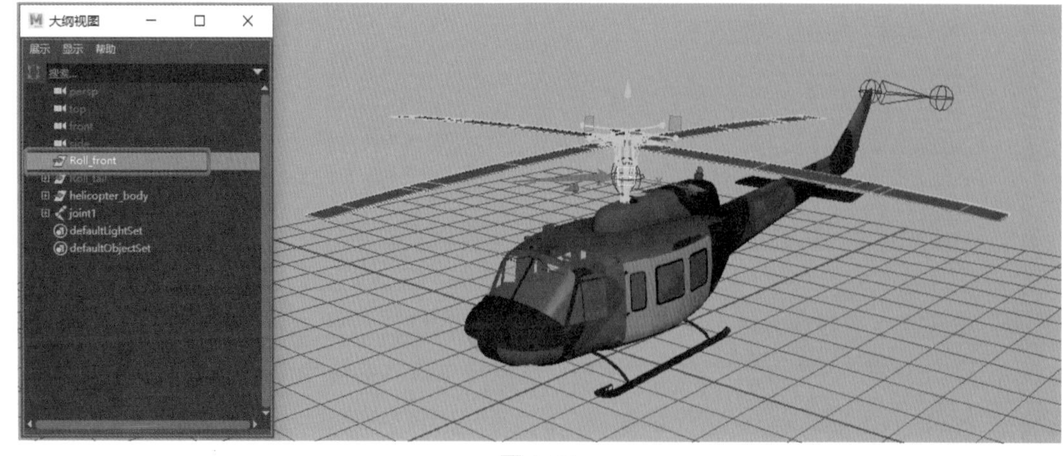

图 2-18

14 再次选择前螺旋桨组模型，执行“显示”菜单下“变换显示”选项下的“局部旋转轴”命令，将前螺旋桨组的轴心隐藏，如图 2-19 所示。

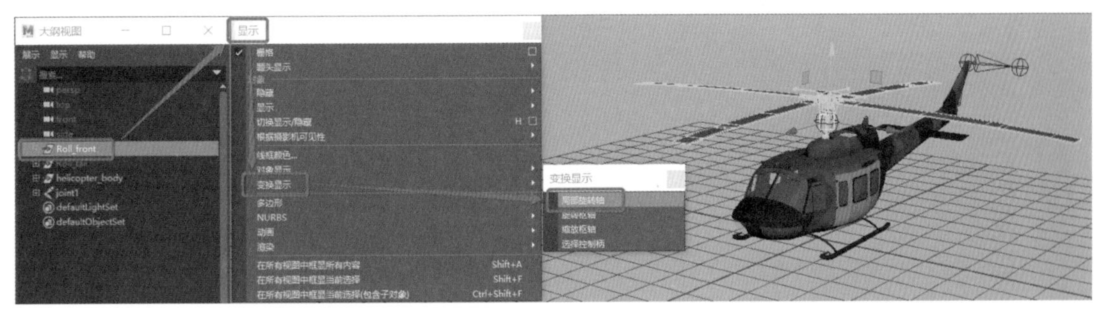

图 2-19

15 尾翼关节吸附操作同理，这里不再赘述，详细操作请参看微课视频。将尾翼关节吸附至尾翼组的轴心位置处，如图 2-20 所示。

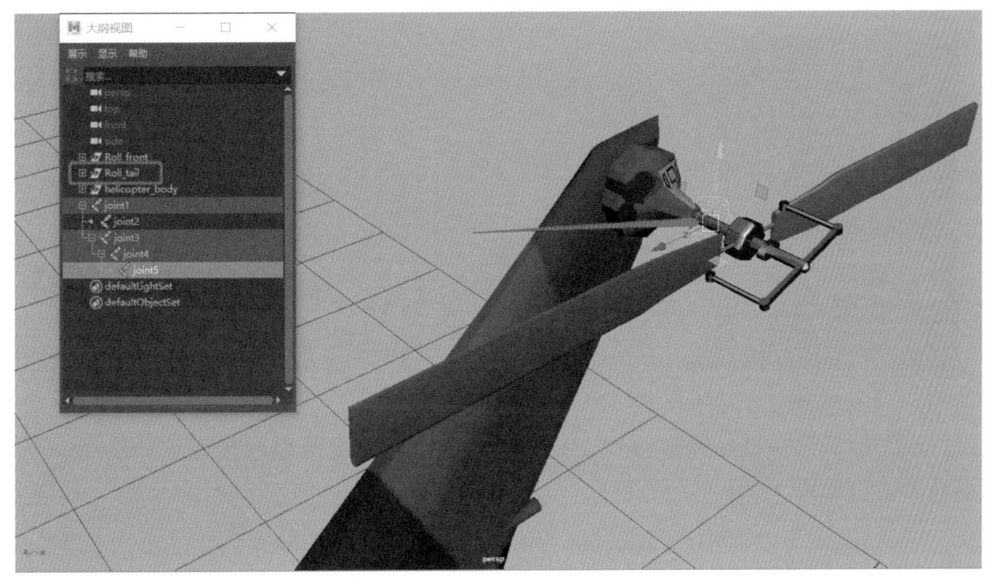

图 2-20

2.3　创建控制器

01 制作直升机控制器。首先创建直升机根控制器，单击工具架上的 NURBS 圆形曲线，然后在大纲视图中将其命名为 Master_con（根控制器）。此控制器的主要作用是控制直升机的移动与缩放动画，如图 2-21 所示。

02 制作前螺旋桨组的控制器，使用 Ctrl+D 快捷键复制 NURBS 圆形曲线，然后按下 V 键将控制器吸附至前螺旋桨组的轴心位置处，并在大纲视图中将其命名为 Roll_front_con（前螺旋桨控制器）。此控制器的主要作用是控制前螺旋桨的旋转动画，如图 2-22 所示。注意，控制器的轴心一定要与关节轴心保持一致。

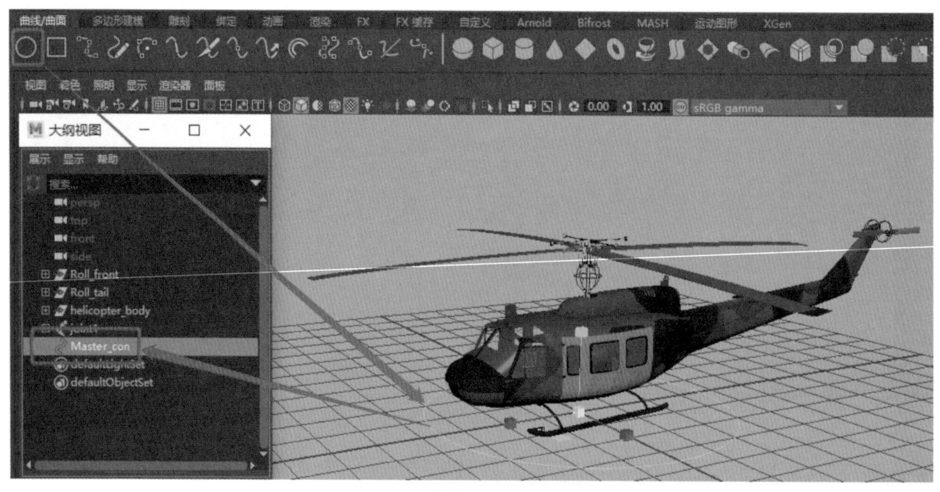

图 2-21

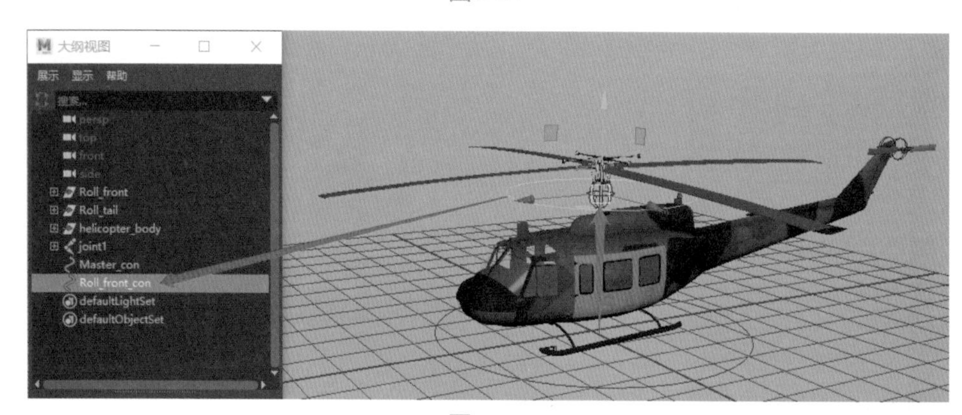

图 2-22

03 继续使用 Ctrl+D 快捷键复制 NURBS 圆形曲线，制作尾翼组的控制器，然后按下 V 键将控制器吸附至尾翼组的轴心位置处，并在大纲视图中将其命名为 Roll_tail_con（尾翼控制器）。此控制器的主要作用是控制尾翼的旋转动画，如图 2-23 所示。

图 2-23

04 在场景中选择三个控制器，首先执行“修改”菜单下的“冻结变换”命令，然后再接着执行“编辑”菜单下“按类型删除”菜单下的“历史”选项，如图 2-24 所示。

05 在大纲视图中对创建的关节分别进行重新命名，如图 2-25 所示。

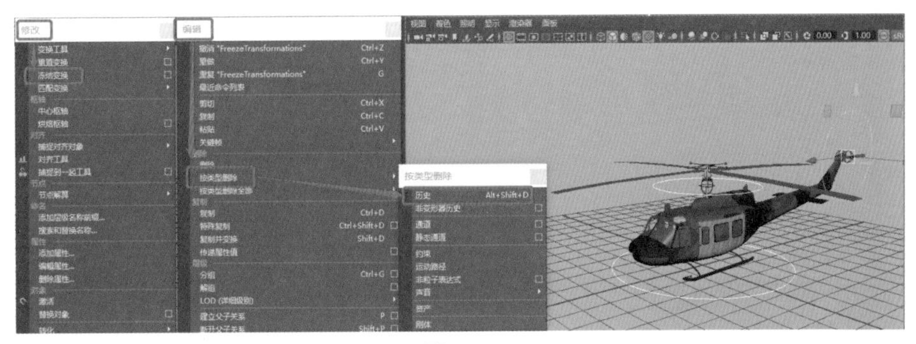

图 2-24

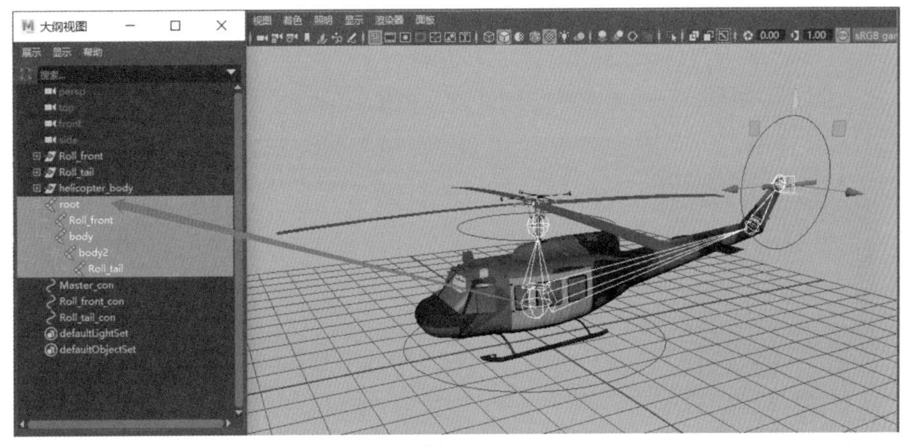

图 2-25

2.4　建立约束关系

01 让模型和关节产生关系。在大纲视图中选择 Roll_front 前螺旋桨组模型，按下 P 键，与 Roll_front 前螺旋桨关节建立父子关系，如图 2-26 所示。

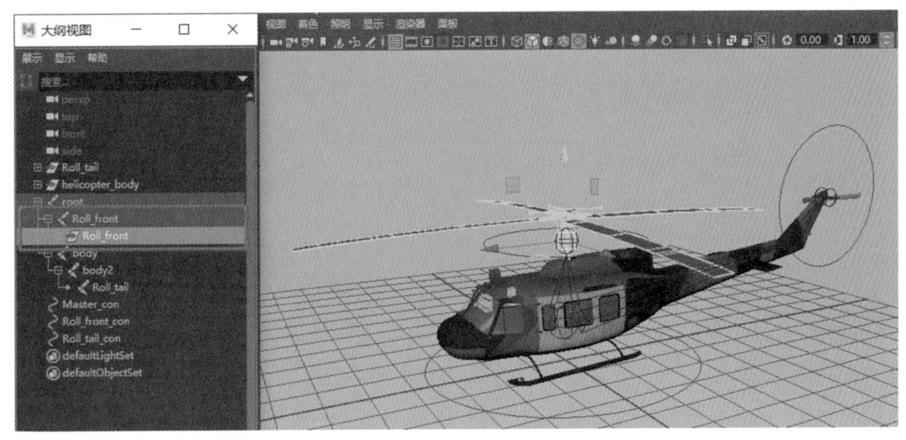

图 2-26

02 在大纲视图中选择尾翼组模型，按下 P 键，与尾翼关节建立父子关系，如图 2-27 所示。

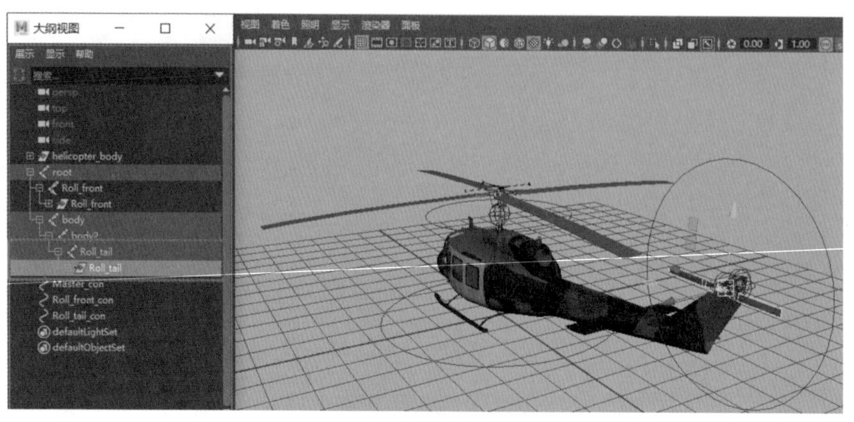

图 2-27

03 同理，在大纲视图中选择直升机机体模型组，按下 P 键，与根关节建立父子关系，如图 2-28 所示。

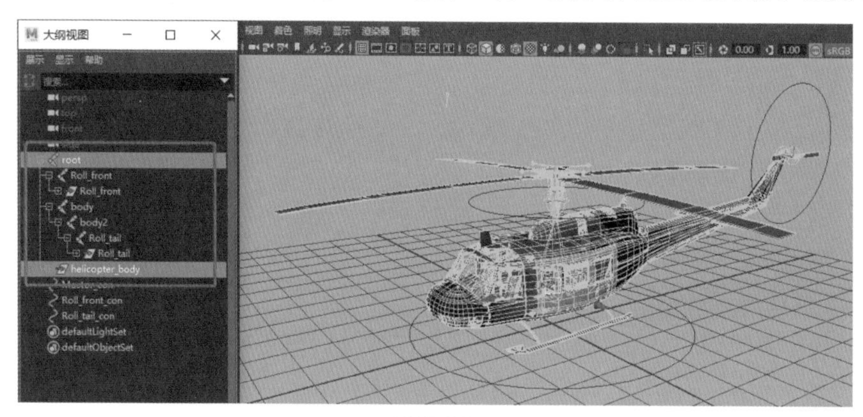

图 2-28

04 让控制器与关节产生关系，选择 Roll_front_con（前螺旋桨控制器），加选 Roll_front 前螺旋桨关节，执行“约束”菜单下的“方向约束”命令，勾选“保持偏移”选项，单击“应用”，如图 2-29 所示。此方向约束的作用是控制前螺旋桨的旋转动画。

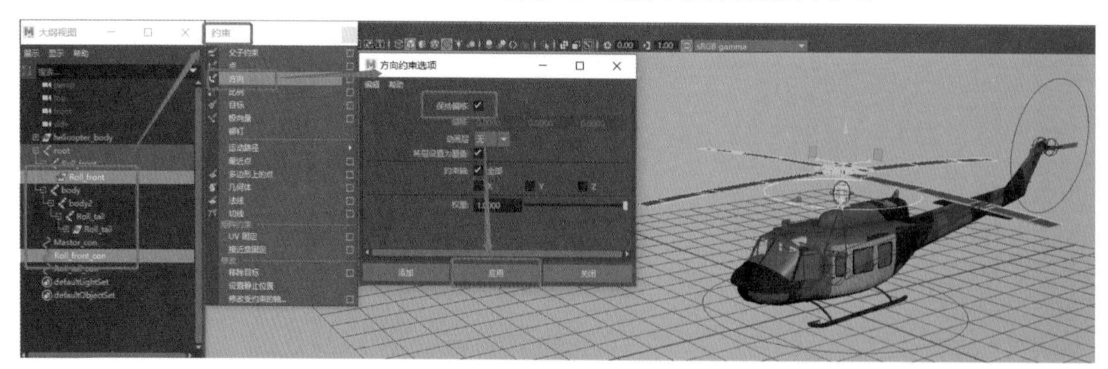

图 2-29

05 选择 Roll_tail_con（尾翼控制器），加选 Roll_tail 尾翼关节，执行“约束”菜单下的“方向约束”命令，勾选“保持偏移”选项，单击“应用”，如图 2-30 所示。此方向约束的作用是控制尾翼的旋转动画。

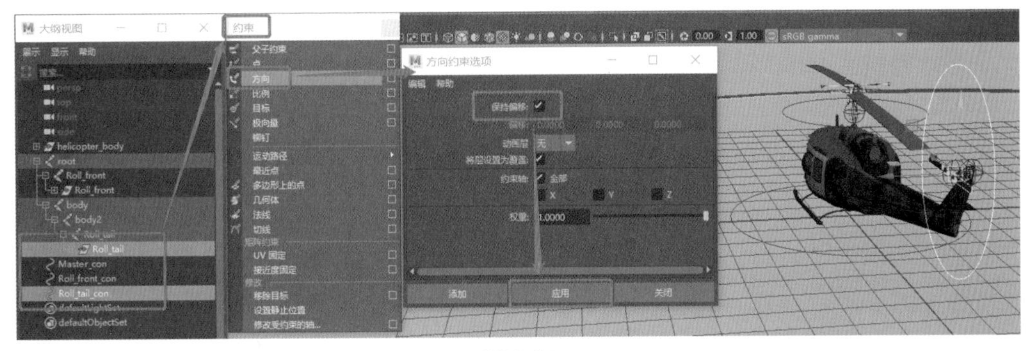

图 2-30

06 选择 Master_con（根控制器），加选 root 根关节，执行“约束”菜单下的“父子约束”命令，单击“应用”，如图 2-31 所示。此父子约束的作用是控制直升机的位移和旋转动画。

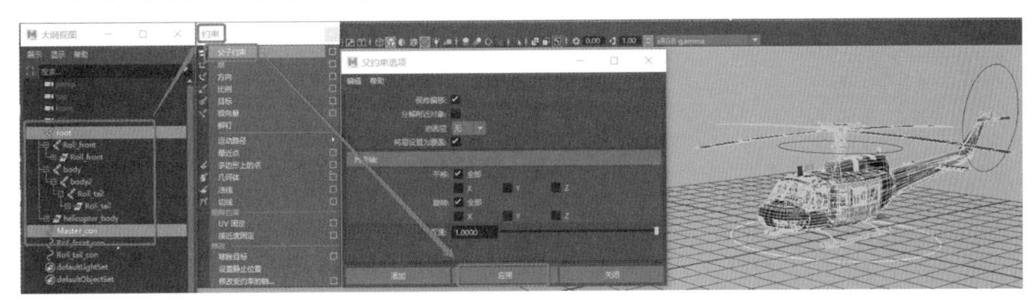

图 2-31

2.5 全局整理

01 当移动直升机根控制器时，前螺旋桨控制器和尾翼控制器不跟随一起运动。在大纲视图中选择前螺旋桨控制器和尾翼控制器，加选 Master_con（根控制器），然后按下 P 键，将前螺旋桨控制器和尾翼控制器一起与 Master_con（根控制器）建立父子关系，层级如图 2-32 所示。

图 2-32

02 在大纲视图中选择根关节，加选 Master_con（根控制器），然后按下 P 键，使根关节与 Master_con（根控制器）建立父子关系，层级如图 2-33 所示。

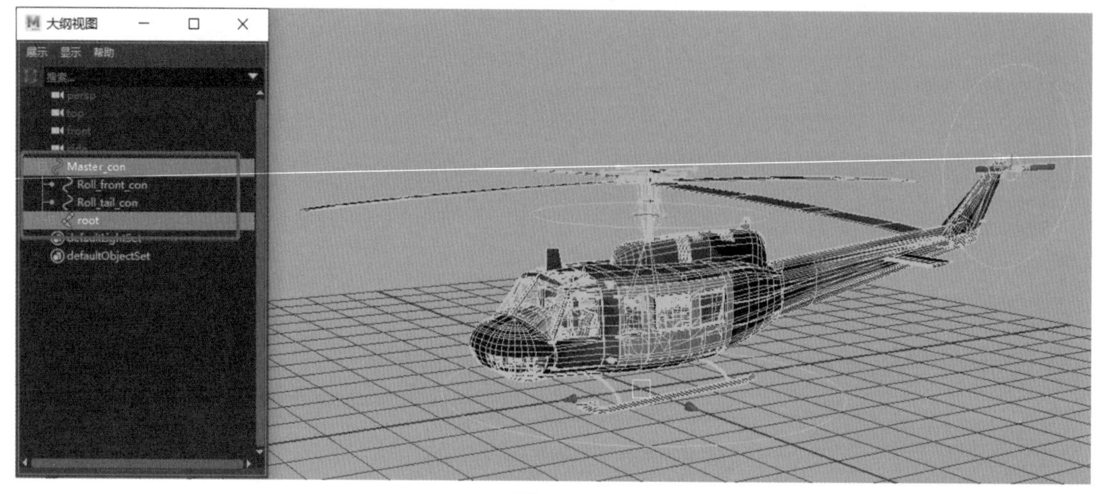

图 2-33

03 选择前螺旋桨控制器，只保留其旋转 Y 属性，用鼠标左键选定其他属性，然后再单击鼠标右键，执行“锁定并隐藏选定项”操作，如图 2-34 所示。

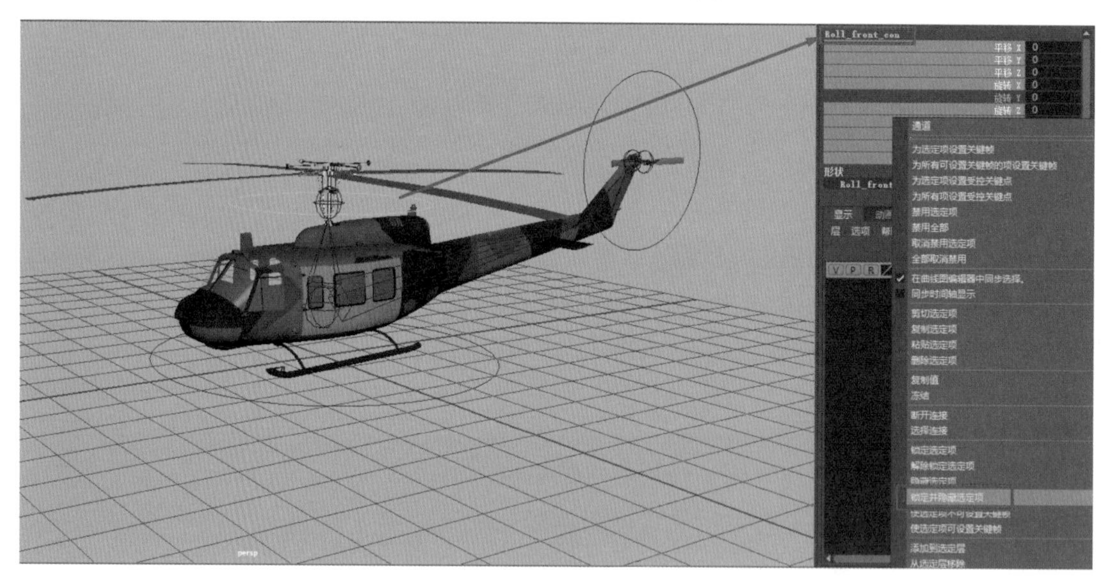

图 2-34

04 选择尾翼控制器，只保留其旋转 X 属性，用鼠标左键选定其他属性，然后再单击鼠标右键，执行“锁定并隐藏选定项”操作，如图 2-35 所示。

05 选择根控制器，用鼠标左键选择可见性属性，然后再单击鼠标右键，执行“锁定并隐藏选定项”操作，如图 2-36 所示。

06 最后将绑定好的文件进行“另存为”，以方便后续制作动画，如图 2-37 所示。

图 2-35

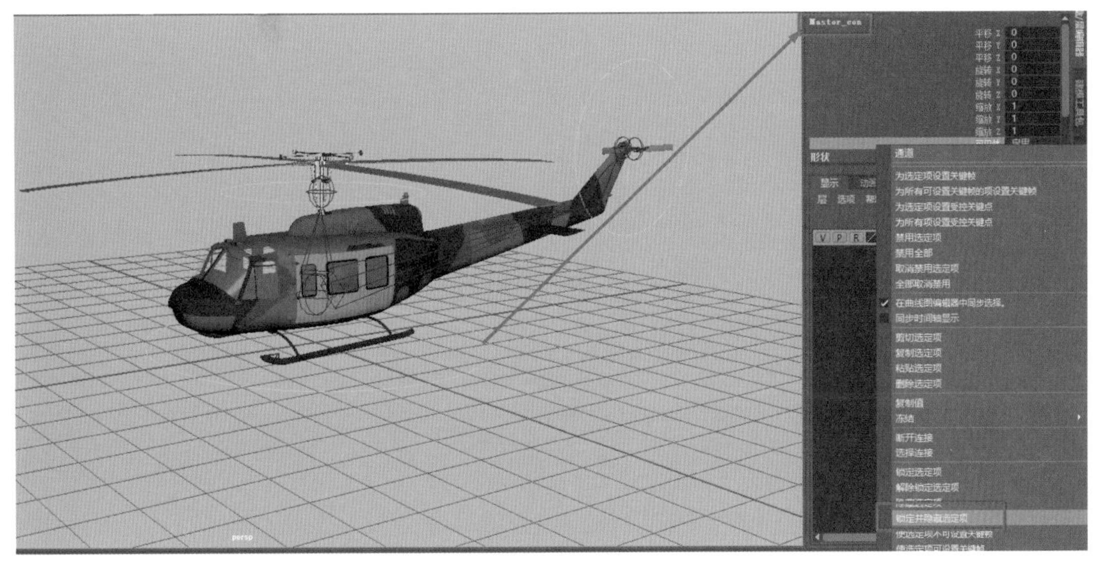

图 2-36

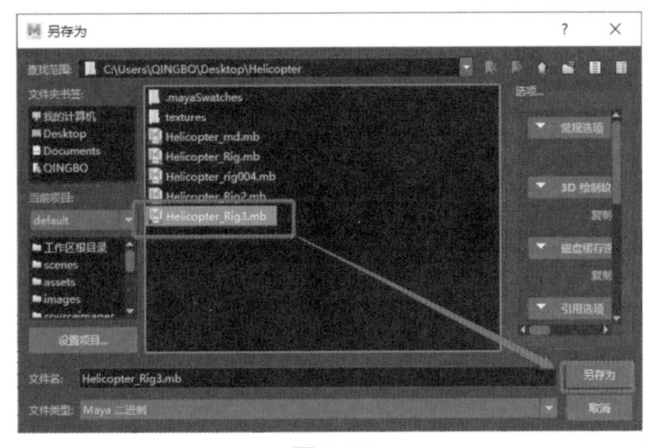

图 2-37

本 章 总 结

通过本章机械类载具——直升机绑定案例的学习，读者应重点掌握如何在三维软件 Maya 中创建关节，建立分组，创建父子关系，创建方向约束，创建父子约束，了解控制器的创建方法，为后面学习高级角色绑定技术奠定基础。

第3章 台灯绑定

本章学习目标

1. 学习台灯绑定思路
2. 学习创建关节与创建分组
3. 掌握建立父子关系与建立约束关系的方法
4. 掌握台灯的绑定流程

本章带领读者进行道具台灯绑定案例的学习，重点学习在Maya软件绑定过程中如何建立组，如何建立父子关系与父子约束。通过学习台灯绑定的制作思路，读者将熟练掌握道具台灯绑定的制作流程。

台灯绑定的制作思路如下：

- 首先对台灯结构进行绑定分析。
- 对台灯模型进行创建分组，分别修改轴心。
- 创建台灯控制器，分别为台灯组和控制器建立父子关系。
- 创建台灯组和控制器之间的约束关系。

3.1 台灯绑定分析

现在学习Pixar（皮克斯）小台灯的绑定案例。即便有人不知道Pixar动画公司，但也一定知道他们的动画作品。下面这些家喻户晓的动画电影已经证明了这家公司的实力，包括《玩具总动员》《海底总动员》《料理鼠王》《超人总动员》等，如图3-1所示。

表3-1是Pixar动画公司历年作品的票房收入，相信看到这些数字，你一定会感到惊奇。

Pixar动画公司可以称为是继迪士尼公司之后，对动画电影历史影响最深的公司。在Pixar几乎每部动画片的片头，都会出现一个蹦跳着的可爱的小台灯，它是1986年Pixar动画工作室成为独立电影制片厂之后出品的第一部电影。该片是一部计算机动画短片，片长共计2.5分钟，而片中跳动的白色小台灯成为了Pixar公司最著名的标志。

图 3-1

表 3-1

电　　影	上映年份	美国票房	全球票房
玩具总动员（Toy Story）	1995	1 亿 9180 万美元	3 亿 6200 万美元
虫虫危机（A Bug's Life）	1998	1 亿 6280 万美元	3 亿 6340 万美元
玩具总动员 2（Toy Story 2）	1999	2 亿 4590 万美元	4 亿 8500 万美元
怪物公司（Monsters Inc.）	2001	2 亿 5590 万美元	5 亿 2540 万美元
海底总动员（Finding Nemo）	2003	3 亿 3970 万美元	8 亿 6460 万美元
超人总动员（The Incredibles）	2004	2 亿 6140 万美元	6 亿 3140 万美元
赛车总动员（Cars）	2006	2 亿 4410 万美元	4 亿 6200 万美元
料理鼠王（Ratatouille）	2007	2 亿 644 万美元	逾 5 亿美元

1986 年，该片获得奥斯卡最佳动画短片提名成为第一部获得奥斯卡提名的电脑特效影片。小台灯后来成为 Pixar 公司的吉祥物，公司制作的每一部短片或者电影长片开头都会有它出现，如图 3-2 所示。短片中小台灯跳上字母“ I”（PIXAR），试着压扁它，并抬起头来面向观众。然后台灯突然关闭，画面全黑。

图 3-2

本章就来学习台灯案例绑定的原理及如何对台灯进行绑定设置。

台灯绑定属于没有生命的机械类道具绑定，道具绑定在绑定工作中是比较基础的。本章重点学习比较有代表性的台灯绑定及其制作思路，然后学习绑定基础命令，掌握基本的绑定技巧，养成良好的绑定习惯，为后续相对复杂的角色绑定打下坚实的基础。

首先来了解一下台灯的结构，如图 3-3 所示。台灯大致由灯头、灯身、底座三部分组成。从运动学角度分析，灯头受到灯身的运动控制，而灯身又会受到底座的运动控制，所以说，底座是整个台灯运动的主要控制（即台灯的根关节应设置在底座处）。因此，要想实现台灯的运动，就必须对台灯的底座、灯身、灯头分别进行绑定设置。

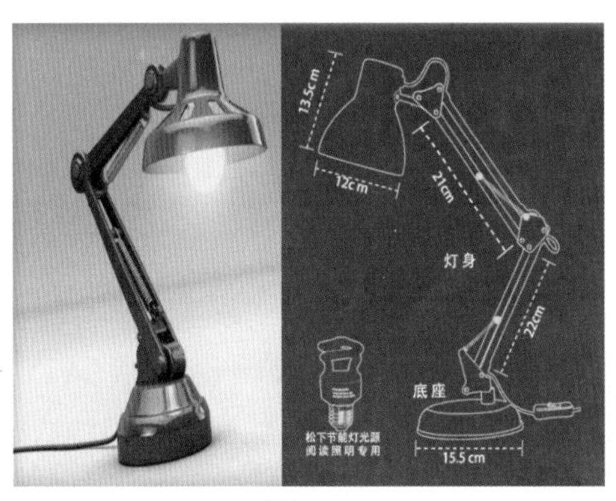

图 3-3

台灯在现实生活中随处可见。通过以上分析得知，台灯主要通过自身的位移和旋转来实现拟人的动画。接下来开始台灯案例的绑定操作。

3.2　台灯创建分组并确立旋转轴心

01 启动 Maya 软件，然后打开提供的台灯工程文件，执行“文件”菜单下的“打开场景”命令，导入台灯模型，如图 3-4 所示。

02 在“大纲视图”中选择台灯灯头模型，执行“编辑”菜单下的“分组”命令进行分组，得到 group1，如图 3-5 所示。

> 提示
>
> 在大纲视图或场景视窗中选择模型，使用快捷键 Ctrl+G 可以快速为模型进行分组操作。

在“大纲视图”中选择台灯灯身上半部分模型，使用快捷键 Ctrl+G 执行“分组”命令得到 group2，如图 3-6 所示。

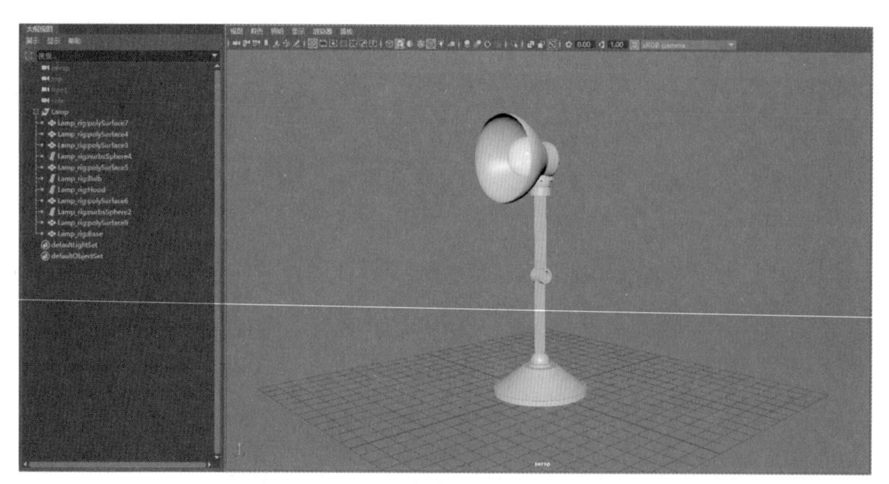

图 3-4

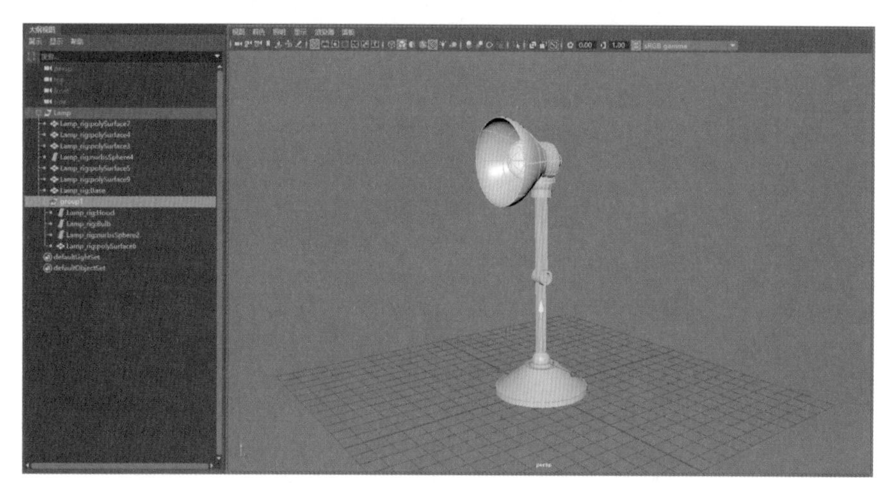

图 3-5

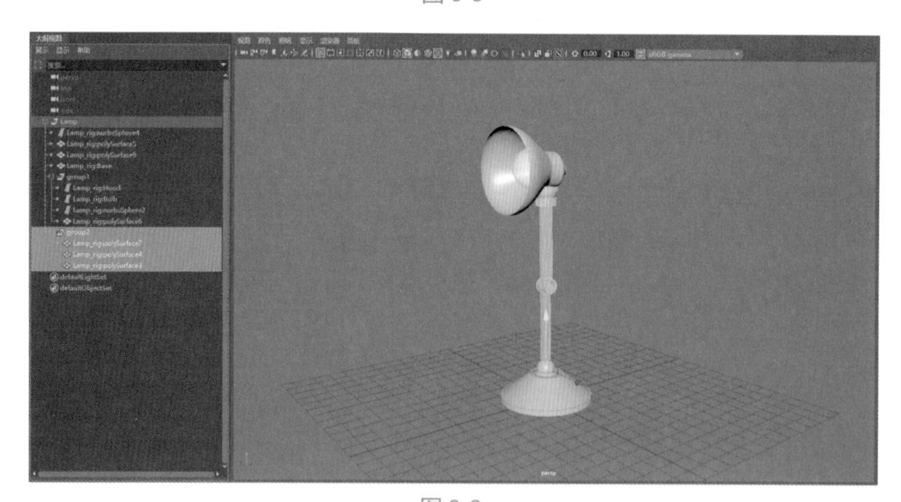

图 3-6

03 在“大纲视图”中选择台灯灯身下半部分模型，使用快捷键 Ctrl+G 执行“分组”命令得到 group3，如图 3-7 所示。

图 3-7

04 在“大纲视图”中选择台灯底座部分模型，使用快捷键 Ctrl+G 执行“分组”命令得到 group4，如图 3-8 所示。

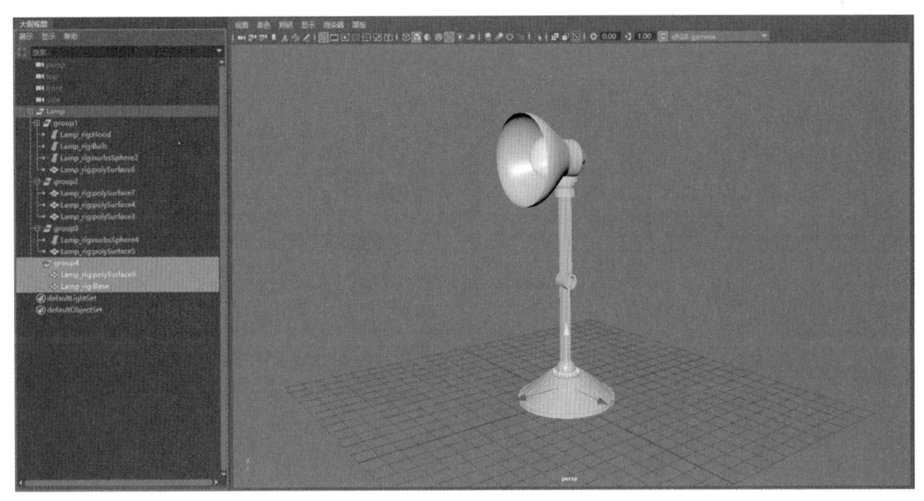

图 3-8

05 接下来显示旋转轴并修改轴心。单击视窗中的“X 射线显示”图标，开启模型半透明显示，如图 3-9 所示。

06 将台灯灯头的旋转轴显示出来。在“大纲视图”group1 中选择灯头的球体，执行“显示”菜单下“变换显示”下拉菜单中的“局部旋转轴”命令，如图 3-10 所示。

07 将台灯灯身上半部分的旋转轴显示出来。在“大纲视图”group2 中选择台灯灯身上半部分的圆柱体，执行“显示”菜单下“变换显示”下拉菜单中的“局部旋转轴”命令，如图 3-11 所示。

08 将台灯灯身下半部分的旋转轴显示出来。在“大纲视图”group3 中选择台灯灯身下半部分的球体，执行“显示”菜单下“变换显示”下拉菜单中的“局部旋转轴”命令，如图 3-12 所示。

09 将台灯底座的旋转轴显示出来。在“大纲视图”group4 中选择台灯的底座，执行“显示”菜单下“变换显示”下拉菜单中的“局部旋转轴”命令，如图 3-13 所示。

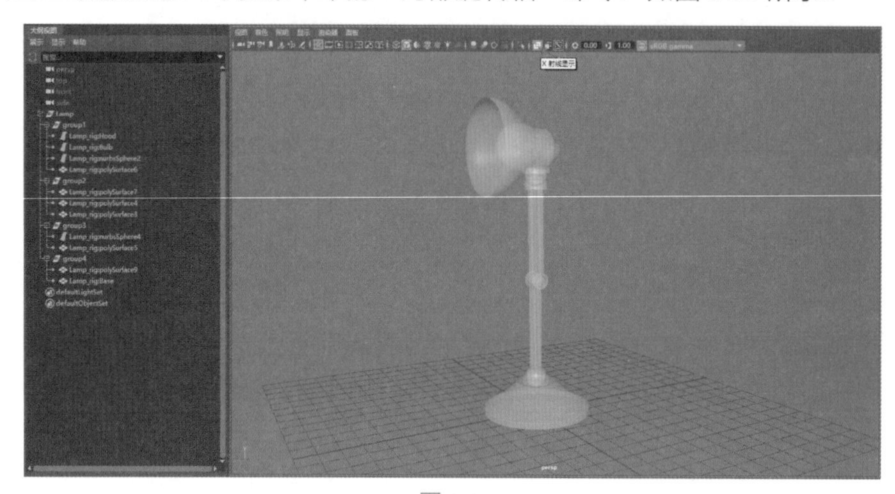

图 3-9

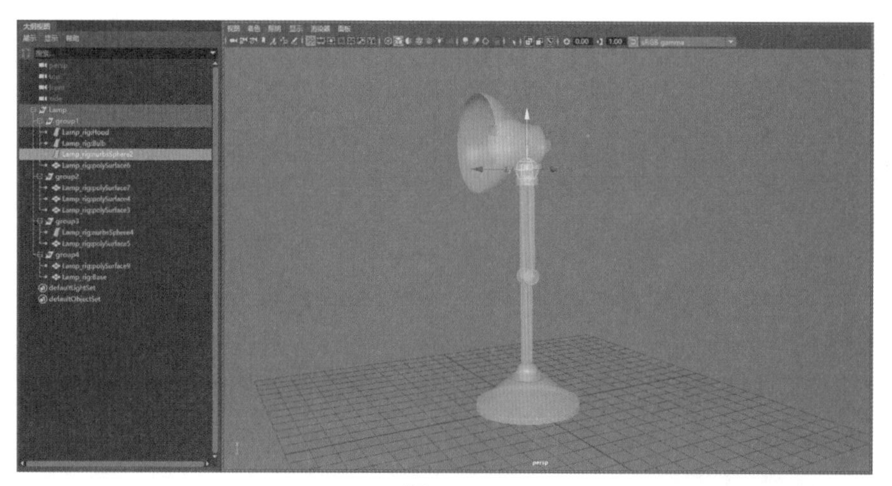

图 3-10

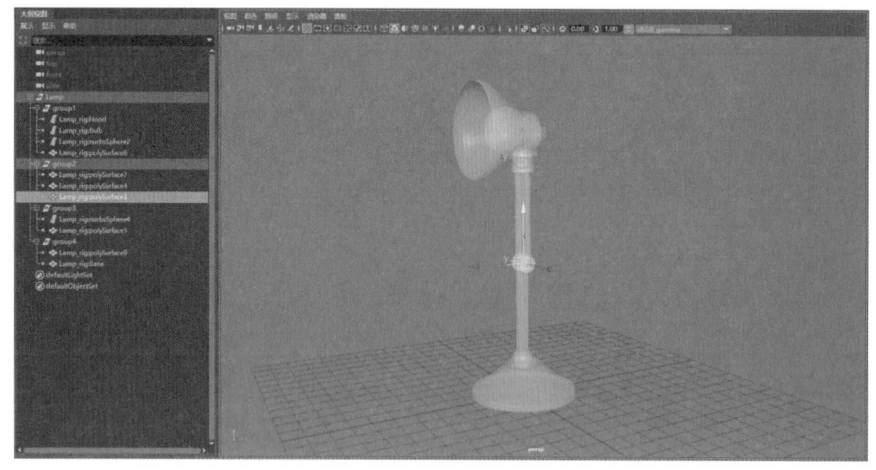

图 3-11

图 3-12

图 3-13

⑩ 将四个组的轴心坐标分别修改至台灯的旋转轴心处。首先将 group1 组的坐标修改至台灯灯头旋转轴位置处。选择 group1，先按下 D 键激活坐标；然后在按下 V 键的同时按住鼠标左键，将其轴心移动捕捉至灯头的旋转轴位置处；然后再次按下 D 键，确认坐标修改，如图 3-14 所示。

⑪ 将 group2 组的坐标修改至台灯灯身上半部分的旋转轴位置处。选择 group2，先按下 D 键激活坐标；然后在按下 V 键的同时按住鼠标左键，将其轴心移动捕捉至台灯灯身上半部分的旋转轴位置处；然后再次按下 D 键，确认坐标修改，如图 3-15 所示。

⑫ 将 group3 组的坐标修改至台灯灯身下半部分的旋转轴位置处。选择 group3，先按下 D 键激活坐标，然后在按下 V 键的同时按住鼠标左键，将其轴心移动捕捉至台灯灯身下半部分的旋转轴位置处；然后再次按下 D 键，确认坐标修改，如图 3-16 所示。

⑬ 将 group4 组的坐标修改至台灯底座的旋转轴位置处。选择 group4，先按下 D 键激活坐标，然后在按下 V 键的同时按住鼠标左键，将其轴心移动捕捉至台灯底座的旋转轴位置处；然后再次按下 D 键，确认坐标修改，如图 3-17 所示。

14 在“大纲视图”中分别将 group1 组命名为 Lamp_head，group2 组命名为 Lamp_mid_up，group3 组命名为 Lamp_mid_down，group4 组命名为 Lamp_Root，如图 3-18 所示。

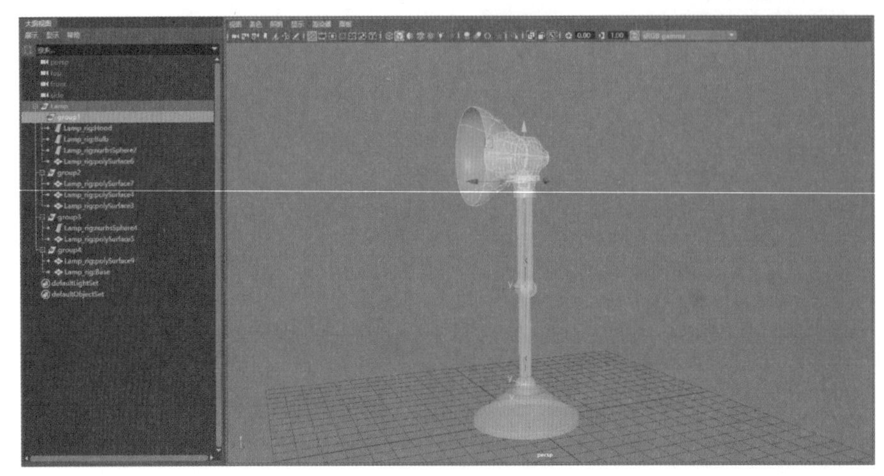

图 3-14

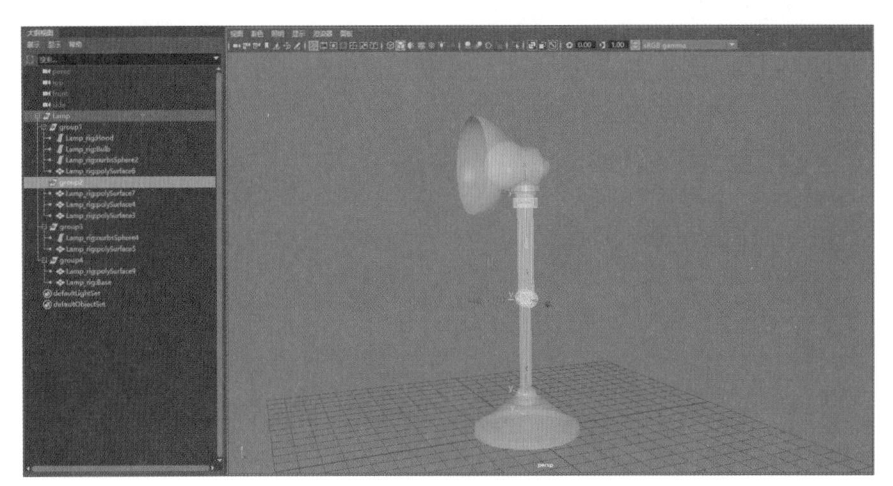

图 3-15

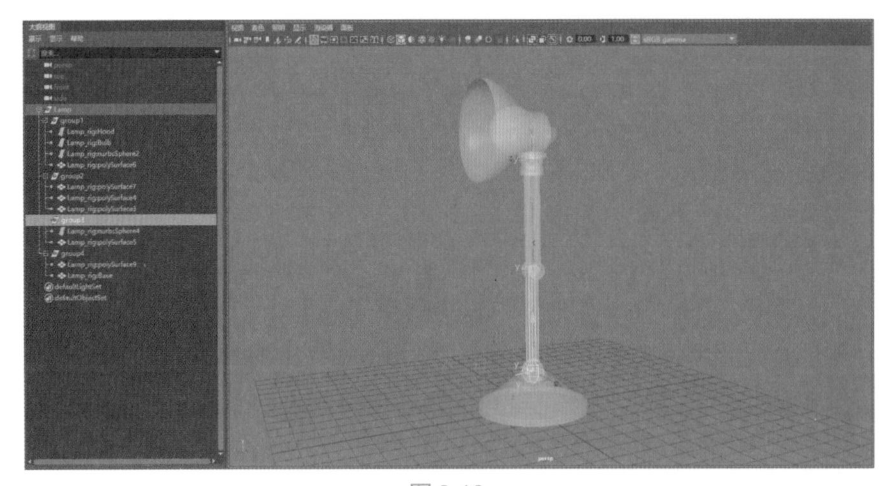

图 3-16

图 3-17

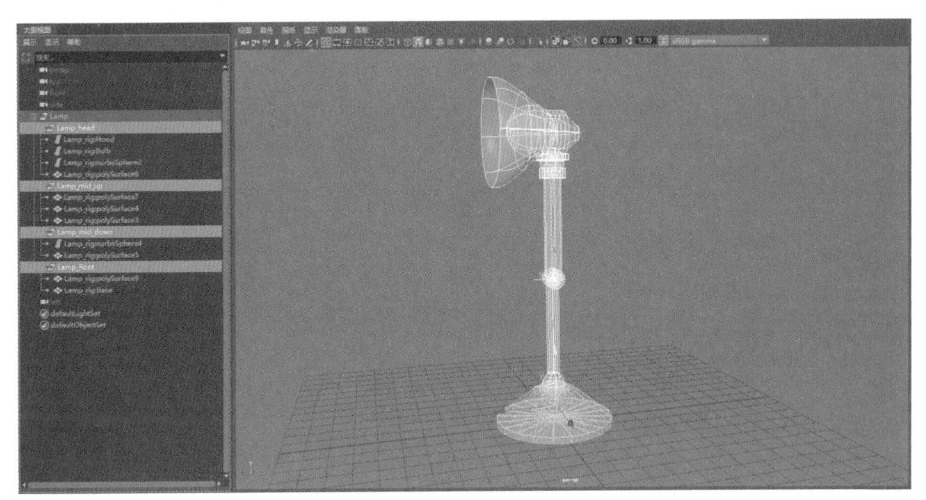

图 3-18

3.3　创建关节并建立父子关系

01 接下来创建关节。按住空格键加鼠标左键切换到右视窗，将视窗“显示”菜单下的NURBS 曲面和多边形取消勾选，将场景中的模型暂时隐藏起来，如图 3-19 所示。

02 执行“骨架”菜单下的“创建关节”命令。按下 V 键同时创建 5 个关节，将创建的前 4 个关节分别吸附至旋转轴心处；第 5 个关节为末端关节，可任意创建，如图 3-20 所示。

03 将视窗“显示”菜单下的 NURBS 曲面和多边形重新勾选，模型重新显示出来，如图 3-21 所示。

04 建立父子关系。分别选择组，按下 P 键，到相应的关节位置处建立父子关系。共有 4 对组与关节建立了父子关系，它们是：Lamp_head 组与 joint4，Lamp_mid_up 组与 joint3，Lamp_mid_down 组与 joint2，Lamp_Root 组与 joint1，如图 3-22 所示。

05 创建台灯的反向运动。执行“骨架”菜单下的“创建 IK 控制柄”命令，单击“大纲视图”中的 joint4 关节，然后单击 joint2 关节，如图 3-23 所示。

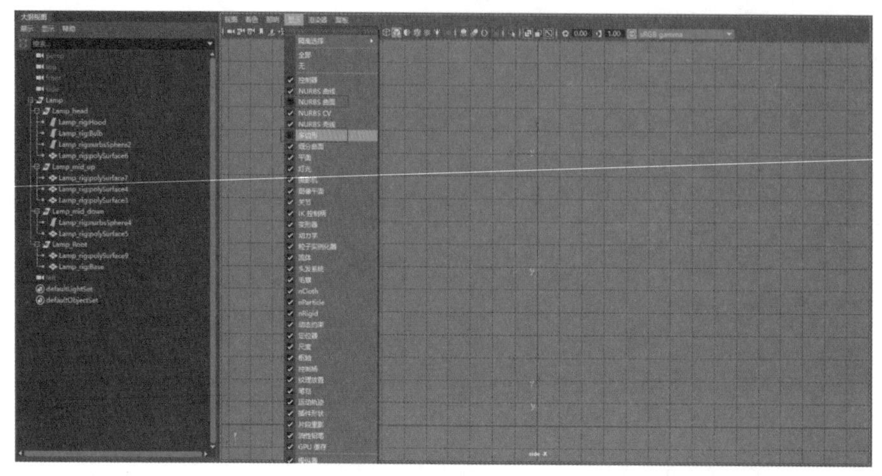

图 3-19

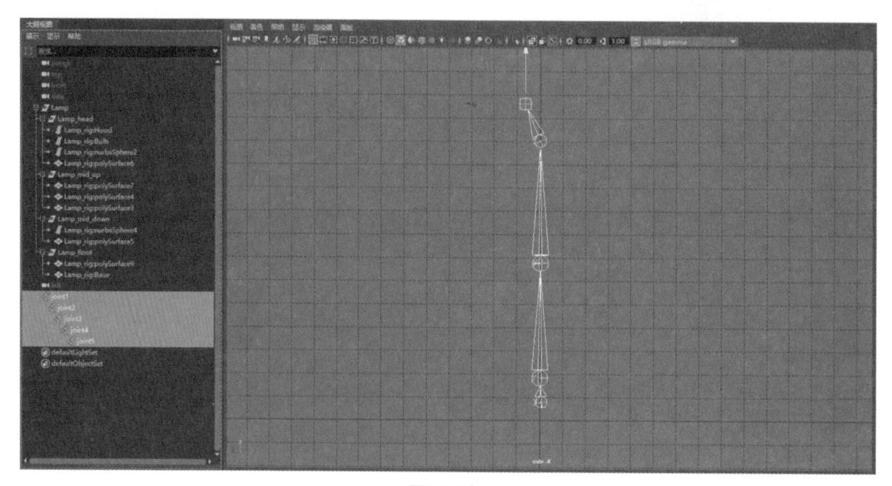

图 3-20

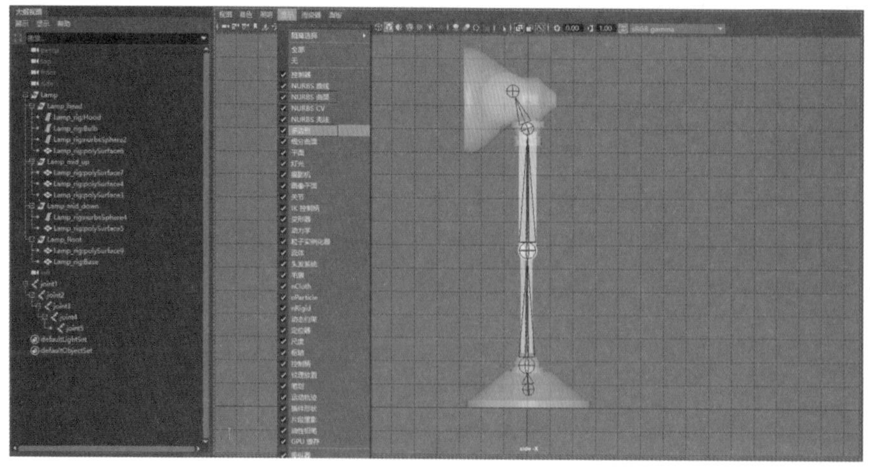

图 3-21

图 3-22

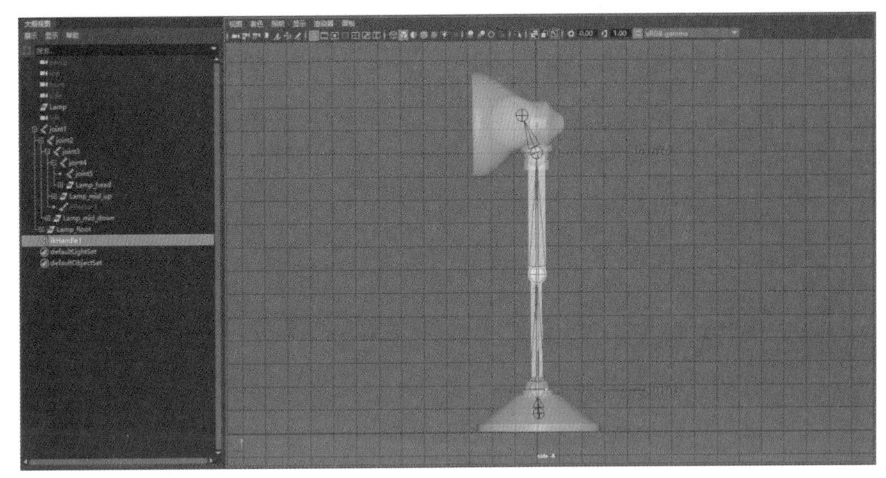

图 3-23

3.4　创建控制器并建立约束设置

01 创建 4 个圆环曲线作为控制器，将其分别调整为不同的大小并按下 V 键，分别捕捉至相应关节位置处，如图 3-24 所示。

02 在“大纲视图”里同时选择 4 个控制器，首先执行“修改”菜单下的“冻结变换”命令，其次执行“编辑”菜单下的“按类型删除历史”命令，然后在“大纲视图”中选择控制器，分别命名为 Lamp_Head_con、Lamp_PoleVector_con、Lamp_Down_con、Lamp_Root_con，如图 3-25 所示。

提示

controller 是控制器，为命名方便，可以简写为 con。

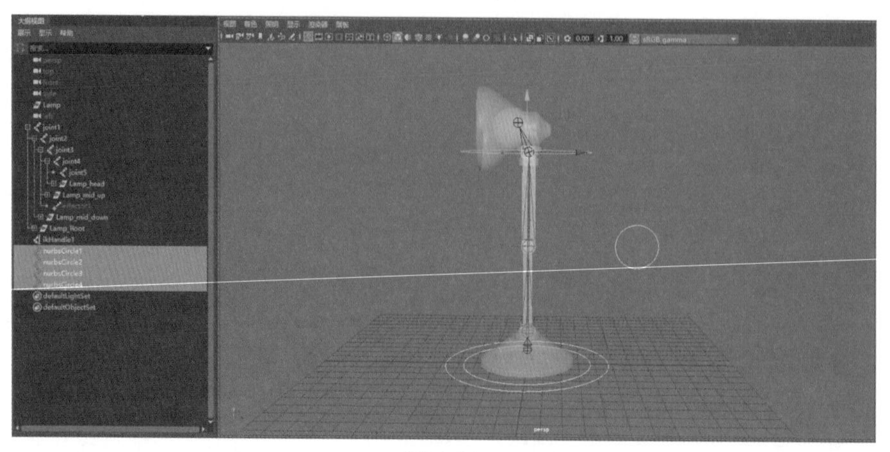

图 3-24

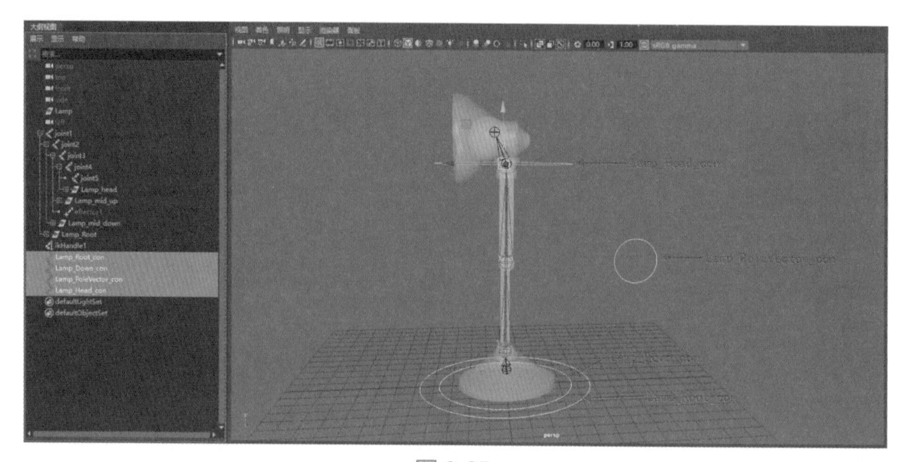

图 3-25

03 在“大纲视图”中选择 joint3，按下 E 键进行旋转（“旋转 Y”为 60°），然后单击鼠标右键选择“设置首选角度”，如图 3-26 所示。

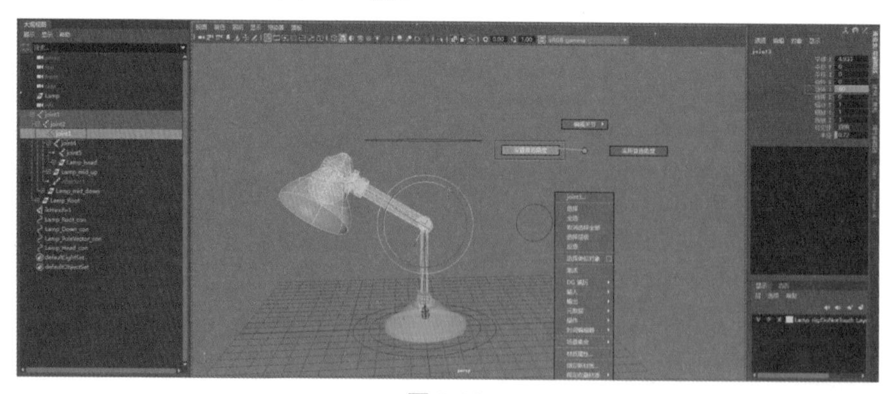

图 3-26

04 设置完成首选角度后，选择 joint3，在通道栏中将其“旋转 Y”恢复为 0°，如图 3-27 所示。

05 接下来进行层级整理，选择 IK 控制手柄，按下 P 键，与头部控制器 Lamp_Head_con 建立父子关系，如图 3-28 所示。

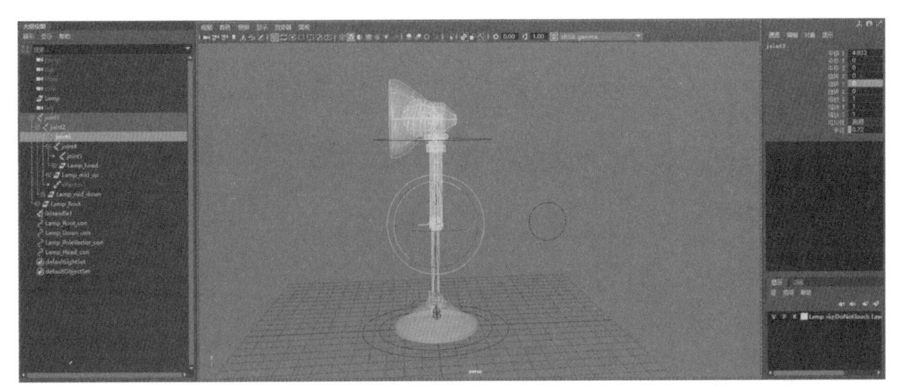

图 3-27

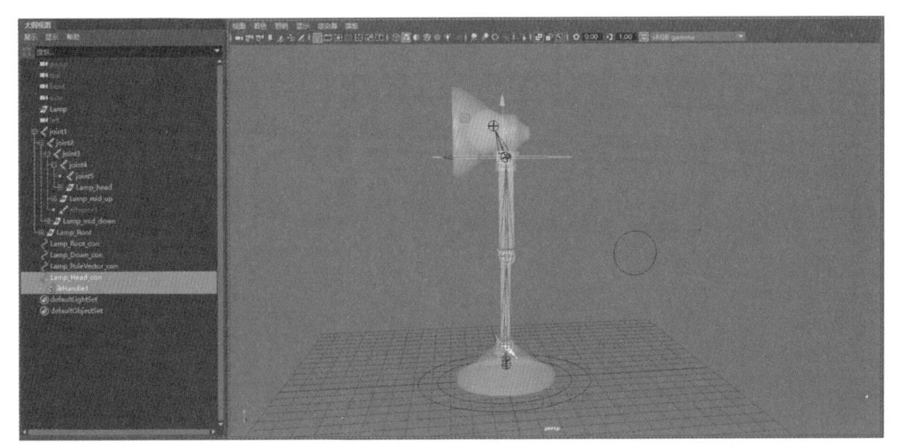

图 3-28

06 在“大纲视图”中选择头部控制器 Lamp_Head_con，加选 Lamp_Head 组，执行“约束”菜单下的“方向约束”，勾选“保持偏移”，单击“应用”按钮，如图 3-29 所示。

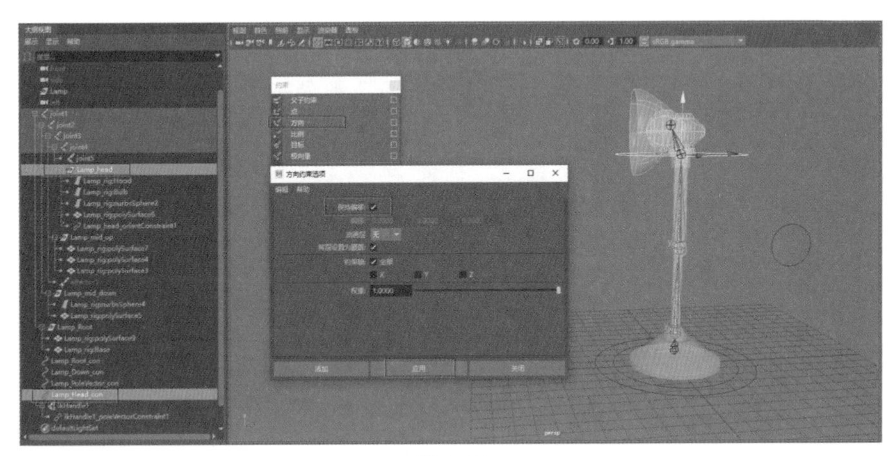

图 3-29

07 选择 joint1 关节，按下 P 键，与 Lamp_Down_con 建立父子关系，如图 3-30 所示。

08 选择 Lamp_PoleVector_con 控制器，加选 IK 控制手柄，执行“约束”菜单下的“极向量约束”命令，如图 3-31 所示。

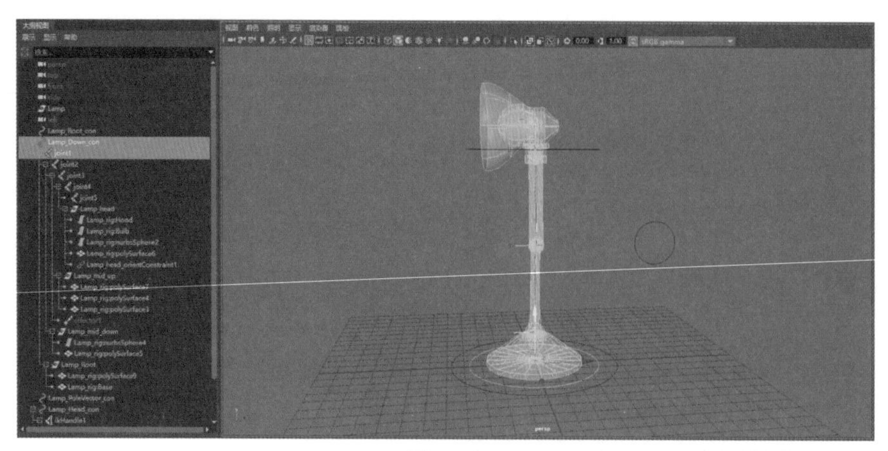

图 3-30

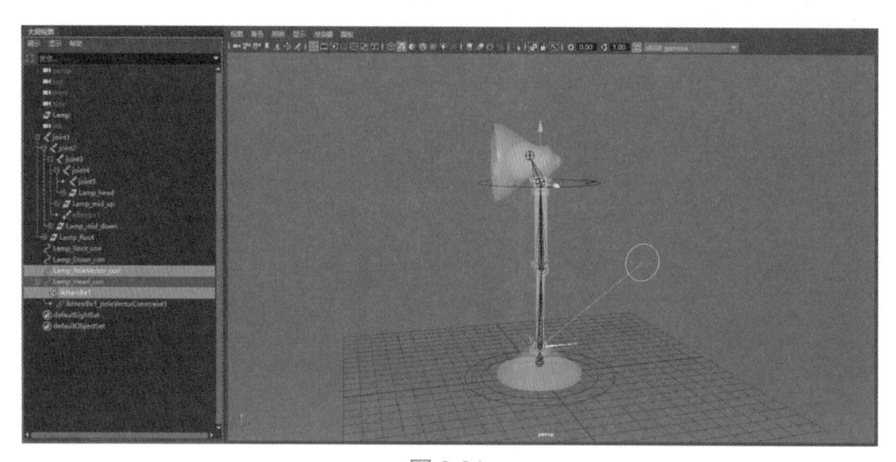

图 3-31

09 选择 Lamp_PoleVector_con 控制器，按下 P 键，与 Lamp_Down_con 控制器建立父子关系，如图 3-32 所示。

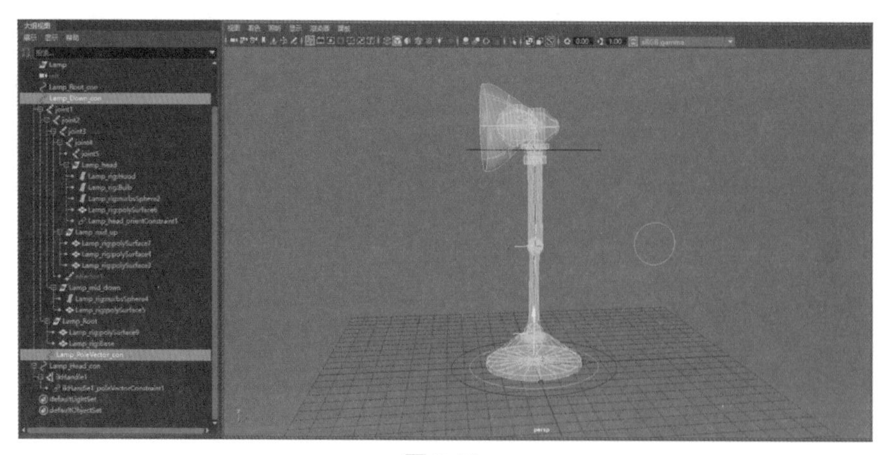

图 3-32

10 分别选择 Lamp_Head_con 控制器和 Lamp_Down_con 控制器，按下 P 键，与 Lamp_Root_con 控制器建立父子关系，如图 3-33 所示。

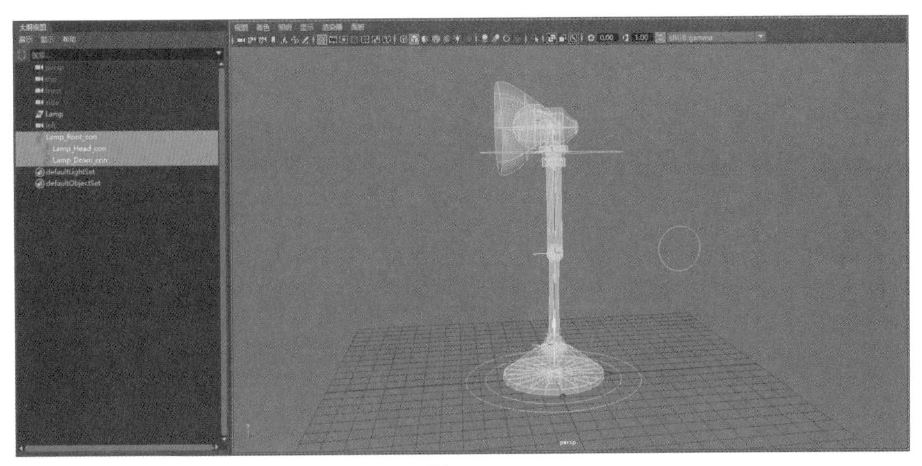

图 3-33

⑪ 将台灯灯头、灯身、底座的旋转轴隐藏起来，在“大纲视图”中选择相应的模型，执行“显示”菜单下“变换显示”下拉菜单中的“局部旋转轴”命令，如图 3-34 所示。

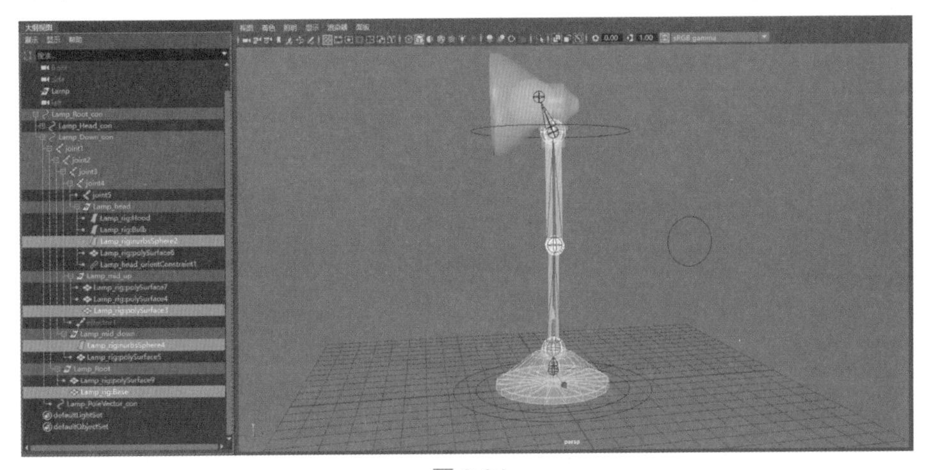

图 3-34

⑫ 单击视窗中的“X 射线显示”图标，关闭模型的半透明显示，如图 3-35 所示。

图 3-35

13 单击视窗中的“显示”菜单，先单击“无”，然后只勾选 NURBS 曲线、NURBS 曲面和多边形，将关节、IK 控制柄及其他部分隐藏，如图 3-36 所示。

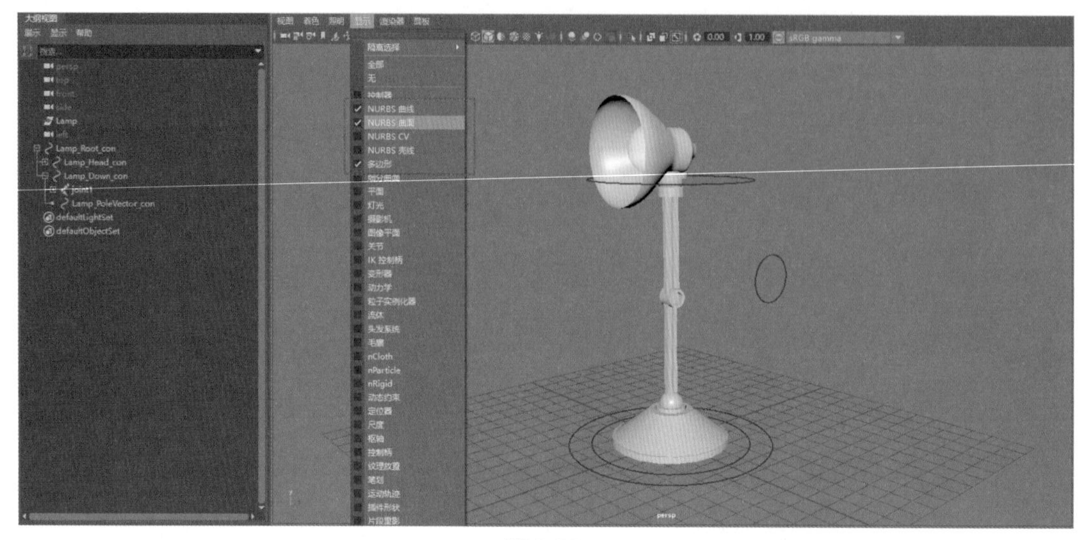

图 3-36

14 选择 Lamp_Head_con 控制器，在通道盒层编辑器下选择缩放和显示属性，单击鼠标右键执行“锁定并隐藏选定项”操作，如图 3-37 所示。

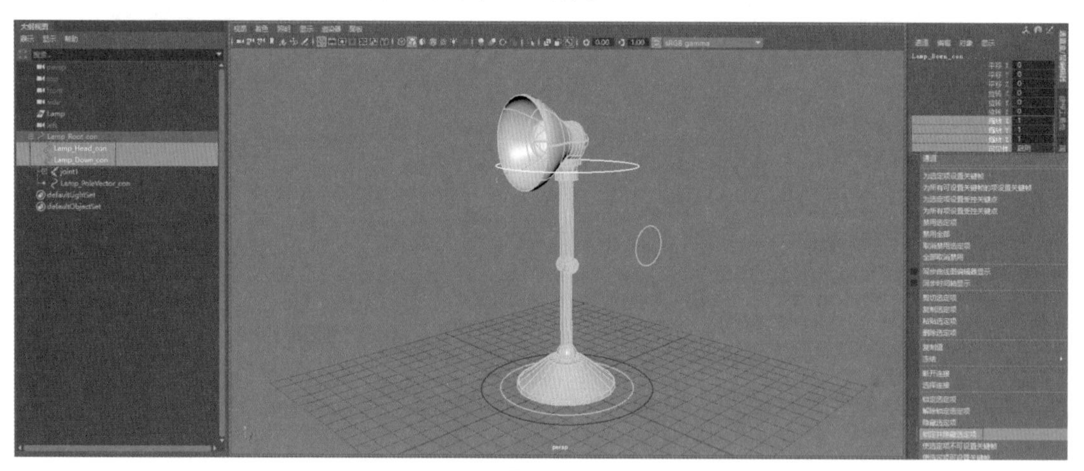

图 3-37

15 选择 Lamp_PoleVector_con 控制器，在通道盒层编辑器下选择旋转、缩放和显示属性，单击鼠标右键执行“锁定并隐藏选定项”操作，如图 3-38 所示。

16 为区分控制器，分别为控制器设置颜色。在大纲视图中选择 Lamp_Head_con 控制器，按下 Ctrl+A 打开物体属性栏，在 Lamp_Head_conShape 下单击“对象显示”，找到“绘制覆盖”，勾选“启用覆盖”，滑动颜色滑块，设置颜色为红色，如图 3-39 所示。

17 其他控制器颜色设置方法同理，这里不作赘述。颜色设置如图 3-40 所示。

18 至此，台灯绑定完成，可以通过调整控制器来简单设置台灯姿势，进行绑定效果测试，如图 3-41 所示。

提示

在建立约束关系时，一定要先选择控制器再加选物体组进行约束关系操作。

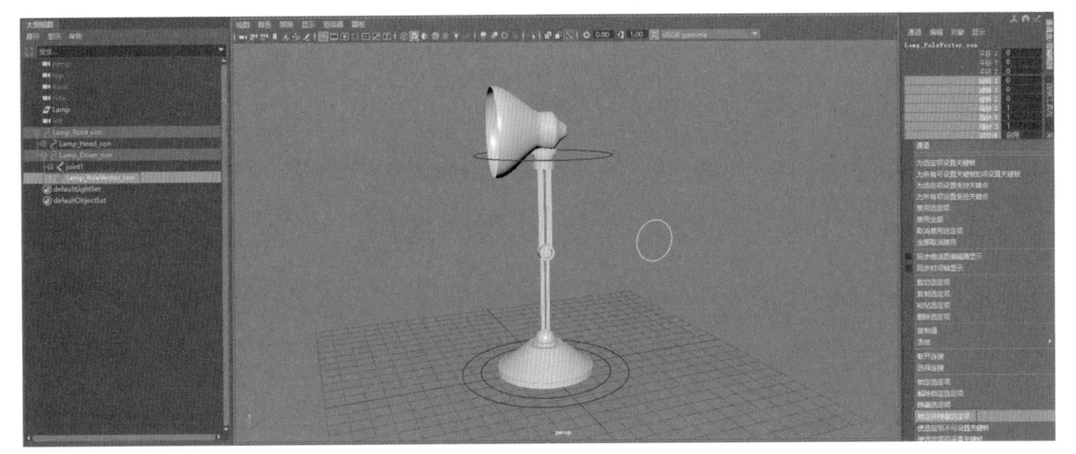

图 3-38

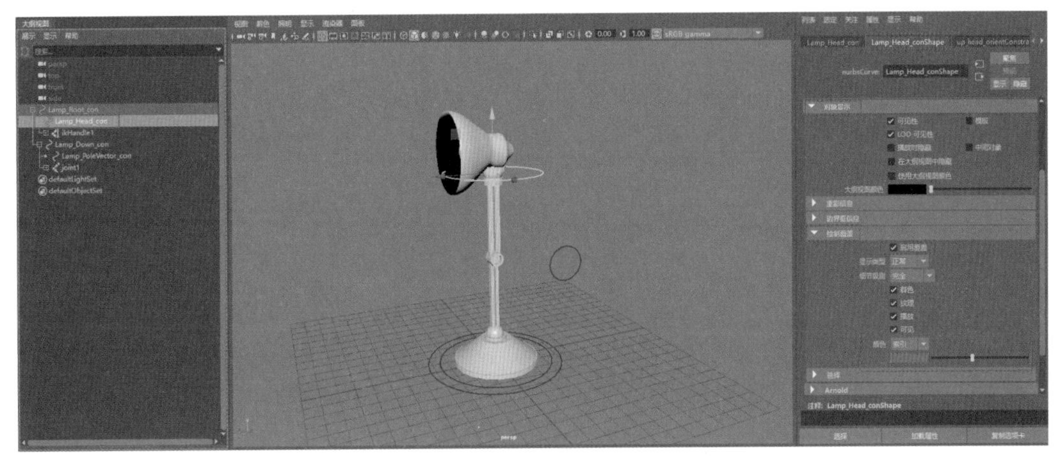

图 3-39

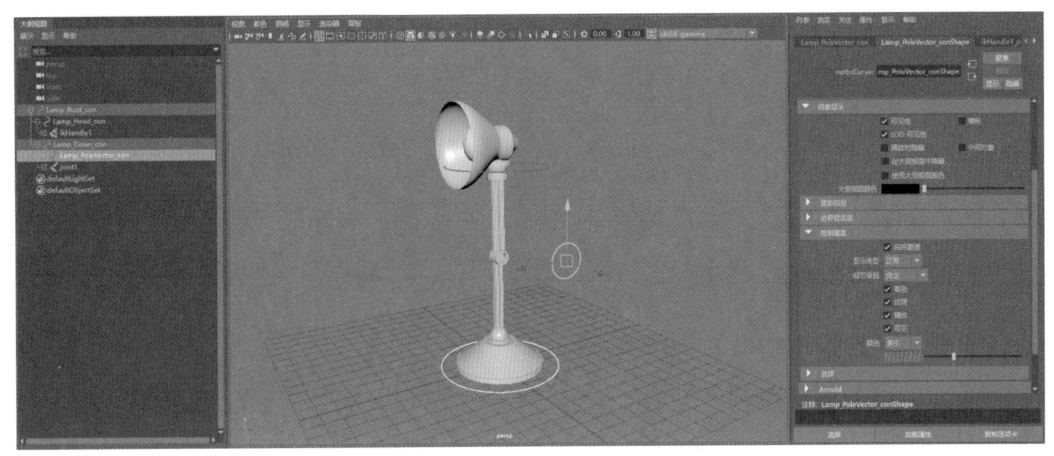

图 3-40

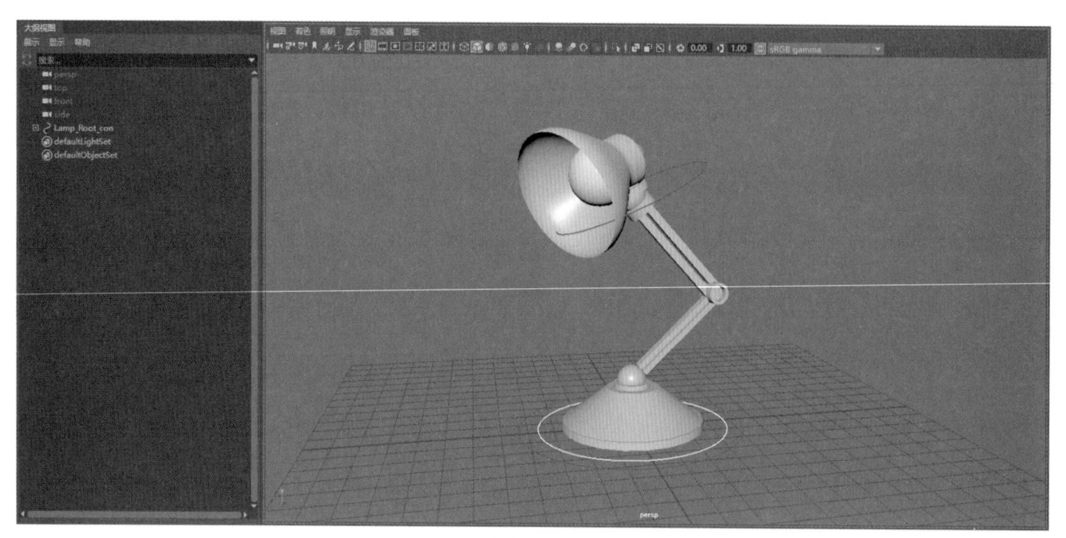

图 3-41

本章总结

通过本章机械类道具——台灯绑定案例的学习，读者应重点掌握如何在三维软件 Maya 中创建关节，创建分组，创建 IK，建立父子关系，建立方向约束，建立父子约束，了解控制器的创建方法，为后面学习高级角色绑定技术奠定基础。

第4章 蜘蛛侠下肢骨骼绑定

本章学习目标

1. 了解人体骨架结构
2. 掌握下肢骨骼架构及运动规律
3. 掌握蜘蛛侠腿部骨骼绑定思路
4. 掌握蜘蛛侠腿部骨骼绑定方法

本章学习电影角色——蜘蛛侠腿部骨骼绑定案例，重点学习如何给蜘蛛侠建立腿部骨骼，如何设置脚部驱动及腿部膝盖的控制。学习蜘蛛侠腿部骨骼绑定的制作思路，熟练掌握腿部骨骼绑定的制作流程。

蜘蛛侠下肢骨骼绑定的制作思路如下：

- 根据角色骨骼结构，创建下肢骨骼，分别进行命名。
- 创建控制器，为下肢骨骼设置 IK。
- 创建蜘蛛侠下肢膝盖控制。

4.1 下肢骨骼绑定分析

超人！蝙蝠侠！雷神！绿巨人！钢铁侠！蜘蛛侠！……如图 4-1 所示。他们谁才是你心中最爱的超级英雄？我最爱蜘蛛侠，因为……

图 4-1

蜘蛛侠（Spider-Man）是漫威漫画中的超级英雄角色，如图 4-2 所示。该角色由编剧斯坦·李和画家史蒂夫·迪特科合作创造，首次登场是在1962年8月出版的《惊奇幻想》第15期，因为广受欢迎，几个月后，他便开始拥有以自己为主角的单行本漫画。蜘蛛侠本名彼得·本杰明·帕克（Peter Benjamin Parker），原本是一名普通的高中生，意外被一只受过放射性感染的蜘蛛咬伤后，便获得了蜘蛛一般的特殊能力。

图 4-2

本章开始学习电影角色蜘蛛侠的绑定案例。通常，角色的整体绑定在动画项目中是比较难的，涉及的知识点比较烦琐，整体学习起来太难掌握，因此建议大家可以把角色整体绑定制作分解成两个大部分、四个小部分逐一进行学习，逐一掌握。角色整体绑定最重要的4个绑定部分可归纳为上肢（手臂）骨骼绑定、躯干（脊椎）骨骼绑定、下肢（腿部）骨骼绑定、头部（颈部及面部表情）绑定，如图4-3所示。

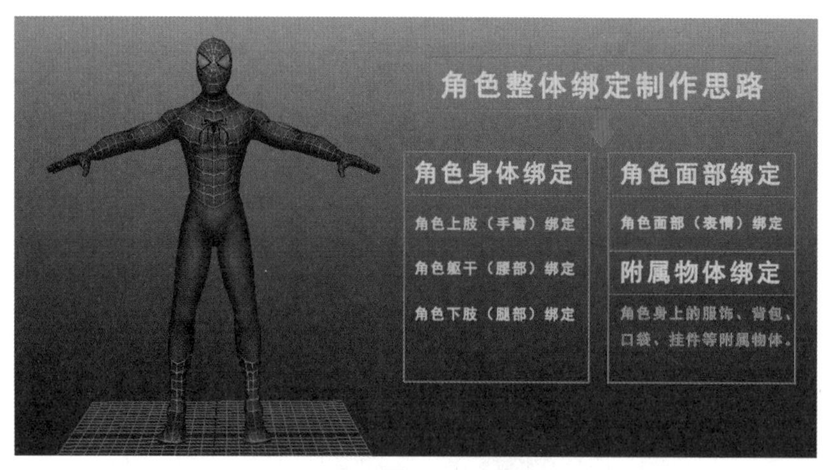

图 4-3

本章先重点学习蜘蛛侠腿部骨骼的设置。在接下来的章节中，我们会逐一详细学习蜘蛛侠躯干骨骼设置、躯干高级旋转设置、上臂骨骼设置、手臂骨骼设置、头部骨骼设置。另外，我们还会学习一些高级角色骨骼绑定插件和角色面部绑定插件的应用技巧。

提示

在角色骨骼创建之前，我们还要做足三方面的功课。

第一，认识并掌握人体骨骼与肌肉结构。要想让写实角色动起来，而且动得逼真自然，就必须掌握这些基础知识。

第二，要学会骨骼工具的高级应用。骨骼工具是角色绑定的重要工具。

第三，检查模型与整理模型。模型合格之后才能开始绑定。

4.1.1 了解人体的骨架结构

设置角色骨骼之前，一定要先参考一些医用人体解剖书籍，以了解相应角色的骨骼架构和肌肉运动规律。这里我们重点研究人体的骨骼架构。

人体有 206 块骨骼，主要包括颅骨、躯干骨、上肢骨、下肢骨，如图 4-4 所示。

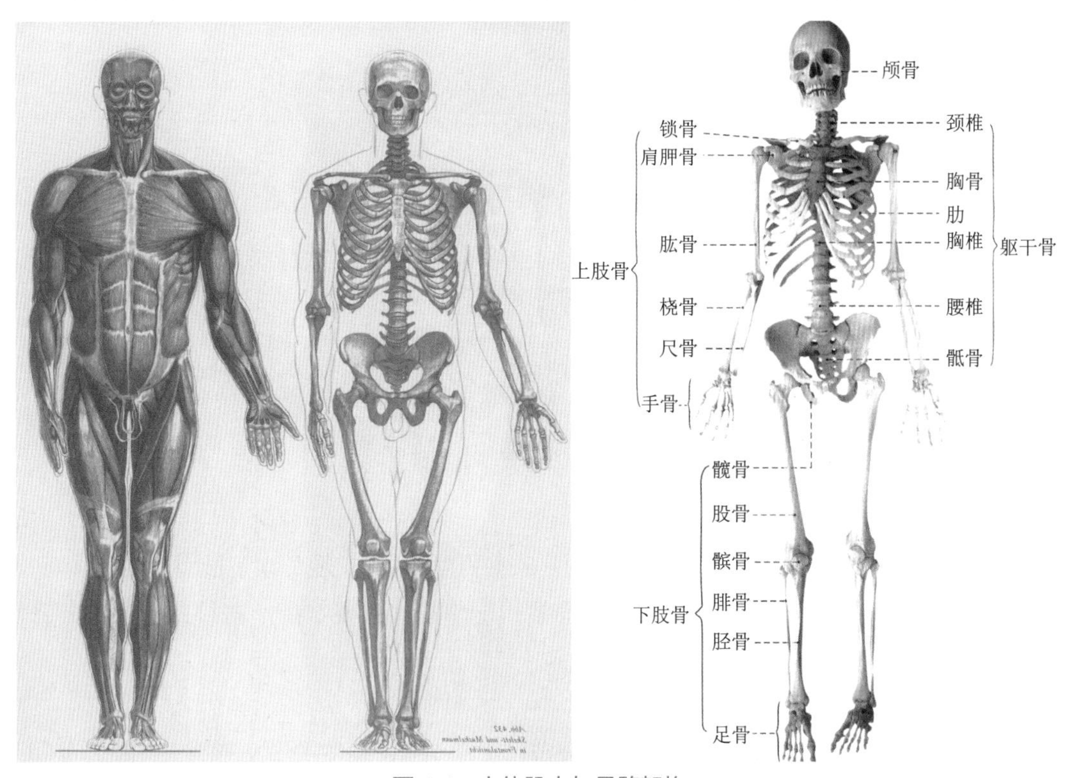

图 4-4 人体肌肉与骨骼架构

人体主要骨骼与主要关节如图 4-5 所示。

颅骨主要由头骨关节、上颌骨关节、下颌骨关节、颞骨关节组成。

躯干骨主要由骶骨关节、腰关节、腹关节、胸关节、颈关节组成。

上肢骨骼主要由锁骨关节、肩关节、肘关节、腕关节和手部骨骼组成。

手部骨骼主要由大拇指关节、食指关节、中指关节、无名指关节、小指关节组成。

下肢骨骼主要由髋骨关节（大腿骨）、髌骨关节（膝盖关节）、踝关节和脚部骨骼组成。

脚部骨骼主要由脚掌关节、脚尖关节、脚后跟关节组成。

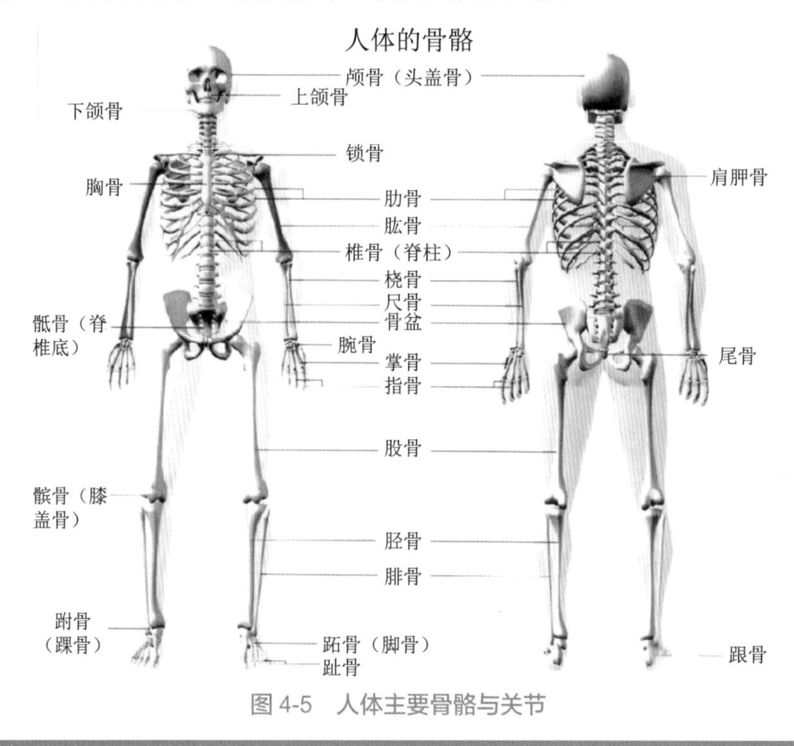

图 4-5　人体主要骨骼与关节

> 提示
>
> 这里所讲的人体骨骼知识都是和绑定有关的，其他与绑定无关的知识并未详解。

4.1.2 下肢骨架结构

了解完人体的主要骨骼与关节后，接下来重点学习并掌握人体下肢骨骼的结构和肌肉运动原理。人体骨骼结构比较复杂，不需要一一掌握，只要掌握一些绑定能用到的骨骼即可。

1. 下肢骨骼

下面重点学习下肢骨骼，主要有髋骨关节（大腿骨）、膝盖关节（髌骨）、踝关节和脚部骨骼（脚跟部、脚腰部和脚前掌部），如图 4-6 所示。

2. 脚部骨骼结构与脚部肌肉

人类的脚是由骨骼、肌肉、血管、神经等组织构成的，如图 4-7 所示。脚是人或某些动物身体最下部接触地面的部分，是人体重要的负重器官和运动器官。

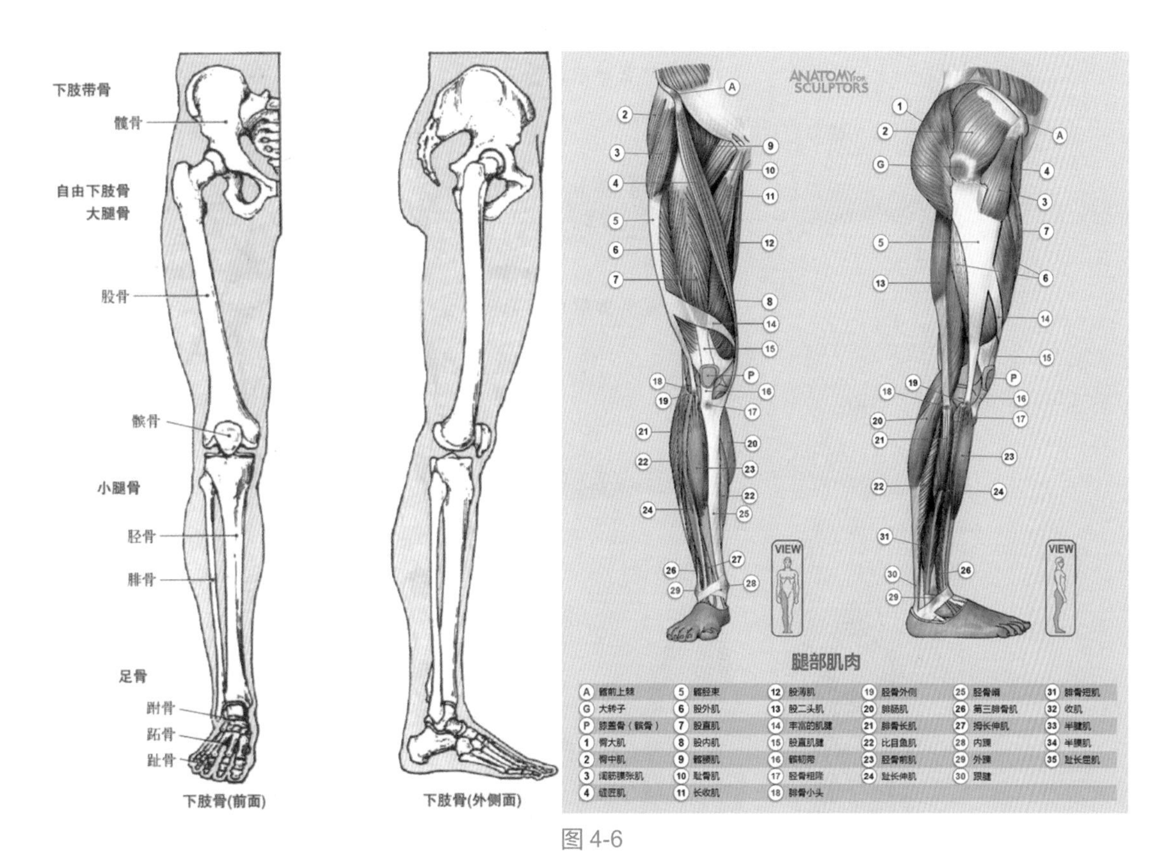

图 4-6

脚骨骼结构的主要作用是负担人体重量与支撑人的身体，脚共由 26 块骨骼组成，分为三大部分：跟部、腰部和前掌部。跟部由 7 块骨骼组成，负责直接承受体重，且大部分身体重量（50%）都落在脚跟部。腰部由 5 根长骨组成，负责连接前掌和后跟并传递身体部分重量至前掌。脚前掌由 14 块小骨组成，具有承受体重和平衡身体及抓住地面不致身体倒斜的功能。为了起到支撑全身体重的作用，脚的底部产生了若干拱形，特别是内弓较为发达，既大又牢固。通过胫骨，由上半身笔直传导过来的体重，经相当于传递关节的距骨部分承担后，又被以跟骨底部内侧的前端和第一足骨接地点为两个基点的强韧的内弓完全承受下来。

脚部肌肉是人体最主要的组织之一，负责传递力量和动作，常跨越连接 1 至 2 根骨骼。肌肉组织作为一种纤维组织黏附于骨骼上。脚运动所需的主要肌肉有通过小腿后侧的腓肠肌和通过小腿前部的胫骨前肌。脚后跟的上下运动靠腓肠肌的作用来实现。腓肠肌是始于跟骨后部，通过膝盖后部，连接股骨下端后部凹陷处的又粗又厚的肌肉。脚跟部位的腱状部分一般称为跟腱（也叫阿喀琉斯腱），它来源于希腊神话中英雄阿喀琉斯（Achilles）的故事。从图 4-7 中还可以看到跟腱内方有空隙，稍许的冲击也会使它容易断裂。一旦跟腱断裂，脚便不能行走。

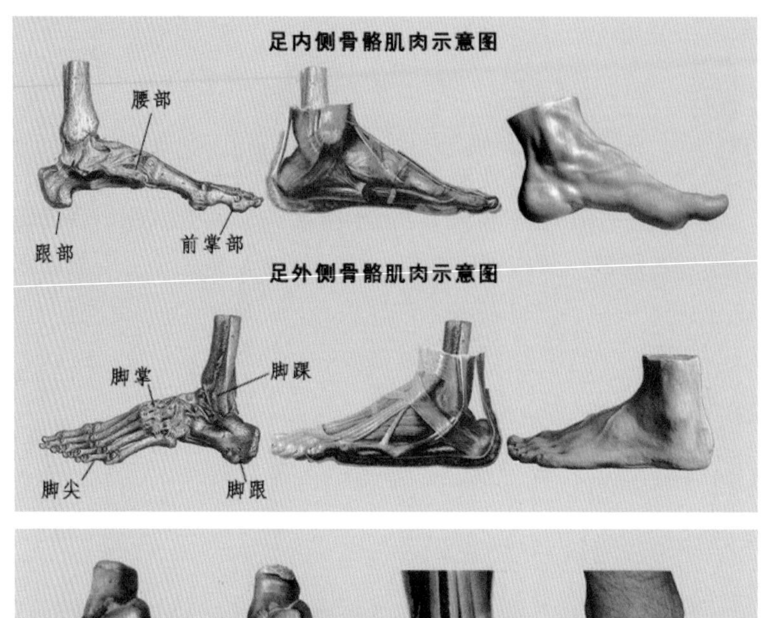

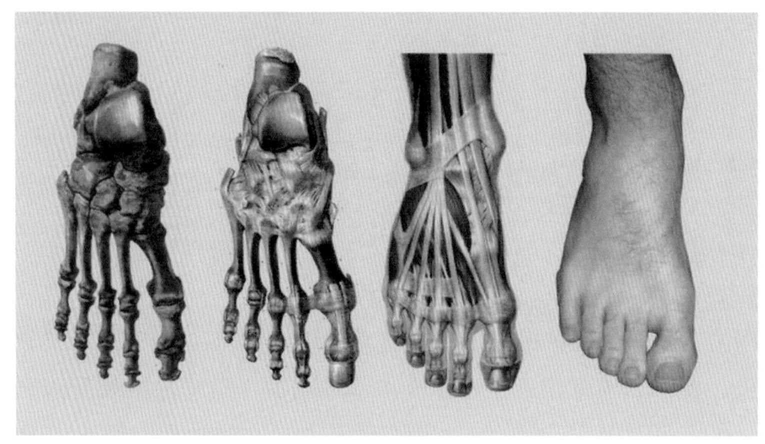

图 4-7

4.1.3 下肢运动分析

下肢运动也就是我们所说的腿部运动。因为人体有将近一半的肌肉、骨骼、神经和血液都集中在下肢，所以下肢的运动尤为重要。而腿部运动中尤其以角色的脚部动作最为丰富，大家可以亲自体验一下，看看自己的脚能做出多少种动作。人在走路的时候，大腿带动小腿，小腿带动脚跟，脚跟再带动脚尖，这一连串的动作，在绑定的时候都要实现出来。一般情况下，绑定的时候至少需要让角色的脚部能实现抬脚尖、抬脚后跟（如图 4-8 所示）、抬脚掌、旋转脚尖、旋转脚后跟、脚向内侧倾斜、脚向外侧倾斜、旋转脚踝八个动作。这八个动作是脚部运动最基本的动作，

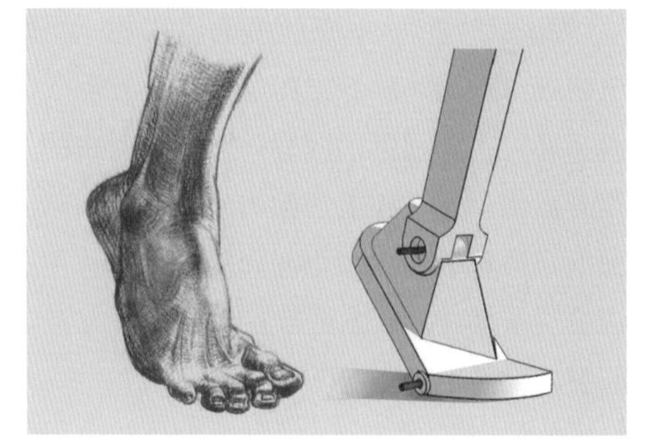

图 4-8

这些动作和脚部的骨骼结构有着密切的关系。绑定中，角色的脚部骨骼就是按照真实的人体脚部骨骼创建的，脚部有三个支点——脚跟、脚掌、脚尖，还有一个旋转轴——脚腕。这样的结构通过肌肉和韧带的连接就可以做出各种各样的动作。

在绑定中实现这些动作的方法称为“反转脚”。在设置反转脚的过程中，我们用到了IK 控制柄工具，通过骨骼、IK 控制柄工具与分组的结合，可以实现脚部的这些动作。

本章将向大家讲解蜘蛛侠腿部骨骼绑定。腿部绑定是角色绑定中的重点，知识点包括腿部骨骼的创建、腿部 IK 的制作、膝盖的控制、节点编辑器的应用，难点是脚部属性的链接设置，初学者理解起来通常比较困难。

4.2　蜘蛛侠腿部骨骼绑定

4.2.1　蜘蛛侠左侧腿部骨骼创建

01 首先执行“文件”菜单下的“打开场景”命令，打开提供的蜘蛛侠绑定工程文件，为模型链接贴图。选择模型，使用 Ctrl+A 打开模型的属性，在 Lambert 材质球的颜色属性上链接颜色贴图，在凹凸贴图属性上链接法线贴图，如图 4-9 所示。

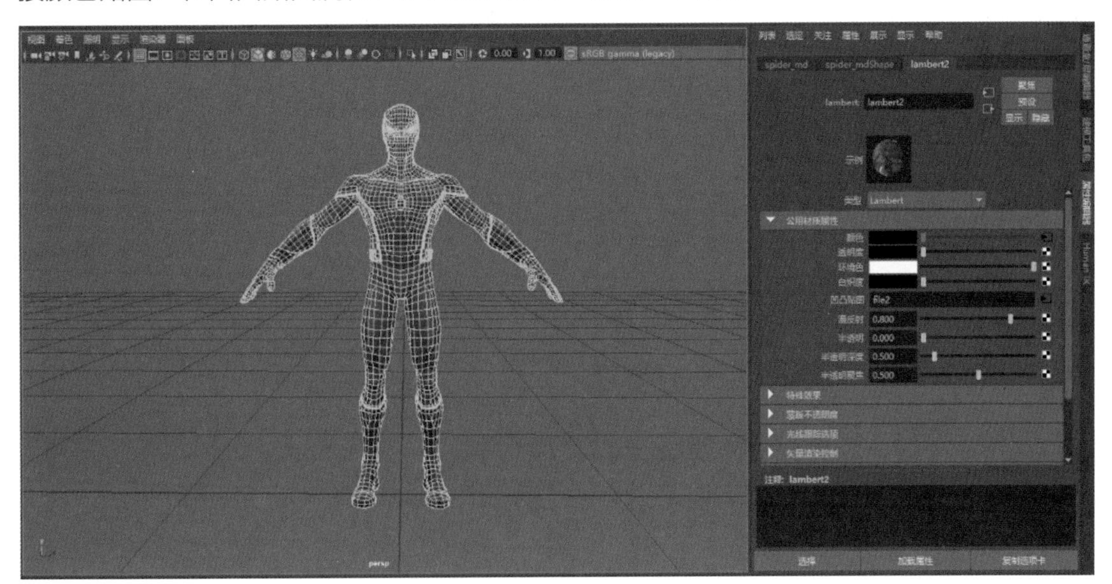

图 4-9

02 绑定之前一定要先检查角色模型是否合理。角色属性通道一定要保持属性干净。选择模型添加到图层里，设置为 R（渲染锁定），如图 4-10 所示。

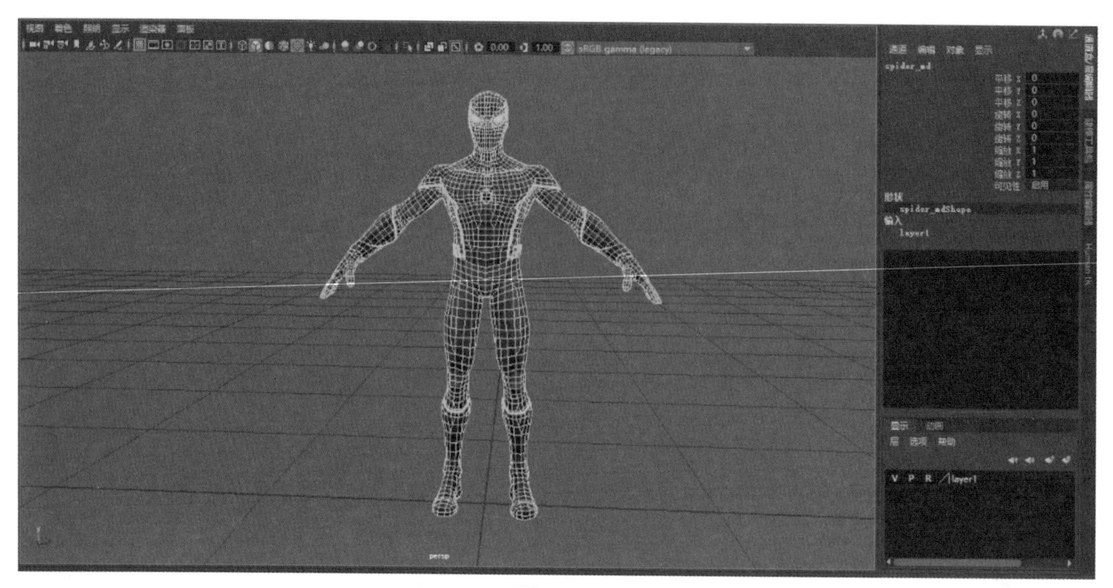

图 4-10

03 接下来为模型创建腿部骨骼。按住空格键加鼠标左键切换到右视图，找到绑定模块，执行“骨架”菜单下的“创建关节”命令，创建关节。若发现创建的关节太大，则调整关节的大小：执行“显示”菜单下“动画”子菜单中的“关节大小”命令，调整关节大小为 0.02。按住 Shift 键创建腿部的 5 个关节，按下 Enter 键确认，如图 4-11 所示。

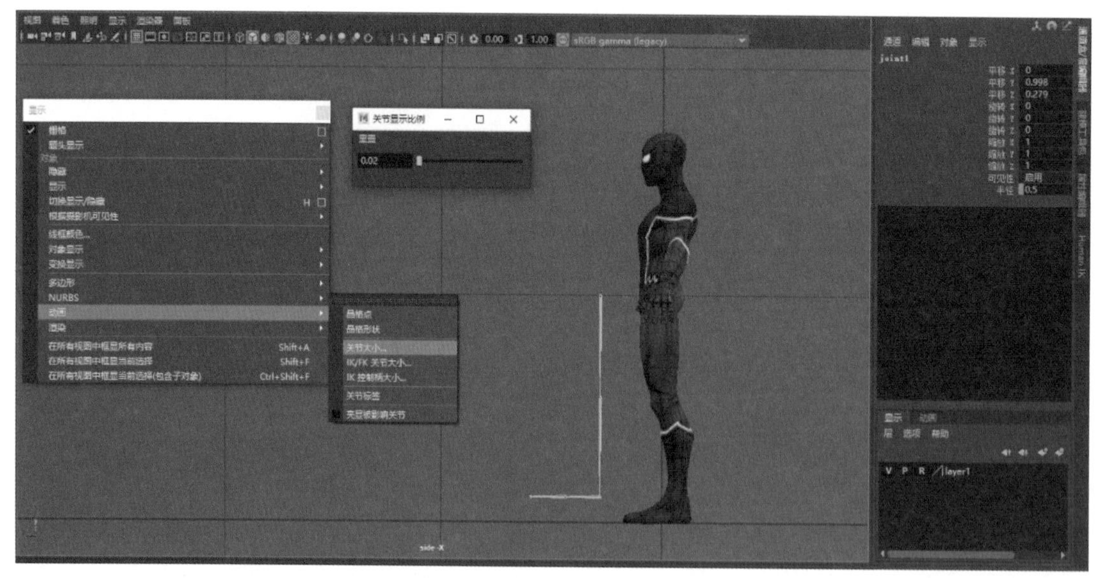

图 4-11

04 开启 X 射线显示关节，调整关节的位置。按下 W 键直接将关节移动到合适的位置。涉及旋转关节时，按住 W 键同时单击鼠标左键切换到对象模式，然后按下 E 键旋转关节，按下 R 键缩放关节。前视图和右视图关节对应位置如图 4-12 所示。详细操作请参看配套的微课视频教程。

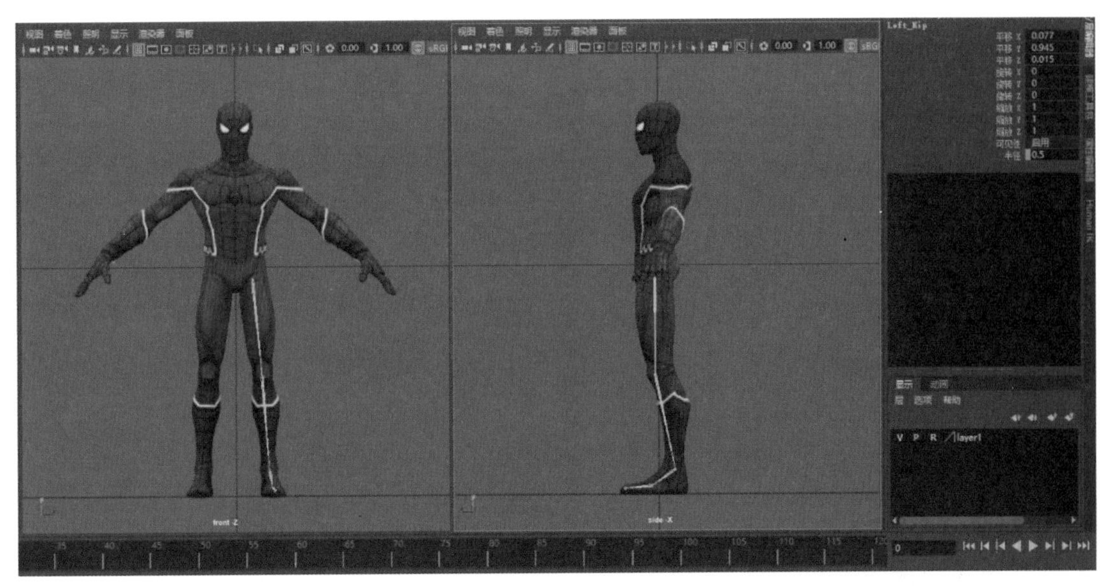

图 4-12

05 检查腿部关节的轴向。选择腿部的关节，单击鼠标右键，选择层级，然后执行“显示”菜单下“变换显示”下拉菜单中的“局部旋转轴”命令，如图 4-13 所示。

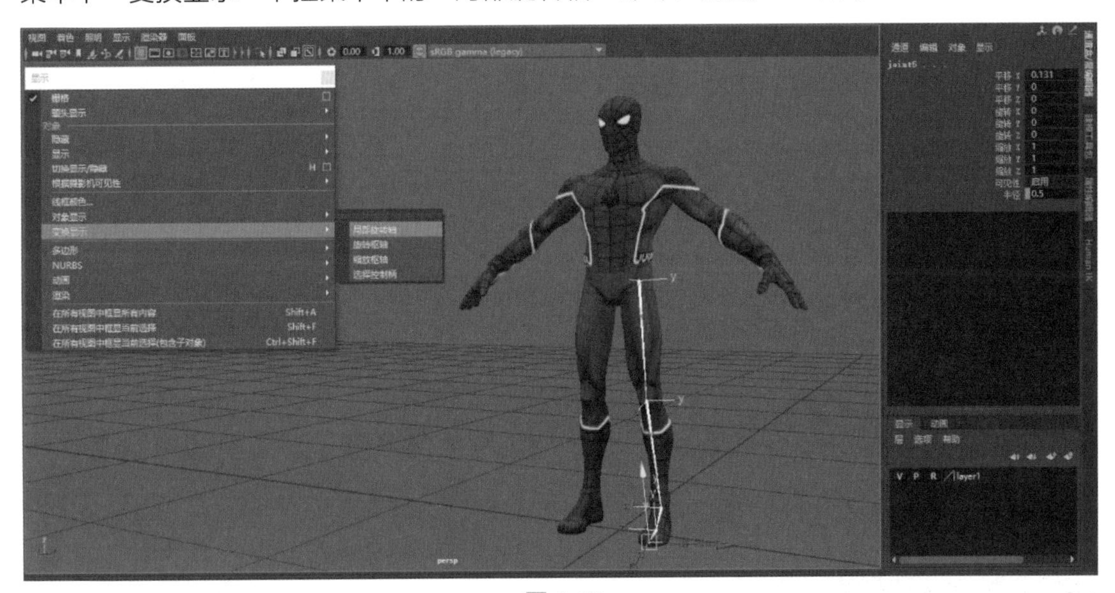

图 4-13

> 提示
>
> 按下 Ctrl+Shift 键，同时单击显示“局部旋转轴”命令，可以将该命令添加到自定义工具架，方便后续使用。

06 在“大纲视图”中打开腿部骨骼的层级，为其命名。选择 joint1 关节，执行“修改”菜单下的“添加层级名称前缀”命令，添加前缀 Left_，然后分别为每个关节命名：Hip（大腿骨关节）、Knee（膝盖关节）、Ankle（脚踝关节）、Ball（脚掌关节）、Toe（脚尖关节），如图 4-14 所示。

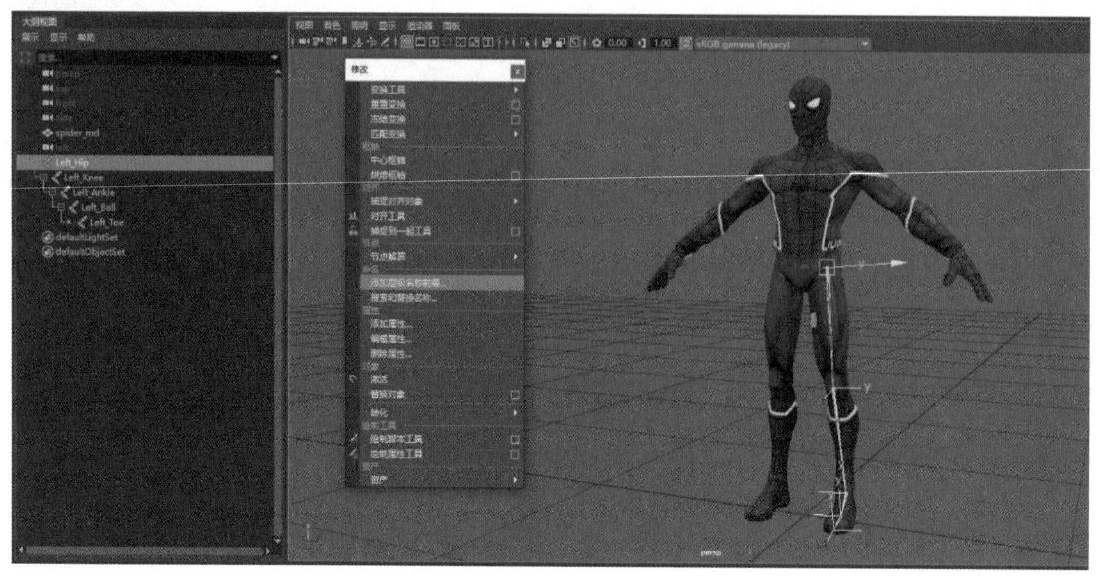

图 4-14

07 选择腿部骨骼，执行“修改”菜单下的“冻结变换”命令，统一腿部骨骼的方向，选择膝盖关节 Knee、脚踝关节 Ankle、脚掌关节 Ball、脚尖关节 Toe，按下 Shift+P 键，解除父子关系，如图 4-15 所示。

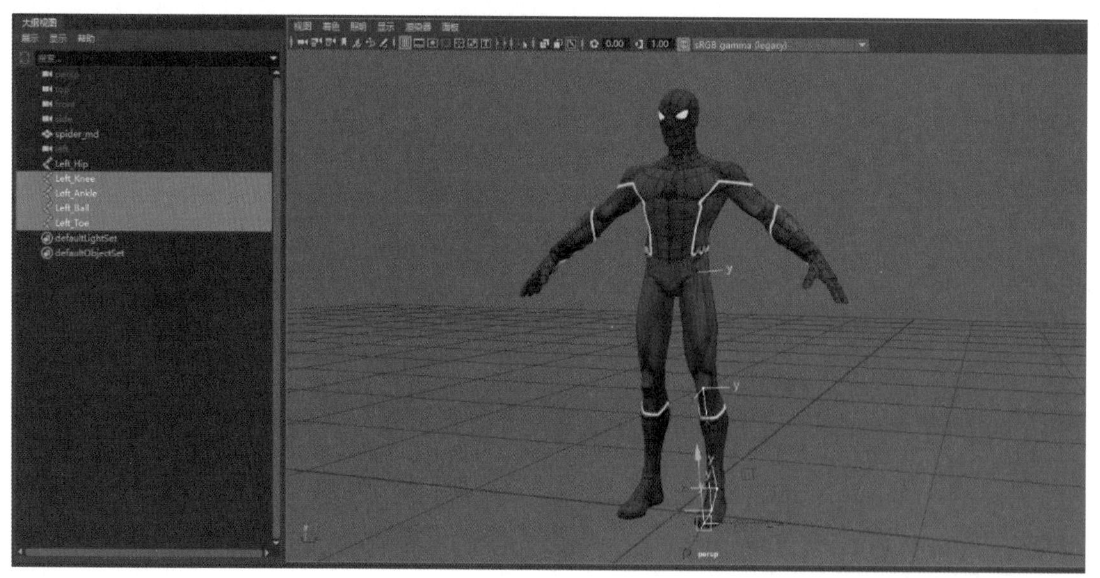

图 4-15

08 图层隐藏角色模型。选择膝盖关节 Knee，加选大腿骨关节 Hip，切换到绑定模块，执行“约束”菜单下的“目标约束”命令，打开其对话框，设置上方向向量为 0，–1，0；“世界上方向类型”设置为“对象上方向”；“世界上方向对象”填入 Left_Ankle，单击“应用”按钮，如图 4-16 所示。

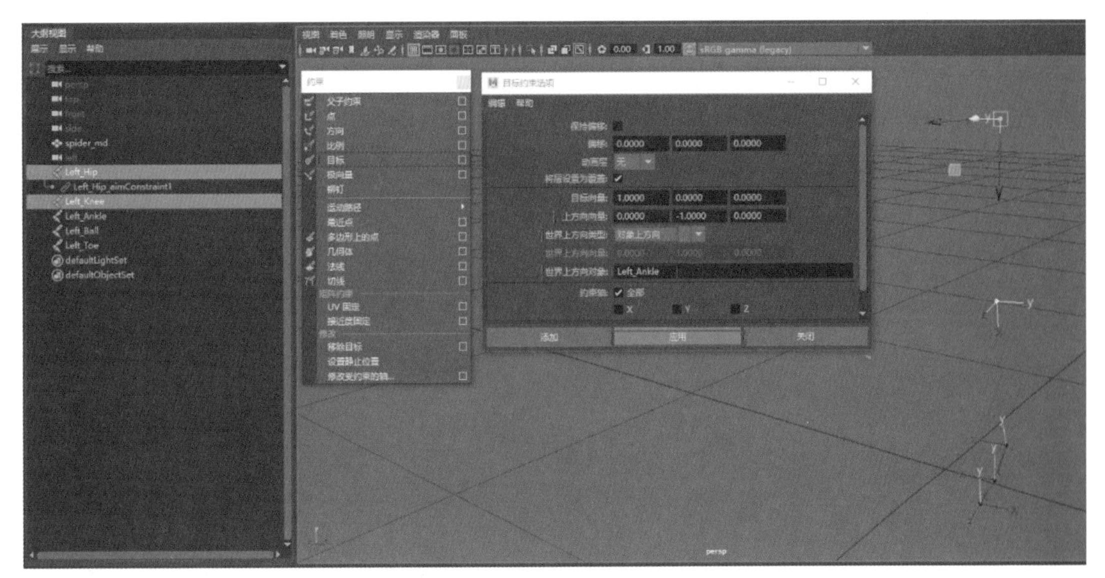

图 4-16

09 同理，选择脚踝关节 Ankle，加选膝盖关节 Knee，执行“约束”菜单下的“目标约束”命令，将上方向向量设置为 0，–1，0；“世界上方向类型”设置为“对象上方向”；“世界上方向对象”填入 Left_Hip，单击“应用”按钮，如图 4-17 所示。

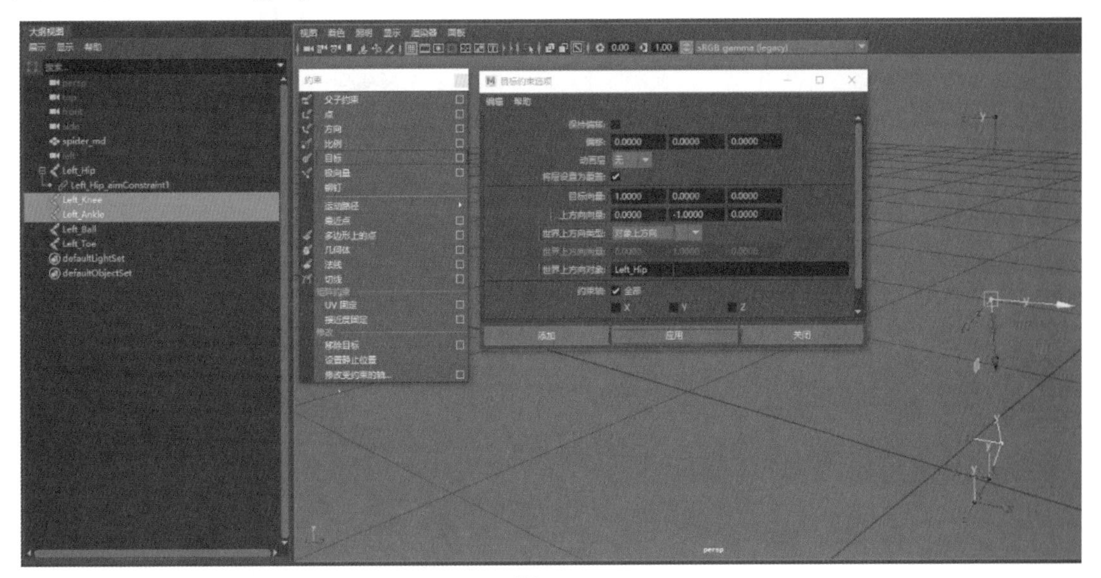

图 4-17

10 选择脚掌关节 Ball，加选脚踝关节 Ankle，执行“约束”菜单下的“目标约束”命令，将上方向向量设置为 0，1，0；“世界上方向类型”设置为“对象上方向”；“世界上方向对象”填入 Left_Hip，单击“应用”按钮，如图 4-18 所示。

11 选择脚掌关节 Ball，加选脚尖关节 Toe，执行“约束”菜单下的“方向约束”命令，单击“应用”按钮，如图 4-19 所示。

12 在“大纲视图”中将所有的约束节点用 Delete 键删除，如图 4-20 所示。

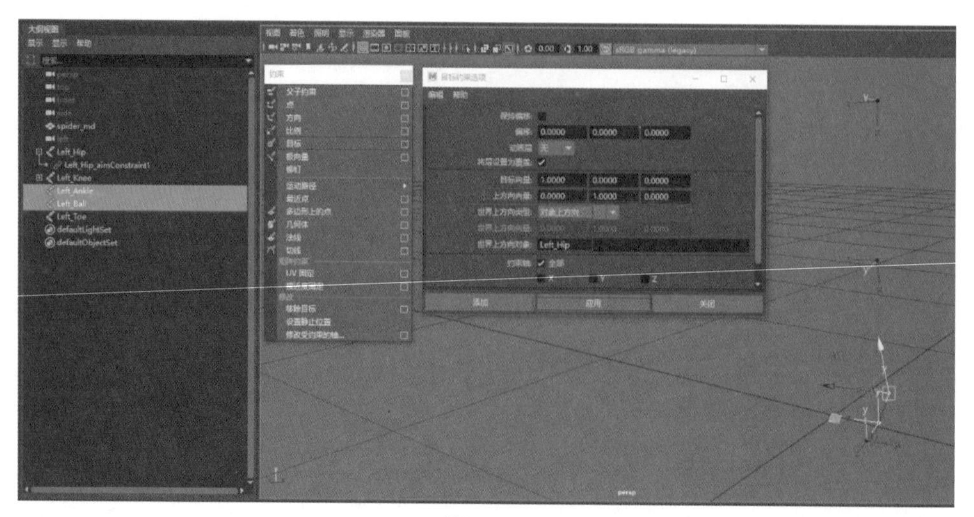

图 4-18

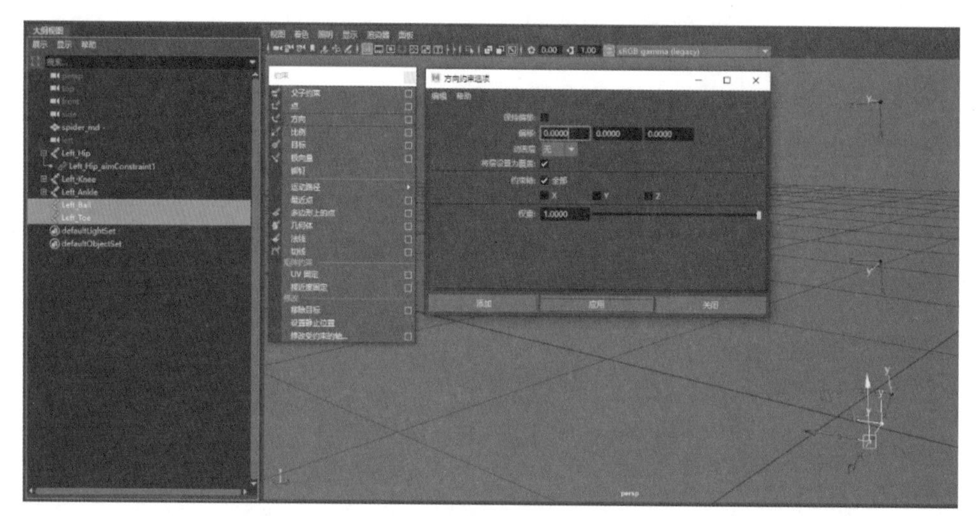

图 4-19

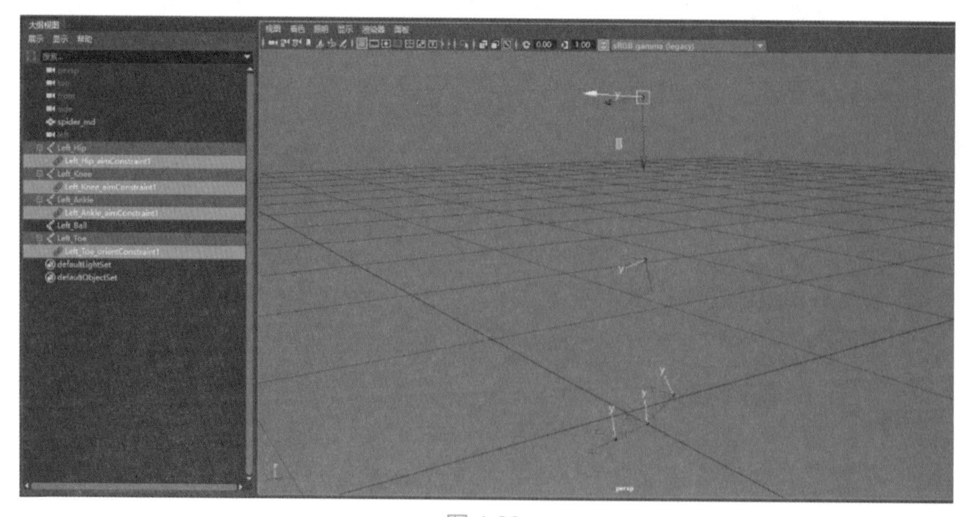

图 4-20

13 建立腿部关节的父子关系，先选择的为子层级，后选择的为父层级。选择 Toe（脚尖关节），按下 P 键，与 Ball（脚掌关节）建立父子关系；选择 Ball（脚掌关节），按下 P 键，与 Ankle（脚踝关节）建立父子关系；选择 Ankle（脚踝关节），按下 P 键，与 Knee（膝盖关节）建立父子关系；选择 Knee（膝盖关节），按下 P 键，与 Hip（大腿骨关节）建立父子关系，如图 4-21 所示。

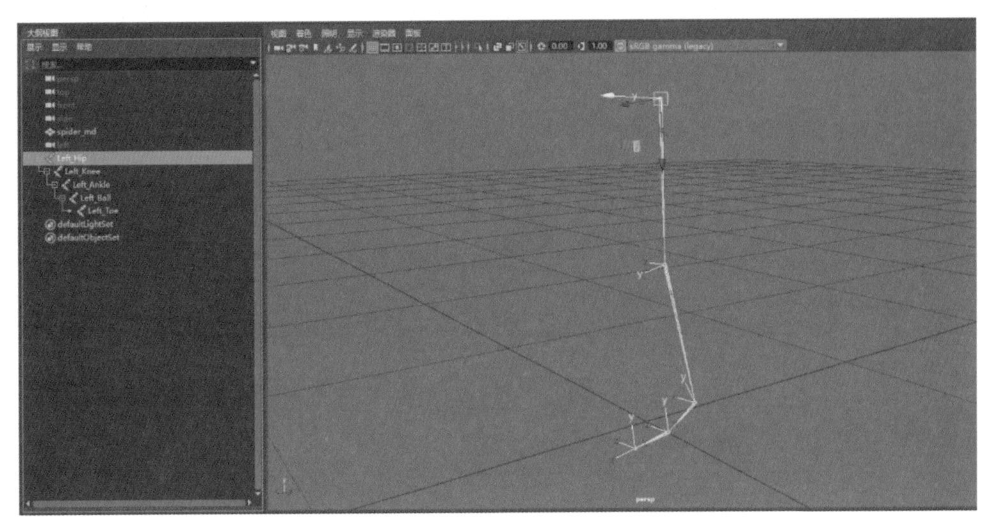

图 4-21

14 确定骨骼轴向统一没有问题之后，选择腿部的关节，单击鼠标右键，选择层级，执行“显示”菜单下“变换显示”下拉菜单中的“局部旋转轴”命令，将骨骼轴向显示取消，如图 4-22 所示。

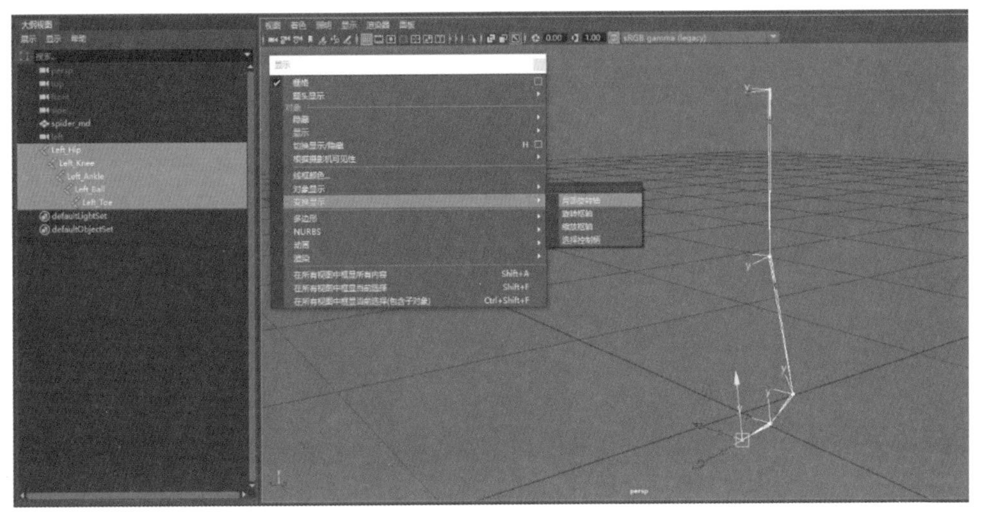

图 4-22

15 选择左腿骨骼，执行“骨架”菜单下的“镜像关节”命令，“镜像平面：”选择 YZ，在“搜索：”框中输入 Left_，在“替换为：”框中输入 Right_，单击“应用”按钮，快速生成右侧腿部骨骼，如图 4-23 所示。

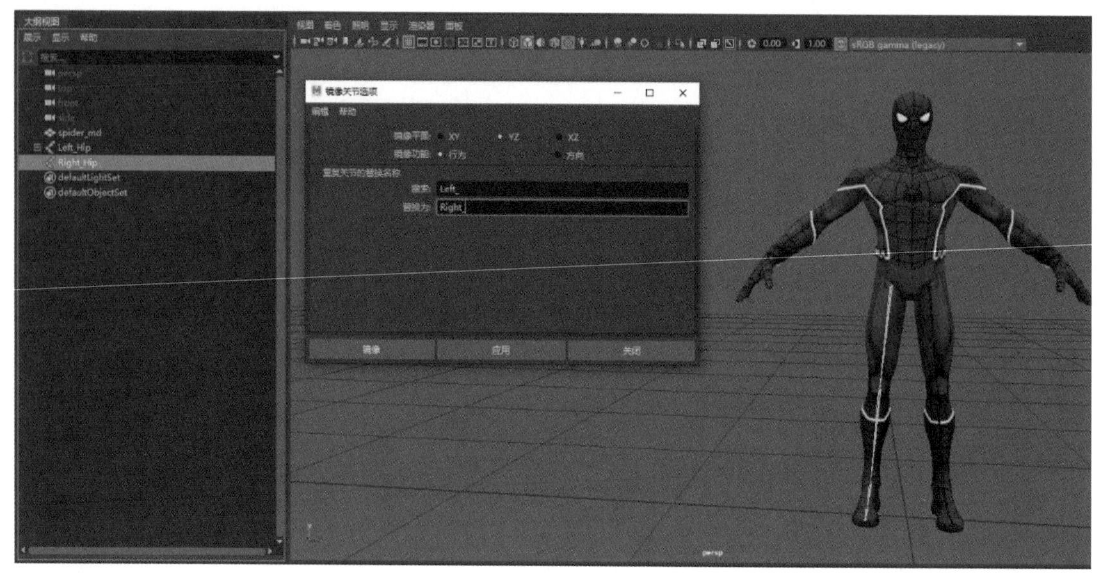

图 4-23

4.2.2 控制器创建插件安装

01 安装插件之前先关闭 Maya 软件，打开提供的“控制器创建插件”文件夹，如图 4-24 所示。

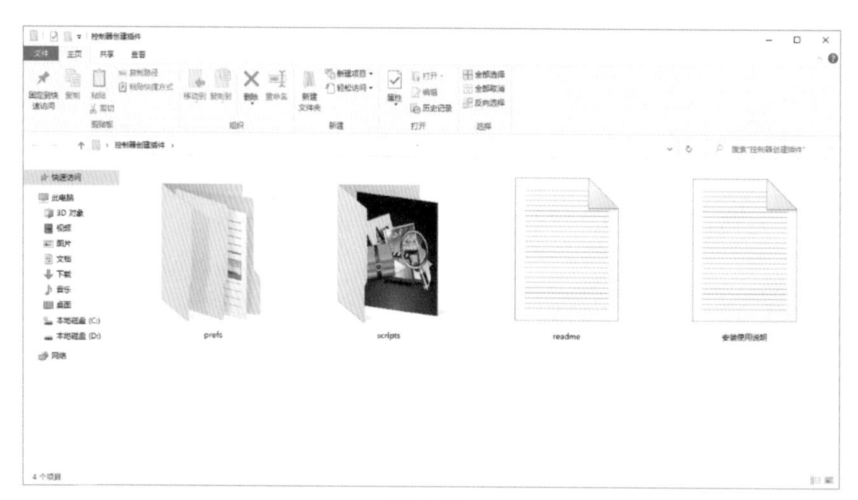

图 4-24

02 将控制器创建插件文件夹 prefs（预置）文件夹中的 mz_icons（图标）文件夹复制粘贴到 C:\ 此电脑 \ 文档 \maya\2022\zh_CN\prefs\icons，如图 4-25 所示。

03 将控制器创建插件文件夹 scripts（脚本）文件夹中的 mz_ctrlCreator（控制器创建脚本）文件夹复制粘贴到 C:\ 电脑 \ 文档 \maya\2022\zh_CN\scripts，如图 4-26 所示。

04 打开 Maya 软件的“脚本编辑器”，将复制的代码粘贴到 Python 脚本编辑器里面，复制的代码如图 4-27 所示。

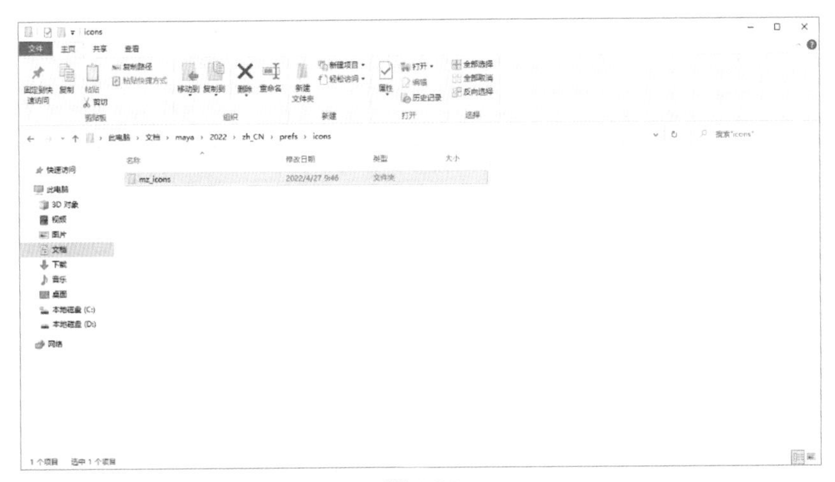

图 4-25

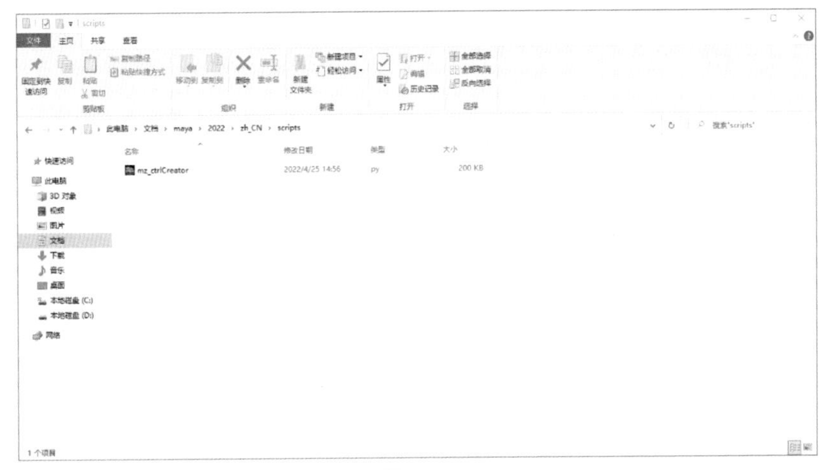

图 4-26

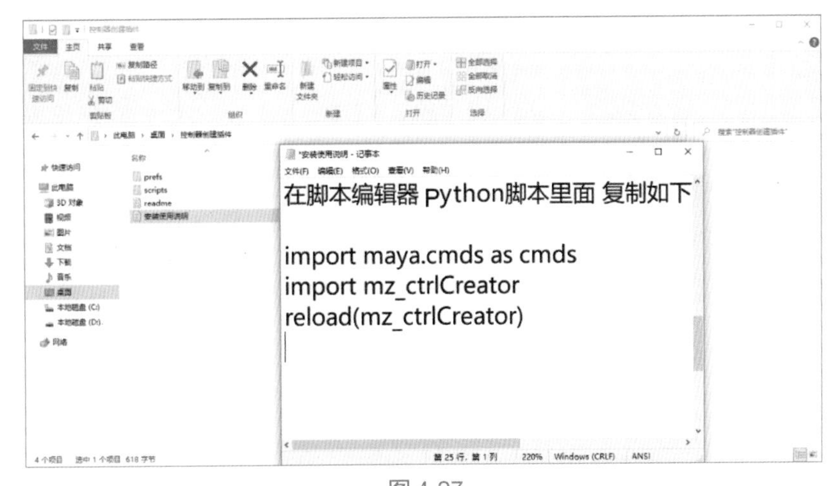

图 4-27

05 在 Python 脚本编辑器里面选择代码，快速双击小键盘的 Enter 键，会弹出 mz.ctrlCreator 面板，如图 4-28 所示。

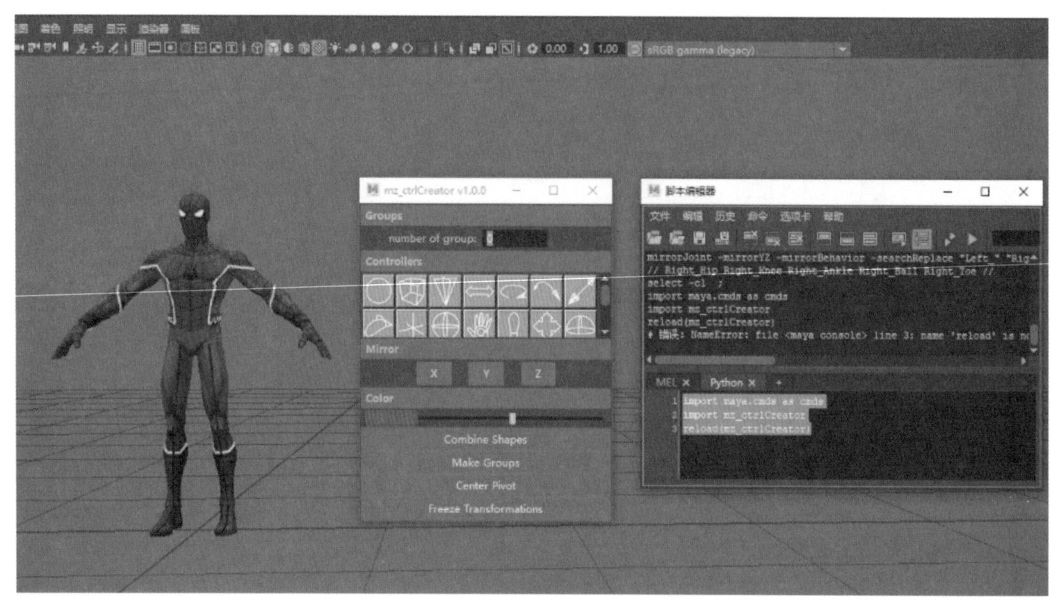

图 4-28

06 为方便后续使用此脚本，可以选择代码，按住鼠标滚轮将其拖曳到自定义工具架上，如图 4-29 所示。

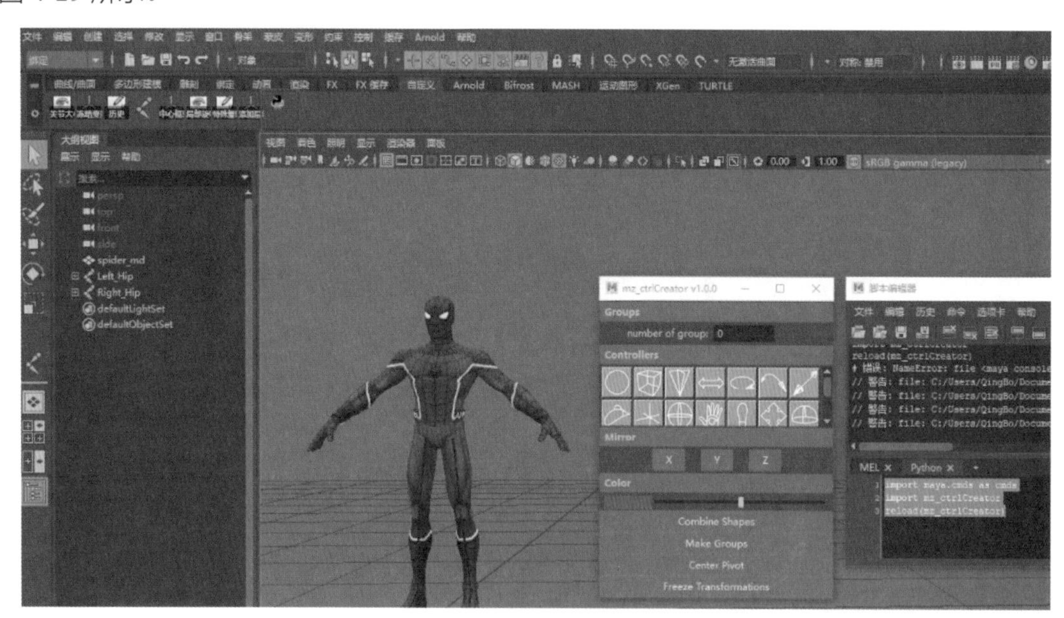

图 4-29

4.2.3 蜘蛛侠左侧腿部绑定和反转脚绑定

01 接下来为左侧腿部骨骼创建 IK。切换到绑定模块，执行“骨架”菜单下的“创建 IK 控制柄”命令。在场景中先单击 Left_Hip 关节，再单击 Left_Ankle，创建 IK，并在“大纲视图”中将 IK 命名为 LeftAnkleik，如图 4-30 所示。

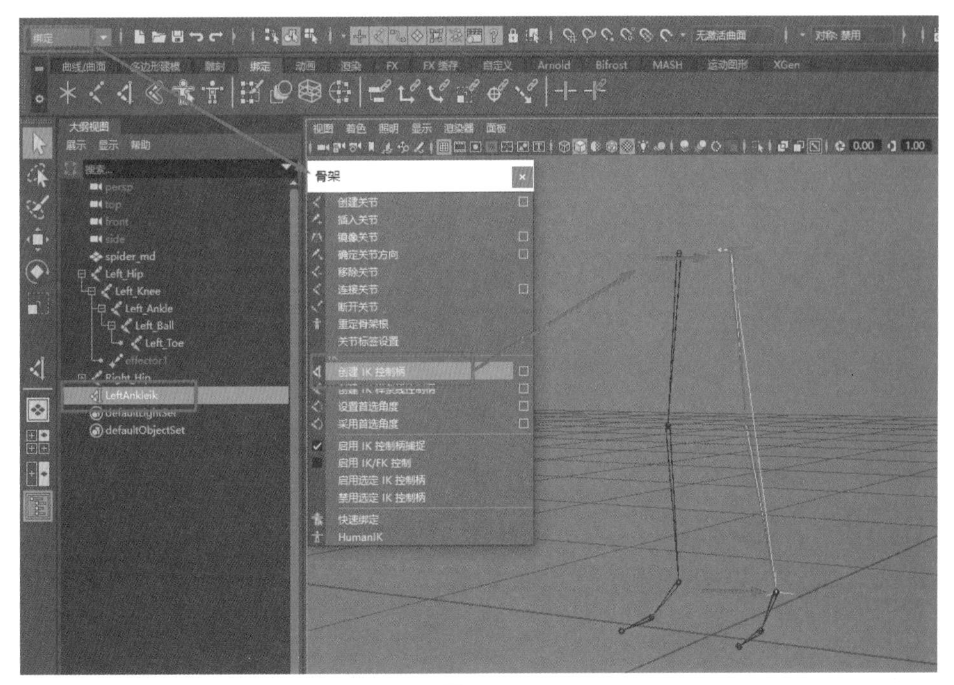

图 4-30

02 应用控制器创建插件创建脚踝关节控制器，缩放至合适大小后，按下 V 键将其吸附至脚踝关节位置处。选择控制器，执行“修改”菜单下的“冻结变换”命令，再执行“编辑”菜单下的“按类型删除历史”操作，然后在“大纲视图”中将控制器命名为 LeftAnkle_con，如图 4-31 所示。

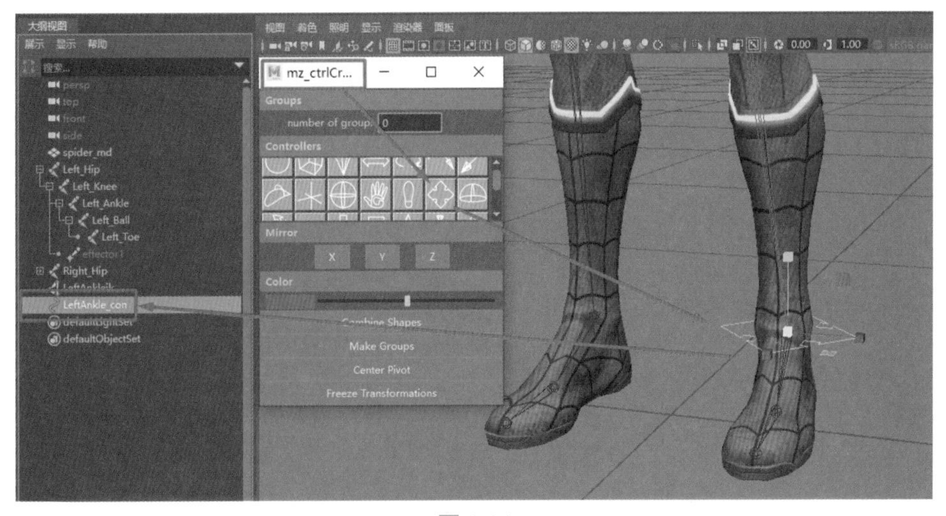

图 4-31

提示

按下 Ctrl+Shift 键，同时单击“冻结变换”或“删除历史”命令，可以将该命令添加到自定义工具架，方便后续快速使用该命令。

03 为了统一控制器，选择左侧脚踝关节控制器，按下 Ctrl+D 复制命令，按下 V 键将其吸附至右脚踝关节位置处。选择右脚踝控制器，执行“修改”菜单下的“冻结变换”命令，再执行“编辑”菜单下的“删除历史”操作，然后再在“大纲视图”中将控制器命名为 RightAnkle_con，如图 4-32 所示。选择左脚的 IK，加选左侧脚踝控制器，按下 P 键建立父子关系。选择右脚的 IK，加选右侧脚踝控制器，按下 P 键建立父子关系。

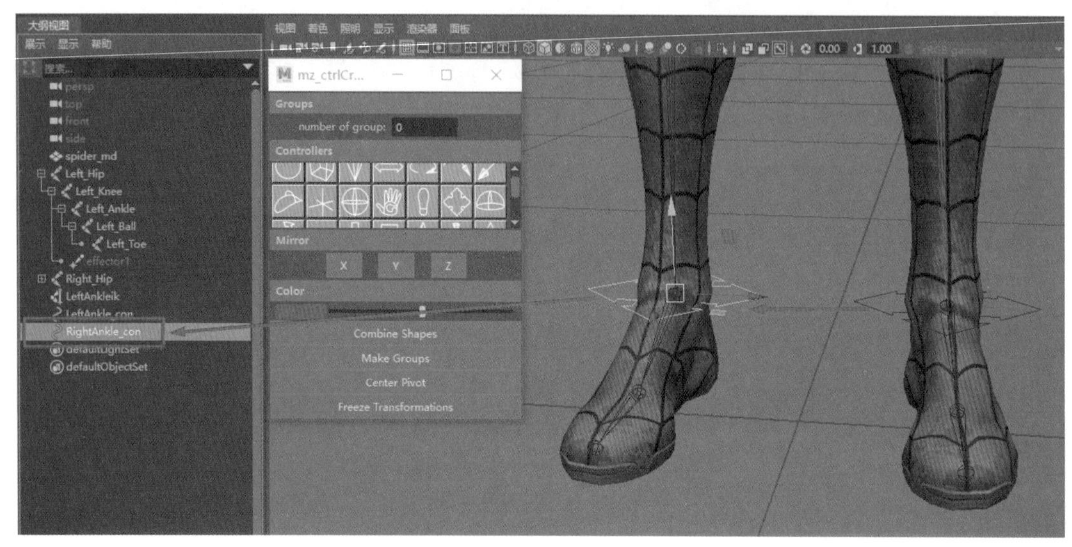

图 4-32

04 应用控制器创建插件创建左脚控制器。调整左脚控制器的控制顶点，调至合适后，将其放到左脚位置处。选择控制器，执行“修改”菜单下的“冻结变换”命令，再执行“编辑”菜单下的“按类型删除历史”操作，然后在“大纲视图”中将其命名为 LeftFoot_con，如图 4-33 所示。

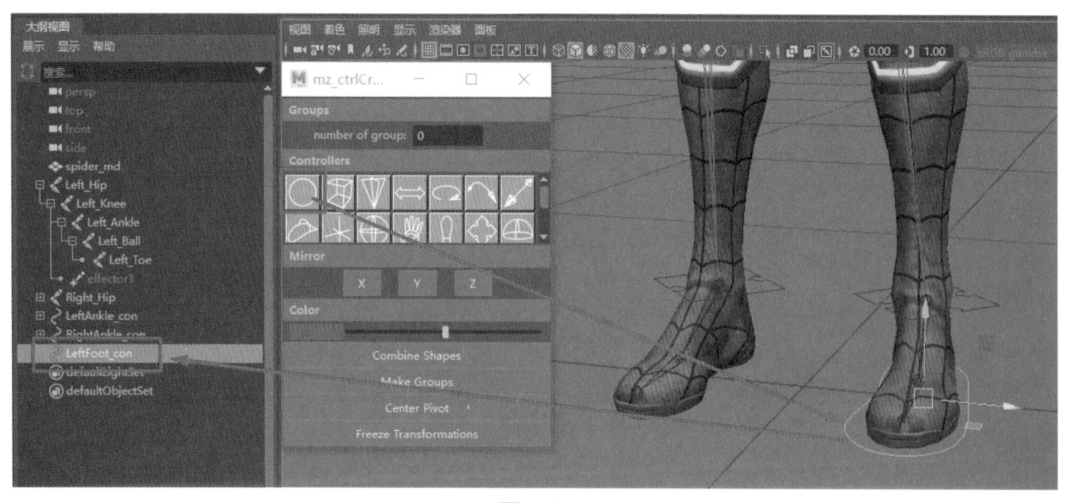

图 4-33

05 选择左脚控制器，按下 Ctrl+G 创建分组，然后按下 Ctrl+D 复制命令。按下 R 键，修改“缩放 X”为 –1。选择 group1 和 group2，执行“修改”菜单下的“冻结变换”命令，然后在“大纲视图”中将 group2 层级下的右脚控制器命名为 RightFoot_con，如图 4-34 所示。选择左脚控制器和右脚控制器，按下 Shift+P 取消其父子层级关系。选择 2 个空组，执行 Delete（删除）操作。

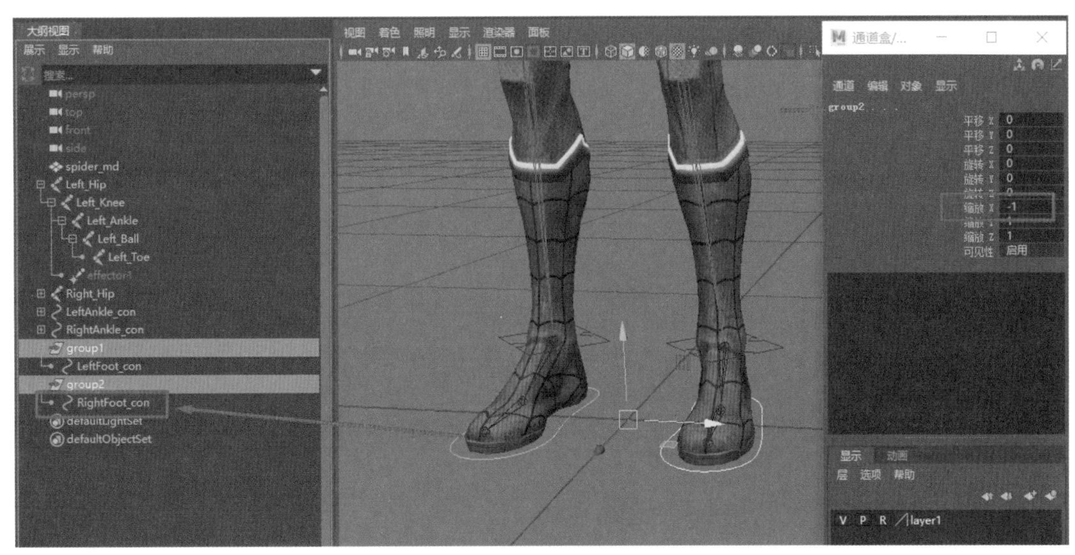

图 4-34

06 接下来为左脚创建反转脚关节控制。执行“骨架”菜单下的“创建关节”命令，先单击鼠标创建 1 个关节，将其移动并定位到左脚的内侧；然后按住 Ctrl+D 复制命令，依次创建 6 个关节，分别将各关节移动并定位到左脚的外侧、脚后跟、脚中间、脚尖、脚掌、脚踝处；最后在“大纲视图”中分别将上述 7 个关节命名为 Left_Rev_FootIn、Left_Rev_FootOut、Left_Rev_Pivot、Left_Rev_Heel、Left_Rev_Toe、Left_Rev_Ball、Left_Rev_Ankle，如图 4-35 所示。

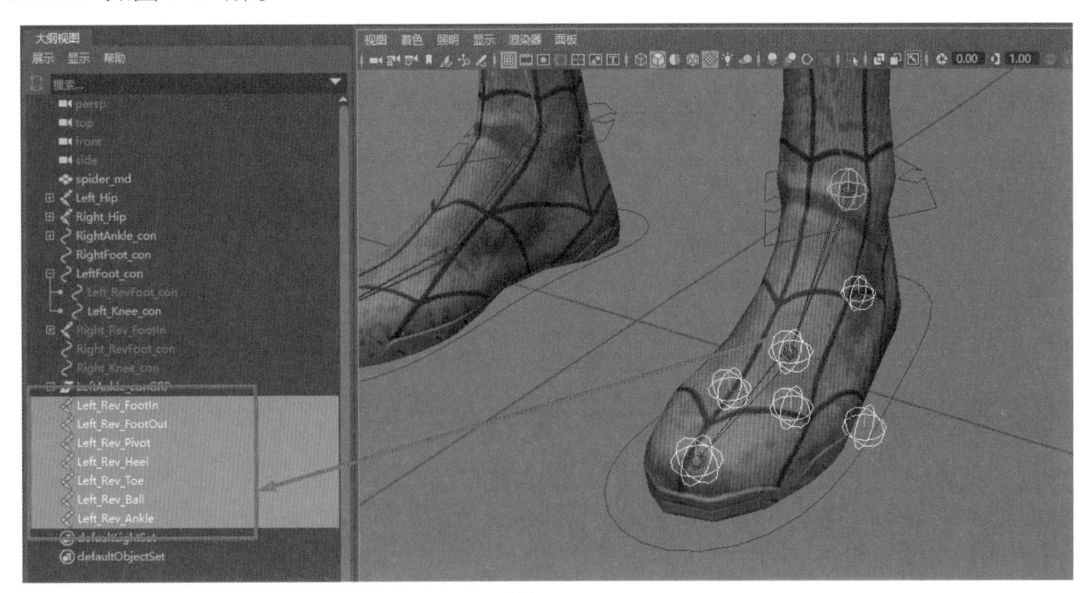

图 4-35

07 为反转脚创建层级。建立父子关系遵循先选定者为子对象，后选定者为父对象的原则。选择反转脚的脚尖关节，按下 P 键，与反转脚的脚后跟关节建立父子关系；选择反转脚的脚掌关节，按下 P 键，与反转脚的脚尖关节建立父子关系；选择反转脚的脚踝关节，按下 P 键，与反转脚的脚掌关节建立父子关系；选择反转脚的中心关节，按下 P 键，与反转脚的脚外侧关节建立父子关系；选择反转脚的脚外侧关节，按下 P 键，与反转脚的脚内侧关节建立父子关系；最后选择反转脚的脚后跟关节，按下 P 键，与反转脚的中心关节建立父子关系。层级的建立如图 4-36 所示。

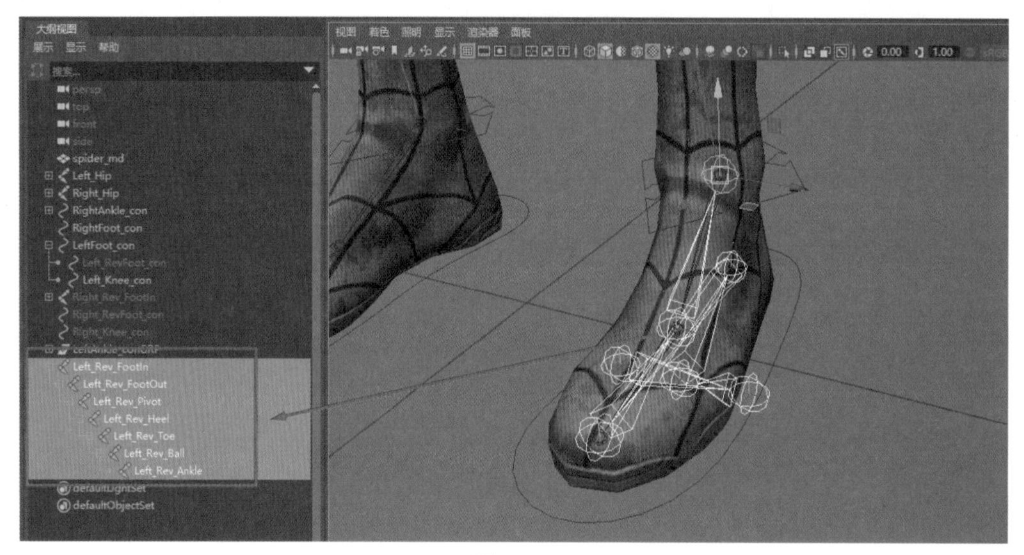

图 4-36

08 选择左侧反转脚的外侧关节，执行“骨架”菜单下的“镜像关节”命令，单击“应用”按钮，快速得到右侧反转脚关节链，如图 4-37 所示。

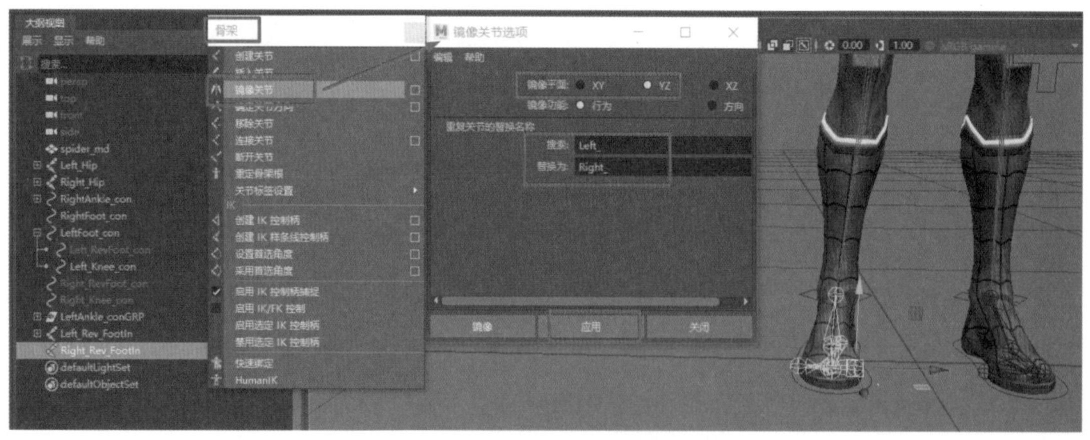

图 4-37

09 接下来实现左脚反转脚的向内旋转、向外旋转、抬脚尖、抬脚后跟动作。首先应用控制器创建插件创建左脚反转脚的控制器，缩放至合适尺寸后放到左脚外侧，在“大纲视图”中将控制器命名为 Left_RevFoot_con，如图 4-38 所示。

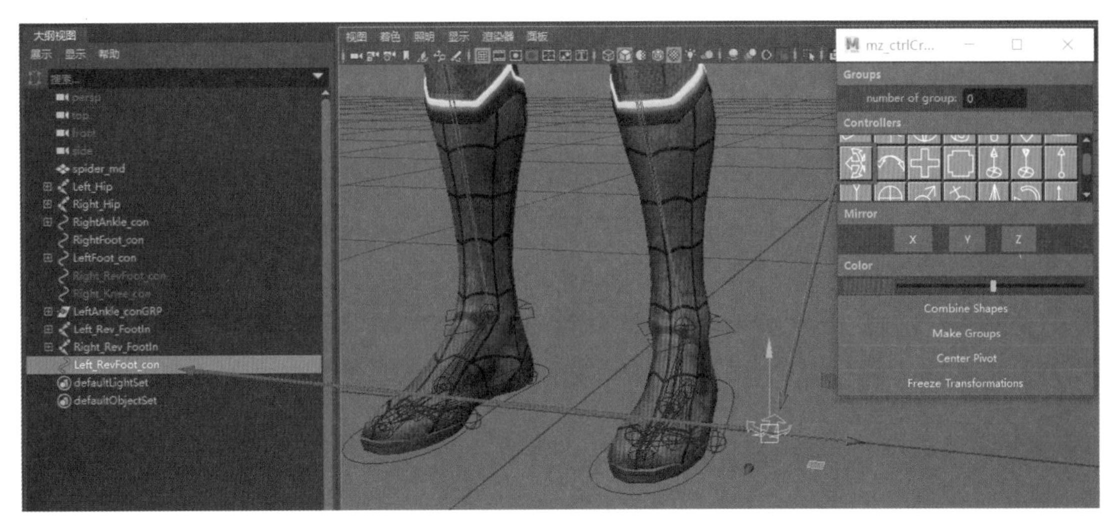

图 4-38

提示

为保证控制器的属性干净，创建控制器后一定要选择控制器，执行“修改”菜单下的“冻结变换”命令，执行“编辑”菜单下的“按类型删除历史”操作后再去建立关系设置。

10 选择左脚反转脚的控制器，按下 Ctrl+G 创建分组，然后按下 Ctrl+D 复制命令，按下 R 键，修改“缩放 X”为 –1。选择 group1 和 group2，执行“修改”菜单下的“冻结变换”命令，然后在“大纲视图”中将 group2 层级下的右脚反转脚控制器命名为 Right_RevFoot_con，如图 4-39 所示。选择左脚反转脚控制器和右脚反转脚控制器，按下 Shift+P 取消其父子层级关系。选择 2 个空组，执行删除操作。

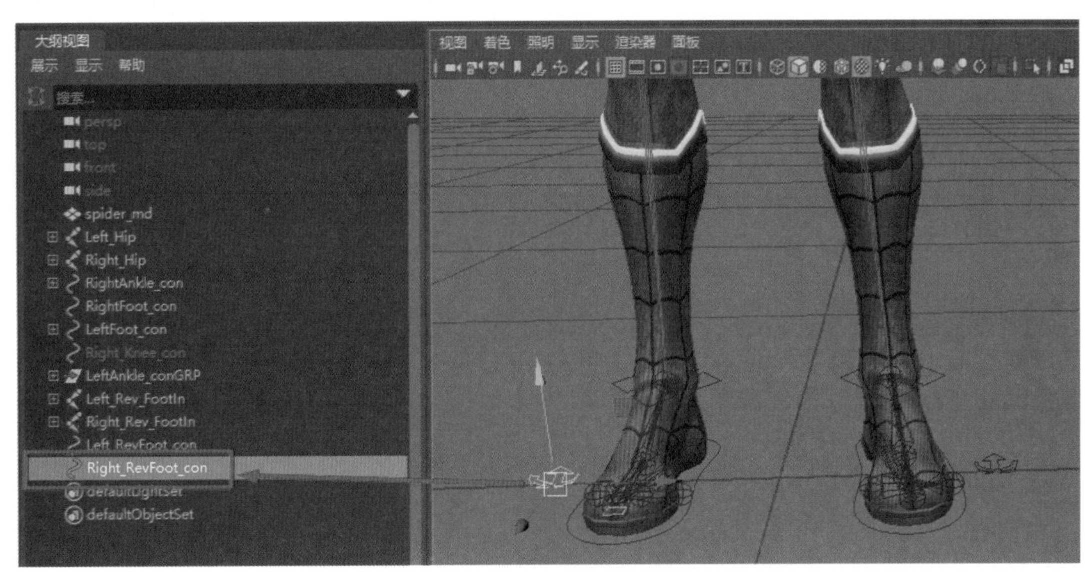

图 4-39

⑪ 在“大纲视图”中选择左侧反转脚的关节，加选左脚反转脚的控制器，执行“窗口”菜单下的“节点编辑器”命令，如图 4-40 所示。

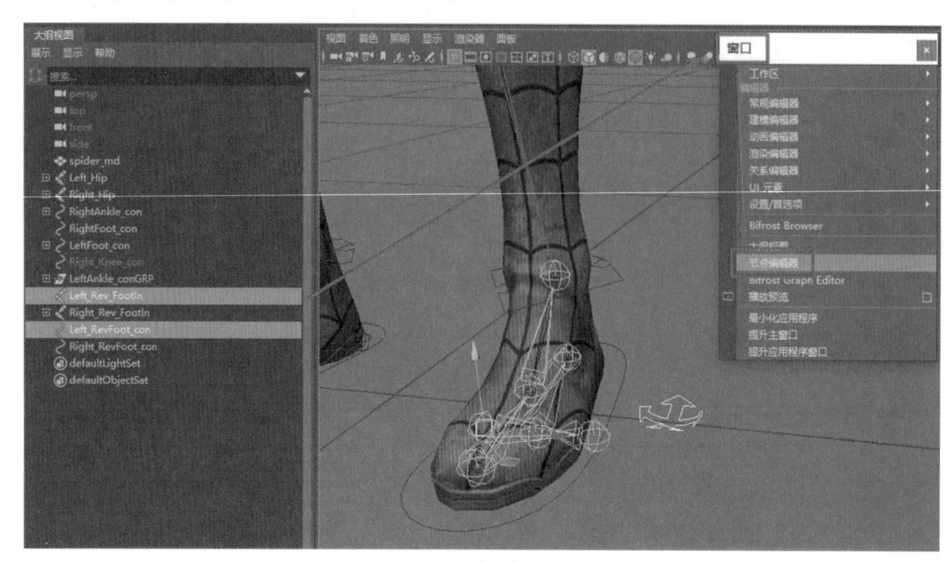

图 4-40

⑫ 在“节点编辑器”中，先单击“清除图表”按钮（1 号箭头），然后单击“输入和输出连接”按钮（2 号箭头），最后单击“将选定图标切换为大图标”按钮（3 号箭头），调整方法如图 4-41 所示。

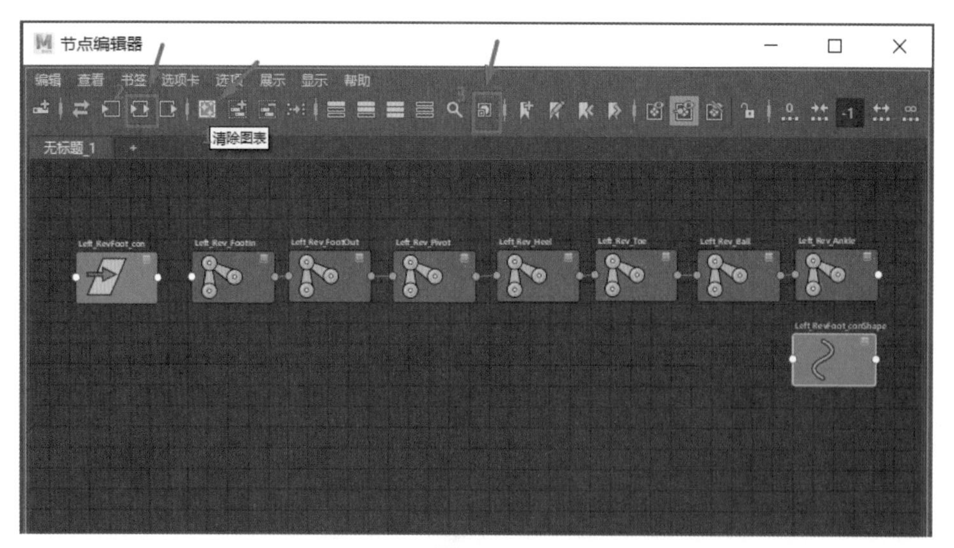

图 4-41

⑬ 实现左脚反转脚的向内旋转和向外旋转控制。经过旋转测试得知，向内旋转和向外旋转都是关节的旋转 Z 属性。在“节点编辑器”中按下 Tab 键，输入 condition（条件节点）创建一个条件节点，将左脚反转脚控制器的旋转 Z 属性分别链接到条件节点的第一项、为 True 时的颜色 R 和为 False 时的颜色 G，然后将输出颜色 R 链接到左侧反转脚的 Left_Rev_FootIn 关节的旋转 Z 属性，将输出颜色 G 链接到左侧反转脚的 Left_Rev_FootOut 关

节的旋转 Z 属性，如图 4-42 所示。此链接的作用是通过条件节点的红色通道和绿色通道来控制左脚反转脚的向内旋转和向外旋转。

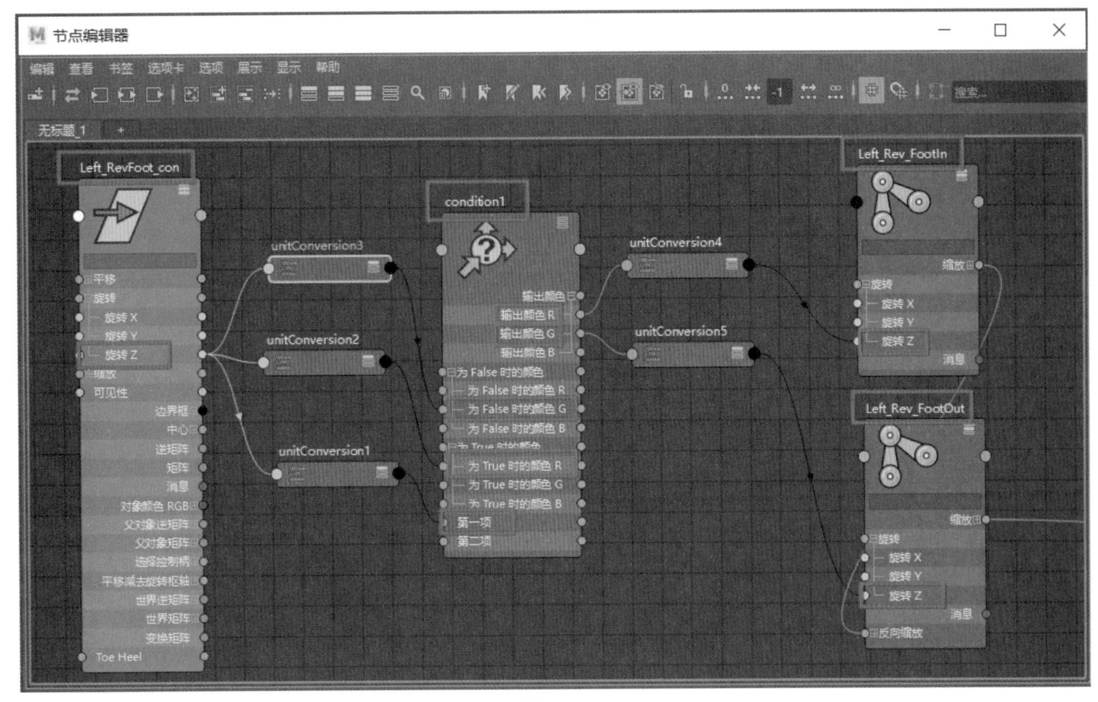

图 4-42

14 在“节点编辑器”中选择条件节点，按下 Ctrl+A 打开条件节点的属性栏，调整条件节点的运算方式为 Creater or Equal，将为 False 时的颜色数值设置为 0，如图 4-43 所示。

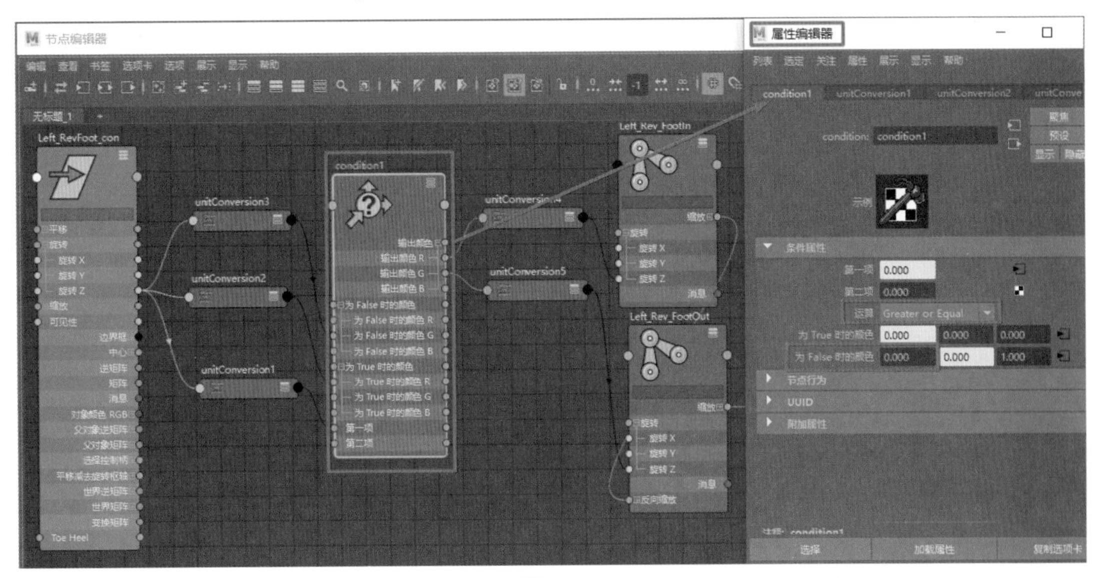

图 4-43

15 实现反转脚的中心旋转控制。将左脚反转脚控制器的旋转 Y 属性链接到 Left_Rev_Povit 关节的旋转 Y 属性，如图 4-44 所示。

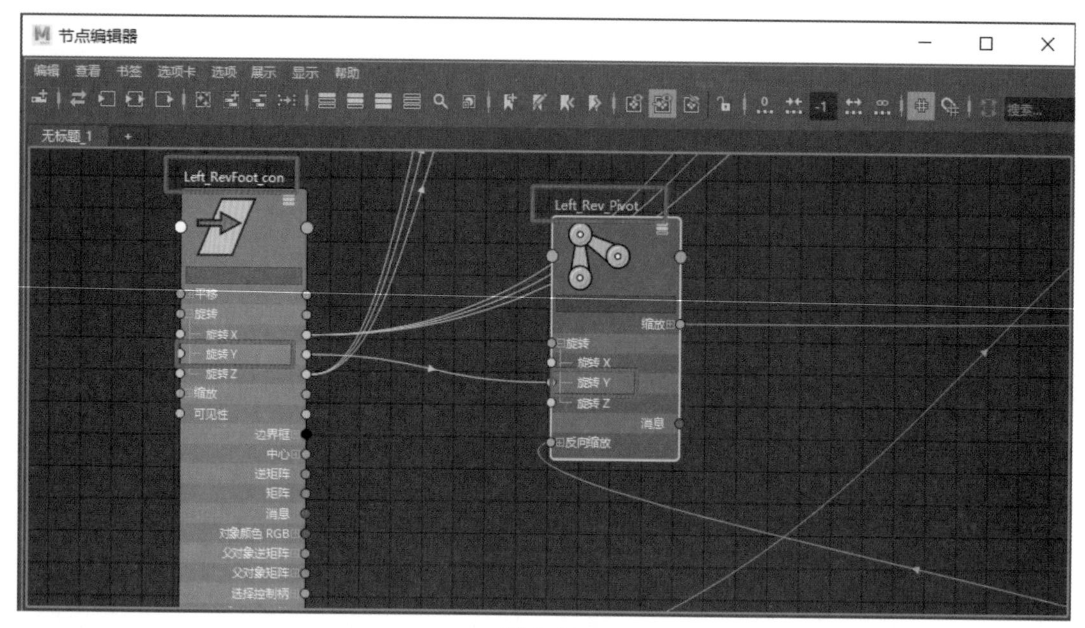

图 4-44

16 为实现脚尖、脚掌与脚后跟的联动控制，在场景中选择左脚反转脚控制器，在右侧通道盒属性栏编辑选项下右击选择“添加属性”，新建名称为 Toe_Heel 的属性，在最小值栏中输入 0，最大值栏中输入 1，单击“添加”按钮，如图 4-45 所示。添加完成后，“节点编辑器”中左脚反转脚控制器会出现 Toe Heel 属性。

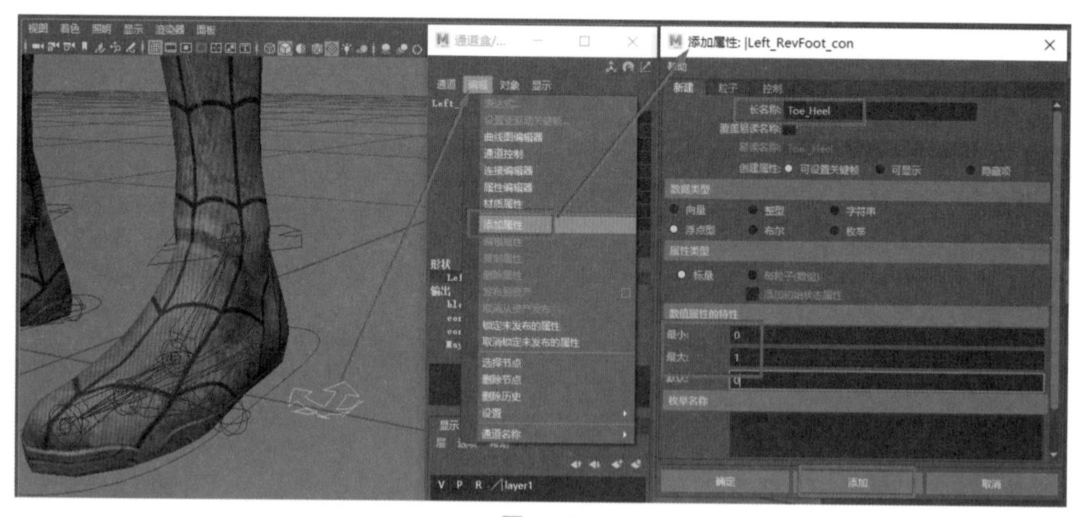

图 4-45

17 实现脚后跟的旋转控制。在“节点编辑器”中按下 Tab 键，输入 condition 创建新的条件节点 condition2，将左脚反转脚控制器的“旋转 X”属性分别链接到 condition2 的第一项、为 True 时的颜色 R 和为 False 时的颜色 G，然后将输出颜色 G 链接到左侧反转脚的 Left_Rev_Heel（反转脚脚后跟关节）的“旋转 X”属性，如图 4-46 所示。

18 接下来实现脚尖与脚掌的联动控制。创建一个 BlenderColor（融合颜色节点），将

condition（条件节点）的输出颜色 R 分别链接到 BlenderColor 的颜色 1R 和颜色 2G，然后将 BlenderColor 的输出颜色 R 链接到左脚反转脚的 Left_Rev_Toe（反转脚脚尖关节）的“旋转 X”属性，将 BlenderColor 的输出颜色 G 链接到左脚反转脚的 Left_Rev_Ball（反转脚脚掌关节）的“旋转 X”属性，最后将左脚反转脚控制器的 Toe_Heel 属性链接到 BlenderColor 的融合器，如图 4-47 所示。

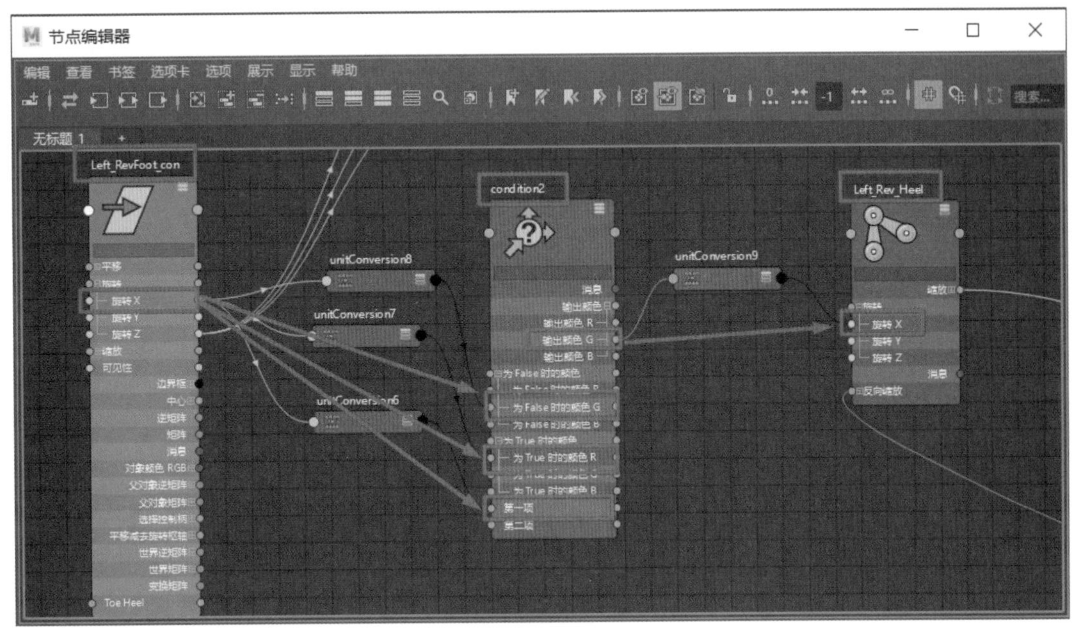

图 4-46

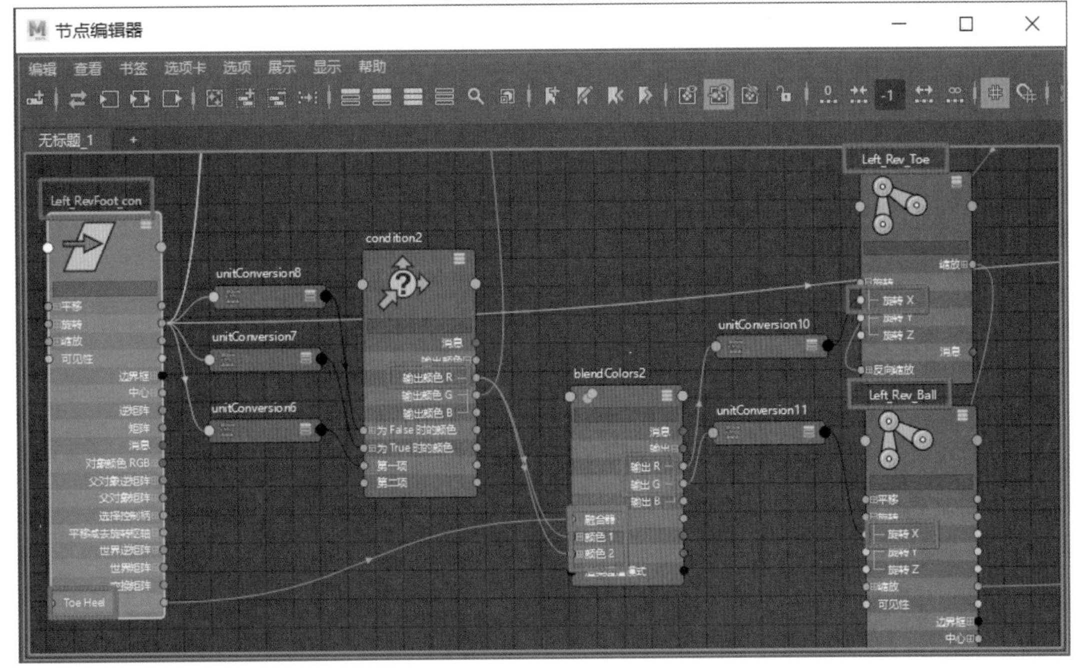

图 4-47

19 在“节点编辑器”中选择创建的第二个条件节点，使用 Ctrl+A 快捷键打开条件节点的属性栏，调整条件节点的运算方式为 GreaterThan（大于），为 False 时的颜色数值为 0，如图 4-48 所示。当调整 Toe Heel 属性为 0 时，左脚后跟抬起。当调整 Toe Heel 属性为 1 时，左脚掌与左脚尖联动。

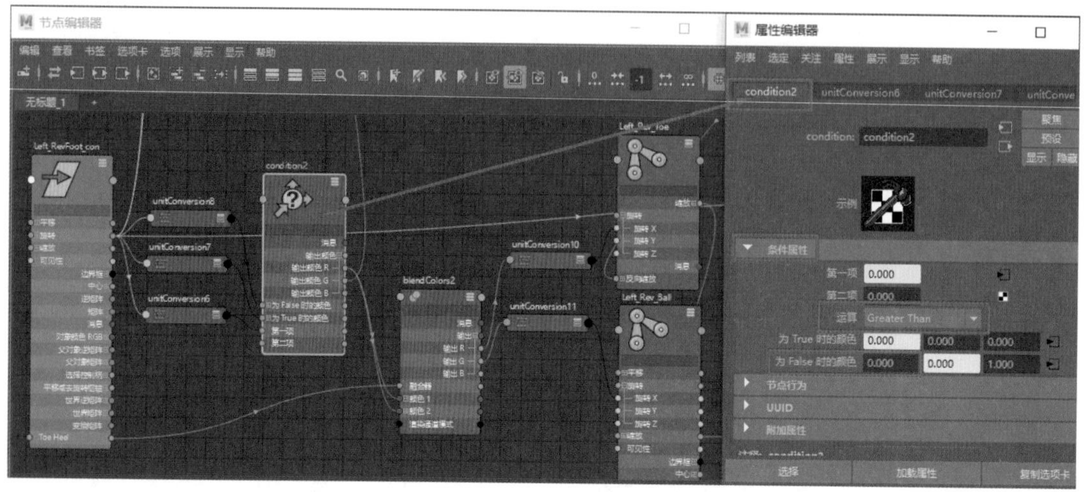

图 4-48

20 将左侧反转脚关节使用 Ctrl+H 隐藏，执行“骨架”菜单下的“创建 IK 控制柄”命令，在其对话框当前解算器选择单链解算器进行创建，先单击左脚踝关节再单击左脚掌关节创建 IK，将其命名为 Left_BallIK；先单击左脚掌关节再单击左脚尖关节创建 IK，将其命名为 Left_ToeIK；选择 Left_BallIK，按下 P 键，与 Left_Rev_Ball 关节建立父子关系；选择 Left_ToeIK，按下 P 键，与 Left_Rev_Toe 关节建立父子关系，如图 4-49 所示。

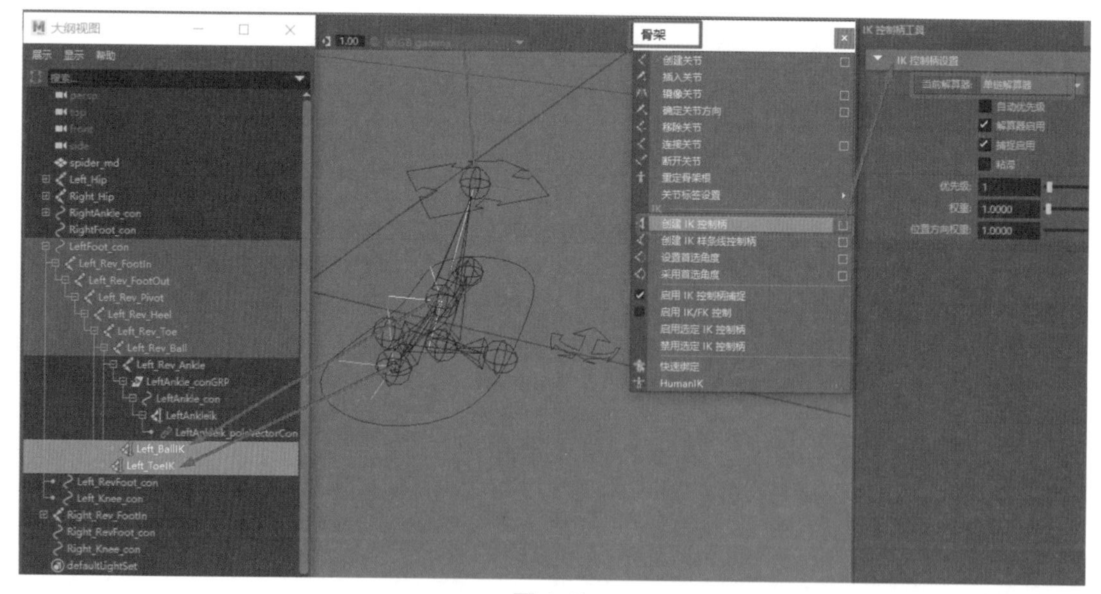

图 4-49

21 选择左脚反转脚关节链，按下 P 键，与左脚控制器 LeftFoot_con 建立父子关系；选择 Left_RevFoot_con，按下 P 键，与左脚控制器 LeftFoot_con 建立父子关系，如图 4-50 所示。

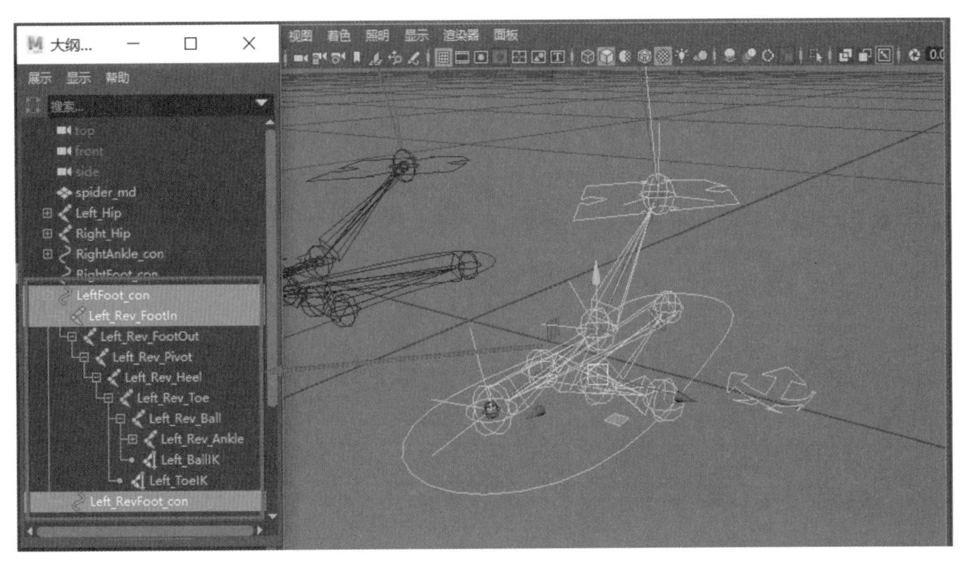

图 4-50

㉒ 对左脚踝控制器使用 Ctrl+G 执行“分组”命令，然后恢复中心枢轴，按下 D 键激活轴心，按下 V 键将轴心吸附至左脚踝关节。选择创建好的组，命名为 LeftAnkle_con_GRP，然后按下 P 键，为其与左侧反转脚的脚踝关节 Left_Rev_Ankle 建立父子关系，如图 4-51 所示。

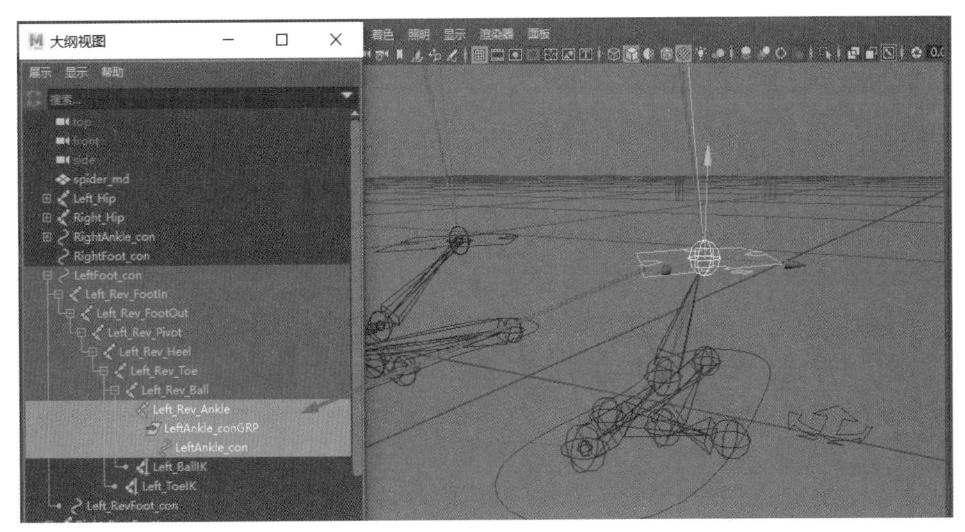

图 4-51

㉓ 应用控制器创建插件创建左侧膝盖控制器，缩放至合适大小后按下 V 键将控制器吸附至左侧膝盖关节位置处，选择左侧膝盖控制器，执行“修改”菜单下的“冻结变换”命令，再执行“编辑”菜单下的“按类型删除历史”操作，然后在“大纲视图”中将控制器命名为 Left_Knee_con。选择左侧膝盖控制器 Left_Knee_con，加选 LeftAnkleik，执行“约束”

菜单下的“极向量约束”命令。然后按下 P 键，为左侧膝盖控制器与左脚控制器 LeftFoot_con 建立父子关系，如图 4-52 所示。

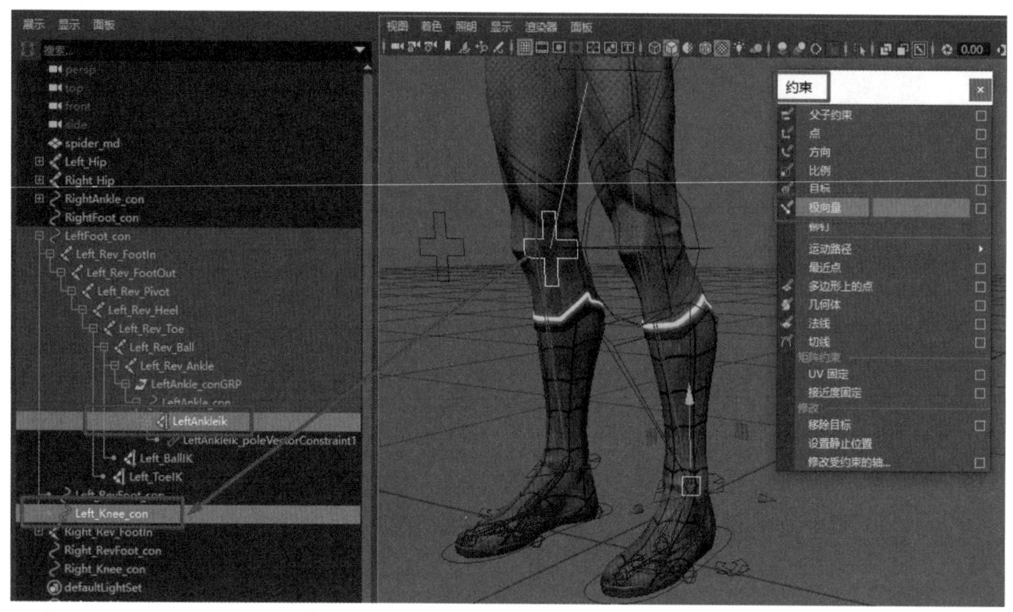

图 4-52

24 蜘蛛侠右侧腿部绑定和反转脚绑定与左侧制作方法相同，这里不作赘述。详细操作请参看本书提供的微课视频。

本章总结

在本章中，通过对蜘蛛侠腿部骨骼绑定案例的学习，读者需要重点掌握以下知识点。

1. 认识并掌握人体骨架结构，重点掌握蜘蛛侠腿部骨骼结构。

2. 角色绑定之前必须对模型进行检查：检查模型有无穿帮，判断模型布线是否合理，查看模型历史节点是否清除干净。

3. 角色绑定模型要求采用标准的 T 形姿势，并且双腿要与地面垂直，脚尖指向正前方。

4. 蜘蛛侠整体绑定及腿部骨骼绑定的制作思路。

5. 蜘蛛侠腿部骨骼的创建、腿部 IK 的制作、腿部膝盖的控制及通过节点编辑器实现脚部反转脚的动作控制。

第5章 蜘蛛侠躯干骨骼绑定

本章学习目标

1. 了解躯干骨架结构
2. 掌握躯干骨骼运动规律
3. 掌握蜘蛛侠躯干骨骼绑定思路
4. 掌握蜘蛛侠躯干 IKFK 骨骼绑定

本章学习电影角色——蜘蛛侠躯干骨骼绑定案例，重点学习如何给蜘蛛侠建立躯干部位骨骼，如何设置躯干骨骼的线性 IK 及高级旋转设置。通过学习蜘蛛侠躯干骨骼绑定的制作思路，熟练掌握躯干骨骼绑定的制作流程。

蜘蛛侠躯干骨骼绑定的制作思路如下：

- 认识躯干骨骼结构与骨骼运动原理。
- 创建躯干骨骼，分别进行命名。
- 躯干骨骼线性 IK 的创建与设置。
- 创建控制器，躯干骨骼关联设置。
- 躯干骨骼线性 IK 的高级旋转设置。
- 躯干骨骼与腿部骨骼建立连接。

5.1 躯干骨骼绑定分析

本章讲解蜘蛛侠躯干骨骼绑定。躯干绑定是角色绑定中的难点和重点，知识点包括躯干骨骼的创建、躯干线性 IK 的制作、躯干骨骼的控制，其中所涉及的躯干骨骼的高级旋转设置比较复杂，也是学习的难点。接下来，我们来研究角色躯干的骨骼架构和肌肉运动。

5.1.1 躯干骨骼结构

躯干是人体最重要的部分，不仅因为它占人体体积、重量和形体的最大部分，还因为在躯干中包含着人体的重心和上半身重心，紧连着头部重心。躯干的动态是全身动态的关键，躯干中的每一个微妙动态变化都势必影响到全身，因此对躯干进行细致分析是非常重要的。人体躯干骨骼如图 5-1 所示。

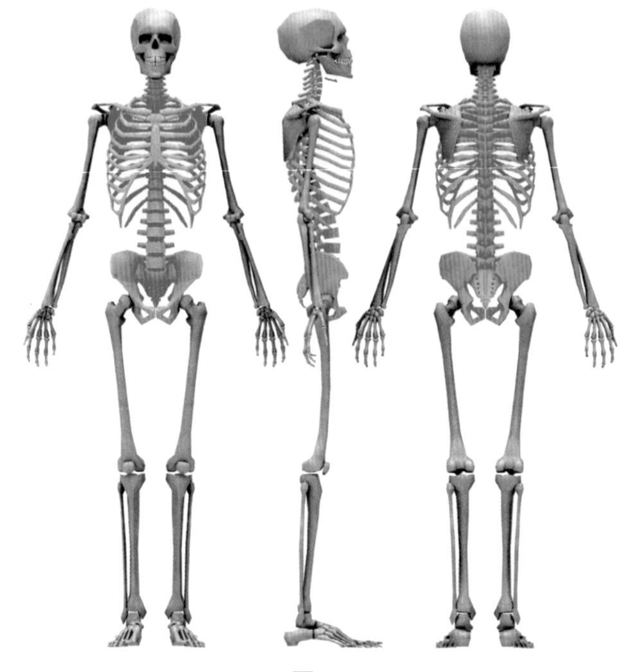

图 5-1

躯干由胸廓、骨盆、脊柱、肩胛骨和锁骨组成，如图 5-2 所示。胸廓由一部分脊柱、胸椎与 12 对肋骨组成，是一个上狭下阔的圆柱体，呈倾斜的倒卵形。整个胸廓构成胸部的基本形，决定胸部的大小和宽窄。它的上端被胸大肌等肌肉覆盖，下端有左右肋骨相交。

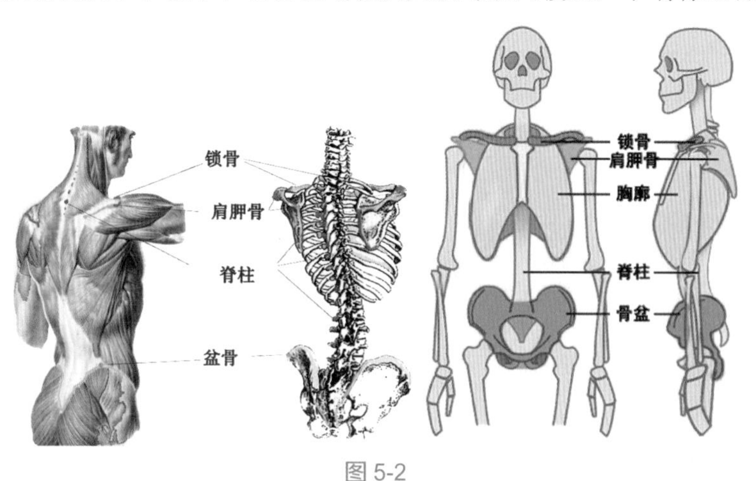

图 5-2

1. 胸廓

胸廓是上宽下窄的倒梯形，接近直立的蛋形，由锁骨、肩峰连成上底，胸廓下缘连成下底，内有卵圆形笼状胸廓支撑，如图 5-3 所示。上部有健壮丰厚的胸大肌覆盖，使男性胸廓的外形变得宽厚；中间是胸骨，胸骨的两侧是正面的肋软骨，肋软骨和侧肋骨的相连处形成夹角，这个夹角是胸廓正面和侧面的转折线，在人体表面的胸大肌或乳房会将这一转折线略微拓宽，但在胸大肌或乳房下方能显示出这个转折，因此不容忽视。

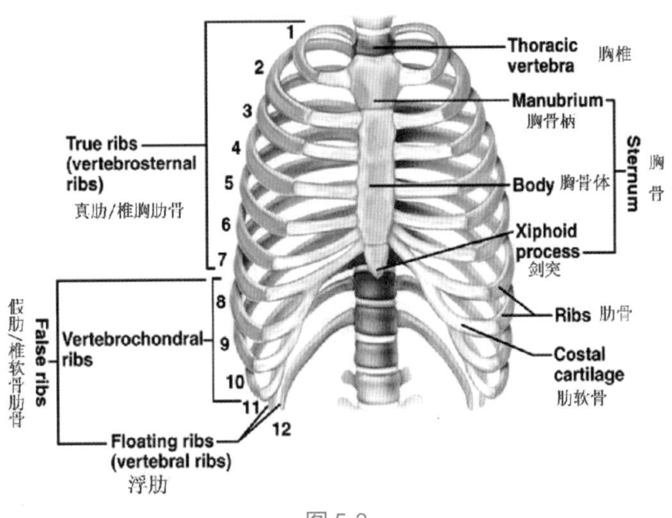

图 5-3

2. 骨盆

骨盆由骶骨和两侧髓骨构成，形状如盆，故称为骨盆。它分为上部的大骨盆和下部的小骨盆两部分。骨盆的主要功能是支持体重和保护盆腔内脏器。女性骨盆又是胎儿娩出时必经的通道。正常女性骨盆较男性骨盆宽而浅，有利于胎儿娩出。女性与男性骨盆如图 5-4 所示。

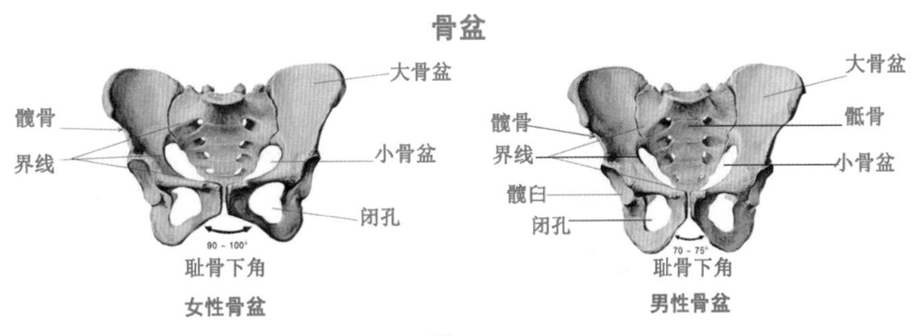

图 5-4

在我们从一个姿势换成另一个姿势时，骨盆的角度会有很大的改变。当背部弓起时，骨盆向前弯；当脊柱挺直时，骨盆向内弯。骨盆可以倾斜，可以从一边转向另一边，还可以在肌肤下向前突起或向内弯。骨盆的角度表明了人体的平衡程度，而人体的平衡程度也表明了骨盆的特征。

3. 脊柱

脊柱由 24 块椎骨组成（7 块颈椎支撑颅骨，12 块胸廓背椎、5 块腰椎），位于人体中心或轴心，是以活动的骨节和富有弹性的软骨形成的，每一部分是一个关节，具有最大伸缩性，如图 5-5 所示。人体在卧、立、行、坐、跑、跳时，脊柱骨均在不断地变化，或弯曲，或伸直，或拉长，造成形体的明显变化。脊柱决定人体各种姿态的形成。

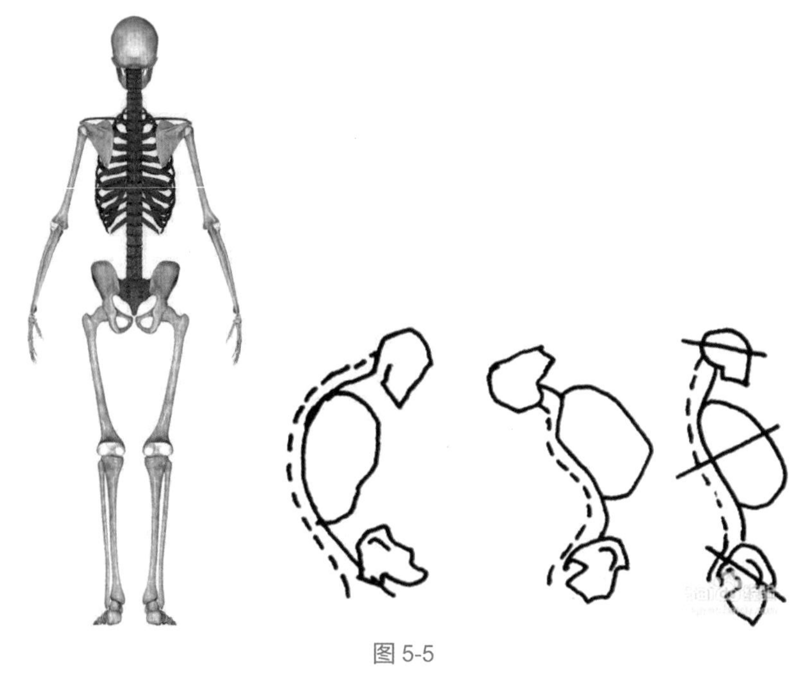

图 5-5

4. **肩胛骨与锁骨**

肩胛骨与锁骨组成环状肩带，它们在肩头相连接，像扣在胸廓上的环，可以游离于胸廓自由运动，如图 5-6 所示。

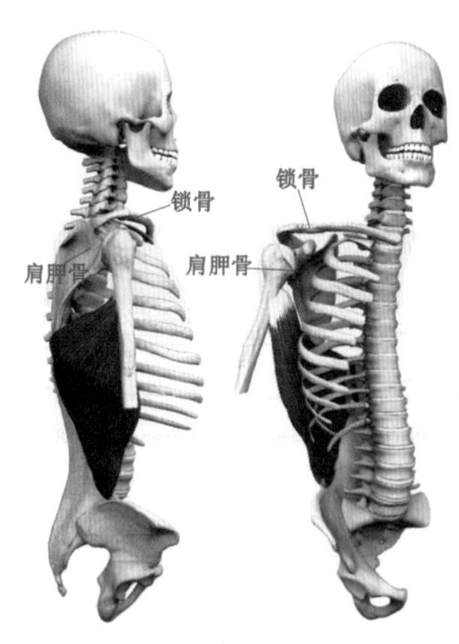

图 5-6

躯干的肌肉多而复杂，但对人体、形体、运动产生作用的只有几块。身体正面有三块：胸大肌、腹直肌和腹外斜肌。臀部肌肉有两块：臀大肌、臀中肌。躯干肌肉解剖图如图 5-7 所示。

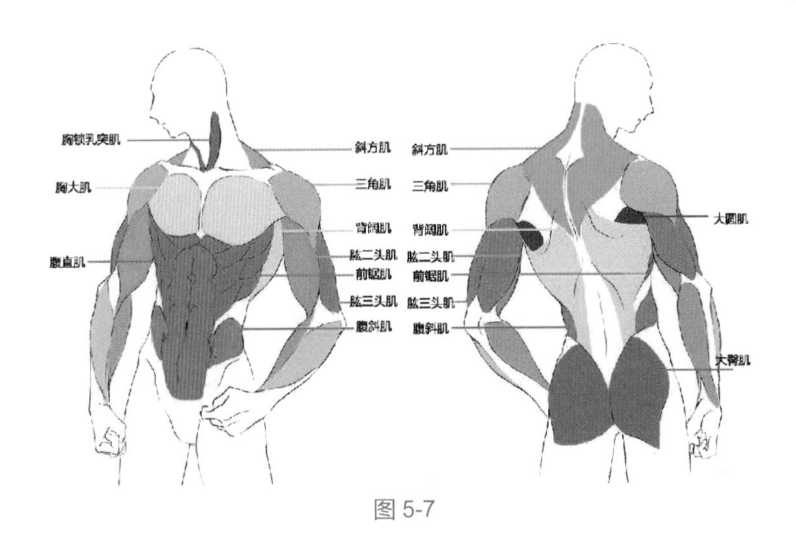

图 5-7

5.1.2 躯干骨骼运动分析

躯干的骨骼主要是脊柱。脊柱亦称脊椎、脊梁骨，由形态特殊的椎骨和椎间盘连结而成，位于背部正中，上连颅骨，中部与肋骨相连，下端和髋骨组成骨盆。脊柱主导着这三个部分的运动。脊柱分颈、胸、腰、骶及尾五段，上部长，能活动，好似支架，悬挂着胸壁和腹壁；下部短，比较固定。身体的重量和所受的振荡即由此传达至下肢。

脊柱是一种相当柔软又能活动的结构。随着身体的运动载荷的变化，脊柱的形状可有相当大的改变。脊柱的活动取决于椎间盘的完整性以及相关脊椎骨关节突间的和谐程度。脊柱长度的 3/4 由椎体构成，1/4 由椎间盘构成。

众多的脊椎骨周围有强劲的韧带相连系，能维持相当的稳定；彼此之间有椎骨间关节相连，又具有相当程度的活动性。每块椎骨的活动范围虽然很小，但如果全部一起活动，范围就增大很多。

躯干影响人物角色的整个造型，而脊柱则主导着人体的运动。脊柱有颈曲、胸曲、腰曲、骶曲四个生理性弯曲，颈曲和腰曲凸向前，胸曲和骶曲凸向后，如图 5-8 所示。从侧面看，人的脊柱从头部到尾骨呈 S 形。

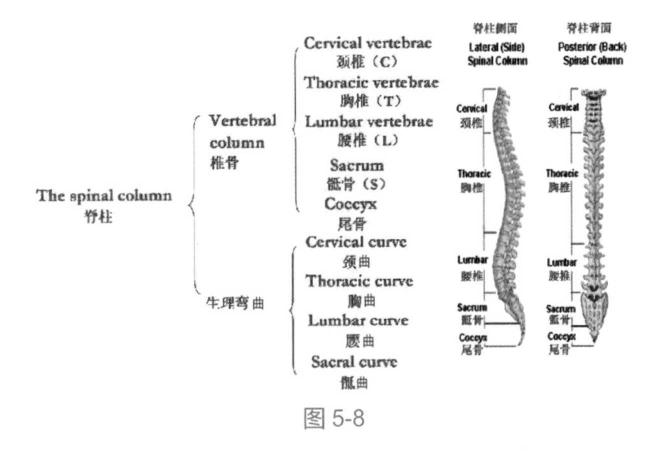

图 5-8

5.2 蜘蛛侠躯干骨骼创建

01 开启 Maya 软件，打开 spider_Man 工程文件里的腿部骨骼已设定好的蜘蛛侠模型。选中模型放入图层里，将其设置为 T 形站姿进行线框冻结锁定管理，如图 5-9 所示。

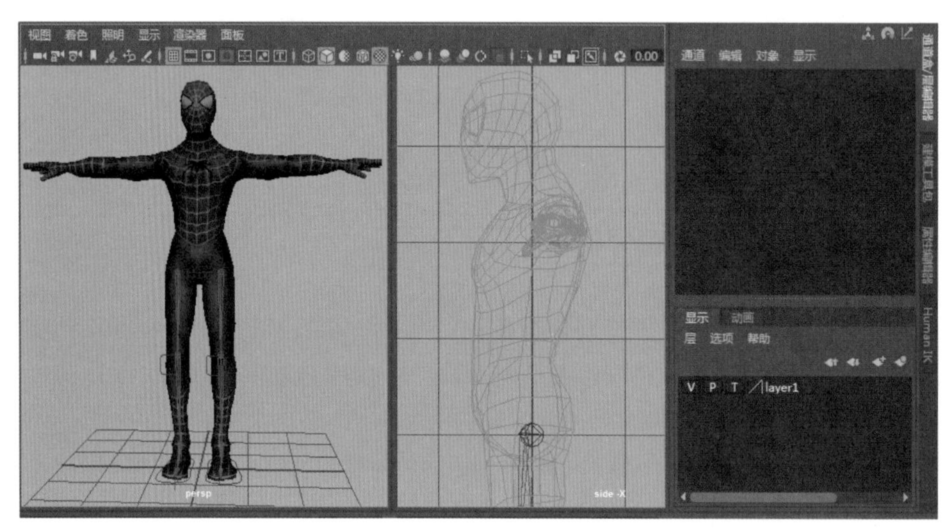

图 5-9

02 切换到绑定模块，打开“创建关节”属性框，单击“重置工具”，确定为默认设置。切换到侧视图，进行躯干骨骼的创建。按住 Shift 键，同时垂直画出 5 个关节，如图 5-10 所示。

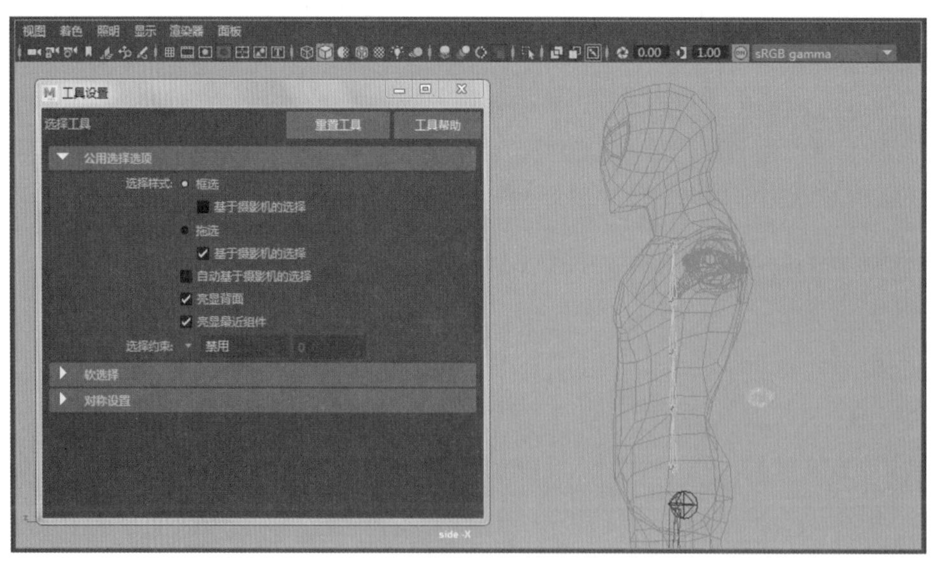

图 5-10

03 打开“大纲视图”窗口，按住 Shift 键并单击骨骼前的 + 号，选中所有关节。

给躯干骨骼规范命名，在“大纲视图”中选择躯干骨骼，执行“修改”菜单下的“添加层次名称前缀”命令，输入 Spine_，如图 5-11 所示。

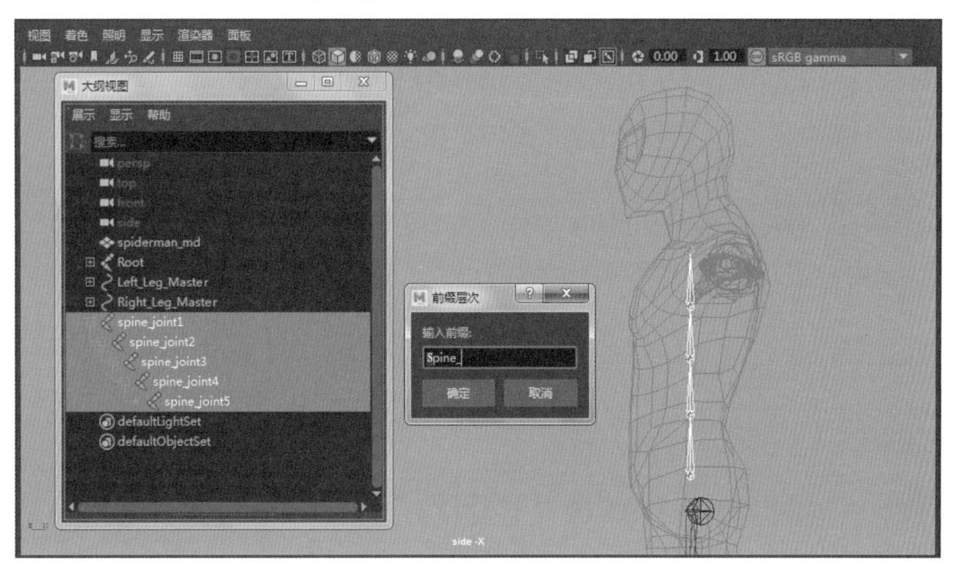

图 5-11

04 分别给躯干关节命名为 Spine_digu（骶骨）、Spine_yaogu（腰骨）、Spine_fugu（腹骨）、Spine_ xionggu（胸骨）、Spine_jinggu（颈骨），如图 5-12 所示。

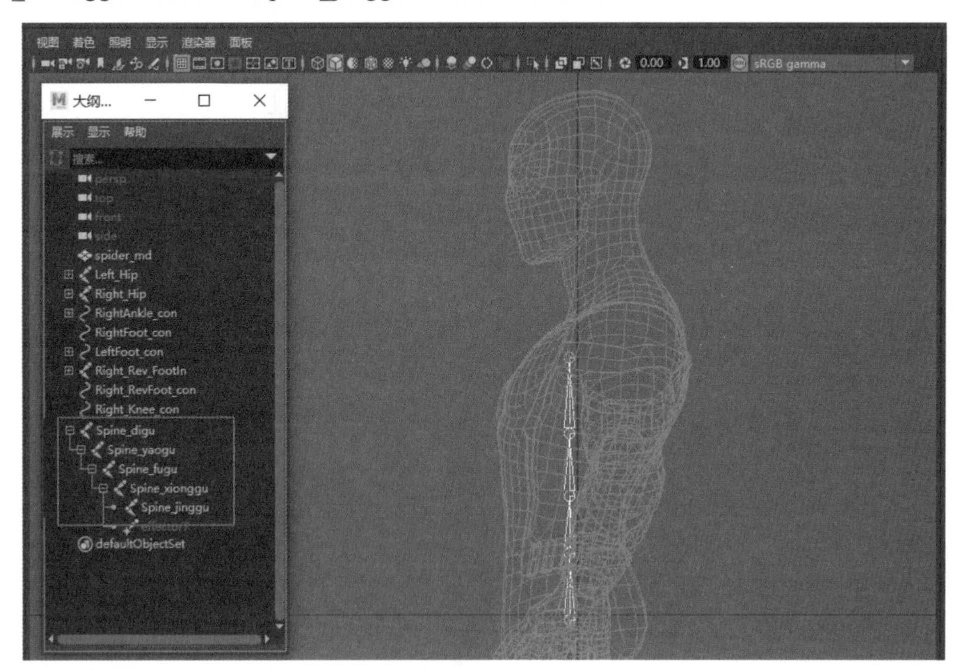

图 5-12

05 在大纲面板中选择这 5 个关节，然后执行“显示”菜单中“变换显示”下的“局部旋转轴”命令，检查关节的方向是否准确，如图 5-13 所示。检查关节方向发现，前 4 个关节的 X 轴指向下一关节，说明关节创建得准确；而第 5 个关节（末端关节）的方向指向不准确。

选择末端关节，执行“骨架”菜单中的“确定关节方向”命令，勾选“确定关节方向为世界方向”，单击“应用”按钮。

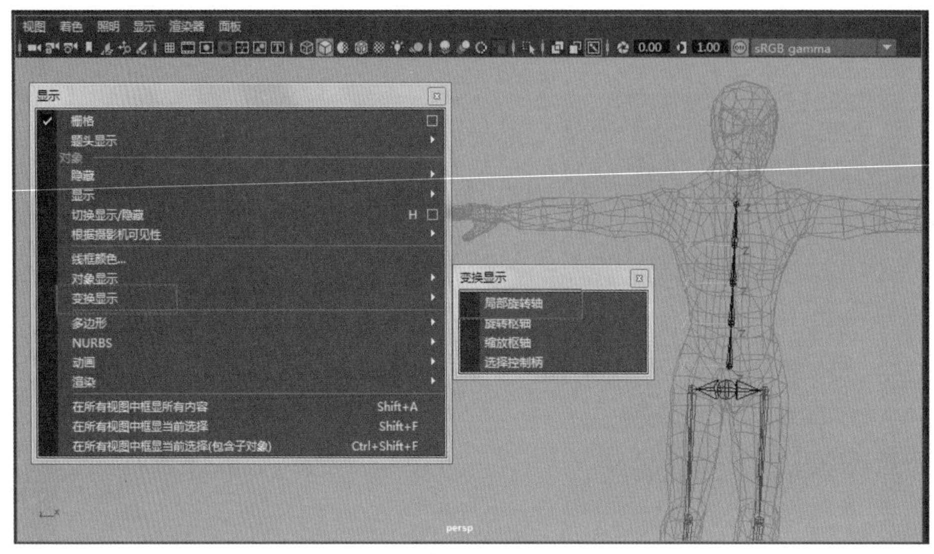

图 5-13

06 至此，躯干部位骨骼创建完毕，保存文件。

5.3 蜘蛛侠躯干骨骼线性 IK 创建

01 切换到绑定模块，执行“骨架”菜单下的“创建 IK 样条线控制柄”命令，打开其对话框，取消勾选“自动简化曲线”（主要是为了不让所创建的骨骼发生形状变化）。在场景中先单击躯干骨的骶骨关节，再单击颈骨关节，创建 ikHandle1，如图 5-14 所示。

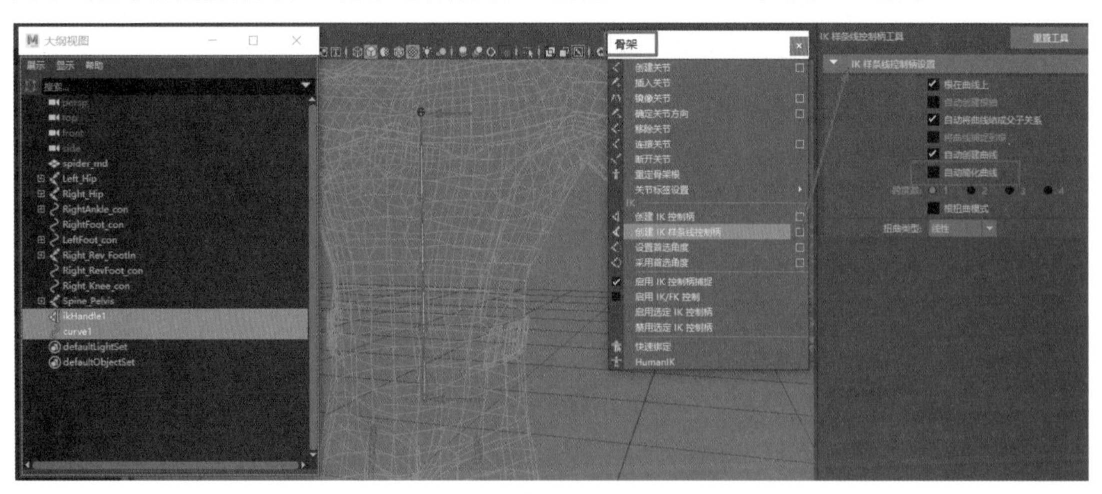

图 5-14

02 执行“创建 IK 样条控制柄”命令，此命令默认会生成一条样条曲线，通过这条曲线来控制骨骼。现在创建出来的曲线控制顶点分布不够均匀，如图 5-15 所示。

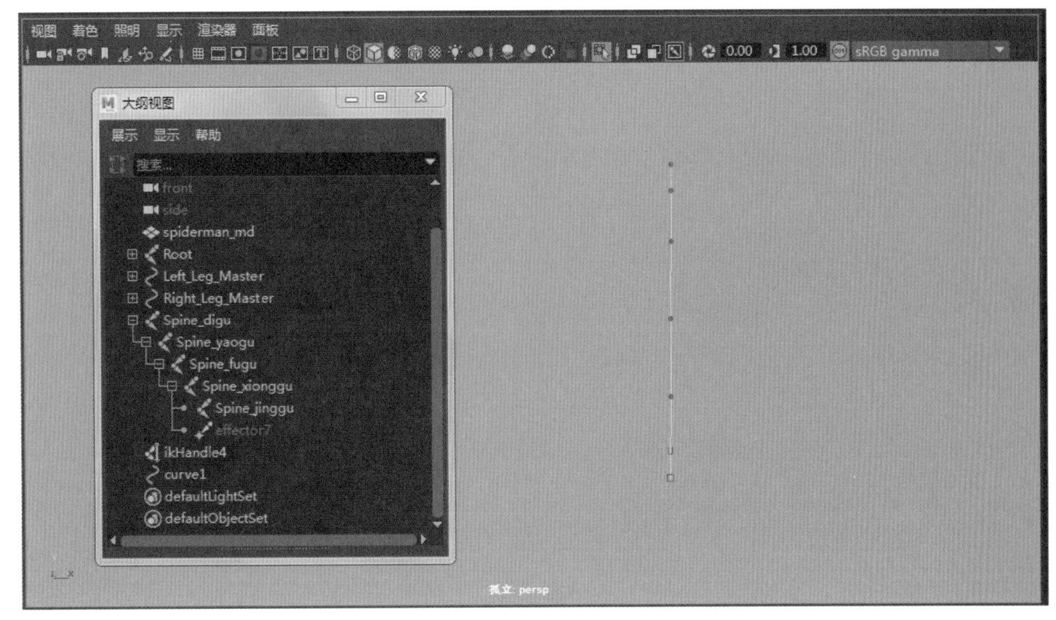

图 5-15

03 接下来实现曲线控制顶点的均匀分布。在“大纲视图”中选择曲线，然后切换到建模模块，执行“曲线”菜单下的“重建”命令，如图 5-16 所示。

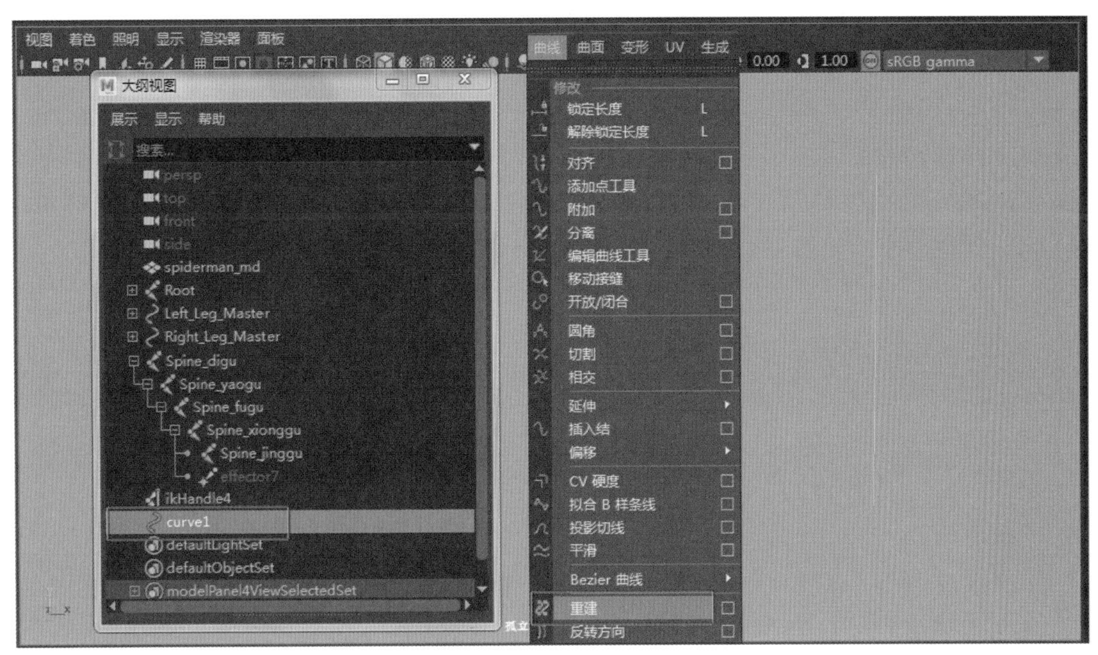

图 5-16

04 因为这里创建了 5 个关节，跨度数 = 关节总数（5）– 次数（3），所以重建曲线的跨度数为 2，这样曲线控制顶点就分布均匀了，如图 5-17 所示。

05 为了让这 5 个控制顶点和之前创建的 5 个关节对应起来，我们依次选择顶点，分别按下 V 键将其吸附至相应的骨骼位置处，如图 5-18 所示。

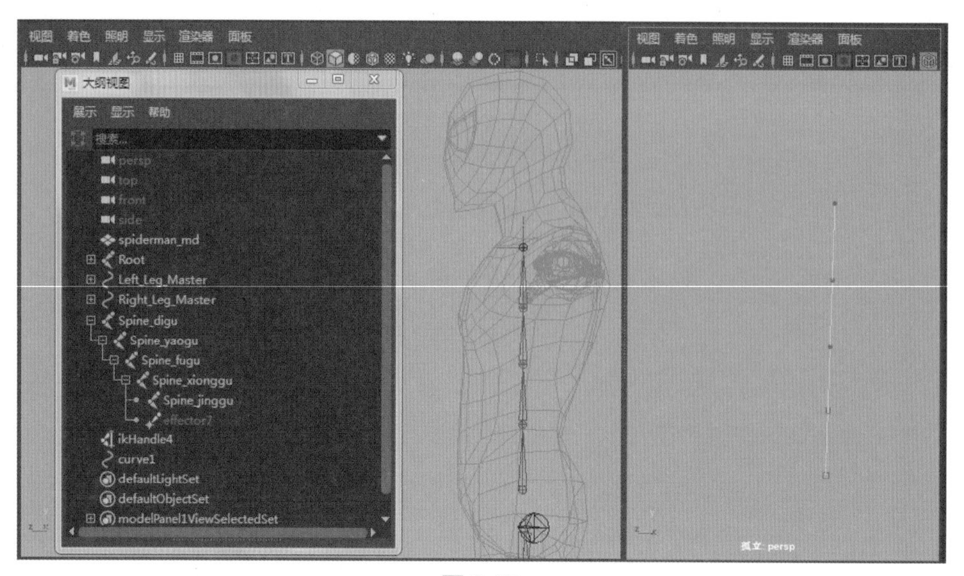

图 5-17

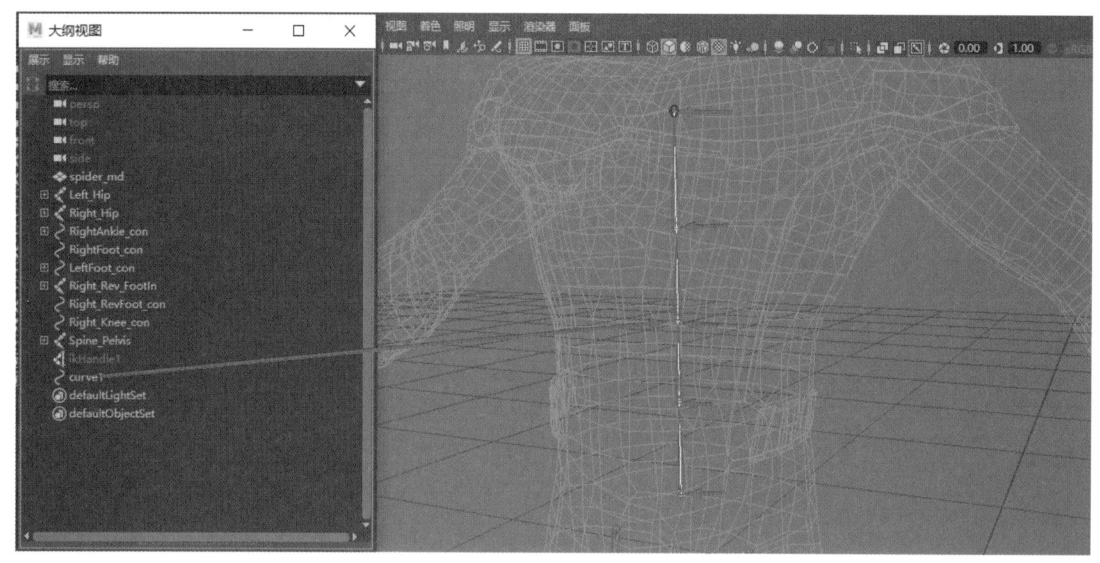

图 5-18

5.4 蜘蛛侠躯干骨骼线性 IK 设置

01 接下来对这条曲线进行控制设置。切换到绑定模块，执行“骨架”菜单下的“创建关节”命令，打开其对话框，勾选“确定关节方向为世界方向”，然后单击鼠标左键创建 joint1，如图 5-19 所示。

02 在“大纲视图”中选中 joint1 进行分组并命名为 group_joint1，如图 5-20 所示。

03 选中 group_joint1 组，接着按下 V 键将其吸附到躯干关节 Spine_digu 位置处，如图 5-21 所示。

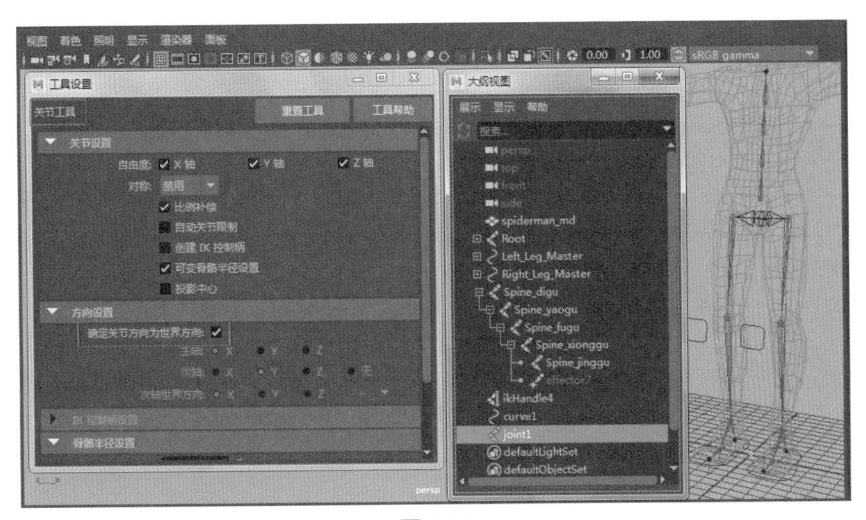

图 5-19

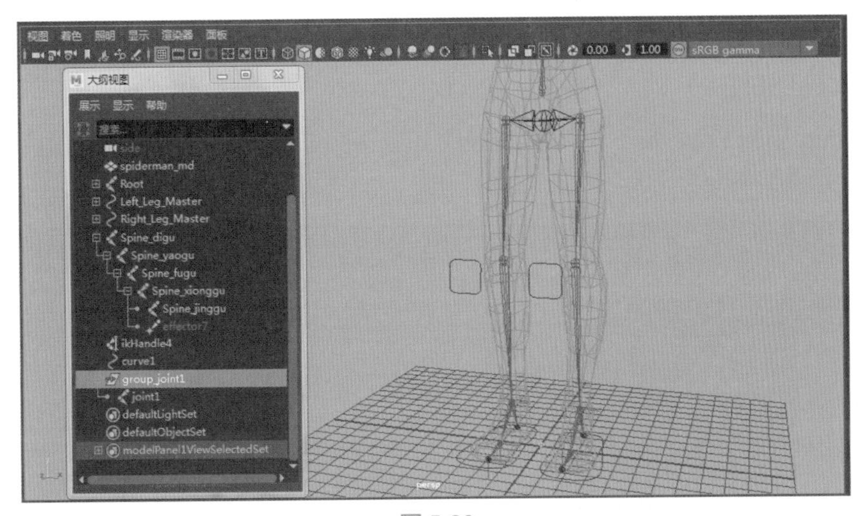

图 5-20

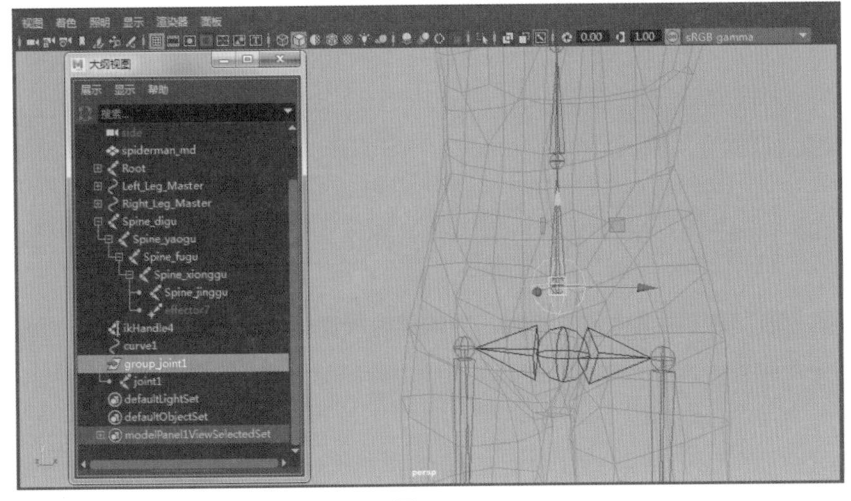

图 5-21

04 选中 group_joint1 组，按下 Ctrl+D 复制 2 次得到 2 个组。然后在大纲面板中展开层级，分别将 2 个组命名为 group_joint2 和 group_joint3，如图 5-22 所示。

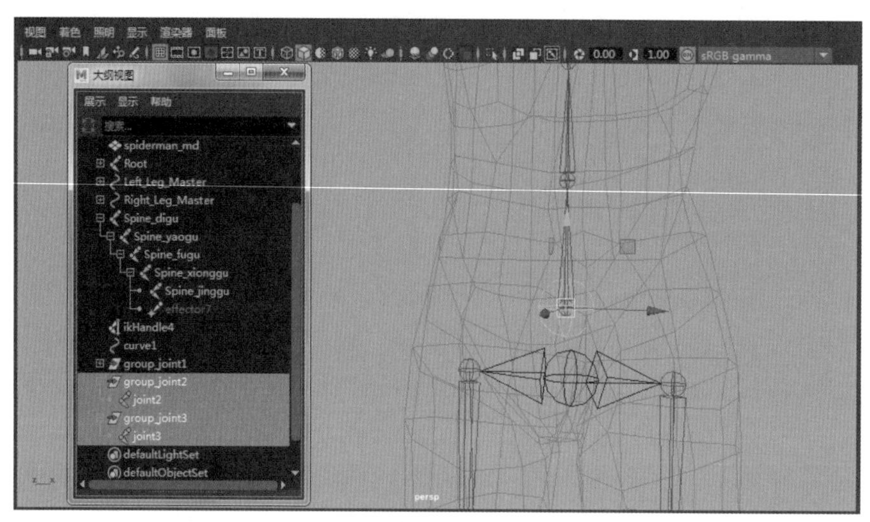

图 5-22

05 选中 group_joint2 组，按下 V 键将其吸附到躯干关节 Spine_xionggu 位置处，如图 5-23 所示。

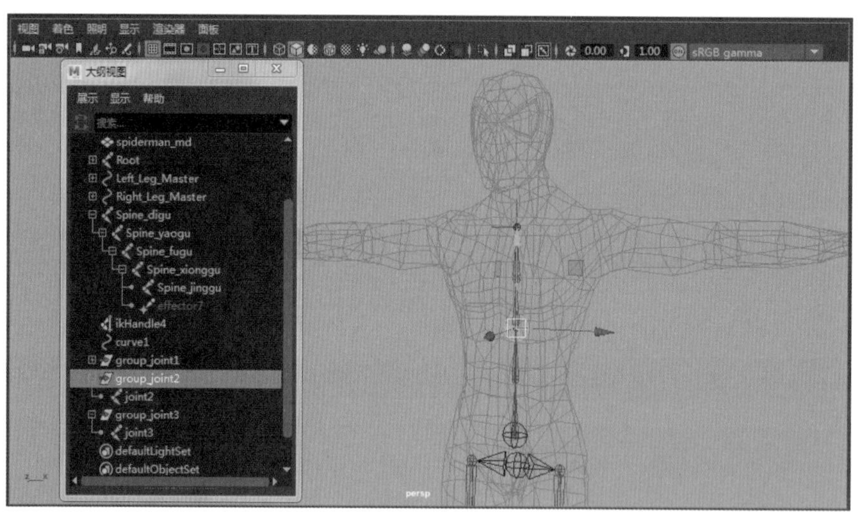

图 5-23

06 选中 group_joint3 组，按下 V 键将其吸附到躯干关节 Spine_jinggu 位置处，如图 5-24 所示。

07 在“大纲视图”窗口中选中这 3 个组，先冻结变换属性，然后执行“编辑”菜单下的“按类型删除历史”操作，以保证 3 个组的属性恢复到原始数值，从而方便动画操作，如图 5-25 所示。

08 在“大纲视图”窗口中展开 3 个组的层级。先选中 Curve1，再按住 Ctrl 键分别加选 joint1、joint2、joint3，如图 5-26 所示。

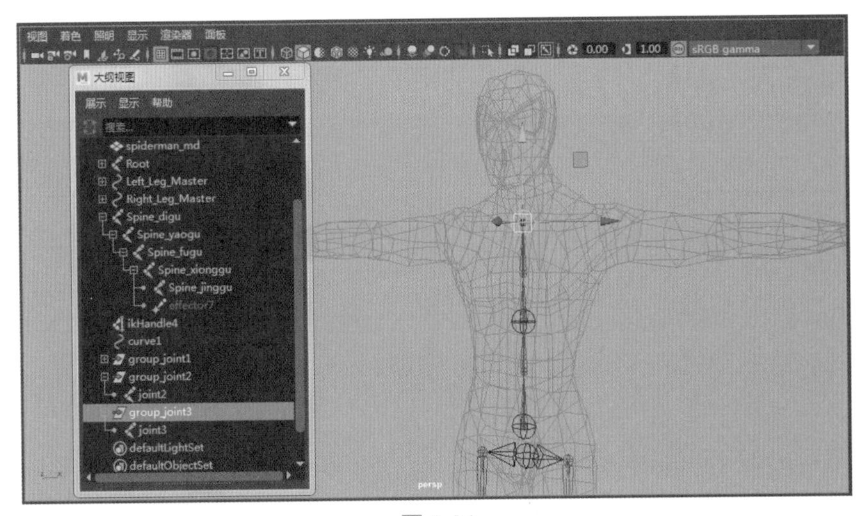

图 5-24

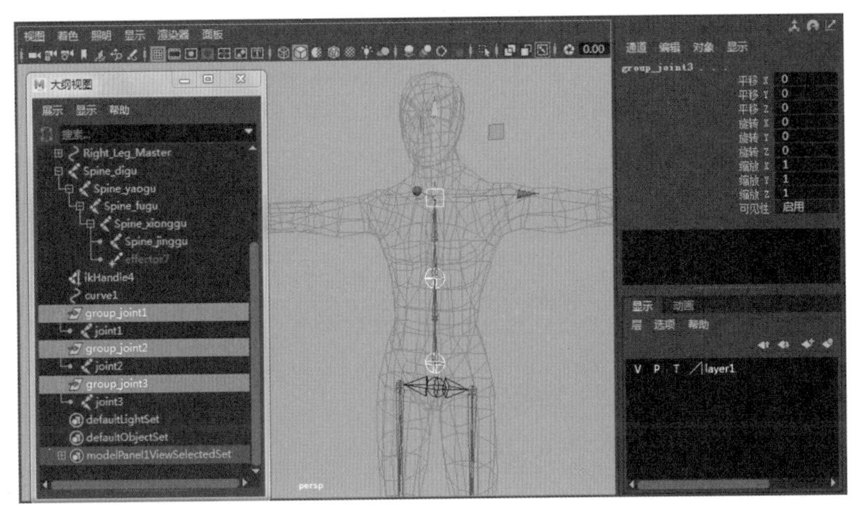

图 5-25

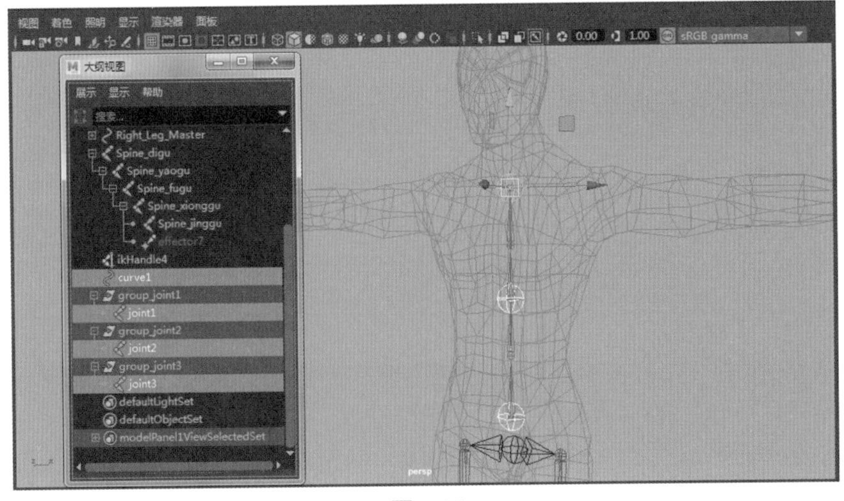

图 5-26

09 执行“蒙皮”菜单下的“绑定蒙皮”命令，在“绑定蒙皮”选项下将“绑定到：”选项选择为“选定关节”，如图 5-27 所示。

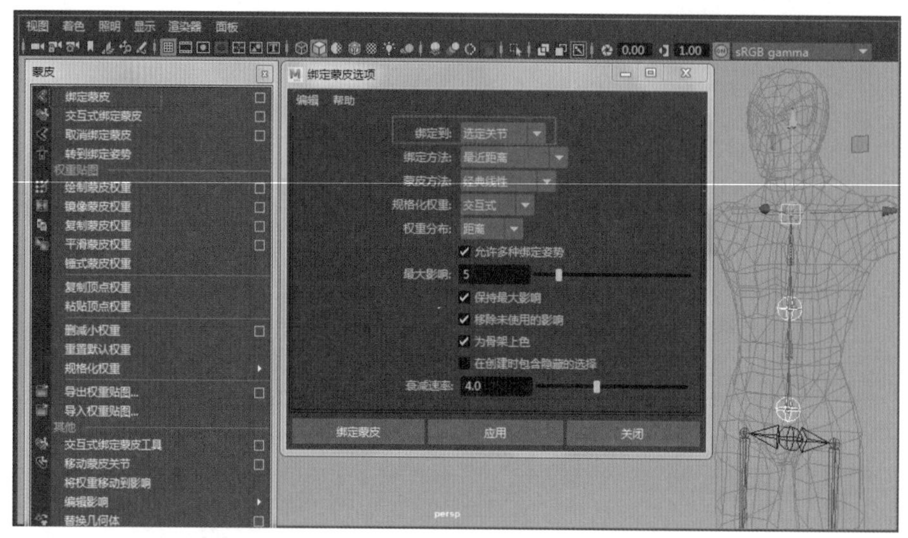

图 5-27

10 测试是否绑定成功。可以任意选择这 3 个关节中的 1 个关节进行移动，如图 5-28 所示。

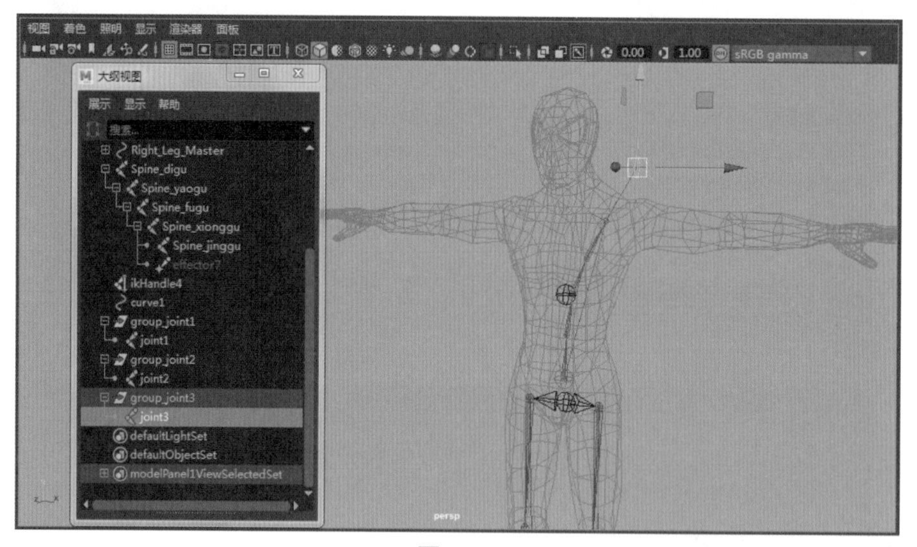

图 5-28

5.5 蜘蛛侠躯干骨骼关联设置

01 为这 3 个绑定好的关节创建控制器，以便更好地控制动画。打开“创建”菜单下的“NURBS 基本体”下拉菜单，取消勾选“交互式创建”，如图 5-29 所示。

02 单击 NURBS 圆形，在场景中创建圆形曲线，然后建立组 group1，按住 V 键将 group1 吸附到躯干关节 Spine_digu 位置处，如图 5-30 所示。

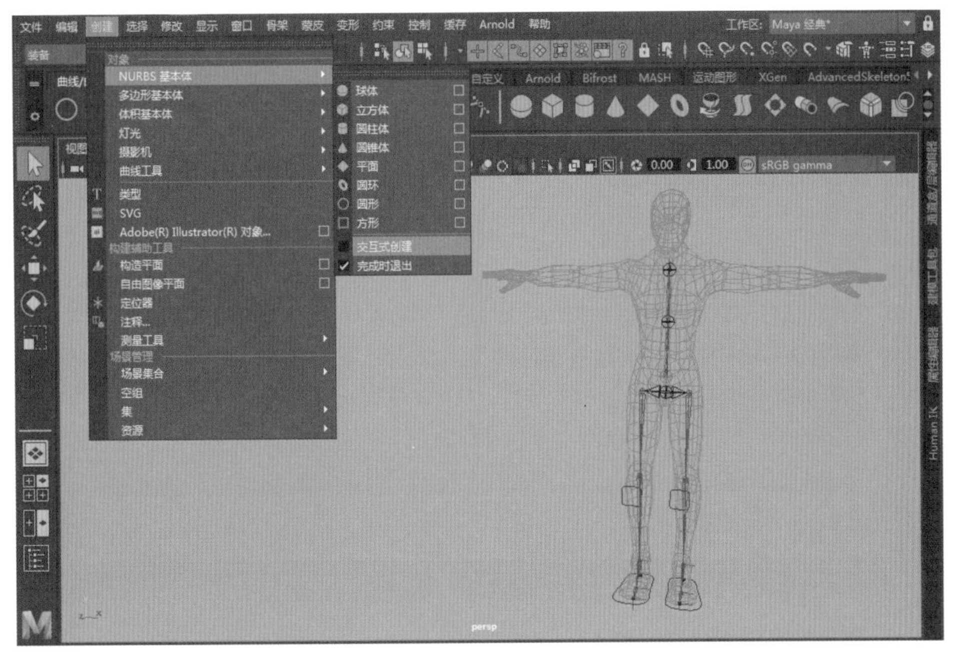

图 5-29

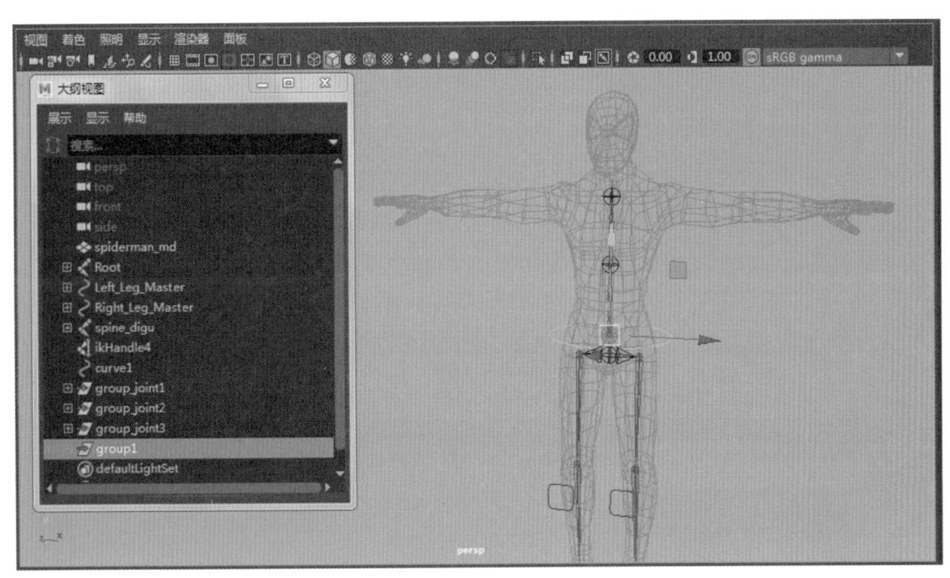

图 5-30

03 对 group1 进行复制得到 group2，然后按住 V 键把 group2 吸附到躯干关节 Spine_fugu 位置处，如图 5-31 所示。

04 对 group2 进行复制得到 group3，然后按住 V 键把 group3 吸附到躯干关节 Spine_jinggu 位置处，如图 5-32 所示。

05 在“大纲视图”中展开层级，将刚才创建的圆圈曲线分别命名为 spine_up_con、spine_mid_con、spine_down_con，曲线组分别命名为 group_spine_up、group_spine_mid、group_spine_down，如图 5-33 所示。

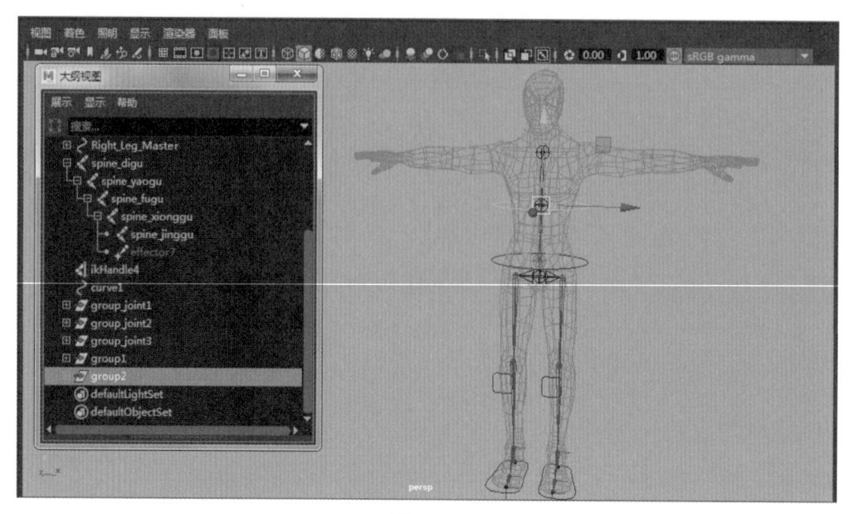

图 5-31

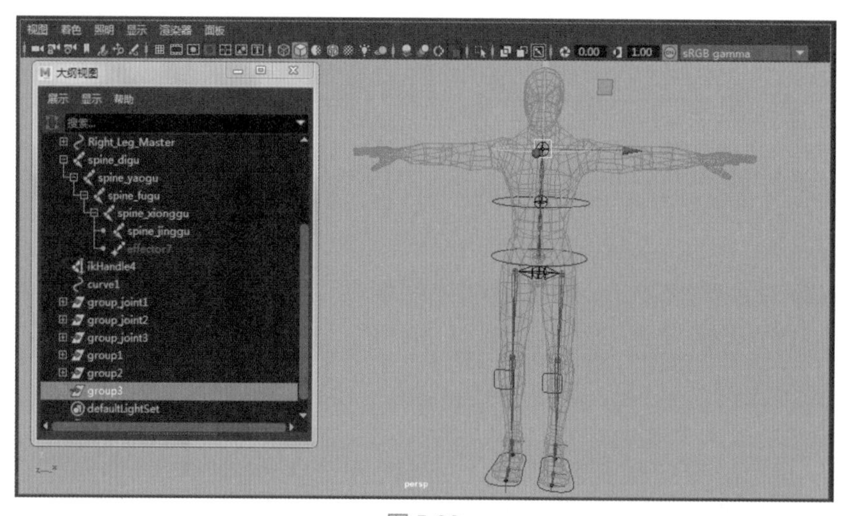

图 5-32

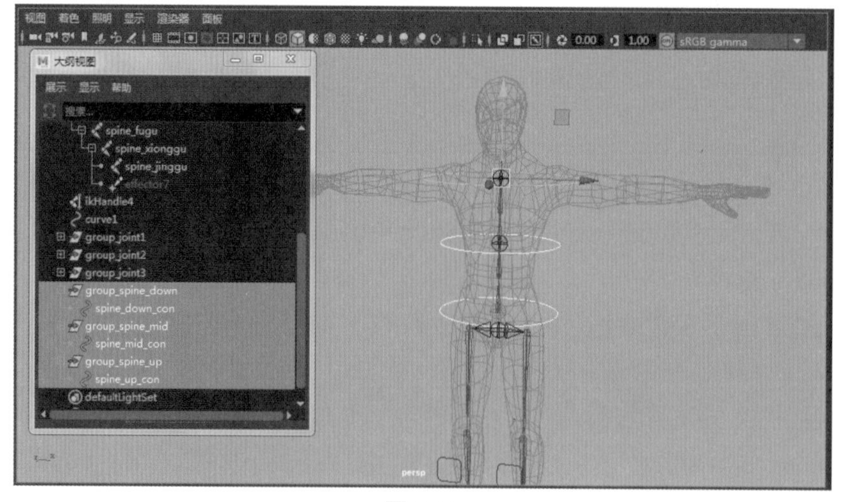

图 5-33

06 在“大纲视图”中选中 3 个组，对它们进行“修改”菜单下的“冻结变换”操作，如图 5-34 所示。

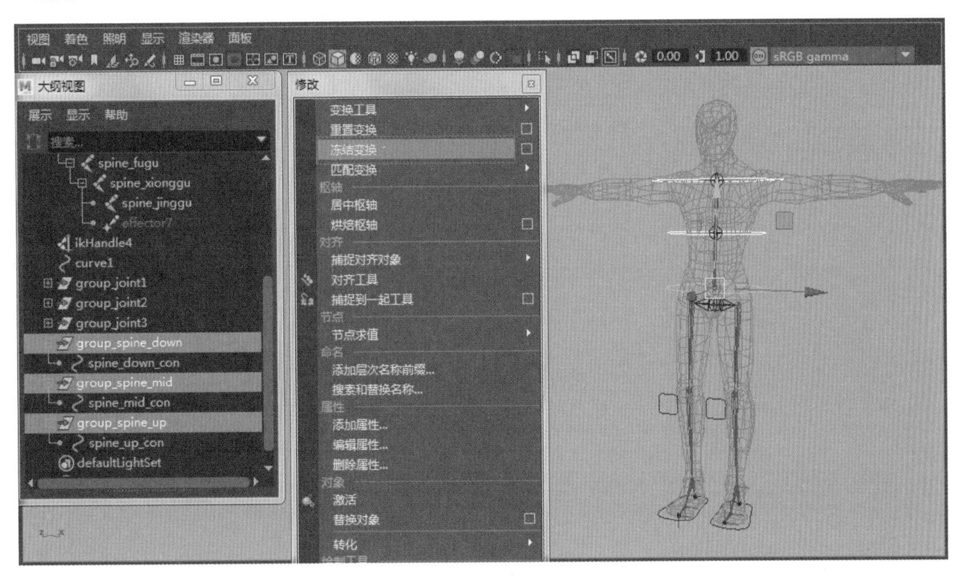

图 5-34

07 执行“编辑”菜单下“按类型删除”物体历史记录的操作，如图 5-35 所示。

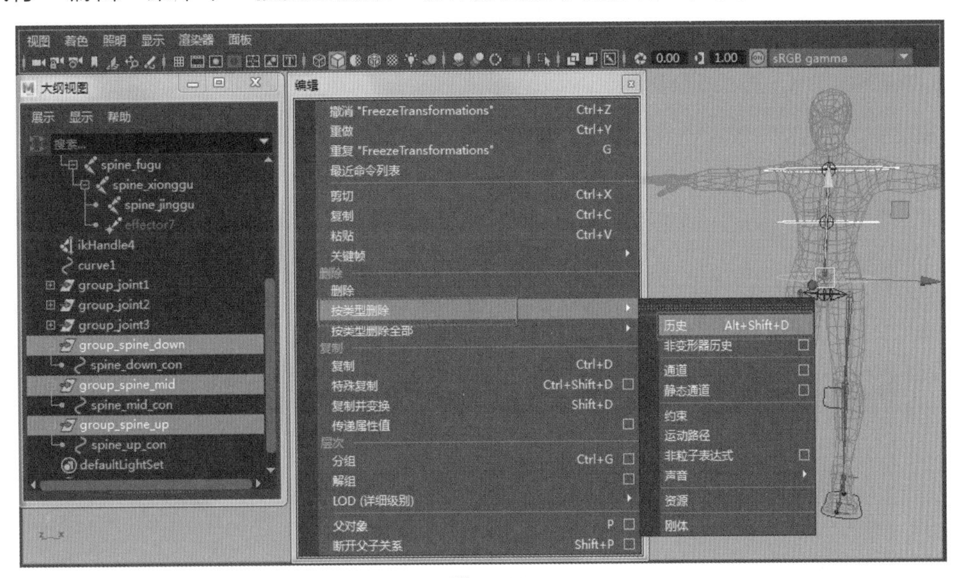

图 5-35

08 在“大纲视图”中展开层级，选中 spine_up_con NURBS 圆形，然后按住 Ctrl 键，加选 joint3，执行“约束”菜单下的“父对象”约束命令，如图 5-36 所示。

09 在“大纲视图”中展开层级，选中 spine_mid_con NURBS 圆形，然后按住 Ctrl 键，加选 joint2，执行“约束”菜单下的“父对象”约束命令，如图 5-37 所示。

10 在“大纲视图”中展开层级，选中 spine_down_con NURBS 圆形，然后按住 Ctrl 键，加选 joint1，执行“约束”菜单下的“父对象”约束命令，如图 5-38 所示。

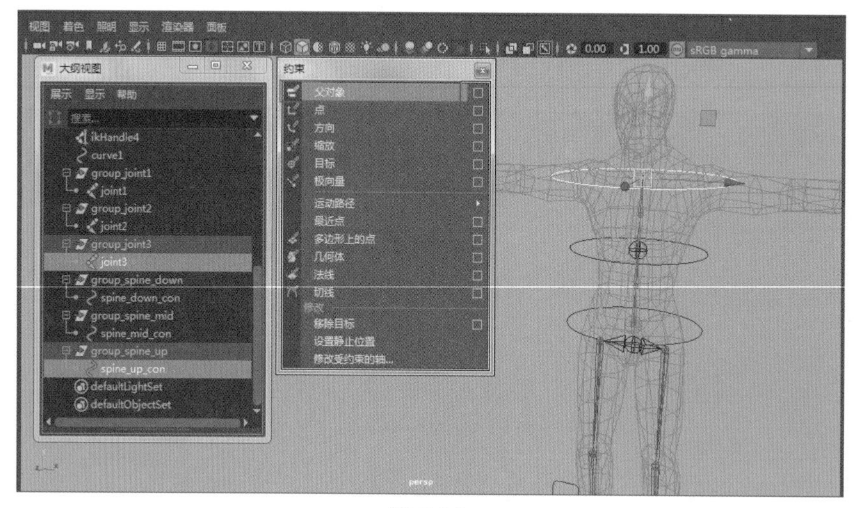

图 5-36

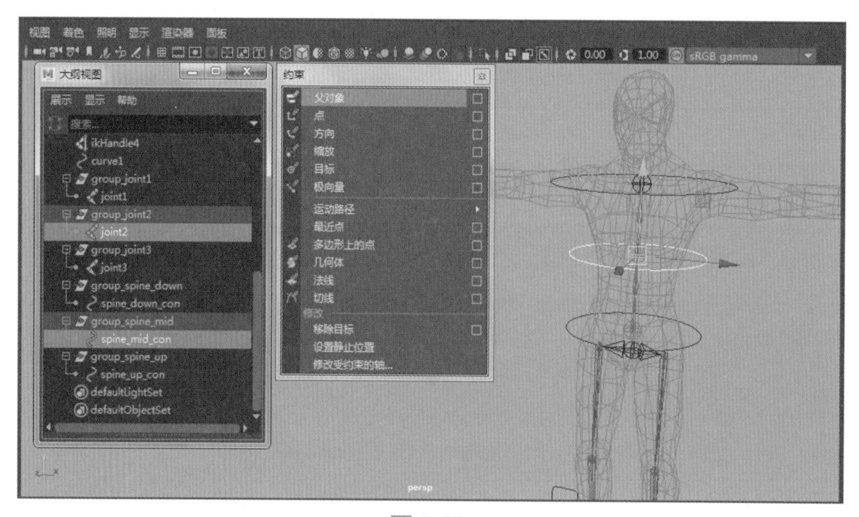

图 5-37

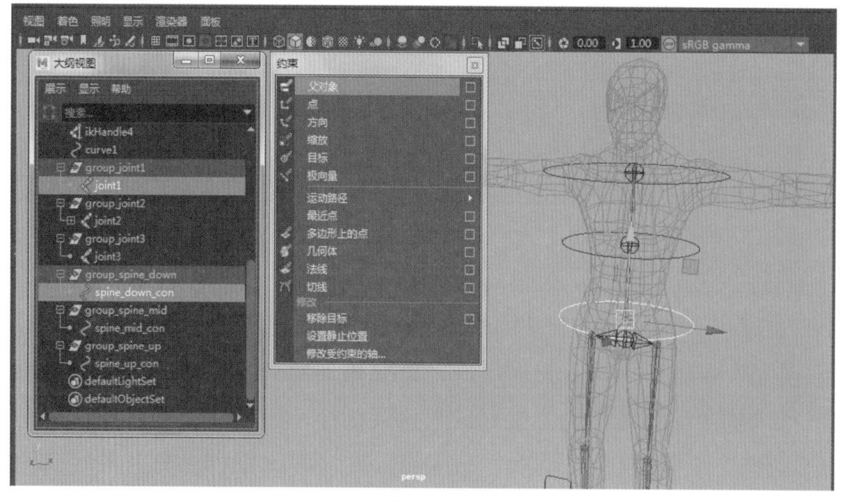

图 5-38

11 在“大纲视图”中，选中 group_spine_up 上端控制器组的轴心，按下 Insert 键，再按 V 键，将轴心吸附修改至 joint2 骨骼处，再按 Insert 键结束操作。现在选中 group_spine_up 这个组进行旋转操作，就会发现此组可以控制上端的旋转动画，如图 5-39 所示。

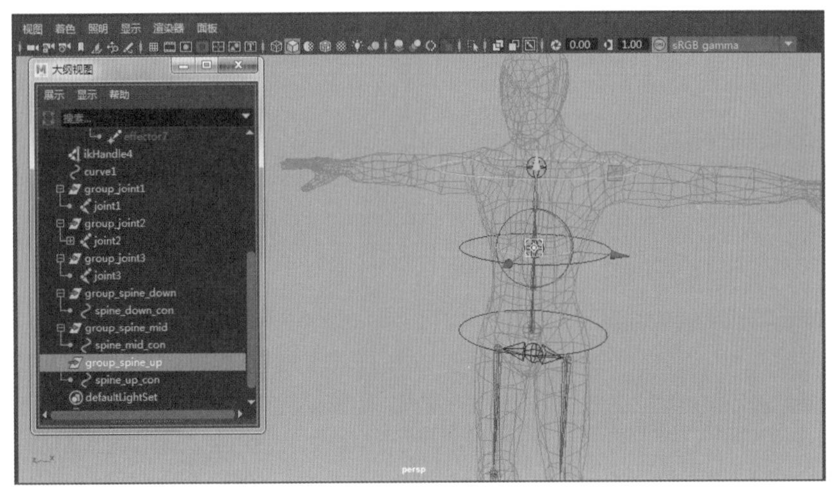

图 5-39

12 在“大纲视图”中，选中 spine_mid_con 曲线控制器，执行“窗口”菜单里“常规编辑器”下的“连接编辑器”命令，然后选中 group_spine_up 这个组，将其调入连接编辑器的右侧，用 spine_mid_con 曲线控制器的旋转属性连接 group_spine_up 上端控制器组的旋转属性，这样就可以实现通过 spine_mid_con 曲线控制器的旋转来带动上端控制器旋转的动画了，如图 5-40 所示。

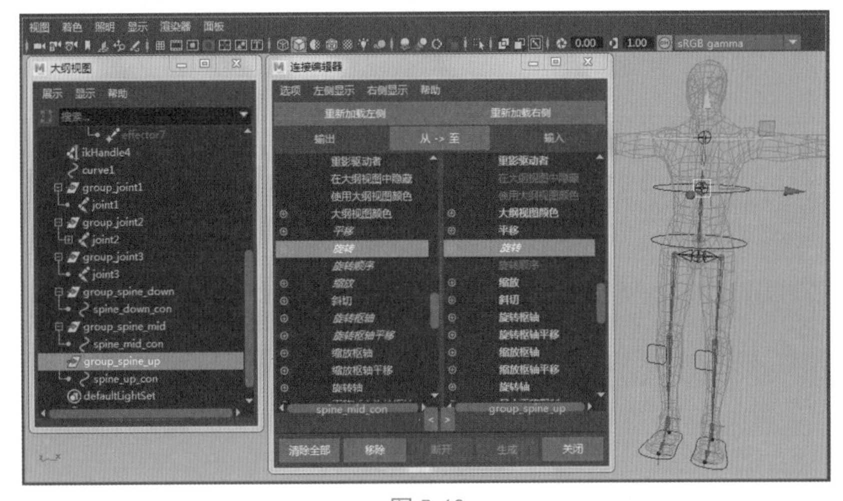

图 5-40

5.6 蜘蛛侠躯干骨骼线性 IK 高级旋转设置

01 在“大纲视图”中选择 ikHandle4，按 Ctrl+A 快捷键打开属性，在 ikHandle4 的“高级

扭曲控制”下拉菜单中选中“启用扭曲控制”选项，具体参数设置如图 5-41 所示。

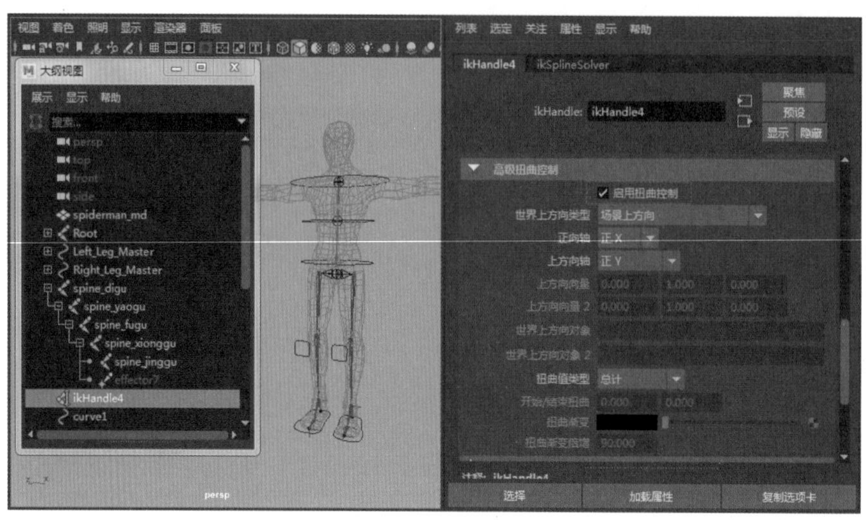

图 5-41

02 首先查看骨骼方向，然后进行高级旋转控制设置：“世界上方向类型”选择“对象旋转上方向（开始 / 结束）”。此设置的作用主要是自身 Y 轴旋转控制。“上方向轴”设置为正 Z 轴。“上方向向量”为 0，0，1。“上方向向量 2”为 0，0，1。然后分别选择上端和下端的控制器名称进行粘贴，“世界上方向对象”为 spine_down_con，“世界上方向对象 2”为 spine_up_con，如图 5-42 所示。

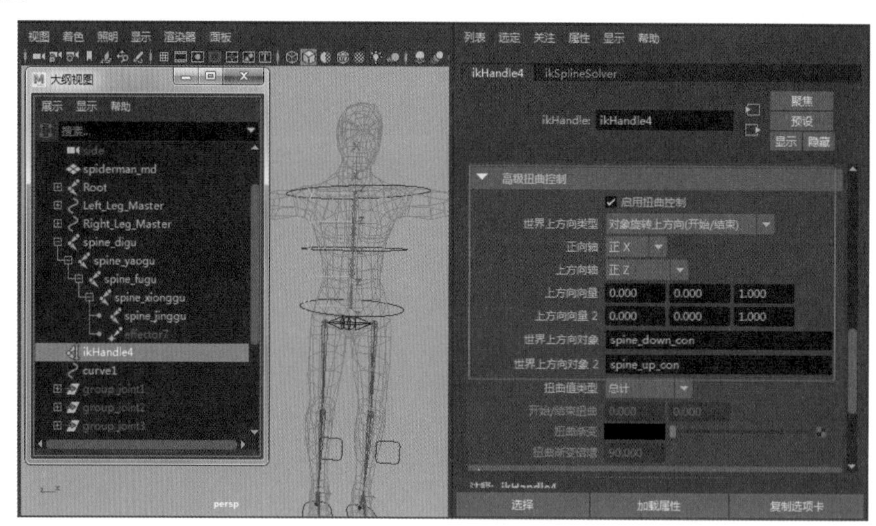

图 5-42

提示

注意，这里填写的是控制器的名称，不是控制器组的名称。这样就实现了 3 个轴向上的旋转动画。

5.7　蜘蛛侠躯干骨骼与腿部骨骼连接设置

01 选择左右两条腿的骨骼，按下 Shift+P 快捷键断开与根关节的连接，如图 5-43 所示。

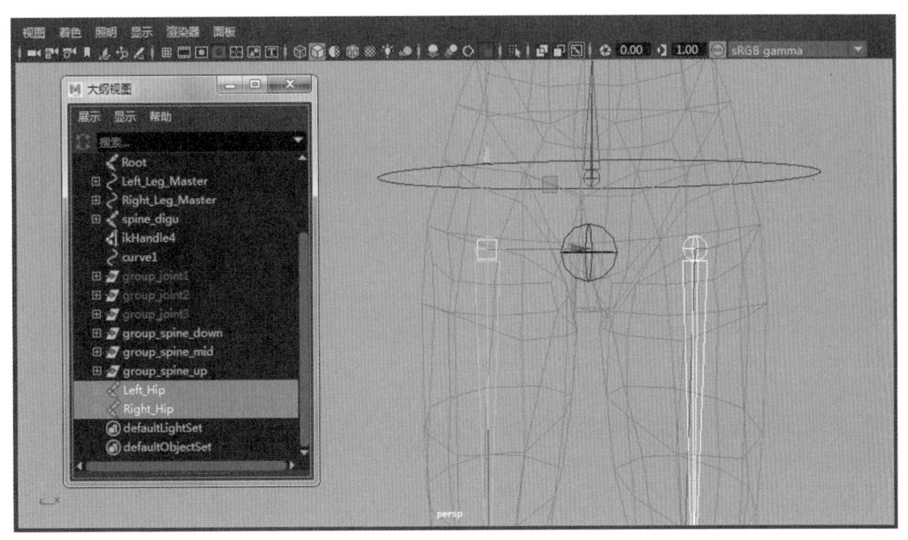

图 5-43

02 利用 EP 曲线工具绘制根关节控制器并命名为 RootMaster，如图 5-44 所示。

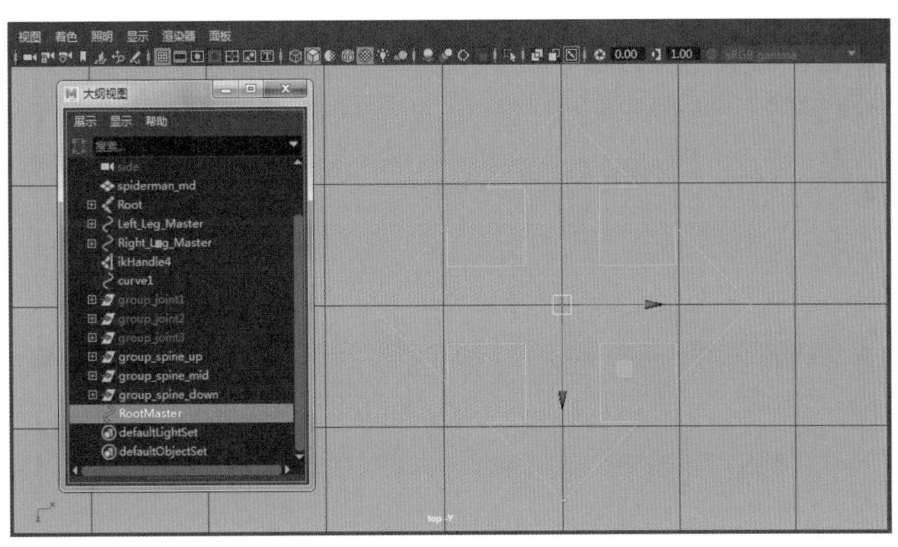

图 5-44

03 选择根部控制器，按下 V 键，将其吸附至根关节处，如图 5-45 所示。

04 选择根部控制器，执行“修改”菜单下的“中心枢轴”命令，然后执行“修改”菜单下的“冻结变换”命令，最后执行“编辑”菜单下的“按类型删除历史”操作，如图 5-46 所示。

05 选择 spine_digu，按下 P 键，与 Root 根关节建立父子关系。然后让 group_spine_up、group_spine_mid、group_spine_down 控制器分别与根关节控制器 Root_Master 建立父子关系，如图 5-47 所示。

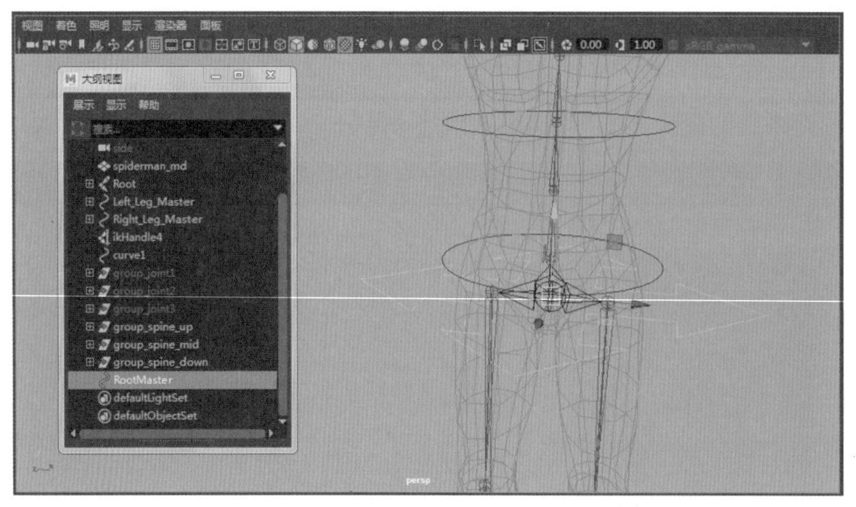

图 5-45

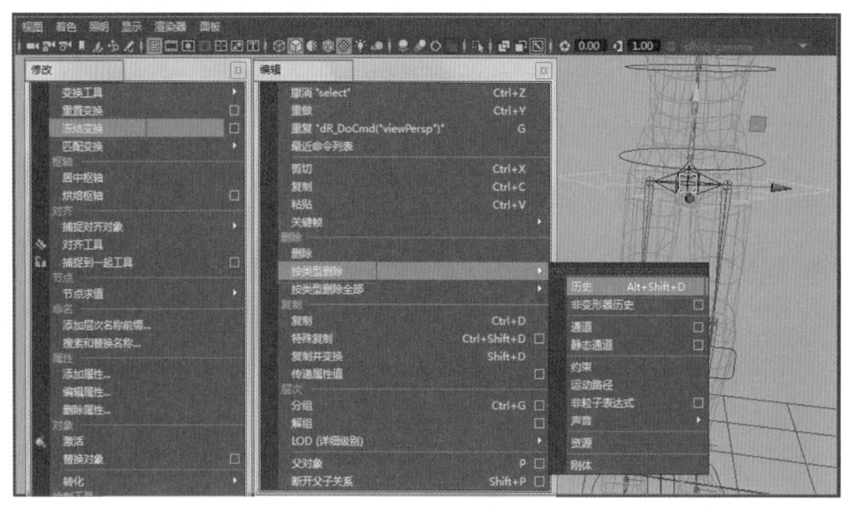

图 5-46

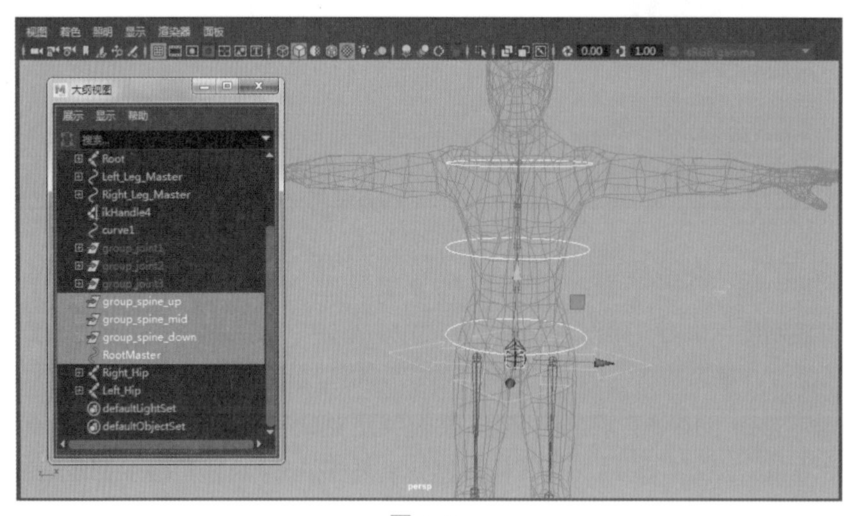

图 5-47

06 移动根部控制器，上面的骨骼与控制器跟随运动，但是根关节不跟随运动。在“大纲视图”中先选择 Root_Master 根关节控制器，再按住 Shift 键，加选 Root 根关节，然后执行“约束”菜单下的“父子约束”命令，如图 5-48 所示。

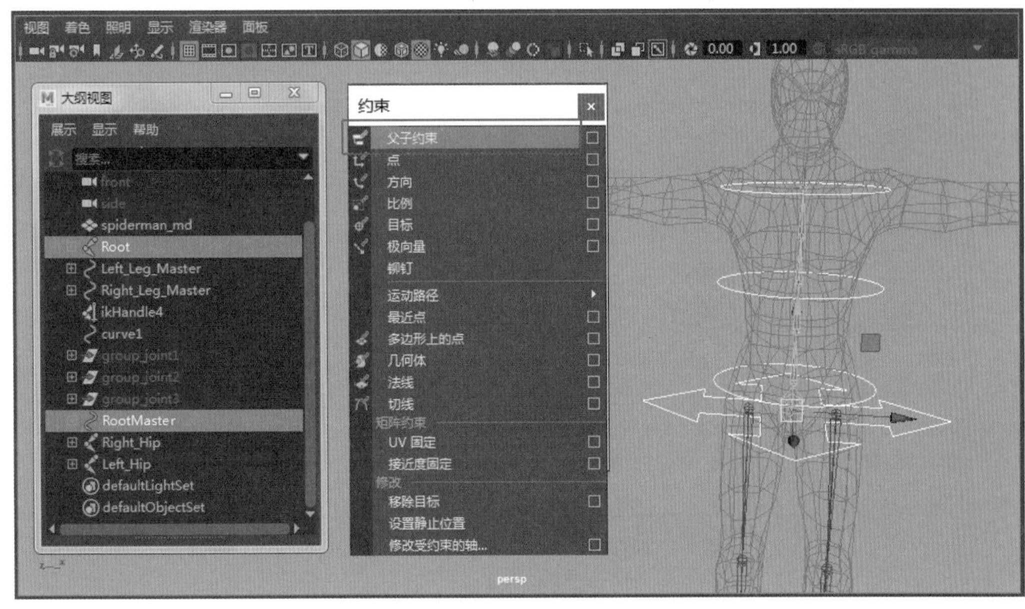

图 5-48

07 在“大纲视图”中选择 Left_Hip 和 Right_Hip，按下 P 键与根关节建立父子关系，如图 5-49 所示。

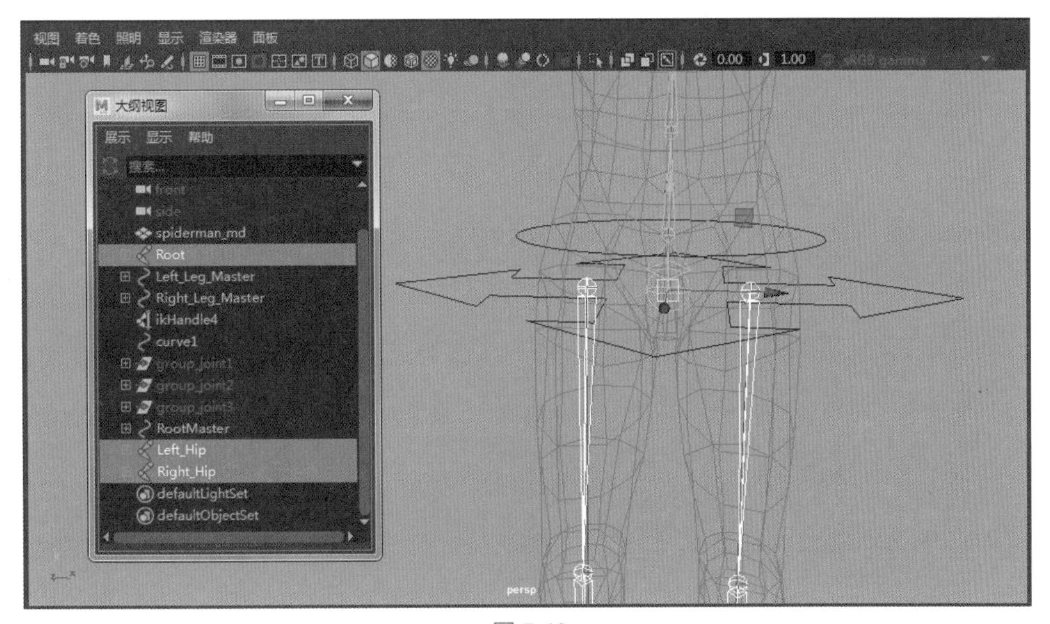

图 5-49

08 至此，躯干骨骼绑定就与腿部骨骼绑定建立了关系，可以通过肢体动作简单测试绑定的效果，如图 5-50 所示。

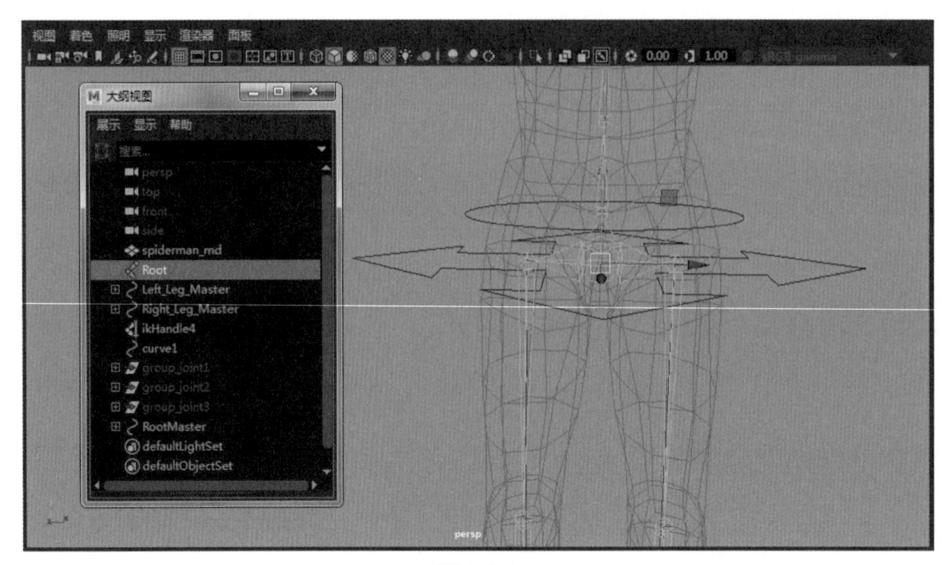

图 5-50

本章总结

通过对蜘蛛侠躯干骨骼绑定案例的学习，需要重点掌握的知识点有：

1. 人体躯干骨架结构与运动原理。
2. 蜘蛛侠躯干骨骼绑定的制作思路。
3. 蜘蛛侠躯干骨骼搭建与关联设置。
4. 躯干线性 IK 的创建与设置。
5. 蜘蛛侠躯干骨骼的控制，尤其是躯干骨骼的高级旋转设置。

第6章 蜘蛛侠手臂骨骼绑定

本章学习目标

1. 了解上肢骨架结构
2. 掌握上肢骨骼运动规律
3. 掌握蜘蛛侠手臂骨骼绑定
4. 掌握蜘蛛侠手臂 IKFK 无缝切换设置

本章学习电影角色——蜘蛛侠手臂骨骼绑定案例，重点学习如何给蜘蛛侠建立手臂部位骨骼，如何设置肩部骨骼的 IK 及手掌的驱动设置。通过学习蜘蛛侠手臂骨骼绑定的制作思路，熟练掌握手臂骨骼绑定的制作流程。

本案例是蜘蛛侠角色手臂骨骼绑定。手臂骨骼绑定的制作思路如下。

- 认识上肢重要绑定骨骼，利用创建曲线定位的方法创建角色的骨骼。
- 建立上肢肩部骨骼 IK，并与控制器建立关系。
- 利用驱动关键帧进行上肢手掌骨骼的驱动设置。

6.1 认识人体上肢骨骼

上肢与胸部和颈部相接，与颈部的分界为颈部的下界，与胸部的分界为三角肌前后缘与腋前后壁中点的连线。上肢由近至远分为五部分，即肩部、臂部、肘部、前臂部和手部，如图 6-1 所示。肩部可分为胸前区、腋区、三角肌区与肩胛区，臂部、肘部（如图 6-2 所示）和前臂部各又分为前区和后区；手部分为腕、手掌和手指，这三部分又各分为掌侧及背侧。

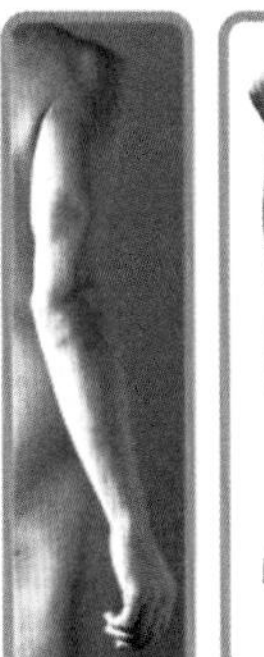

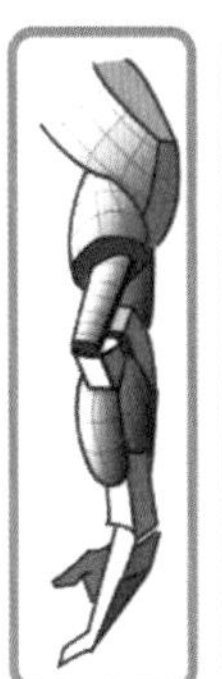

图 6-1

1. 肩和上臂

两块锁骨及两块肩胛骨占据了胸腔顶端，还掩饰了胸廓的颈部。上臂那根长长的骨头叫做肱骨，肱骨与关节盂相接，从肩胛骨外角往下悬挂。锁骨决定了肩的宽度，整条锁骨的长短都看得出，摸得到。肩关节配合肱骨做前屈、后伸、内收、外展、内旋、外旋、环转活动，如图 6-3 所示。

图 6-2

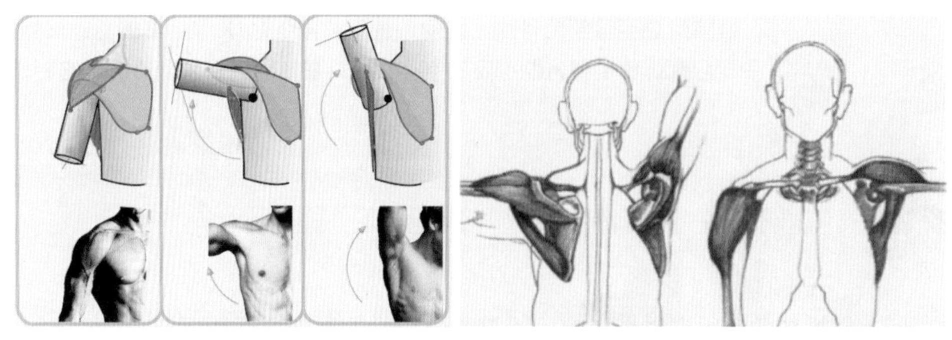

图 6-3

肩关节处一层层的肌肉使得臂与躯干连在了一起。这些肌肉可以扩大臂的活动范围，并在活动上肢时提供强大的力量。肩与臂的肌肉可分为三部分：一部分可作用于肩胛骨上；另一部分盖过肩关节，可挪动臂；还有一部分盖过肩或肘关节，用来控制前臂。前臂的肌肉群可以作为曲肌，使上肢在肩和肘部弯曲；可以作为伸肌，位于后部，往前伸时可以使这些关节伸直；可以作为收肌，使上肢向两边伸展。覆盖着肩胛骨的深层肌肉在肩窝处可以使上肢前后转动。

在上肢运动中，以肩锁关节为支点，肩锁关节也协同肩关节共同运动，从而使上肢在上方、前方运动时，可提高到接近头部的位置。上肢运动主要包括肩关节、肘关节、腕关节三大支点的运动，每个支点都具有一定的活动范围。

肩关节本身运动时，活动范围为上方约 150° ～ 170° ，前方约 20° ～ 40° ，后方约 40° 。肘关节运动时，可以向内旋转约 70° ，向外旋转 60° ；胳膊向前伸直后，肘点可向回运动约 150° ，向下约 10° ，如图 6-4 所示。

2. 前臂和手

前臂的长骨分为尺骨和桡骨，它们平行排列，在肘部与腕部相连接。尺骨在前臂的小手指这一边，而桡骨在大拇指一侧。尺骨较长，比桡骨高出一点，如图 6-5 所示。

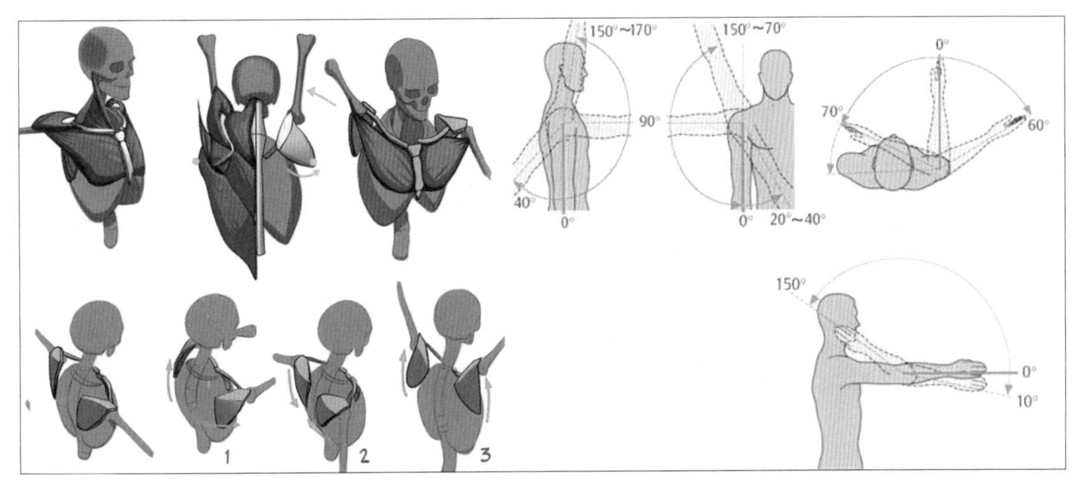

图 6-4

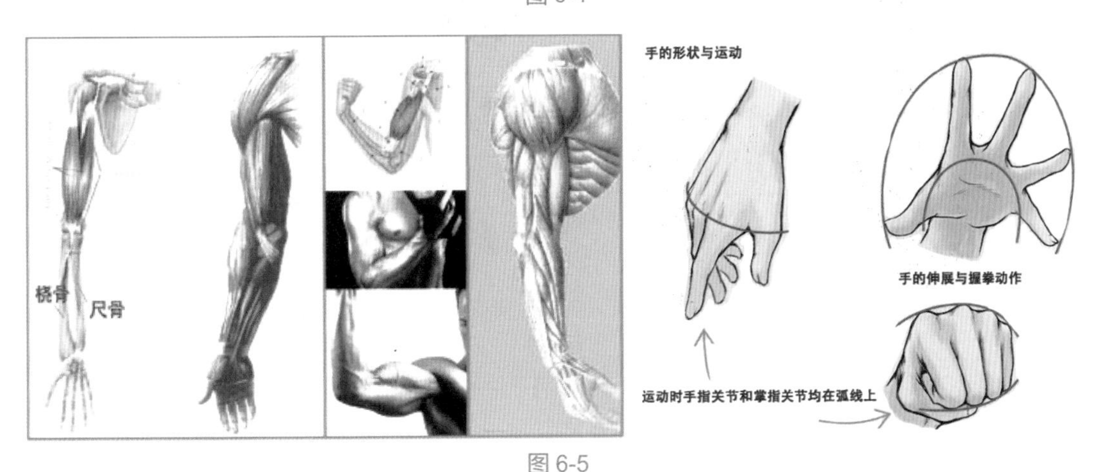

图 6-5

前臂和手的肌肉及与之相随的肌腱可分成三群。长伸肌形成于前臂后部，止于手背部。这些肌肉可使手掌后旋，使手腕、手指和拇指弯曲。手掌上的肌肉在屈、伸、收、展手指和拇指的同时使得手有了圆润感。前臂的长肌腱分开并附着在不同的骨头上，使得手的腕骨、掌骨和指骨不仅有力量而且很灵活。

3. 手部骨骼

手部骨骼包括腕骨、掌骨和指骨。腕骨由八块小骨组成，分成上下两列，上列有舟骨、月骨、三角骨、豌豆骨；下列有大多角骨、小多角骨、钩角骨、头状骨。八块骨结合紧密，使手腕成为椭圆形，如图 6-6 所示。

掌骨由五根长骨组成，附在腕骨上。拇指为第一掌骨，食指为第二掌骨，以此类推。每根掌骨由骨体和两个骨端组成，上端与腕骨相接，下端与指骨相接。下端的形状为圆球形。

4. 手部肌肉

手部的肌肉主要分布在掌侧面，分为拇指侧肌群和小指侧肌群。手背部肌肉主要有骨间背侧肌、拇长伸肌腱和指总伸肌腱。肌腱在掌指关节部位和拇指外展时，会在外形上明显显现，如图 6-7 所示。

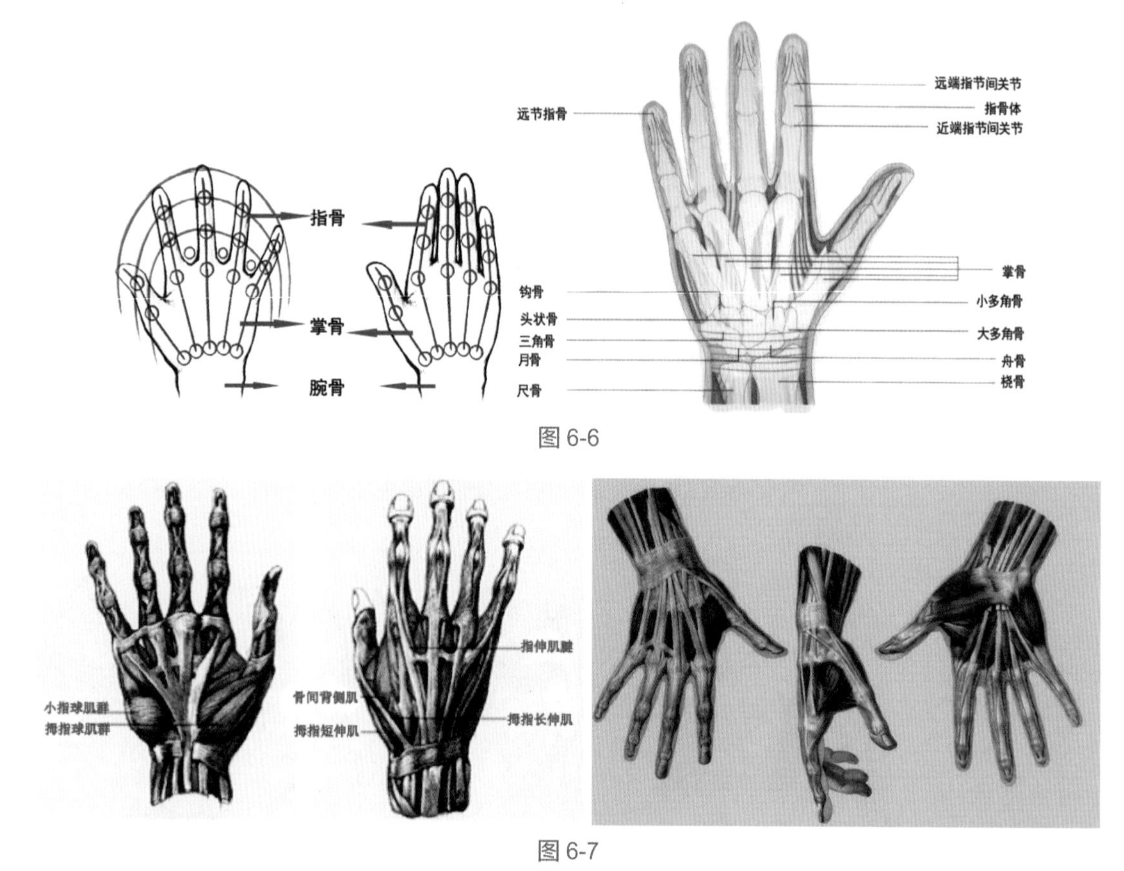

图 6-6

图 6-7

5. 手的形态

手掌的形状可以概括为一个五边形，在侧面加上拇指，前面加上四指，就基本构成了手的形状。掌指关节和手指关节均在弧线上。手的侧面如一个楔形体，从腕部至指尖由厚变薄。手指的关节部分较为粗大，尤其是近节和中间节的关节。手指关节中间较细，为球状结构。拇指的近节中部前后径窄，末节呈左右径阔扁平形状，并且指端微微上翘，如图 6-8 所示。

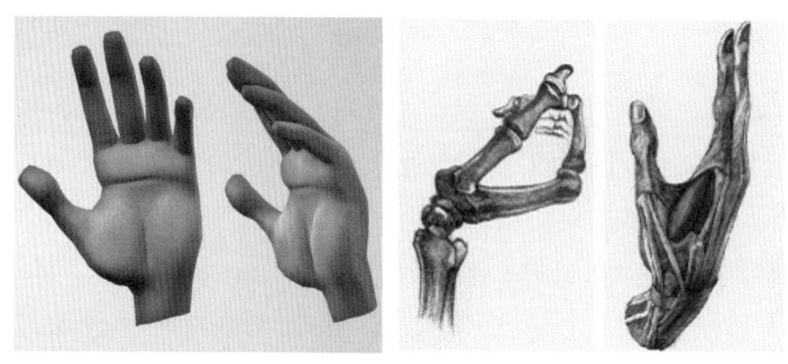

图 6-8

上肢骨骼绑定主要需要掌握的骨骼有锁骨关节、肩关节、肘关节、腕关节、手掌关节（大拇指关节、食指关节、中指关节、无名指关节、小指关节），如图 6-9 所示。

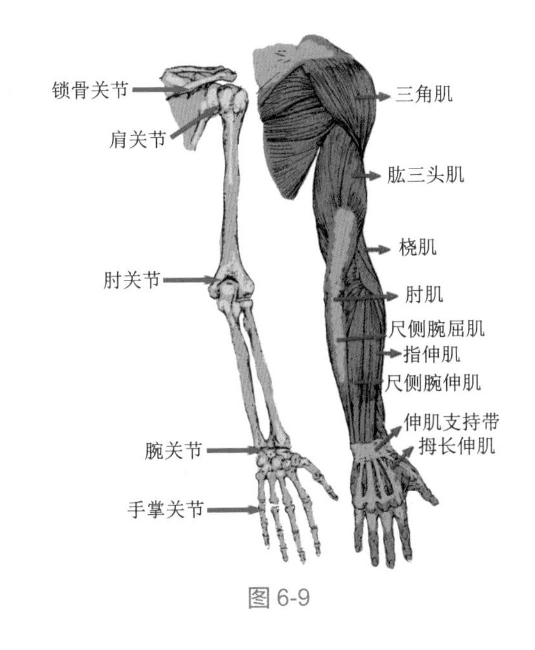

图 6-9

6.2　蜘蛛侠手臂骨骼的创建

案例操作

通常，项目要求角色都采用标准的T-pose（T形站姿），如图6-10所示。当角色是A-pose（A形站姿）时，如图6-11所示，我们通常应用另一种骨骼定位创建方法，利用创建曲线定位的方法来确定角色的骨骼位置，以防止角色骨骼的旋转方向出现错误。

图 6-10

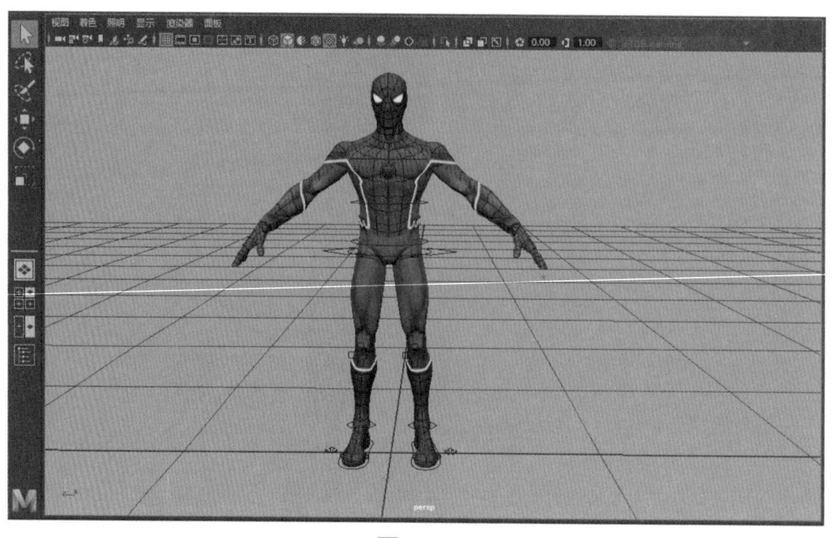

图 6-11

提示

T 形站姿有以下要求：

1. 角色必须面向 Z 轴的正方向。

2. 手臂必须沿 X 轴扩散。因此，左臂应指向 X 轴的正方向。

3. 角色的头顶必须向上，并位于 Y 轴的正方向上。

4. 角色的手展平，手掌朝向地面，拇指平行于 X 轴。

5. 角色的脚需要垂直于腿（脚趾指向 Z 轴方向，如图 6-10 所示）。脚不得绕 Y 轴旋转（即左脚脚趾不应向内朝向右腿，也不应向外远离右腿）。

01 单击 EP 曲线工具，默认的“曲线次数”是 3 段，用于绘制弧线，这里将其设置为线性 1 段，就可以绘制直线了，如图 6-12 所示。

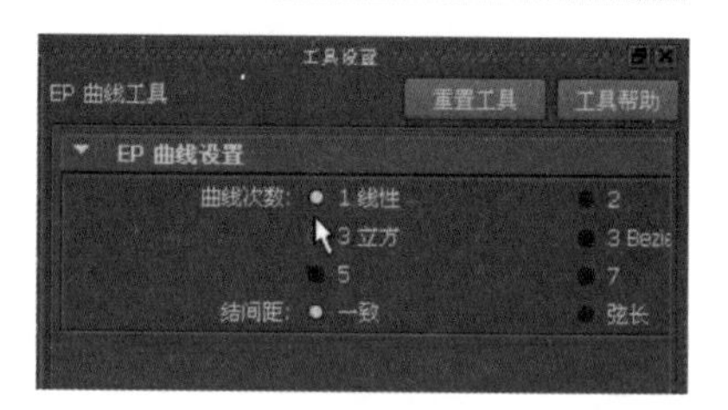

图 6-12

02 切换到前视图，首先确定锁骨位置，从锁骨位置开始绘制，然后绘制肩部，再切换到顶视图绘制肘部，再绘制腕部，按 Enter 键确认，如图 6-13 所示。

03 曲线的空间位置决定着骨骼的关节位置。调整曲线到准确的关节位置上，如图 6-14 所示。

04 同理，利用曲线绘制确定手掌关节的位置并将其调整到准确的关节位置上，如图 6-15 所示。

提示

利用曲线绘制定位关节，能保证骨骼的旋转属性不会产生数值。一旦骨骼的旋转属性产生数值，将影响到动画绑定。

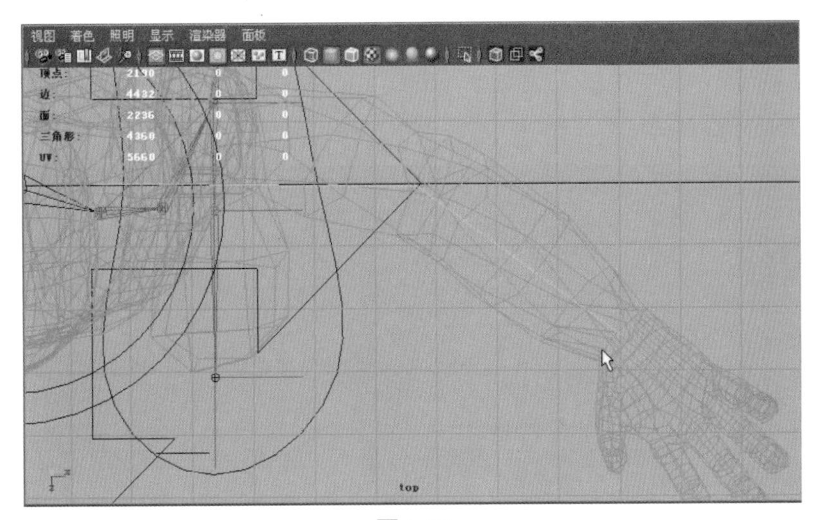

图 6-13

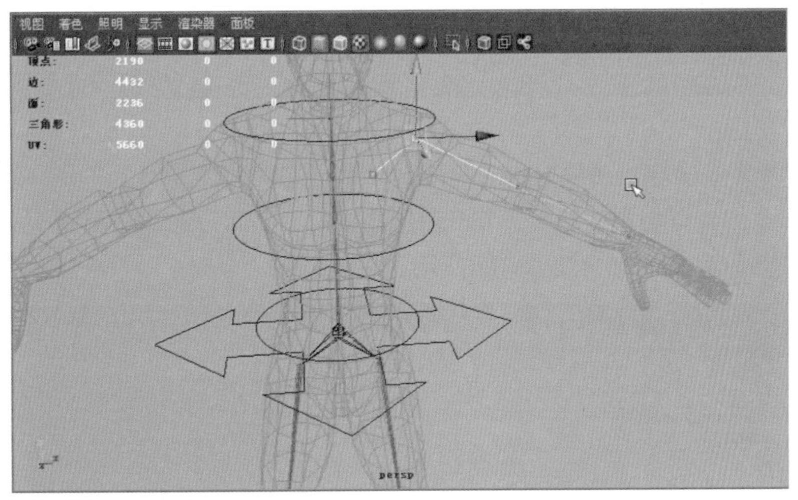

图 6-14

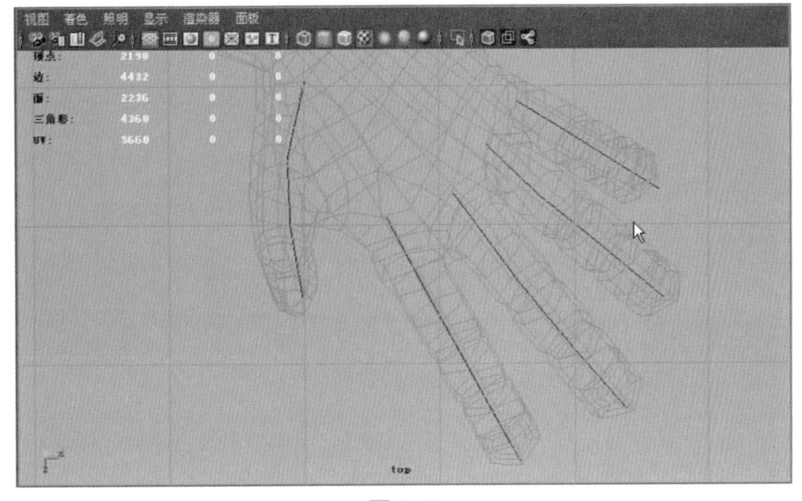

图 6-15

05 分别选择曲线，按 Ctrl+A 组合键打开曲线属性。在“属性编辑器”中的曲线形态节点下找到“组件显示”，选中“EP”复选框，曲线上的 EP 点就会显示出来，方便我们创建骨骼，如图 6-16 所示。

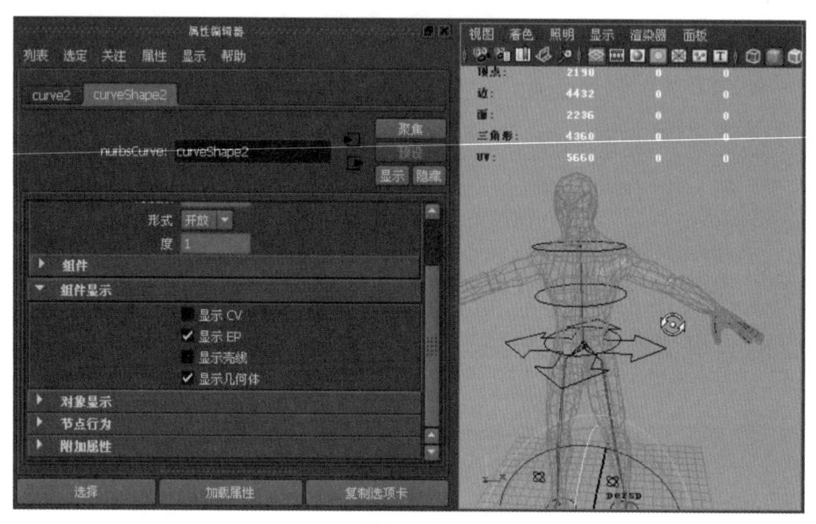

图 6-16

06 切换到“绑定”模块，然后执行“骨架”菜单下的“创建关节”命令。单击“重置骨骼”工具，开始创建骨骼。从锁骨关节开始创建骨骼，然后分别按住 V 键将其吸附到肩部关节、肘部关节、腕部关节，如图 6-17 所示。

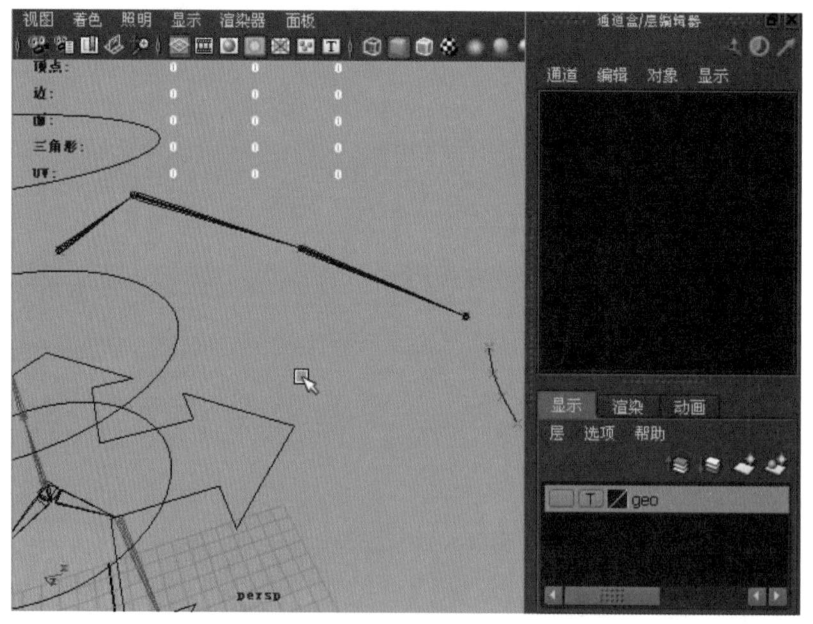

图 6-17

提示

骨骼创建完毕，一定要按下回车键（Enter）进行确认。

07 查看骨骼的方向是否有问题。单击骨骼，然后选择层级，再执行“显示”菜单下“变换显示”下的“局部旋转轴”命令，这样所有骨骼的方向就都会显示出来。我们会发现，大部分关节的方向都是 X 轴指向下一关节，只有腕部关节的方向发生了偏移，如图 6-18 所示。

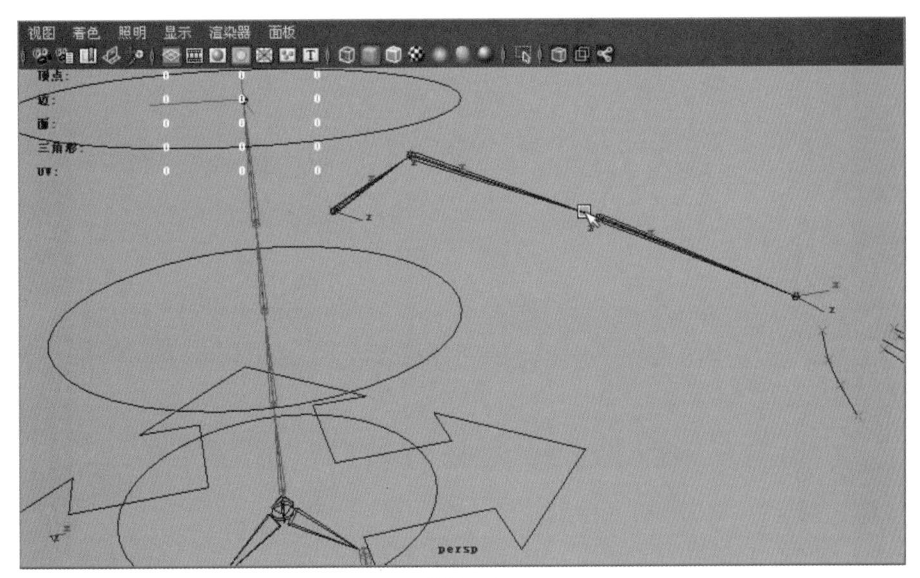

图 6-18

08 这里进行腕部关节的方向修正。选择腕部关节，执行“骨架”菜单下的“确定关节方向”命令，勾选“确定关节方向为世界方向”，如图 6-19 所示。

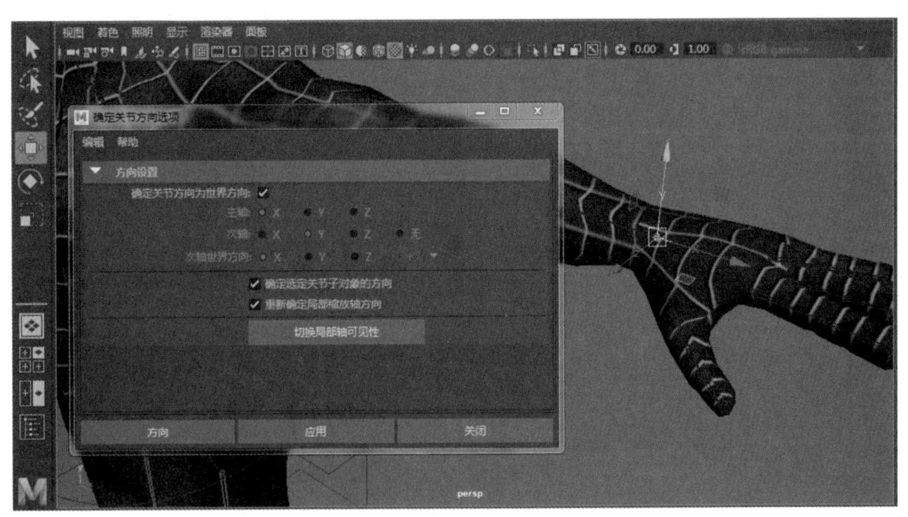

图 6-19

09 同理，绘制手掌关节。选择手掌关节的末端关节进行方向修正，统一修正方向为 X 轴指向下一关节，如图 6-20 所示。详细操作请参看微课中的视频教程。

10 进行骨骼命名。选择手掌中的大拇指关节，单击“修改”菜单下的“添加层次名称前缀”命令，输入 Thumb_ 后单击“确定”按钮，如图 6-21 所示。

11 选择食指关节，添加层次名称前缀，输入 Index_ 后单击“确定”按钮，如图 6-22 所示。

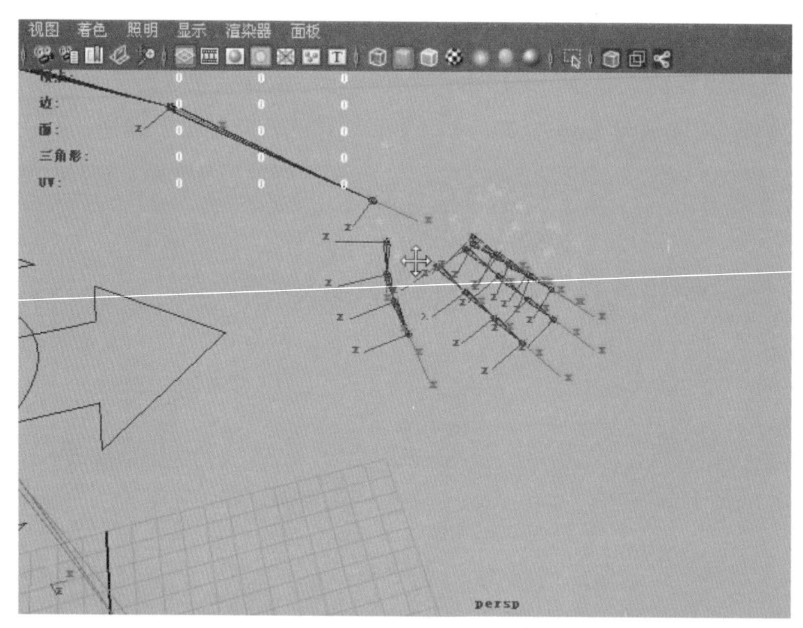

图 6-20

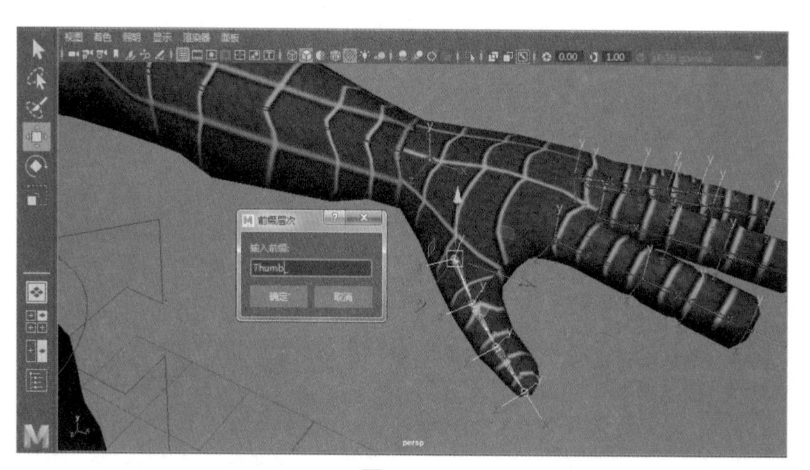

图 6-21

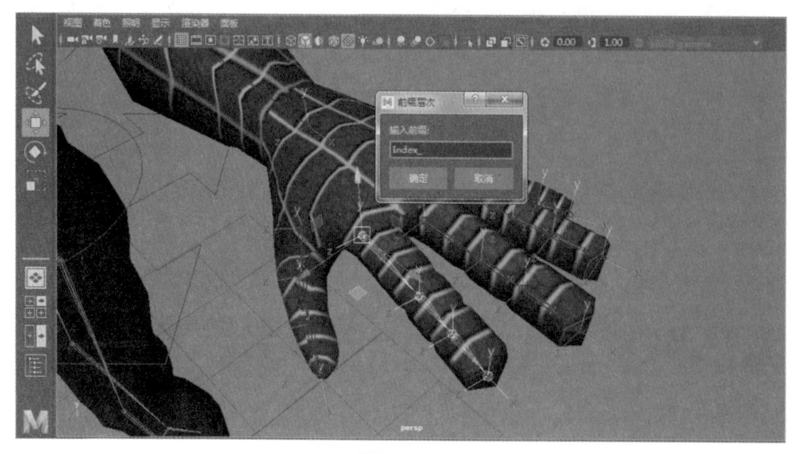

图 6-22

12 选择中指关节，添加层次名称前缀，输入 Mid_ 后单击“确定”按钮，如图 6-23 所示。

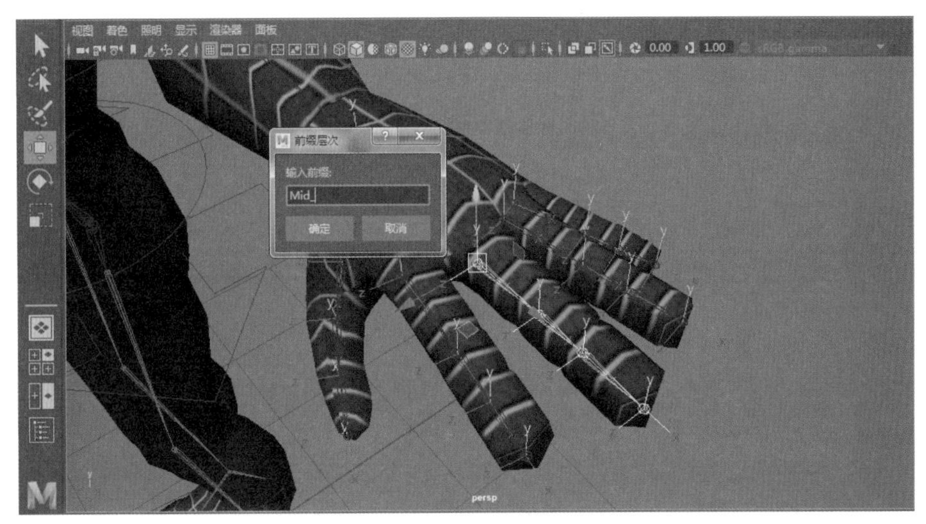

图 6-23

13 选择无名指关节，添加层次名称前缀，输入 Spring_ 后单击“确定”按钮，如图 6-24 所示。

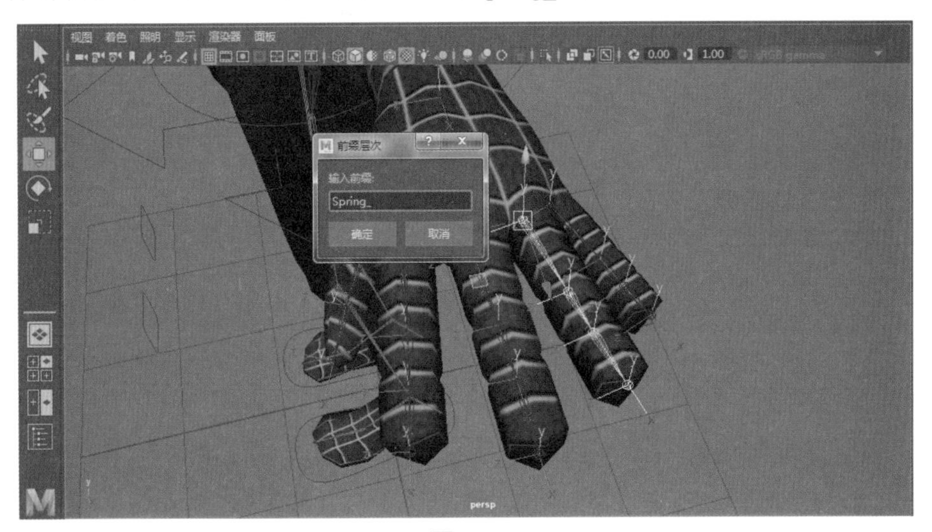

图 6-24

14 选择小指关节，添加层次名称前缀，输入 Spinkey_ 后单击“确定”按钮，如图 6-25 所示。

15 选择手掌关节，然后加选手腕关节，按下 P 键建立父子关系。现在，肩部骨骼就能控制手掌关节的运动了，如图 6-26 所示。

16 选择锁骨关节，单击“修改”菜单下的“添加层次名称前缀”命令，输入 L_ 后单击“确定”按钮，如图 6-27 所示。然后再分别选择锁骨关节、肩部关节、肘部关节、腕部关节，分别命名为 Collarbone、Shoulder、Elbow、Hand，详细操作请参看微课中的视频教程。

17 选择锁骨关节，执行“骨架”菜单下的“镜像关节”命令，设置镜像平面为 YZ，在“重复关节的替换名称”栏中，将“搜索”设置为 L_，“替换为”设置为 R_，单击“应用”按钮，如图 6-28 所示。

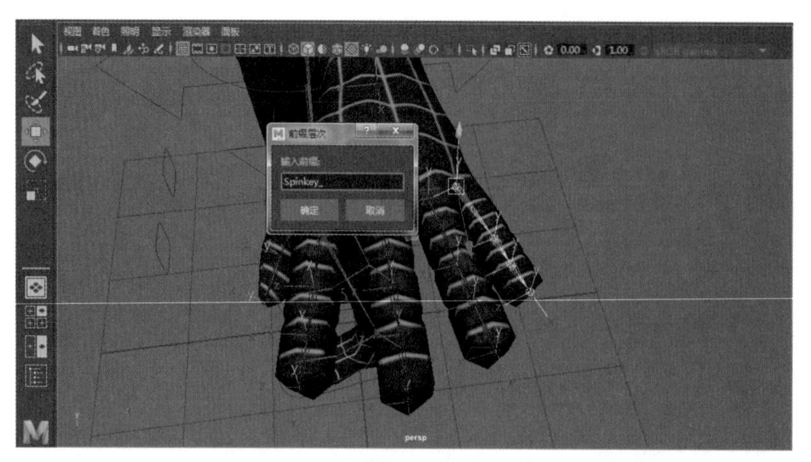

图 6-25

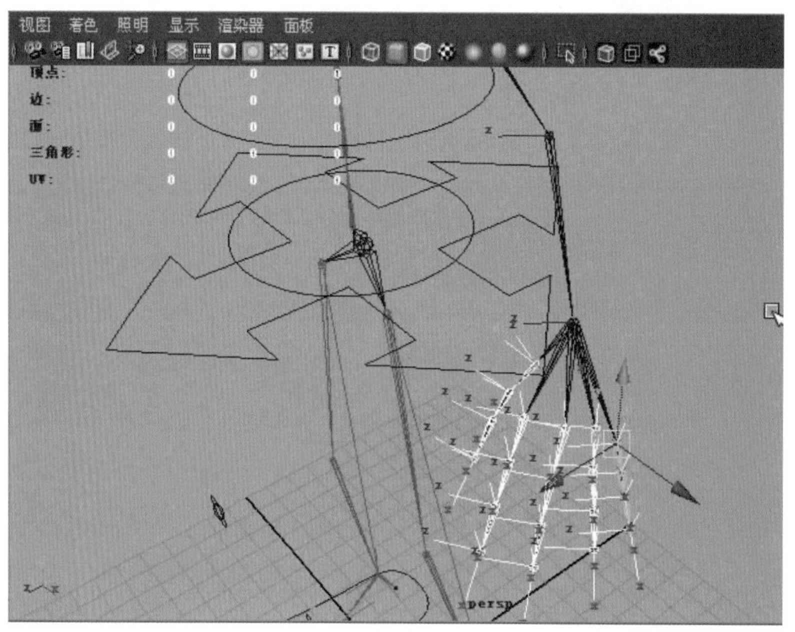

图 6-26

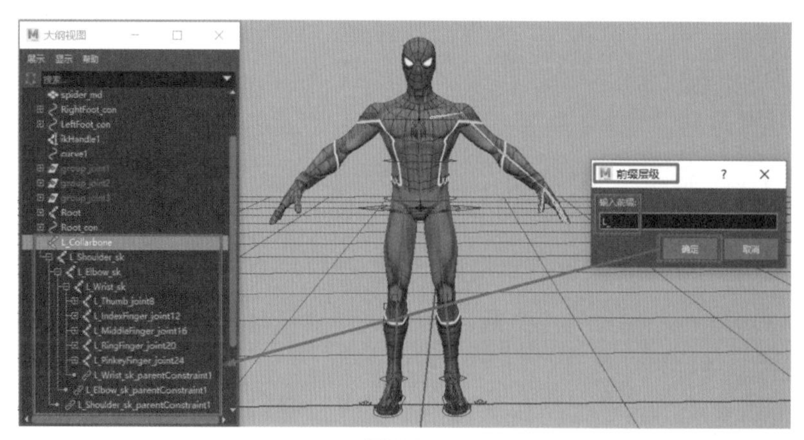

图 6-27

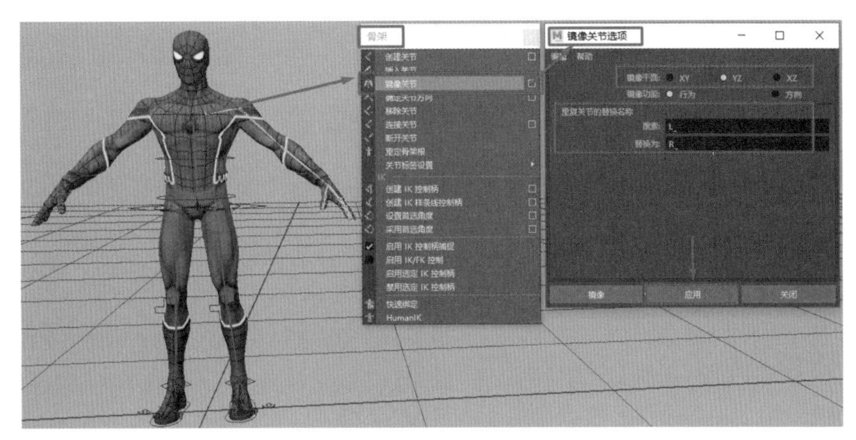

图 6-28

18 这样，右半部分上臂骨骼就快速创建出来了，如图 6-29 所示。

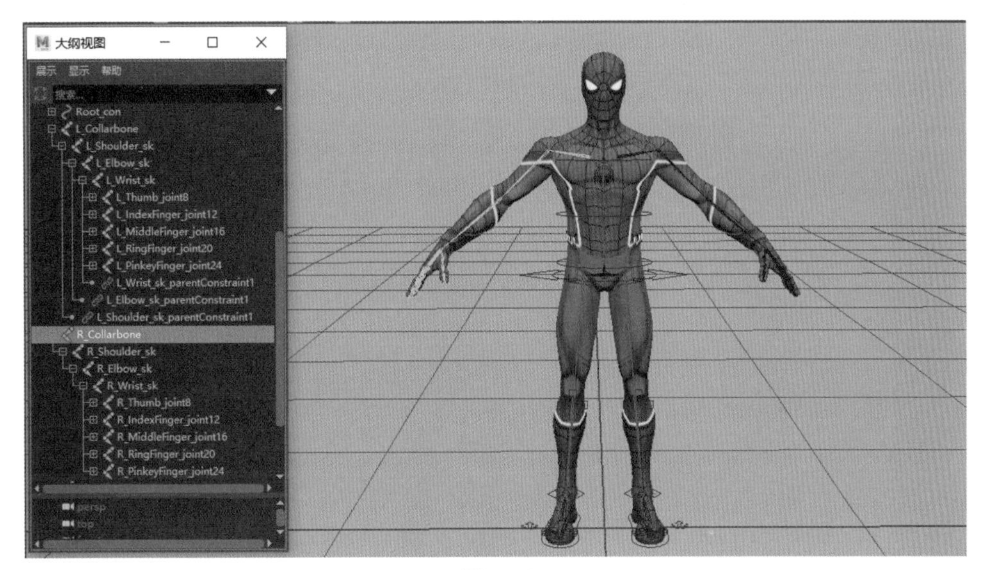

图 6-29

6.3　蜘蛛侠左侧手臂 IKFK 骨骼的创建

01 接下来创建左侧手臂的 fk 骨骼和 ik 骨骼。为了区分左侧手臂骨骼的 sk 蒙皮骨骼，首先在“大纲视图”中找到左侧手臂骨骼，展开其层级，选择原来创建的 L_Shoulder 关节为其添加尾缀，分别修改名称为 L_Shoulder_sk、L_Elbow_sk、L_Wrist_sk，如图 6-30 所示。

02 在“大纲视图”中选择 L_Collarbone 关节，按下 Ctrl+D 键复制得到 L_Collarbone1，然后展开其层级，将 L_Shoulder_sk、L_Elbow_sk、L_Wrist_sk 关节的名称分别修改为 L_Shoulder_fk、L_Elbow_fk、L_Wrist_fk，如图 6-31 所示。选择手指关节进行删除。选择 L_Shoulder_fk 关节，按下 Shift+P 键，与 L_Collarbone1 关节解除父子关系；然后删除 L_Collarbone1 关节，只保留 L_Shoulder_fk、L_Elbow_fk、L_Wrist_fk 关节。

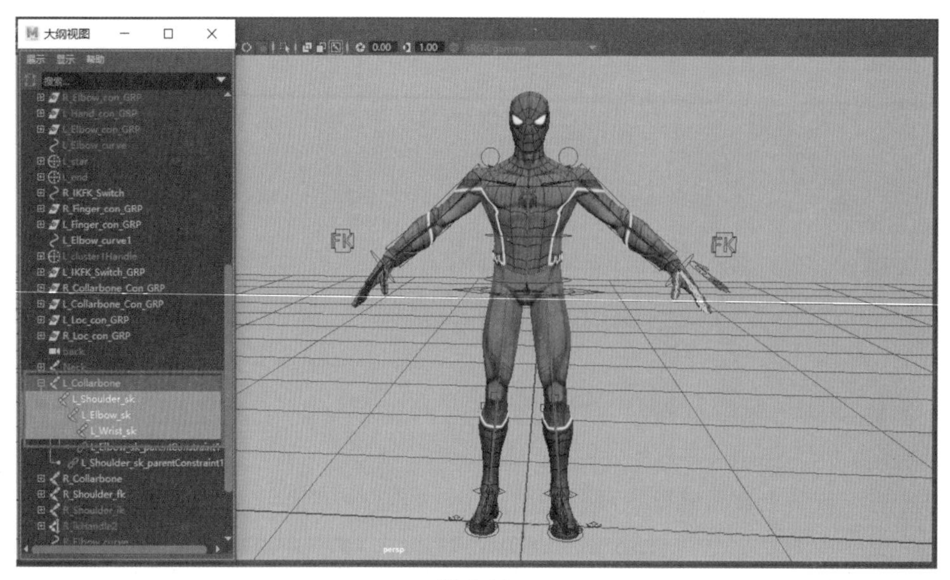

图 6-30

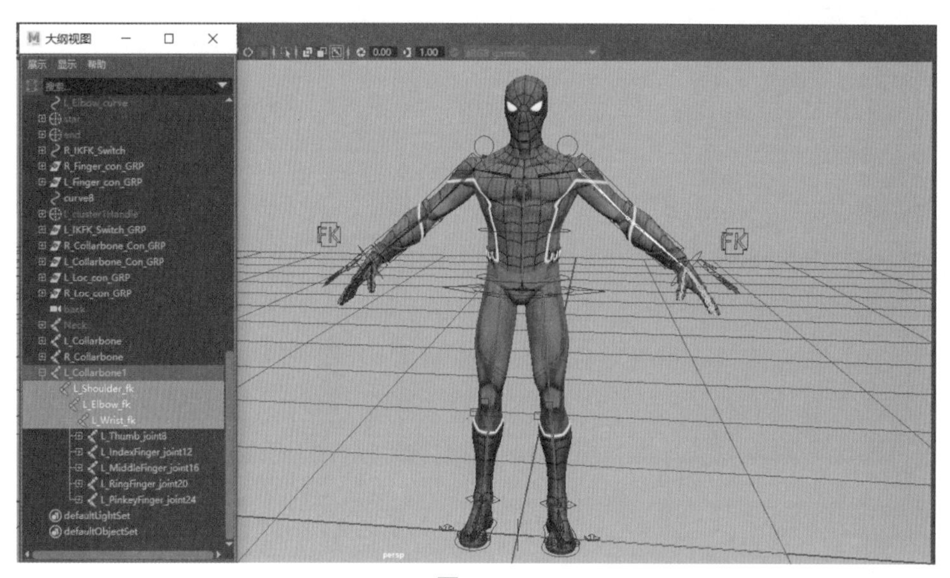

图 6-31

03 在“大纲视图”中选择 L_Shoulder_fk 关节，按下 Ctrl+D 键复制得到 L_Shoulder_fk1 关节，然后展开其层级，将 L_Shoulder_fk、L_Elbow_fk、L_Wrist_fk 关节的名称分别修改为 L_Shoulder_ik、L_Elbow_ik、L_Wrist_ik，如图 6-32 所示。

04 接下来为创建的三套骨骼建立关系。在“大纲视图”中选择 L_Shoulder_fk 关节，按下 Ctrl 键加选 L_Shoulder_ik 关节，最后加选 L_Shoulder_sk 关节，切换到绑定模块，执行“约束”菜单下的“父子约束”命令，如图 6-33 所示。

05 在“大纲视图”中选择 L_Elbow_fk 关节，按下 Ctrl 键加选 L_Elbow_ik 关节，最后加选 L_Elbow_sk 关节，切换到绑定模块，执行“约束”菜单下的“父子约束”命令，如图 6-34 所示。

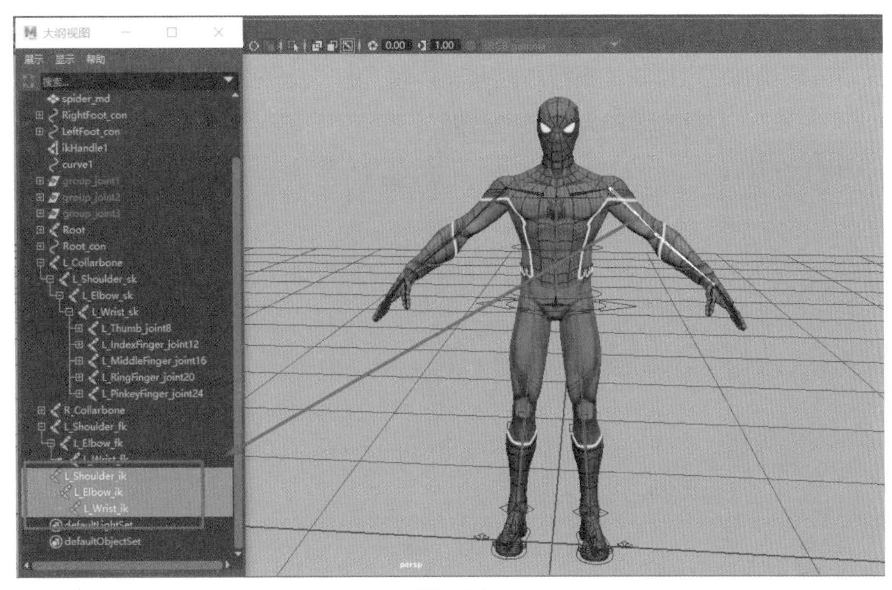

图 6-32

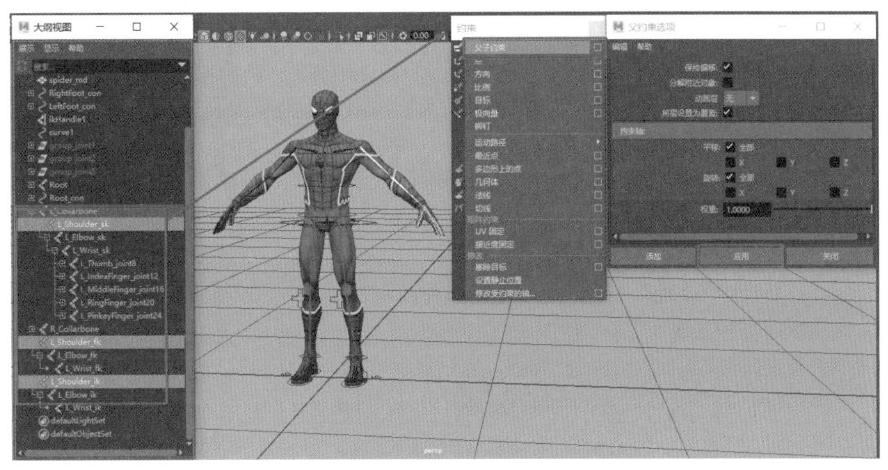

图 6-33

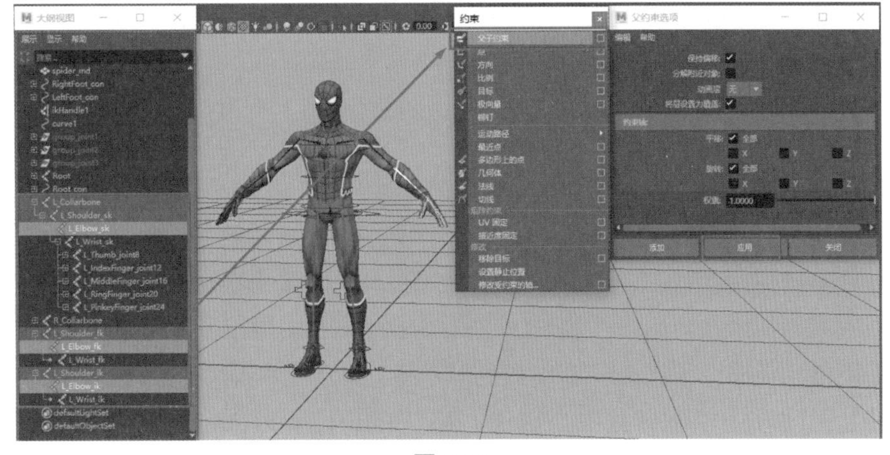

图 6-34

06 在“大纲视图”中选择L_Wrist_fk关节，按下Ctrl键加选L_Wrist_ik关节，最后加选L_Wrist_sk关节，切换到绑定模块，执行“约束”菜单下的“父子约束”命令，如图6-35所示。

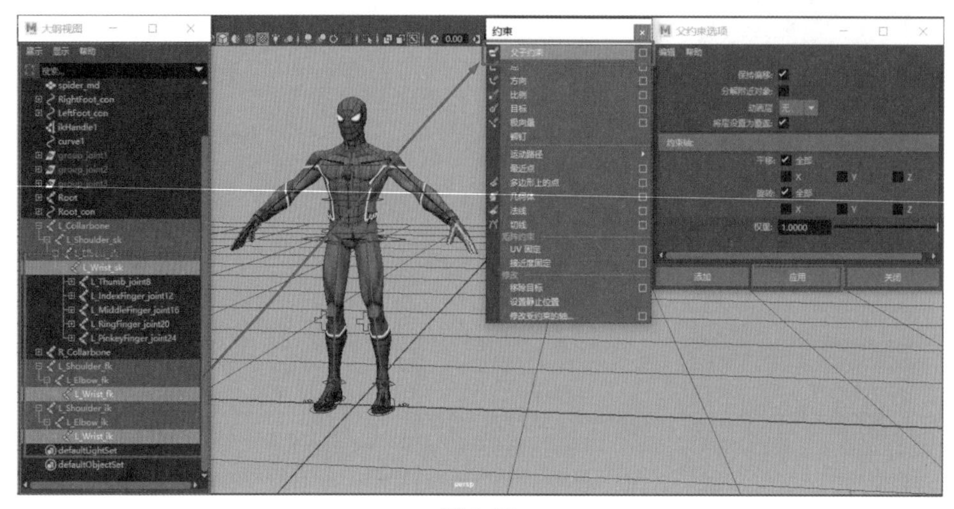

图6-35

6.4 蜘蛛侠左侧手臂FK骨骼系统的绑定

01 在大纲视图中选择左手臂的sk骨骼和ik骨骼，按下Ctrl+H键隐藏sk骨骼和ik骨骼，只保留左手臂的fk骨骼，如图6-36所示。

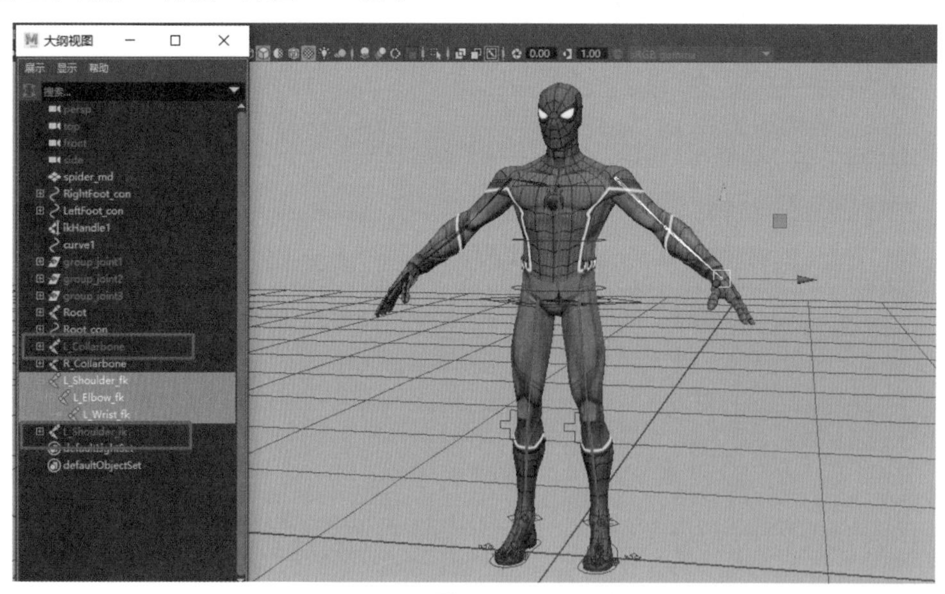

图6-36

02 打开控制器创建插件创建左肩部fk控制器，将其缩放至合适大小后命名为L_Shoulder_fk_con，执行“Center Pivot”（中心枢轴）和“Freeze Transformations”（冻结变换）命令，如图6-37所示。

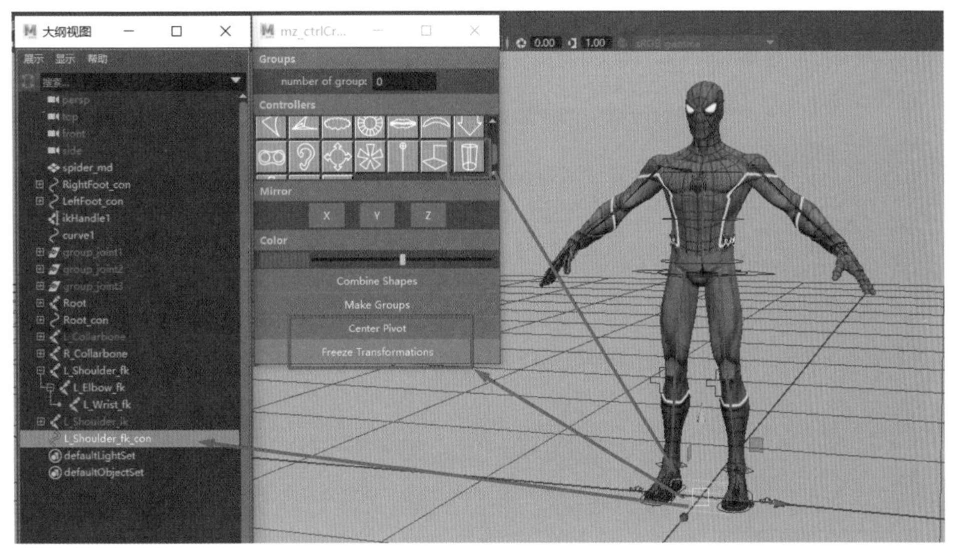

图 6-37

03 选择左肩部 fk 控制器创建分组，再将组命名为 L_Shoulder_fk_con_GRP，选择 L_Shoulder_fk（左肩部 fk 关节），加选 L_Shoulder_fk_con_GRP（左肩部 fk 控制器组），执行“约束”菜单下的“父子约束”，取消勾选“保持偏移”，单击“应用”按钮，如图 6-38 所示。最后在“大纲视图”中删除父子约束链接节点，调整左肩部控制器至合适位置。

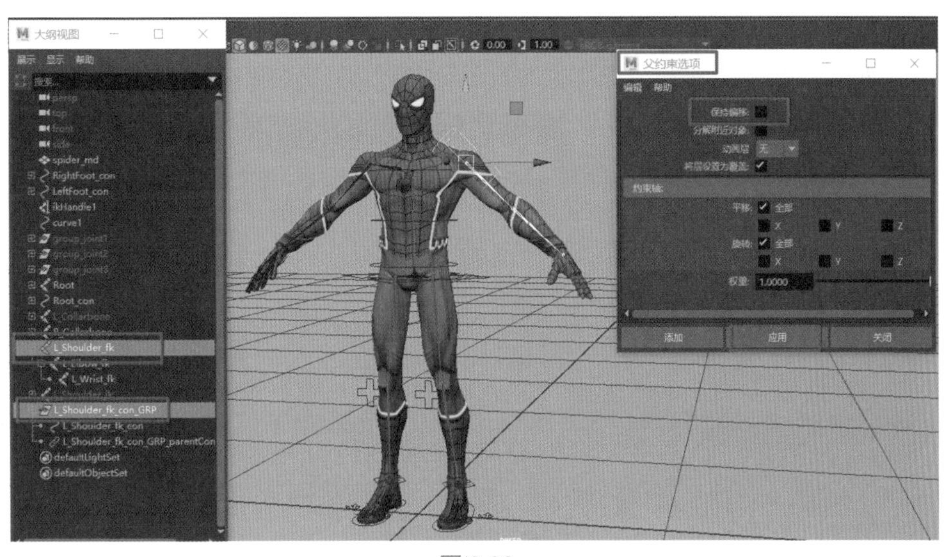

图 6-38

提示

在按下 W 键的同时单击鼠标左键切换到对象坐标。

04 选择 L_Shoulder_fk_con_GRP（左肩部 fk 控制器组），按下 Ctrl+D 键复制得到 L_Shoulder_fk_con_GRP1，然后分别修改名称，得到 L_Elbow_fk_con_GRP 和 L_Elbow_fk_con。选择 L_Elbow_fk（左肘部 fk 关节），加选 L_Elbow_fk_con_GRP（左肘部 fk 控制器组），

执行“约束”菜单下的“父子约束”，取消勾选“保持偏移”，单击“应用”按钮，如图6-39所示。最后在“大纲视图”中删除父子约束链接节点，调整左肘部控制器至合适位置。

图6-39

05 打开控制器创建插件创建左腕部fk控制器，单击圆形曲线将其缩放并旋转至合适大小后命名为L_Wrist_fk_con，执行“Center Pivot”（中心枢轴）和“Freeze Transformations”（冻结变换）命令。选择L_Wrist_fk（左腕部fk关节），加选L_Wrist_fk_con_GRP（左腕部fk控制器组），执行“约束”菜单下的“父子约束”，取消勾选“保持偏移”，单击“应用”按钮，如图6-40所示。最后在“大纲视图”中删除父子约束链接节点。

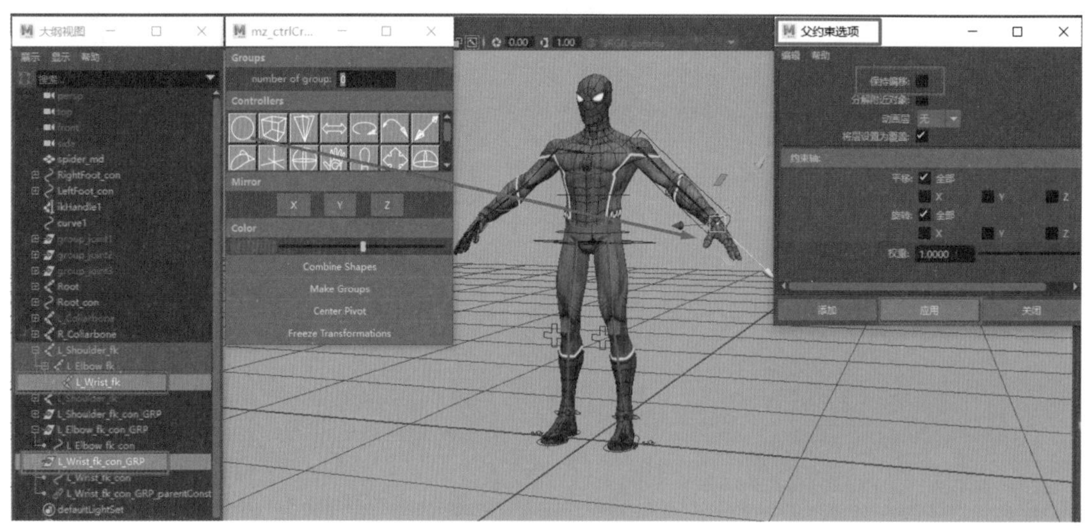

图6-40

提示

控制器创建完毕，先进行冻结变换清零，然后执行“按类型删除历史”命令。

“按类型删除历史”命令与“按类型删除全部历史”命令的区别为：“按类型删除历

史”命令，清除的是所选单个物体的历史操作；而“按类型删除全部历史”命令，清除的是场景中所有物体的历史操作。

在绑定环节中，通常执行“按类型删除历史”命令。一旦执行“按类型删除全部历史”命令，绑定系统中的变形器之类就会被删除掉，直接破坏已经绑定好的骨骼系统。切记，命令一定要执行准确。

06 选择左肩部 fk 控制器组、左肘部 fk 控制器组、左腕部 fk 控制器组，按组合键 Ctrl+G 创建分组，然后使用 Ctrl+D 快捷键复制命令，按 R 键将 X 缩放为 –1；选择 group1 和 group2，执行“修改”菜单下的“冻结变换”命令，再在“大纲视图”中将 group2 层级下的带 L 前缀的命名分别修改为 R，如图 6-41 所示。选择左肩部 fk 控制器组、左肘部 fk 控制器组、左腕部 fk 控制器组，使用 Shift+P 快捷键取消其父子层级关系。选择 2 个空组，按 Delete 键删除。

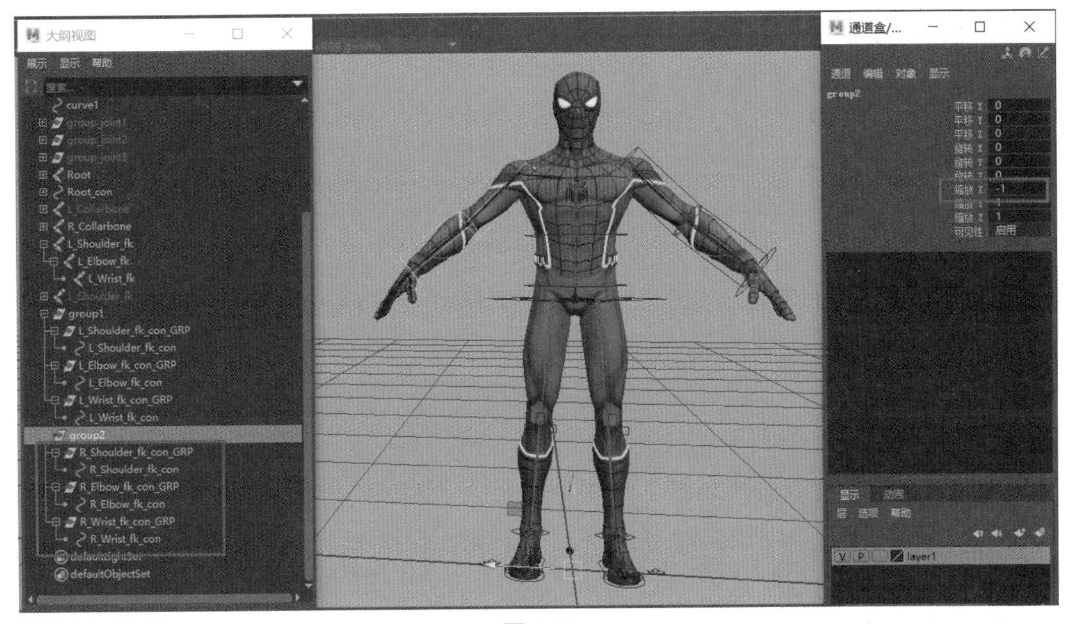

图 6-41

提示

通常，在 Maya 建模中为提高工作效率，左右对称的模型只需要制作出一半，然后通过复制镜像的方法即可快速得到另一半模型。同理，如果想创建左右一样的控制器，也可以利用此方法。先创建好一侧控制器，执行分组命令使轴心回归到世界坐标轴处，然后按 Ctrl+D 快捷键复制，再到通道盒 / 层编辑器下将缩放 X 轴修改为 –1，这样就得到了另外一侧控制器。注意，镜像后的控制器需要解组，然后执行“冻结变换”和“按类型删除历史”操作。

07 选择左肩部 fk 控制器，加选左肩部 fk 关节，执行“约束”菜单下的“方向”约束命令。选择左肘部 fk 控制器，加选左肘部 fk 关节，执行“约束”菜单下的“方向”约束命令。选择左腕部 fk 控制器，加选左腕部 fk 关节，执行“约束”菜单下的“方向”约束命令，如图 6-42 所示。

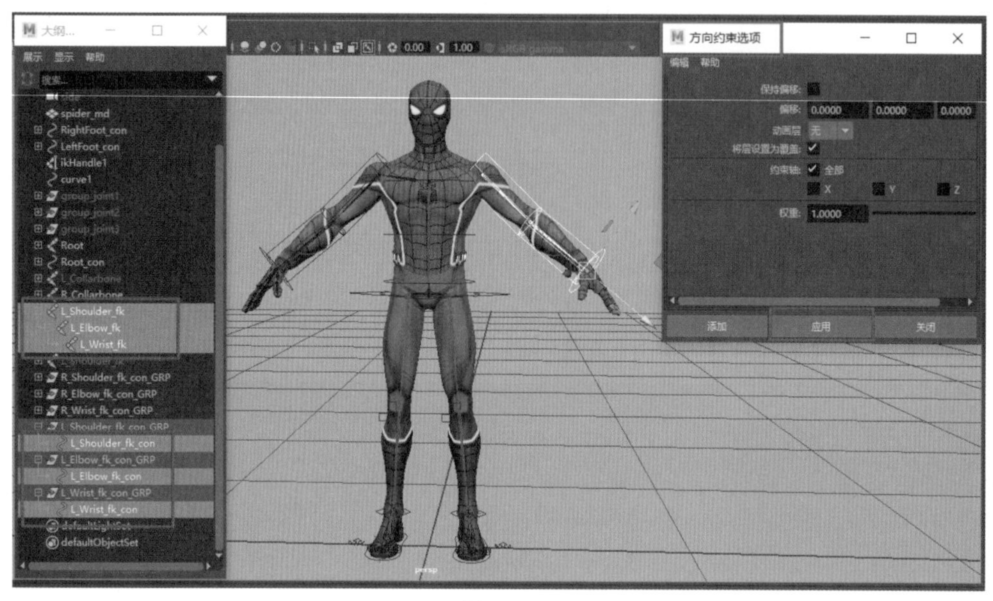

图 6-42

08 选择左手腕 fk 控制器组，按下 P 键，与左手肘 fk 控制器建立父子关系；选择左手肘 fk 控制器组，按下 P 键，与左肩部 fk 控制器建立父子关系，建立的层级如图 6-43 所示。

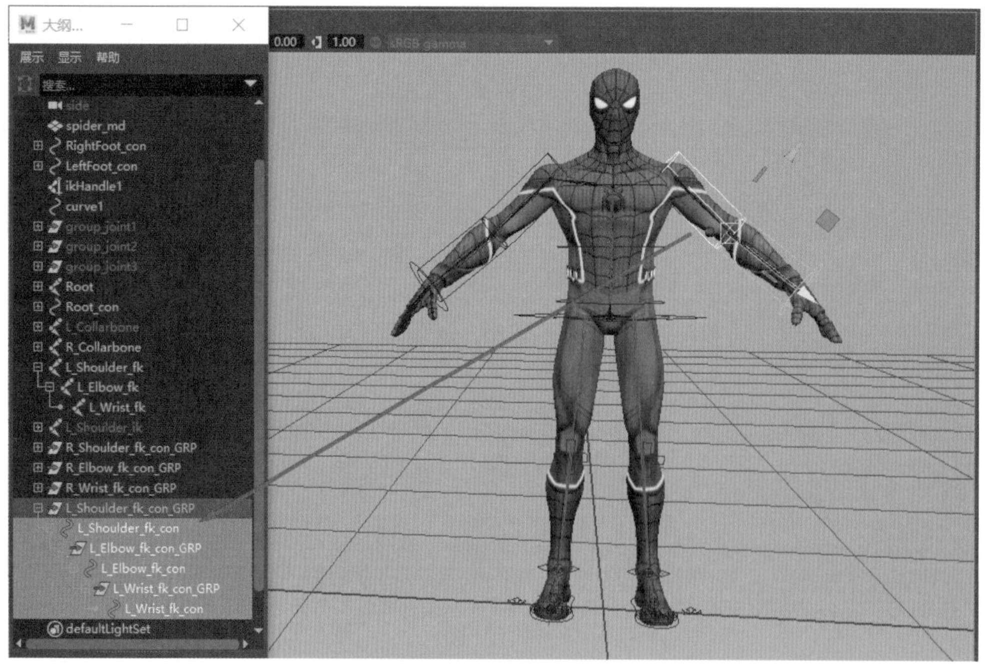

图 6-43

6.5　蜘蛛侠左侧手臂 IK 骨骼系统的绑定

01 在“大纲视图”中选择 L_Shoulder_fk 关节链和 L_Shoulder_fk_con_GRP 控制器，按下 Ctrl+H 进行隐藏；选择 L_Shoulder_ik 关节链，按下 Shift+H 进行显示，如图 6-44 所示。

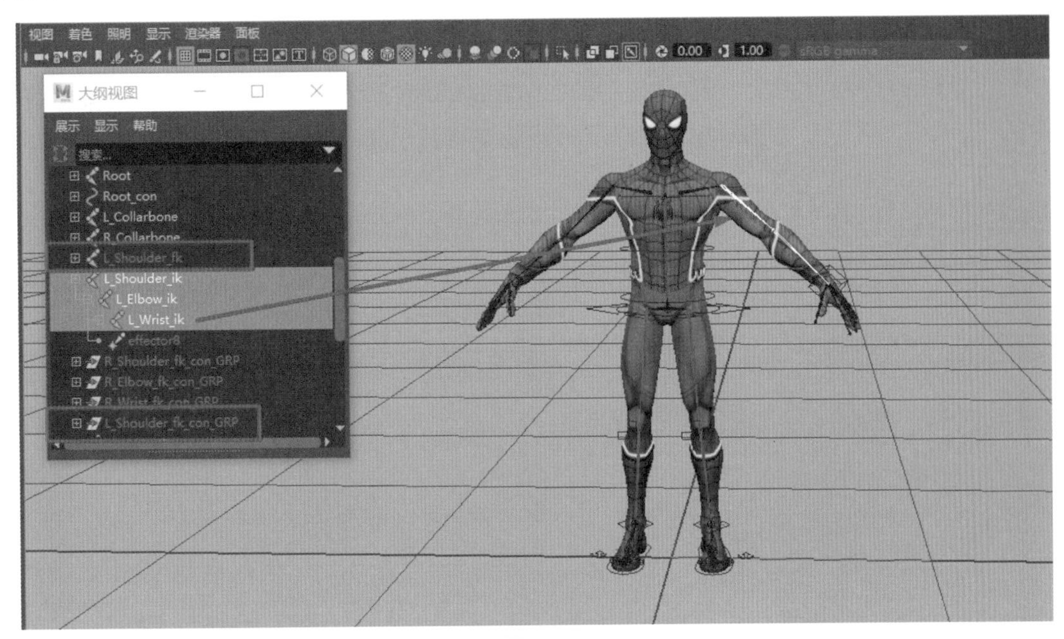

图 6-44

02 切换到绑定模块，执行“骨架”菜单下的“创建 IK 控制柄”命令，在默认设置下单击 L_Shoulder_ik（左肩部 ik 关节），再单击 L_Wrist_ik（左手腕 ik 关节），并在大纲视图中将其命名为 L_Hand_ikHandle2，如图 6-45 所示。

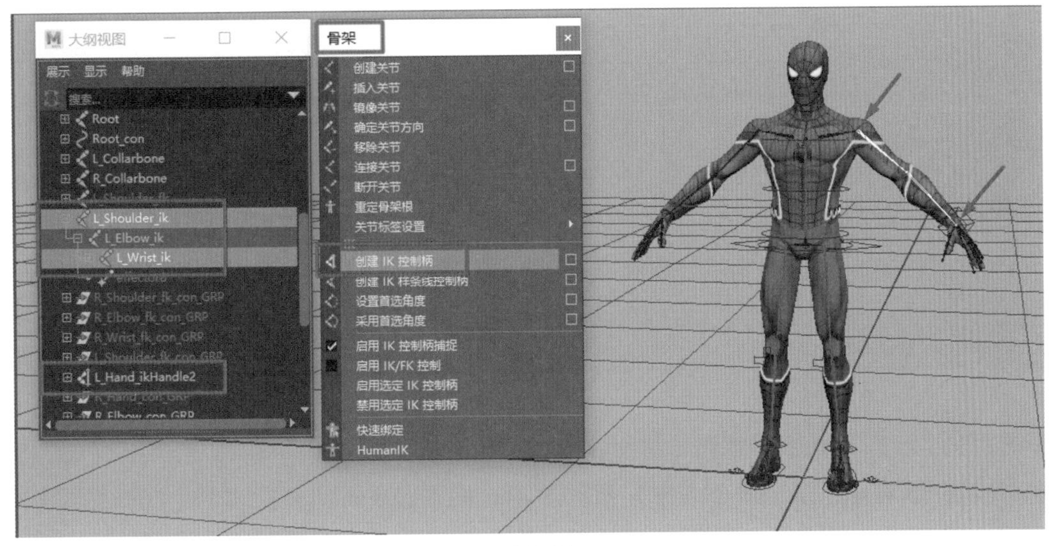

图 6-45

03 打开控制器创建插件创建左手部 ik 控制器，单击方形曲线，将其缩放并旋转至合适大小后命名为 L_Hand_con。执行“Center Pivot”（中心枢轴）和“Freeze Transformations”（冻结变换）命令。选择 L_Hand_con 执行分组命令，并修改组名称为 L_Hand_con_GRP。选择 L_Wrist_ik（左腕部 ik 关节），加选 L_Hand_con_GRP（左手部 ik 控制器组），执行“约束”菜单下的“父子约束”，取消勾选“保持偏移”，单击“应用”按钮，如图 6-46 所示。

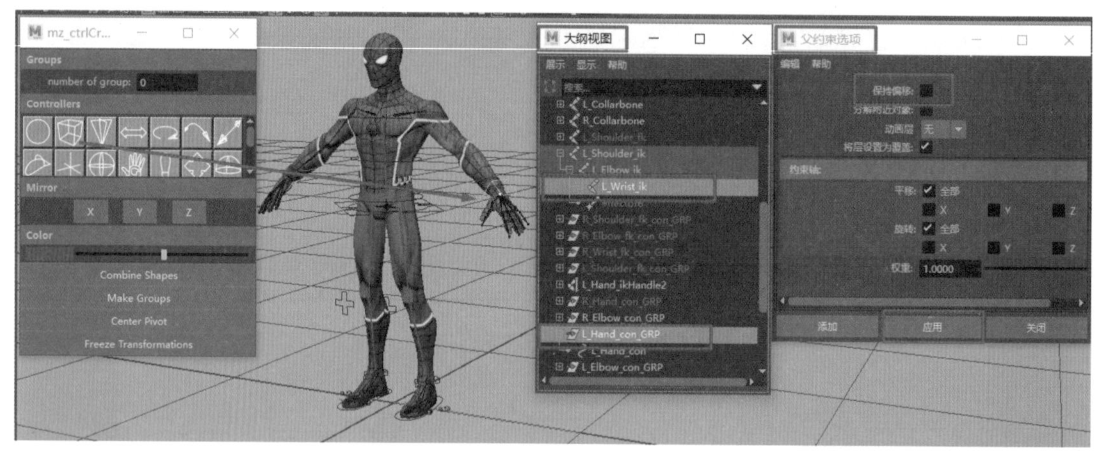

图 6-46

04 创建左手肘控制器，单击锥形曲线，将其缩放并旋转至合适大小后命名为 L_Elbow_con。执行“Center Pivot”（中心枢轴）和“Freeze Transformations”（冻结变换）命令。选择 L_Elbow_con 执行分组命令，并修改组名称为 L_Elbow_con_GRP。选择 L_Elbow_ik（左肘部 ik 关节），加选 L_Elbow_con_GRP（左肘部 ik 控制器组），执行“约束”菜单下的“父子约束”，取消勾选“保持偏移”，单击“应用”按钮，如图 6-47 所示。

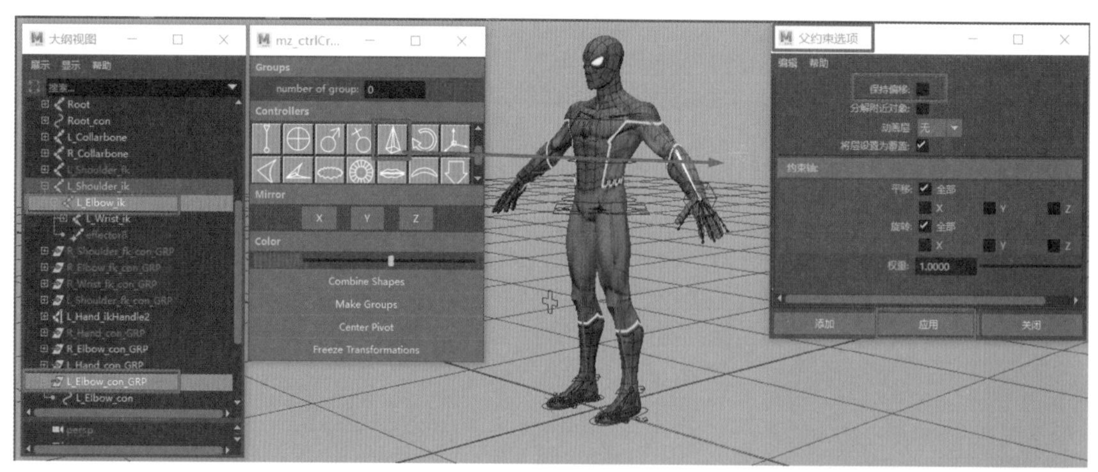

图 6-47

05 选择左手腕部 ik 控制器组和左肘部 ik 控制器组，按组合键 Ctrl+G 创建分组，然后使用 Ctrl+D 快捷键复制命令，按 R 键将 X 缩放为 –1，得到右手腕部 ik 控制器组和右肘部 ik 控制器组。选择 group1 和 group2，执行“修改”菜单下的“冻结变换”命令，再在“大纲视图”中将 group2 层级下的带 L 前缀的命名分别修改为 R，如图 6-48 所示。选择左手腕部 ik 控制器组和左肘部 ik 控制器组，使用 Shift+P 快捷键取消其父子层级关系。选择 2 个空组，按 Delete 键删除。

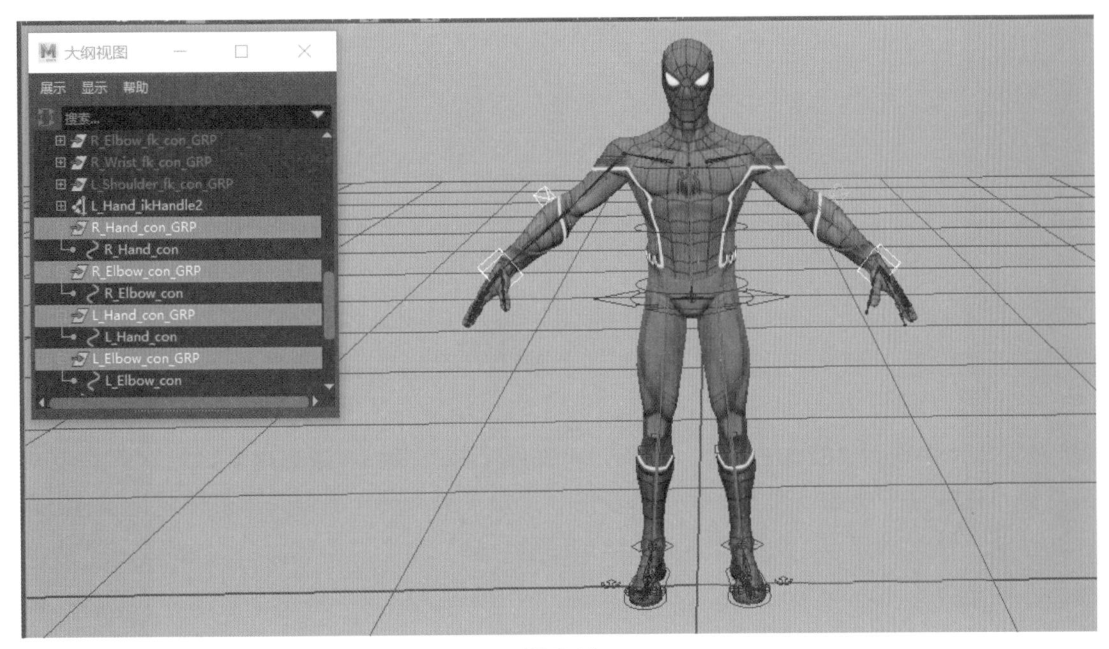

图 6-48

06 选择 L_Hand_con，加选 L_Hand_ikHandle2，执行“约束”菜单下的“点约束”命令，单击“应用”按钮，如图 6-49 所示。

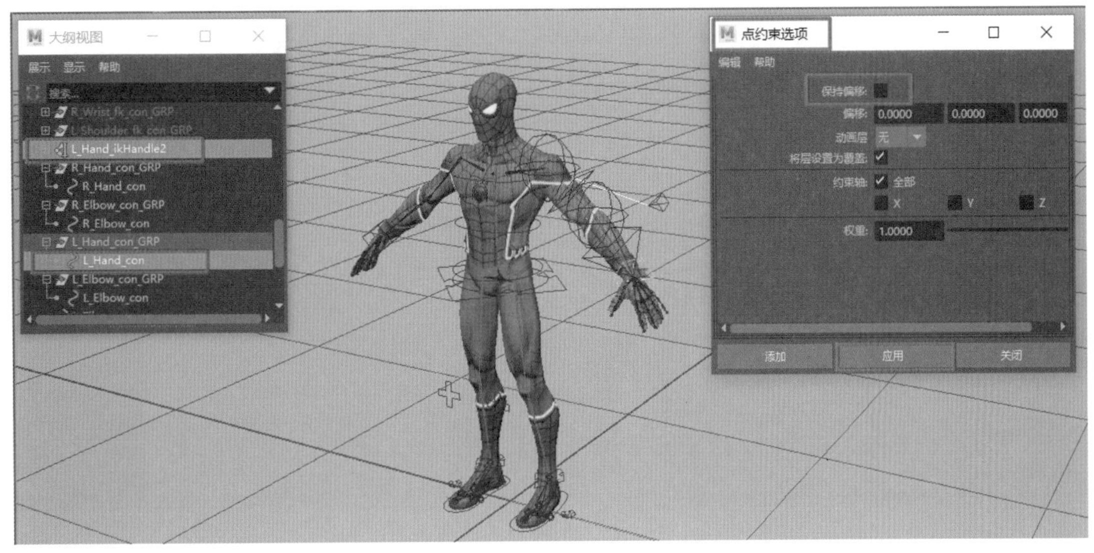

图 6-49

07 选择 L_Elbow_con，加选 L_Hand_ikHandle2，执行“约束”菜单下的“极向量”约束命令，单击“应用”按钮，如图 6-50 所示。

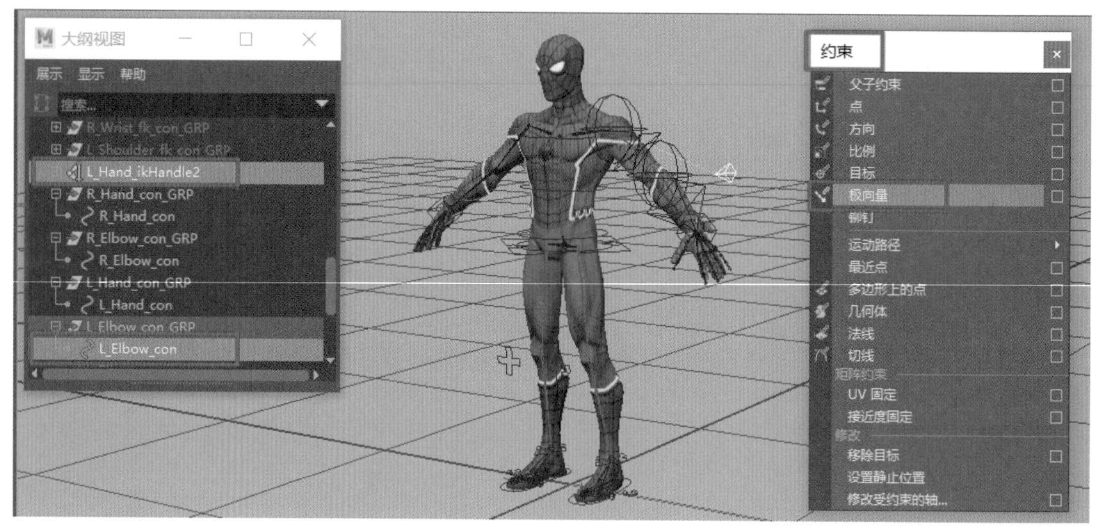

图 6-50

08 在工具架中找到“曲线 / 曲面”，单击 EP 曲线工具，曲线次数选择“1 线性”，绘制一条曲线。在曲线一端选择顶点，执行“变形”菜单下的“簇”命令并将其命名为 star；再在曲线另一端选择顶点，执行“变形”菜单下的“簇”命令并将其命名为 end。在“大纲视图”中选择 L_Elbow_ik 关节，加选 star 簇点，执行“约束”菜单下的“父子约束”命令，取消勾选“保持偏移”，单击“应用”按钮。选择 L_Elbow_con 控制器，加选 end 簇点，执行“约束”菜单下的“父子约束”命令，取消勾选“保持偏移”，单击“应用”按钮，如图 6-51 所示。详细操作请参看微课视频教程。

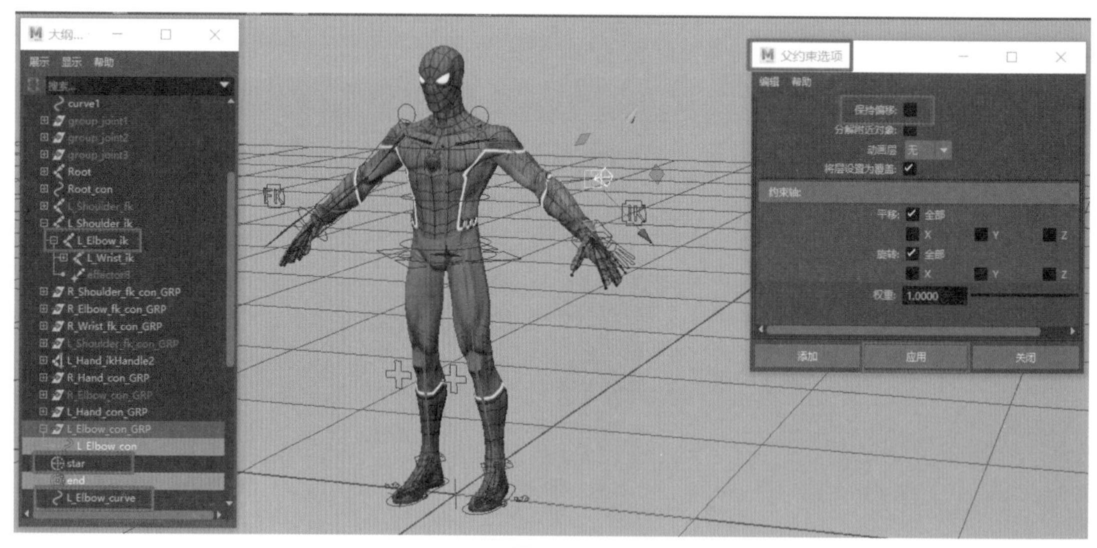

图 6-51

09 选择 L_Hand_con，加选 L_Wrist_ik 关节，执行“约束”菜单下的“方向”约束命令，勾选“保持偏移”，单击“应用”按钮，如图 6-52 所示。在“大纲视图”中选择创建的曲线，将其命名为 L_Elbow_curve。

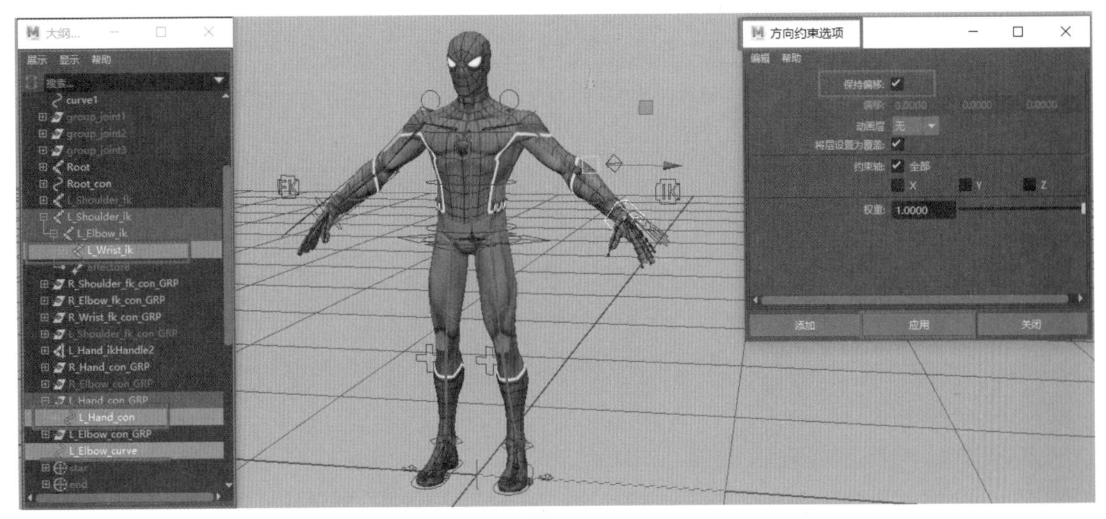

图 6-52

6.6　蜘蛛侠左侧手臂 IKFK 无缝切换设置

01 打开控制器创建插件，创建 IKFK 切换器。执行“创建”菜单下的“类型”命令，在 Type1 属性栏中输入大写字母 IKFK，场景中会出现 IKFK 的三维文字模型。将三维文字模型转化为曲线，单击“根据类型创建曲线”按钮创建 IKFK 曲线，并在“大纲视图”中将切换器命名为 L_IKFK_Switch，如图 6-53 所示。切到前视图，移动到左手位置处，执行“冻结变换”和“按类型删除历史”操作。详细操作请参看微课视频教程。

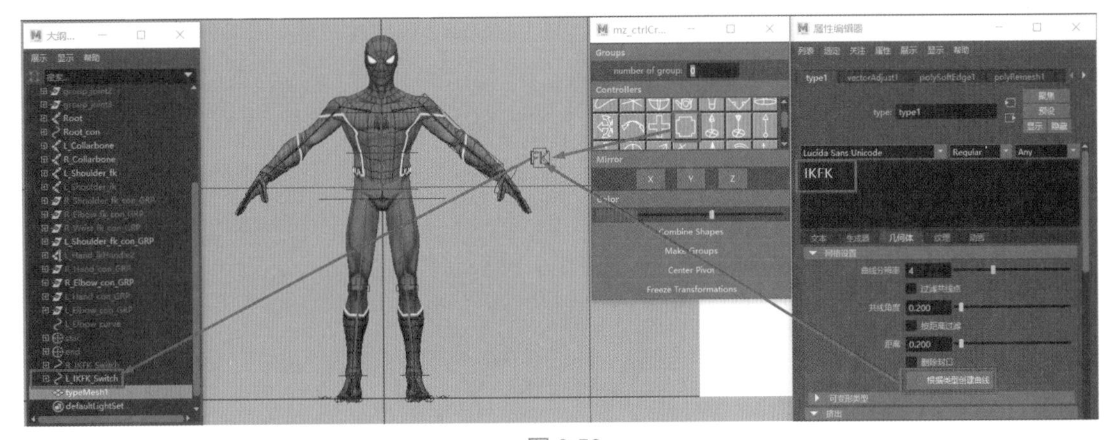

图 6-53

02 选择左侧 IKFK 切换器，按组合键 Ctrl+G 创建分组，然后使用 Ctrl+D 快捷键复制命令，按 R 键将 X 缩放为 –1，得到右侧 IKFK 切换器组。选择 group1 和 group2，执行“修改”菜单下的“冻结变换”命令，再在“大纲视图”中将 group2 层级下的 L 前缀分别修改为 R，如图 6-54 所示。选择左侧 IKFK 切换器和右侧 IKFK 切换器，使用 Shift+P 快捷键取消其父子层级关系。选择 2 个空组，按 Delete 键删除。

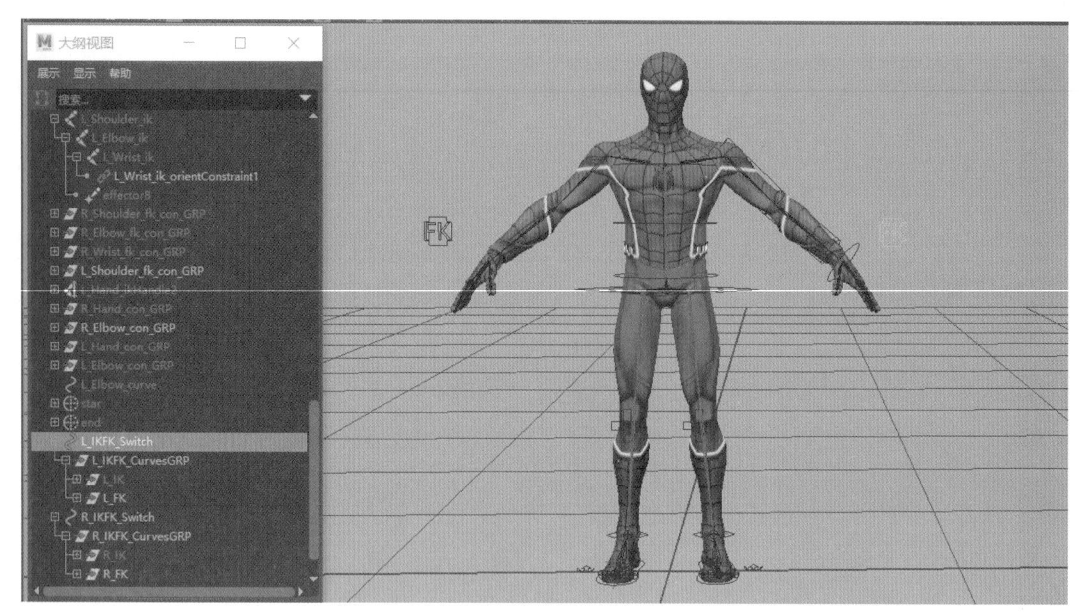

图 6-54

03 选择 L_IKFK_Switch（左侧 IKFK 切换器），在通道盒 / 层编辑器中右击添加属性，在“长名称”栏中输入 IKFK，“最小”栏中输入 0，“最大”栏中输入 1，单击“添加”按钮，如图 6-55 所示。

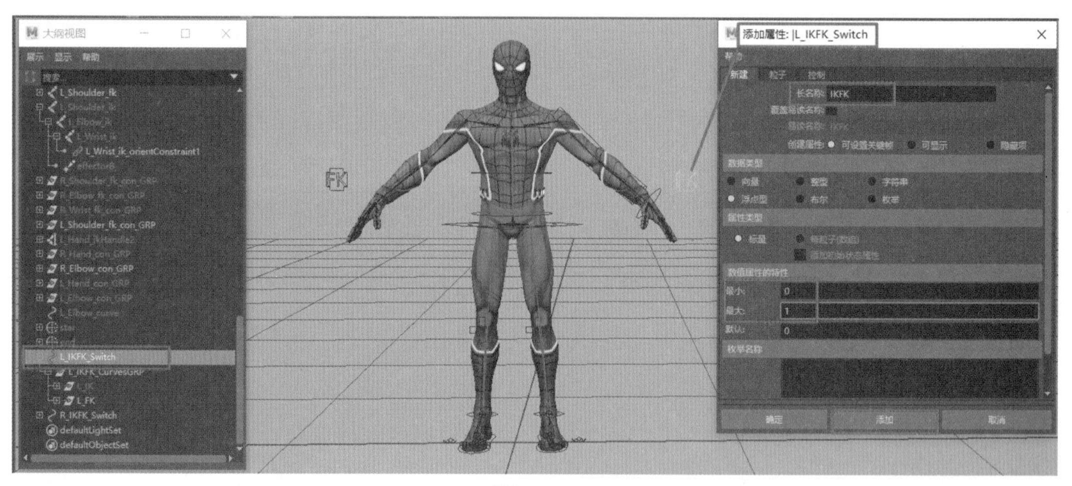

图 6-55

04 在“大纲视图”中将 fk 骨骼、fk 骨骼控制器和 sk 骨骼也显示出来。选择 L_IKFK_Switch（左侧 IKFK 切换器），按住 Ctrl 键加选 L_Shoulder_sk_parentConstraint1、L_Elbow_sk_parentConstraint1、L_Wrist_sk_parentConstraint1 的左侧手臂蒙皮骨骼的父子约束节点。执行“窗口”菜单下的“节点编辑器”命令，先单击“清除图标”按钮，再单击“将选定的节点添加到图表”按钮，如图 6-56 所示。

05 在“节点编辑器”中选择所有节点，按下数字键 3，将节点属性全部显示出来。选择 L_IKFK_Switch 切换器的 IKFK 属性栏，调整为 1。在“节点编辑器”中，选择 L_

IKFK_Switch 切换器的 IKFK，链接 L_Shoulder_sk_parentConstraint1 的 L_Shoulder_IK_W1 属性；选择 L_IKFK_Switch 切换器的 IKFK，链接 L_Elbow_sk_parentConstraint1 的 L_Elbow_IK_W1 属性；选择 L_IKFK_Switch 切换器的 IKFK，链接至 L_Wrist_sk_parentConstraint1 的 L_Wrist_IK_W1 属性，如图 6-57 所示。IK 控制系统创建完成。

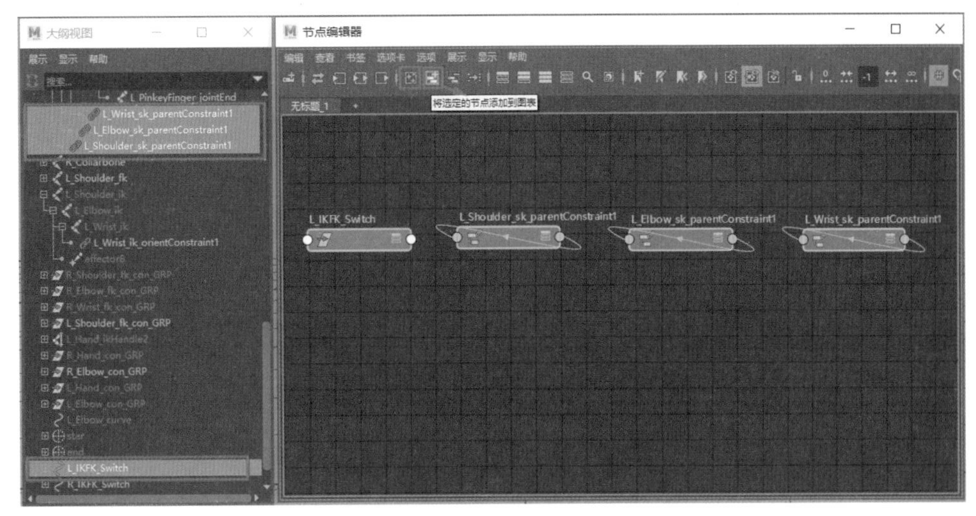

图 6-56

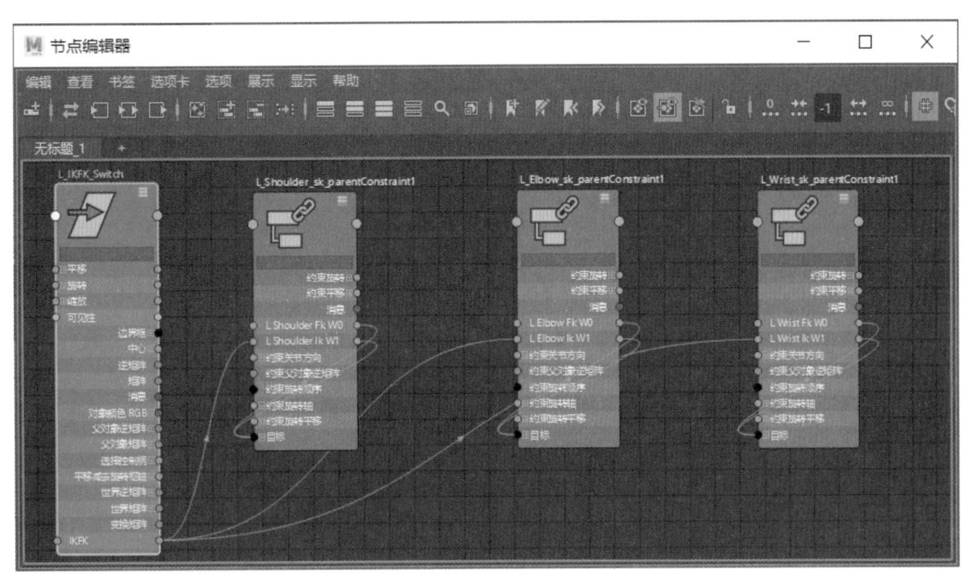

图 6-57

06 接下来创建 FK 控制系统。在“节点编辑器”里，按下 Tab 键，输入 reverse，创建一个反向节点。选择 reverse 节点，按下数字键 3；选择 L_IKFK_Switch 切换器的 IKFK，链接 reverse 节点的输入 X 属性；选择 reverse 节点的输出 X 属性，分别链接至 L_Shoulder_sk_parentConstraint1 的 L_Shoulder_FK_W0 属性、L_Elbow_sk_parentConstraint1 的 L_Elbow_FK_W0 属性、L_Wrist_sk_parentConstraint1 的 L_Wrist_FK_W0 属性，如图 6-58 所示。IK 控制系统创建完成。

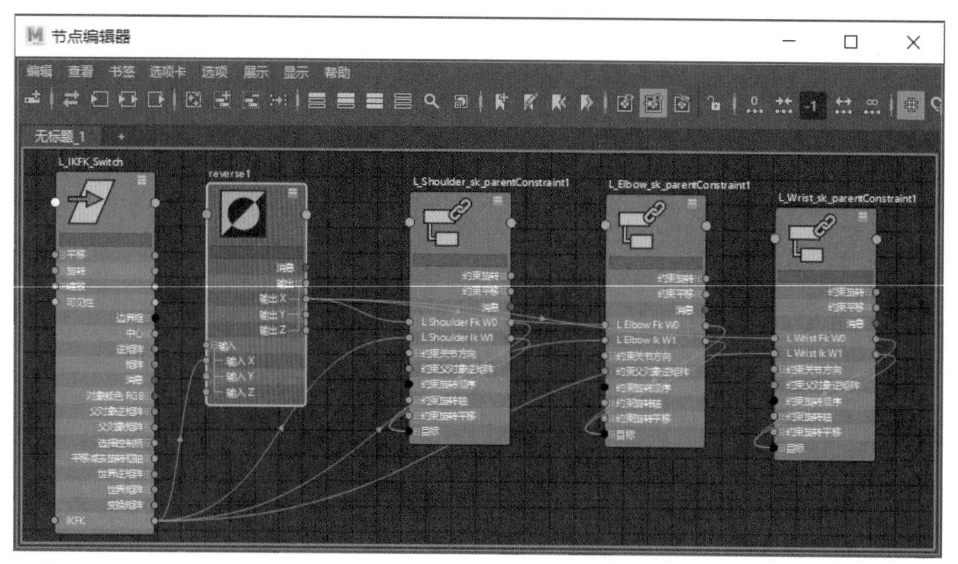

图 6-58

07 在“大纲视图”中，选择 L_Hand_con_GRP 控制器，加选 L_Elbow_con_GRP 控制器。在“节点编辑器”中，单击“将选定的节点添加到图表”按钮，加载到“节点编辑器”中。选择 L_IKFK_Switch 切换器的 IKFK 属性，链接至 L_Hand_con_GRP 控制器的可见性属性；选择 L_IKFK_Switch 切换器的 IKFK 属性，链接至 L_Elbow_con_GRP 控制器的可见性属性，如图 6-59 所示。

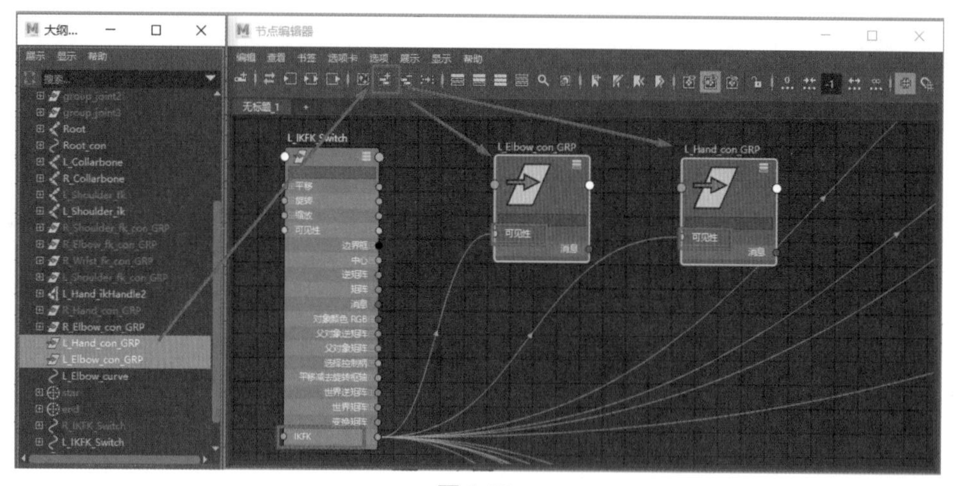

图 6-59

08 在“大纲视图”中选择 L_Shoulder_fk_con_GRP，然后在“节点编辑器”中单击“将选定的节点添加到图表”按钮，将其加载入“节点编辑器”中。按下数字键 2，选择 reverse 节点的输出 X 属性，链接至 L_Shoulder_fk_con_GRP 的可见性属性，如图 6-60 所示。同理，将 L_Elbow_curve 加载入“节点编辑器”中，选择 L_IKFK_Switch 切换器的 IKFK 属性，链接至 L_Elbow_curve 的可见性属性。

09 在“大纲视图”中，选择 L_IK 组和 L_FK 组，在“节点编辑器”中，单击“将选定的节点添加到图表”按钮，加载入“节点编辑器”中，按下数字键 3，选择 L_IKFK_Switch 切换器的 IKFK，链接至 L_IK 组的可见性属性；选择 reverse 节点的输出 X 属性，链接至 L_FK 组的可见性属性，如图 6-61 所示。

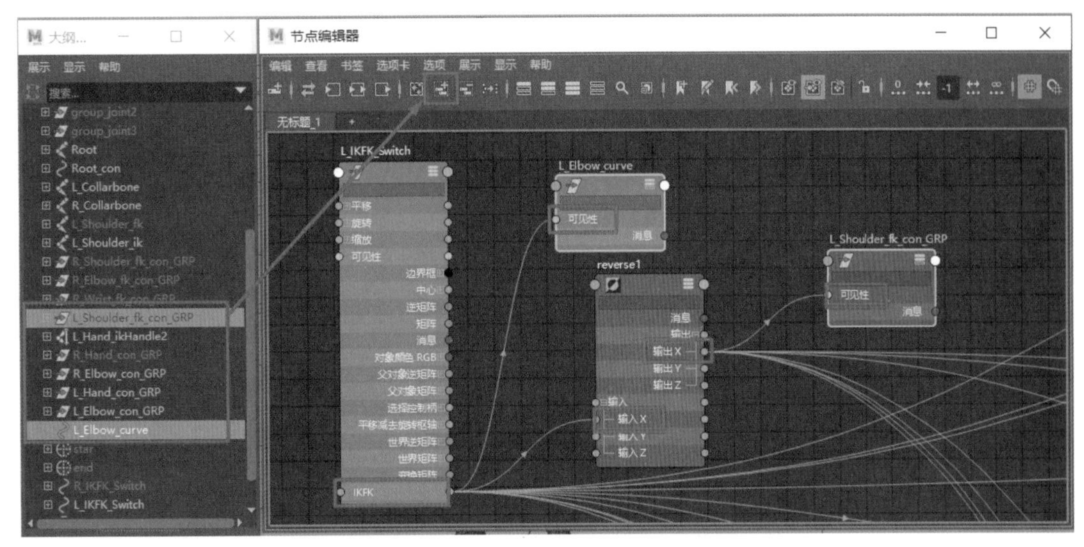

图 6-60

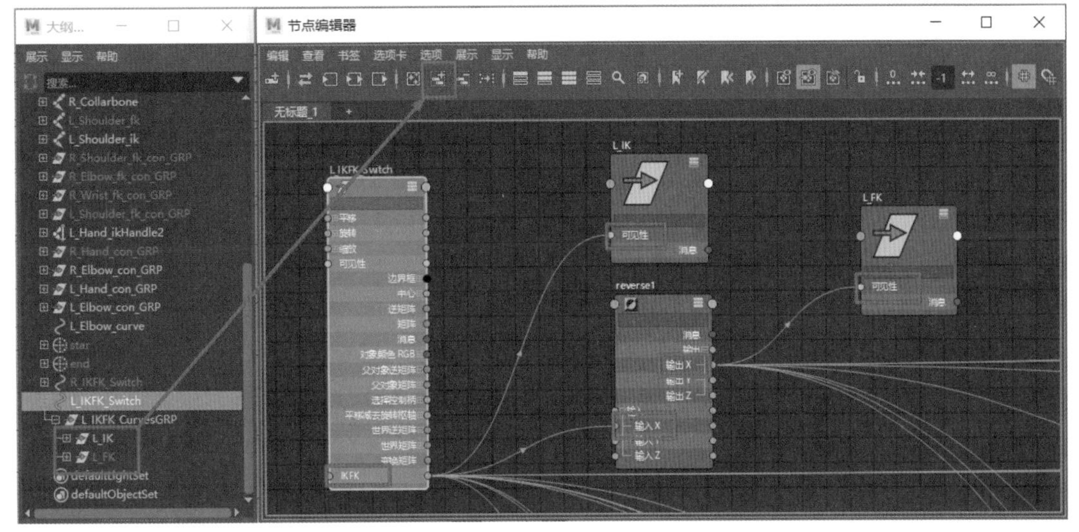

图 6-61

10 在“大纲视图”中，选择 L_IKFK_Switch（左侧 IKFK 切换器），调整 L_IKFK_Switch（左侧 IKFK 切换器）的 IKFK 属性。当数值调整为 1 时，显示 IK 控制器系统；当数值调整为 0 时，显示 FK 控制器系统，如图 6-62 所示。

11 在“大纲视图”中，选择 L_Shoulder_ik 关节、L_Elbow_ik 关节、L_Wrist_ik 关节，在“节点编辑器”中，单击“将选定的节点添加到图表”按钮，将各关节加载到“节点编辑器”中。按下数字键 3，选择 L_IKFK_Switch 切换器的 IKFK，分别链接至 L_Shoulder_ik 关节、L_Elbow_ik 关节、L_Wrist_ik 关节的可见性属性，如图 6-63 所示。

⑫ 在“大纲视图”中，选择 L_Shoulder_fk 关节、L_Elbow_fk 关节、L_Wrist_fk 关节。在“节点编辑器”中，单击“将选定的节点添加到图表”按钮，将各关节加载到“节点编辑器”中。按下数字键 3，选择 reverse 节点的输出 X 属性链接，分别链接至 L_Shoulder_fk 关节、L_Elbow_fk 关节、L_Wrist_fk 关节的可见性属性，如图 6-64 所示。

⑬ 在“大纲视图”中，选择 L_Hand_ikHandle2（左侧手 ik 手柄），在“节点编辑器”中，单击“将选定的节点添加到图表”按钮，将手柄加载到“节点编辑器”中。按下数字键 3，选择 L_IKFK_Switch 切换器的 IKFK，链接至 L_Hand_ikHandle2 的可见性属性，如图 6-65 所示。

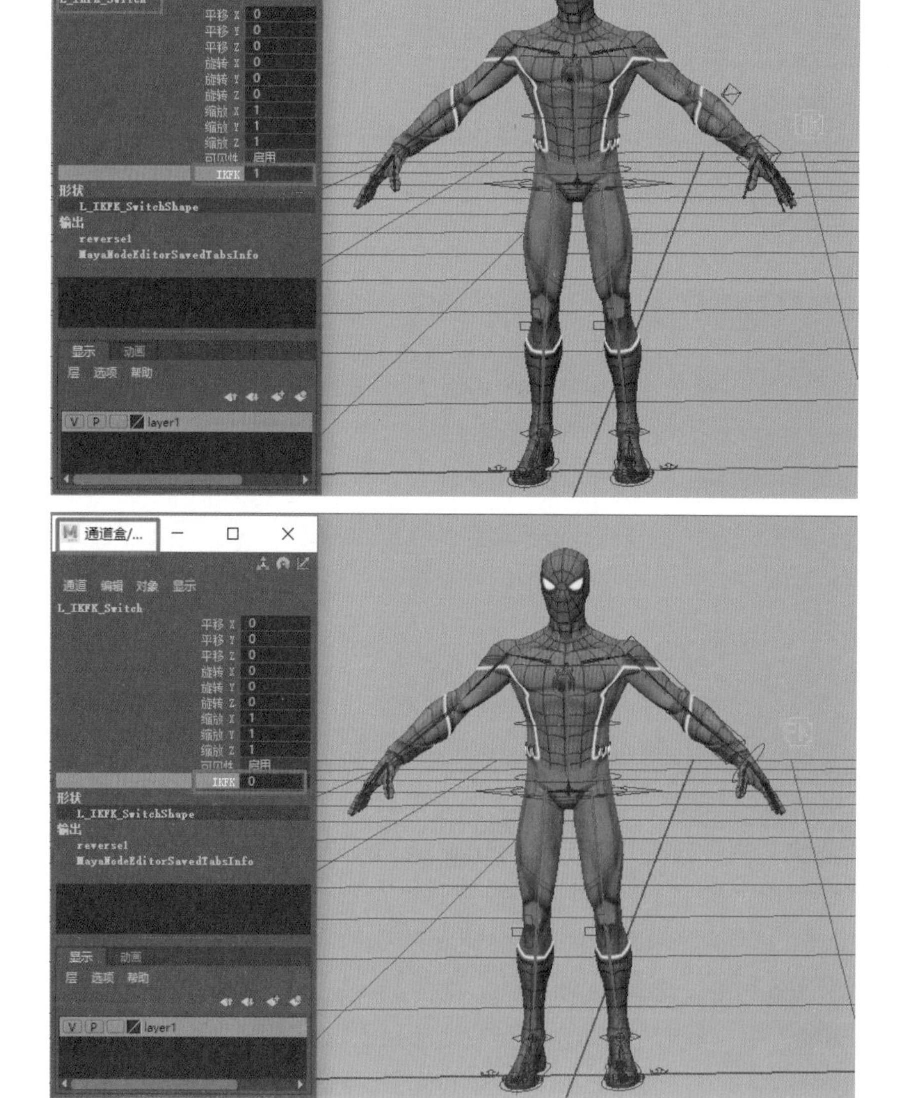

图 6-62

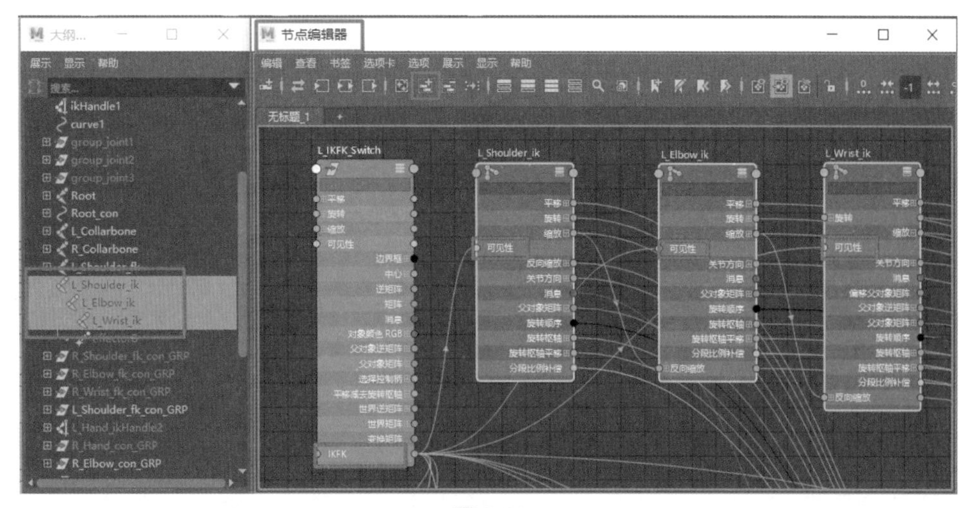

图 6-63

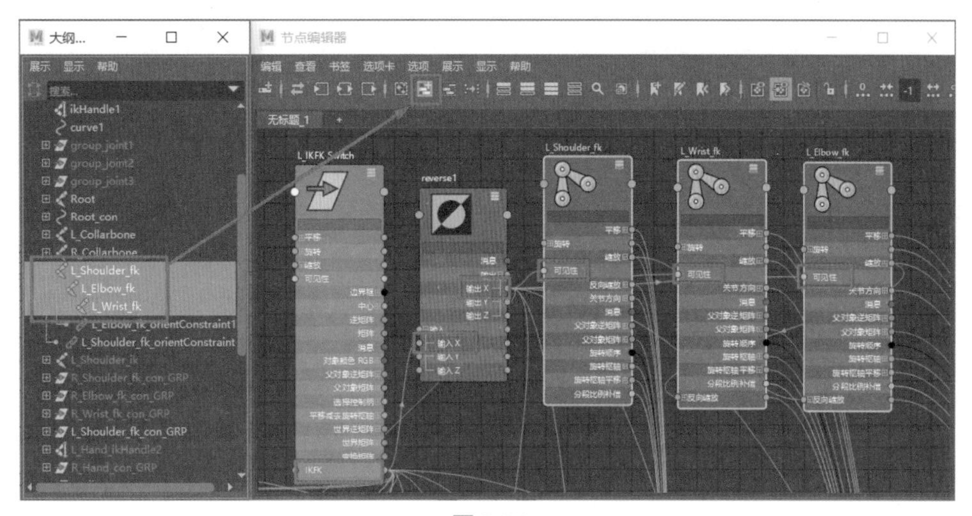

图 6-64

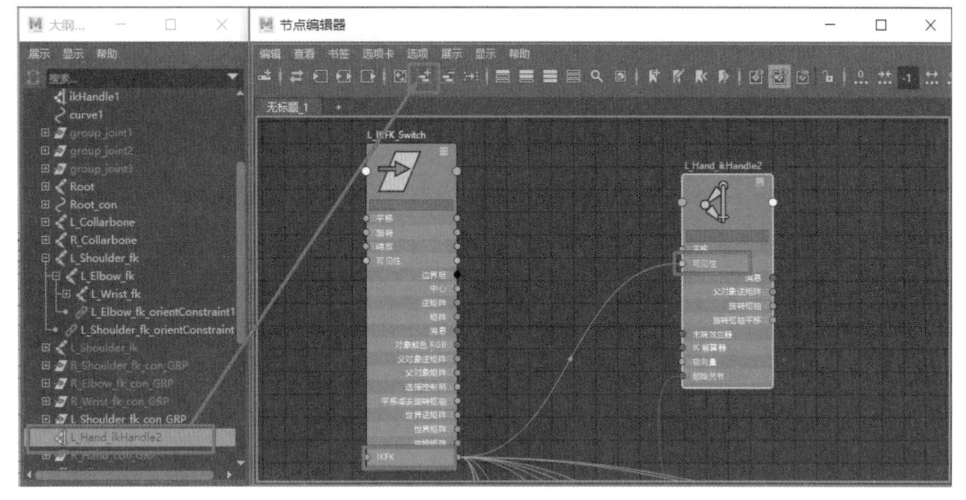

图 6-65

6.7 蜘蛛侠左侧手掌骨骼的绑定

01 创建左侧手掌控制器。单击手掌形状曲线，将其缩放并旋转至合适大小后命名为 L_Finger_con。执行“Freeze Transformations”（冻结变换）命令，再按组合键 Ctrl+G 创建分组，命名为 L_Finger_con_GRP。在“大纲视图”中选择 L_Wrist_sk 关节，按 Ctrl 键加选 L_Finger_con_GRP 组层级，执行“约束”菜单下的“父子约束”命令，取消勾选“保持偏移”，单击“应用”按钮，如图 6-66 所示。最后在“大纲视图”中删除其父子约束链接节点。

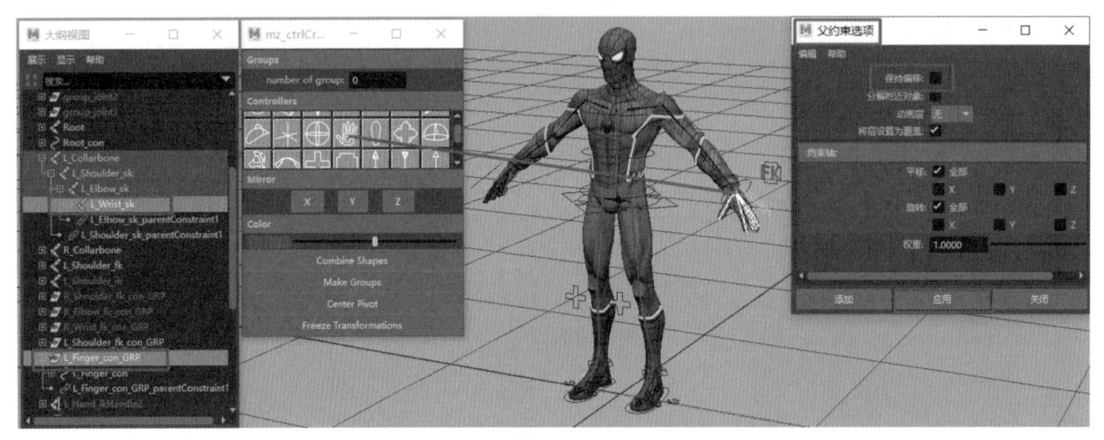

图 6-66

02 在“大纲视图”中选择 L_Finger_con_GRP 组，按组合键 Ctrl+G 创建分组，然后按下 Ctrl+D 复制命令，按 R 键将 X 缩放为 –1，得到 R_Finger_con_GRP 组。选择 group1 和 group2，执行“修改”菜单下的“冻结变换”命令，再在“大纲视图”中将 group2 层级下的带 L 前缀的命名分别修改为 R，如图 6-67 所示。选择 L_Finger_con_GRP 组和 R_Finger_con_GRP 组，按下 Shift+P 键取消其父子关系。选择 2 个空组，按 Delete 键删除。

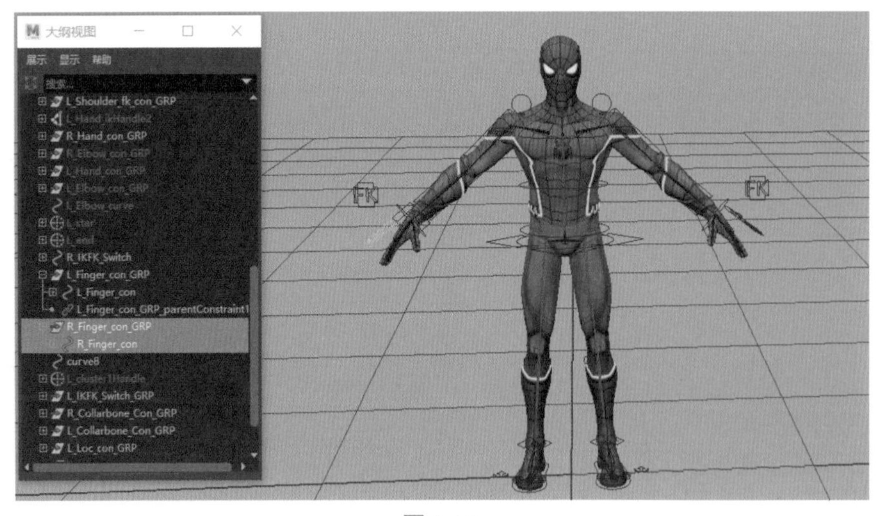

图 6-67

03 接下来为左侧手掌添加属性控制。在“大纲视图”中选择 L_Finger_con（左侧手掌控制器），将所有属性选中，单击鼠标右键锁定并隐藏选定项。然后在“通道盒 / 层编辑器”的“编辑”菜单中，单击鼠标左键“添加属性”，添加大拇指控制。在“长名称：”栏中输入 L_Thumb_Con，“创建属性：”选择“可显示”，单击“添加”按钮，如图 6-68 所示。

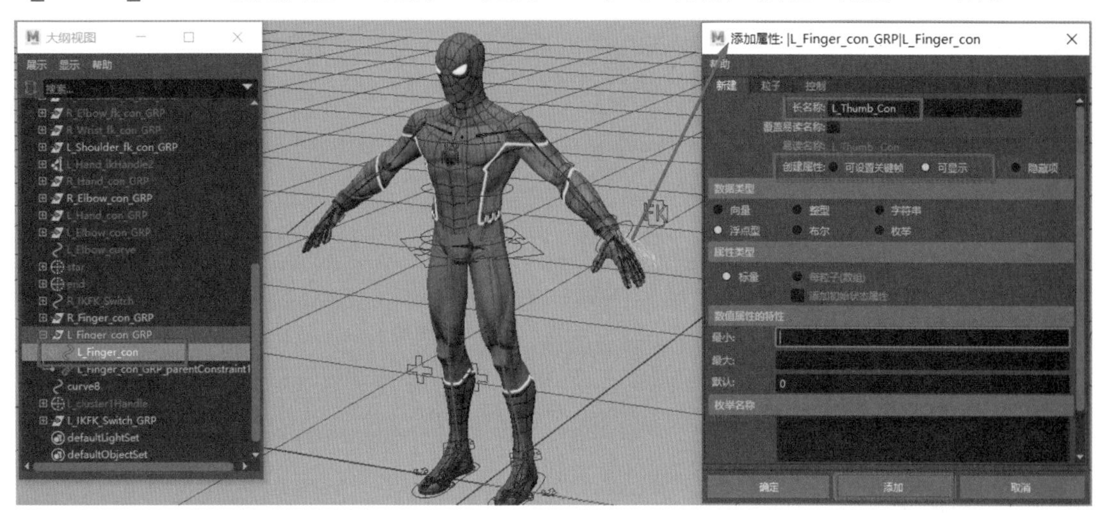

图 6-68

04 在“大纲视图”中选择 L_Finger_con（左侧手掌控制器），在“通道盒 / 层编辑器”的“编辑”菜单中，单击鼠标左键“添加属性”，添加大拇指 Y 旋转控制。在“长名称：”栏中输入 L_Thumb_Y，“ 创建属性：”选择“可设置关键帧”，单击“添加”按钮，如图 6-69 所示。

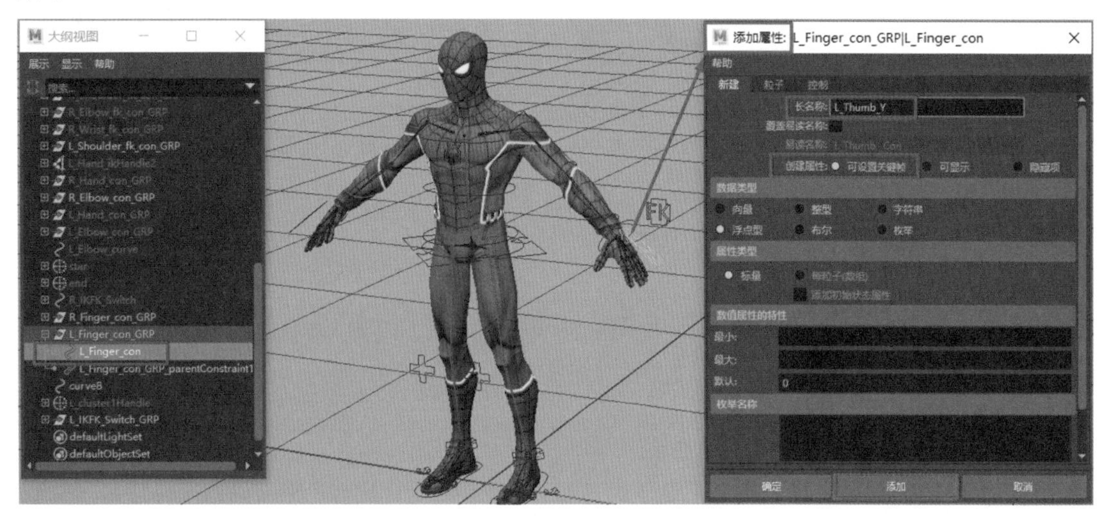

图 6-69

05 在“大纲视图”中选择 L_Finger_con（左侧手掌控制器），在“通道盒 / 层编辑器”的“编辑”菜单中，单击鼠标左键“添加属性”，分别添加大拇指三段关节的旋转控制，输入的长名称分别为 L_Thumb_A、L_Thumb_B、L_Thumb_C；“创建属性：”选择“可设置关键帧”，单击“添加”按钮，如图 6-70 所示。

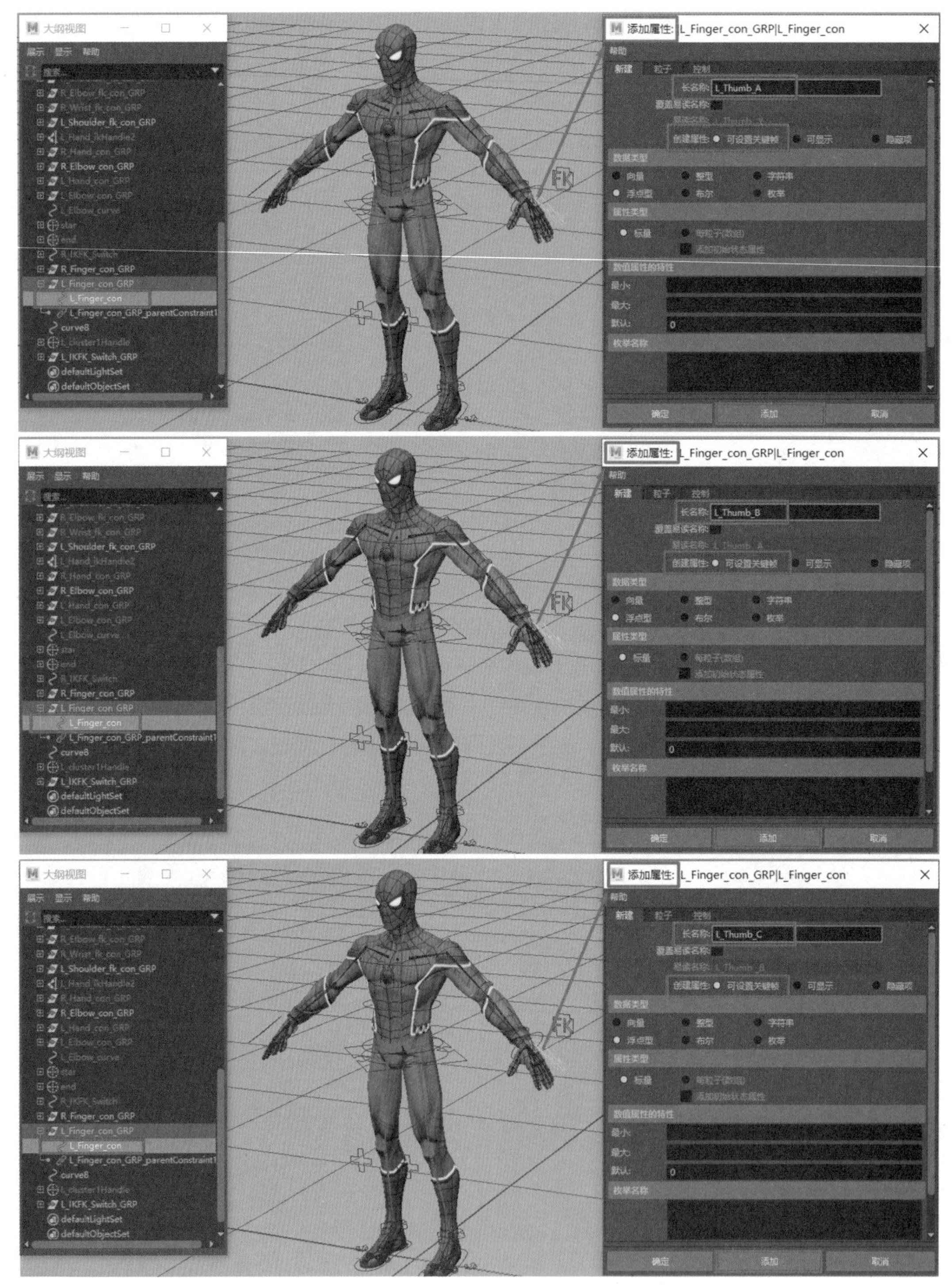

图 6-70

06 在“大纲视图”中选择L_Finger_con（左侧手掌控制器），在“通道盒/层编辑器”的“编辑”菜单中，单击鼠标左键“添加属性”，分别添加食指、中指、无名指、小指的控制，添加属性原理同大拇指，如图6-71所示，这里不再赘述。详细操作请参看微课视频教程。

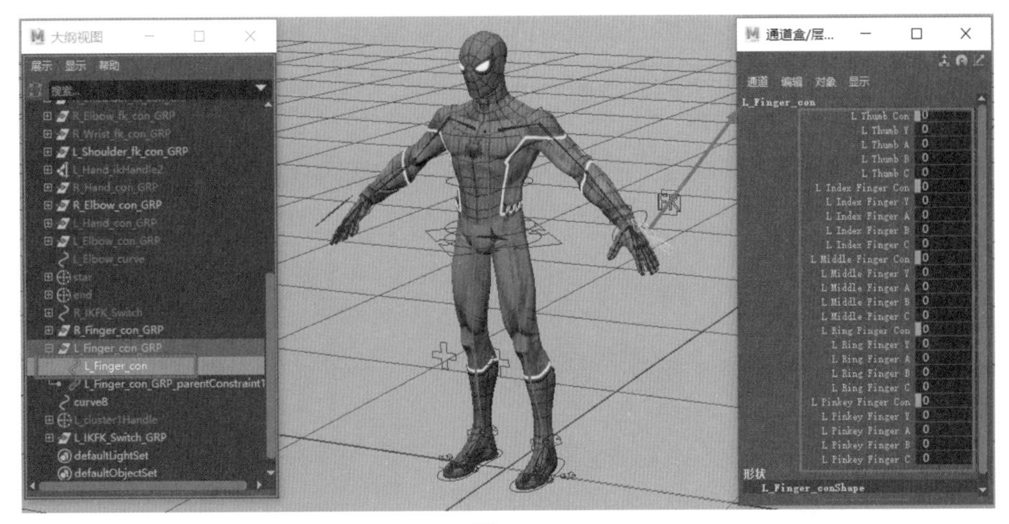

图 6-71

07 在“大纲视图”中选择 L_Finger_con（左侧手掌控制器），执行“窗口”菜单下“常规编辑器”下拉菜单中的“连接编辑器”命令，将 L_Finger_con（左侧手掌控制器）加载到左侧，将大拇指关节加载到右侧，如图 6-72 所示。通过连接编辑器快速实现左侧手掌控制器与左侧手掌关节的连接，这里不再赘述，详细操作请参看微课视频教程。

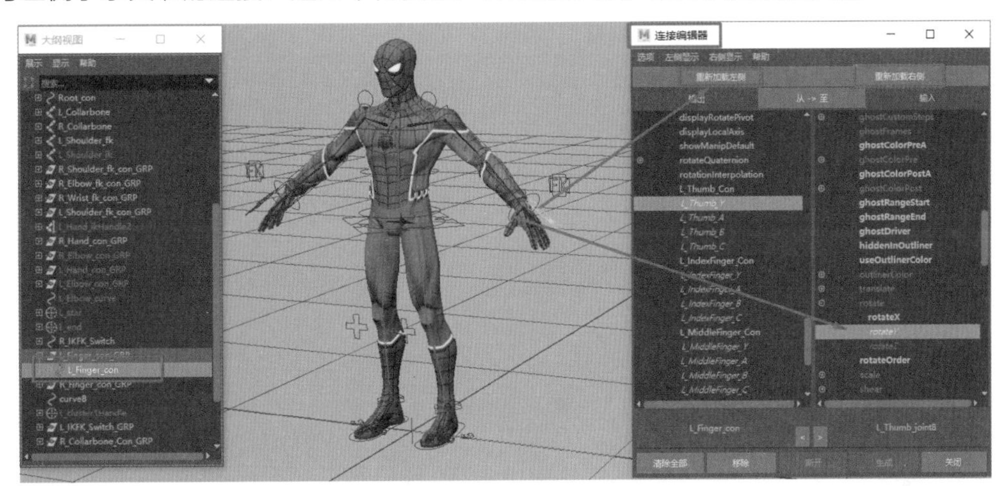

图 6-72

08 在“大纲视图”中选择 L_Wrist_sk 关节，按住 Ctrl 键加选 L_Finger_con_GRP 组层级，执行“约束”菜单下的“父子约束”，默认勾选“保持偏移”，单击“应用”按钮，如图 6-73 所示。

09 制作左侧 IKFK 切换器的指示线。单击 EP 曲线工具，选择“1 线性”，绘制一条线段。在曲线一端选择顶点，执行“变形”菜单下的“簇”命令并将其命名为 L_cluster1Handle；再在曲线另一端选择顶点，执行“变形”菜单下的“簇”命令并将其命名为 L_cluster2Handle。在“大纲视图”中选择 L_Wrist_sk 关节，按住 Ctrl 键加选 L_cluster1Handle 簇点，执行“约束”菜单下的“父子约束”，取消勾选“保持偏移”，单击“应用”按钮，删除父子约束链接节点。然后选择 L_Wrist_sk 关节，按住 Ctrl 键加选 L_cluster1Handle 簇点，执行“约束”

菜单下的“点约束”命令，勾选“保持偏移”，单击“应用”按钮。选择 L_cluster2Handle 簇点，按下 V 键将其吸附至 L_IKFK_Switch（左侧 IKFK 切换器）；然后按住 P 键，将 L_cluster2Handle 簇点与 L_IKFK_Switch 建立父子关系，如图 6-74 所示。最后选择 2 个簇点，按下 Ctrl+H 组合键进行隐藏，详细操作请参看微课视频教程。

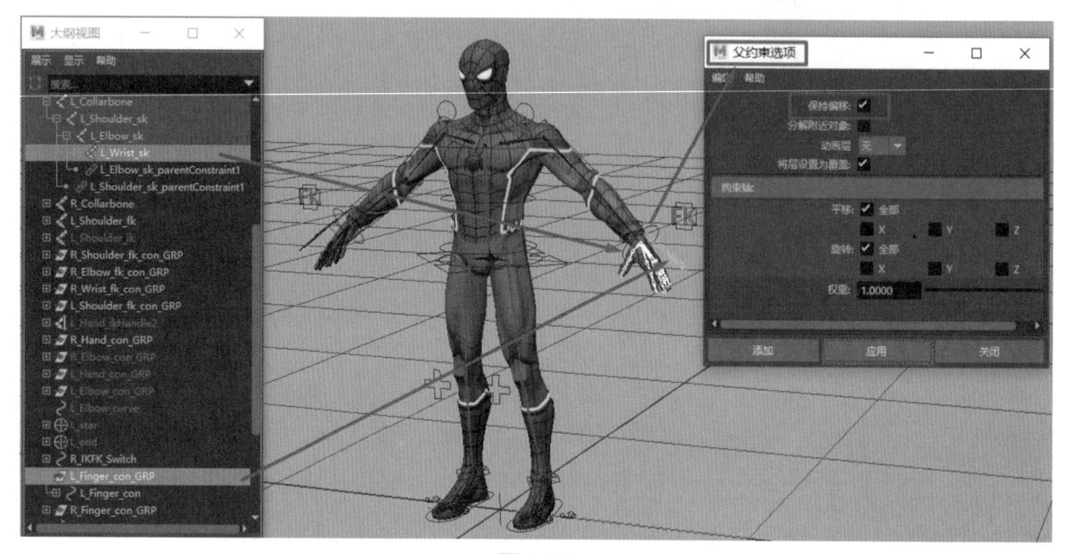

图 6-73

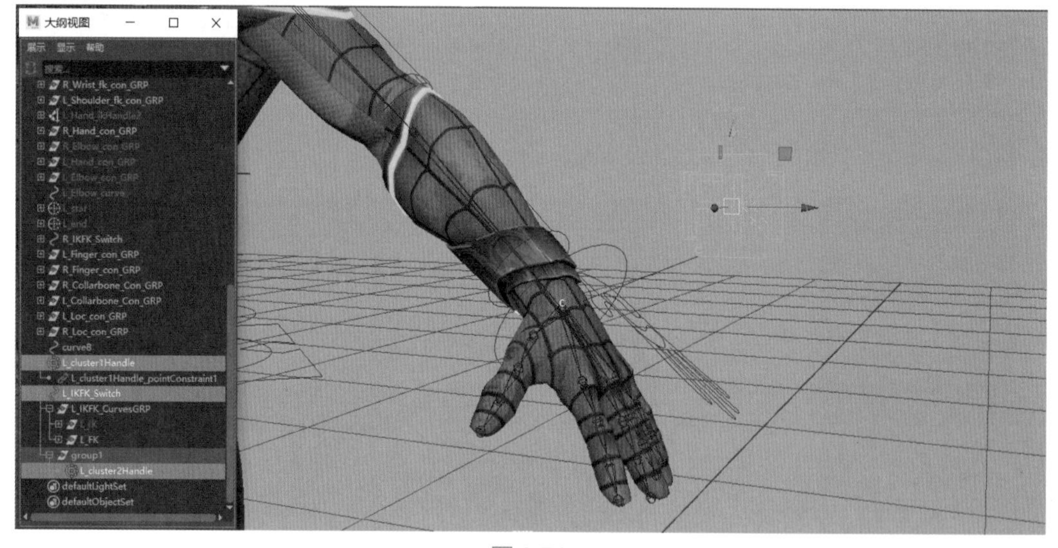

图 6-74

提示

- 点约束命令实际是对手腕关节位移属性的控制；
- 极向量约束命令实际是对肘部关节旋转属性的控制；
- 方向约束命令实际是对手腕关节旋转属性的控制。

10 在“大纲视图”中选择 L_IKFK_Switch（左侧 IKFK 切换器），按组合键 Ctrl+G 创建分组，并将其命名为 L_IKFK_Switch_GRP，然后将左侧 IKFK 切换器组的轴心通过按下 D 键 +V 键修改至 L_IKFK_Switch（左侧 IKFK 切换器）中心处，如图 6-75 所示，详细操作请参看微课视频教程。

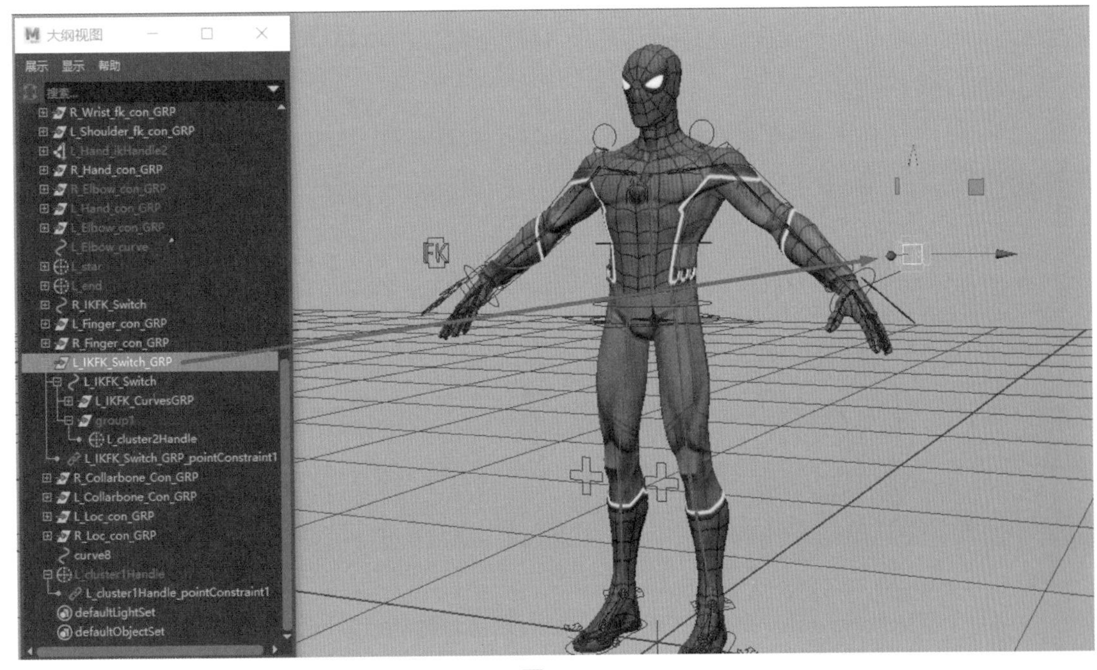

图 6-75

11 在“大纲视图”中选择 L_Wrist_sk 关节，按下 Ctrl 键，加选 L_IKFK_Switch_GRP 组层级，执行“约束”菜单下的“点”约束，勾选“保持偏移”，单击“应用”按钮，如图 6-76 所示。

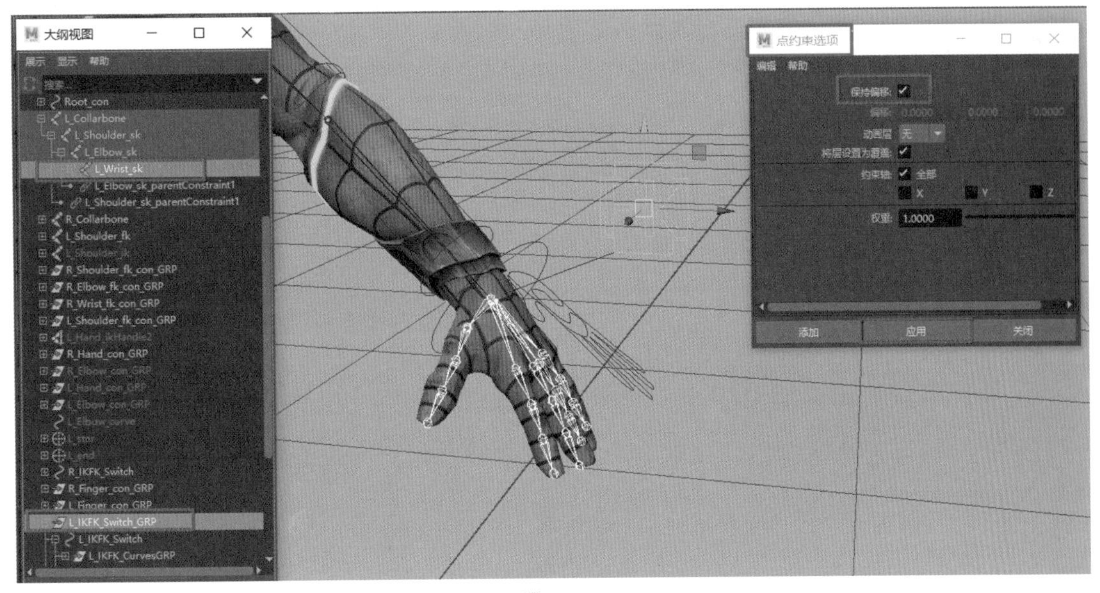

图 6-76

6.8 蜘蛛侠左侧锁骨骨骼的绑定

01 打开创建控制器插件，创建左侧锁骨控制器，单击曲线，将其缩放并旋转至合适大小后命名为 L_Collarbone_con。执行“冻结变换”命令，再按组合键 Ctrl+G 创建分组，将其命名为 L_Collarbone_con_GRP。选择组层级，移动至左肩部位置处，再次执行“冻结变换”命令，如图 6-77 所示。

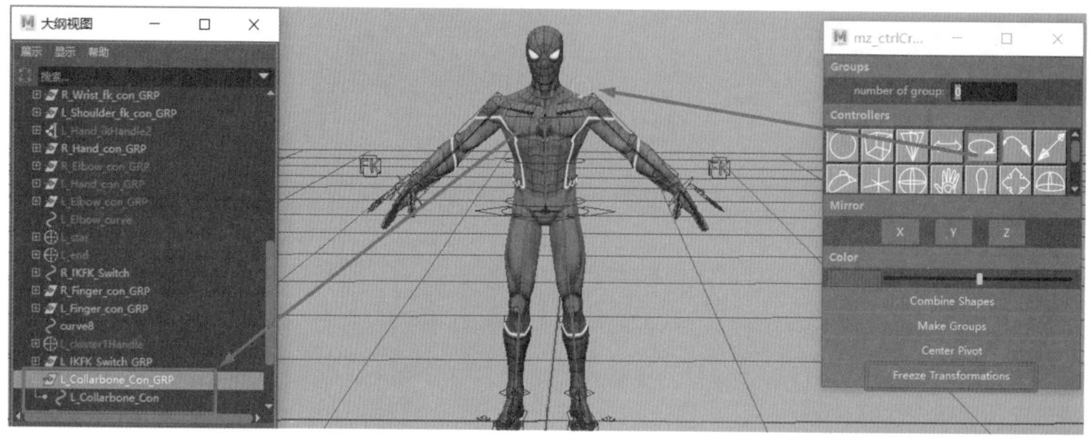

图 6-77

02 选择 L_Collarbone_con_GRP 左侧锁骨控制器组，然后使用 Ctrl+D 快捷键复制命令，按 R 键将 X 缩放为 –1，得到 R_Collarbone_con_GRP 右侧锁骨控制器组。选择 group1 和 group2，执行“修改”菜单下的“冻结变换”命令，再在“大纲视图”中将 group2 层级下的带 L 前缀的命名分别修改为 R，如图 6-78 所示。选择左侧锁骨控制器组和右侧锁骨控制器组，使用 Shift+P 快捷键取消其父子层级关系，选择 2 个空组，按 Delete 键删除。

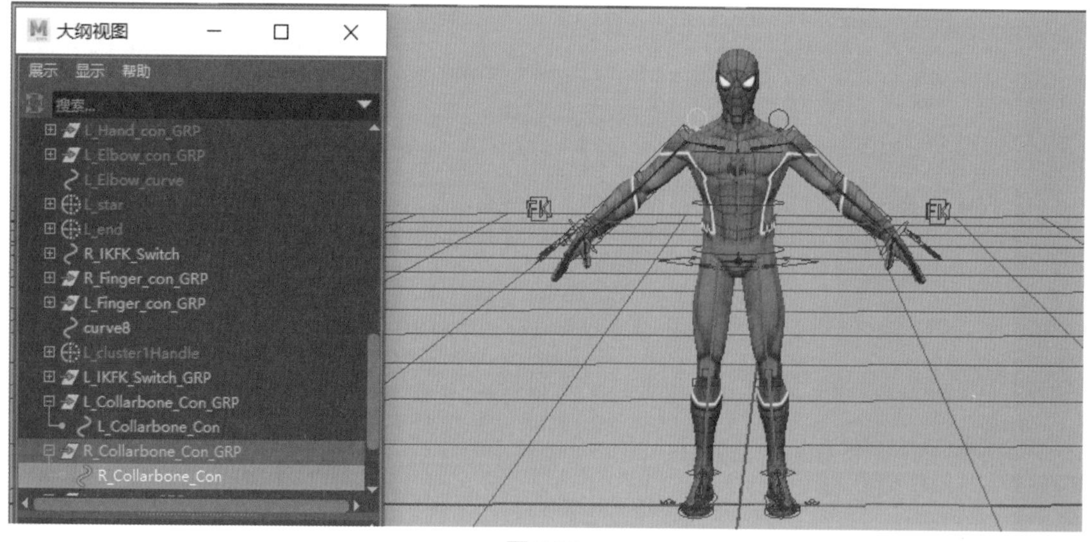

图 6-78

03 选择 L_Collarbone_con 左侧锁骨控制器，按下 D 键，然后再按下 V 键，将轴心吸附至锁骨关节位置处；选择 L_Collarbone_con_GRP 左侧锁骨控制器组层级，按下 D 键，然后再按下 V 键，将组轴心吸附至锁骨关节位置处，如图 6-79 所示。右侧锁骨控制器轴心吸附设置同理，这里不再赘述。详细操作请参看微课视频教程。

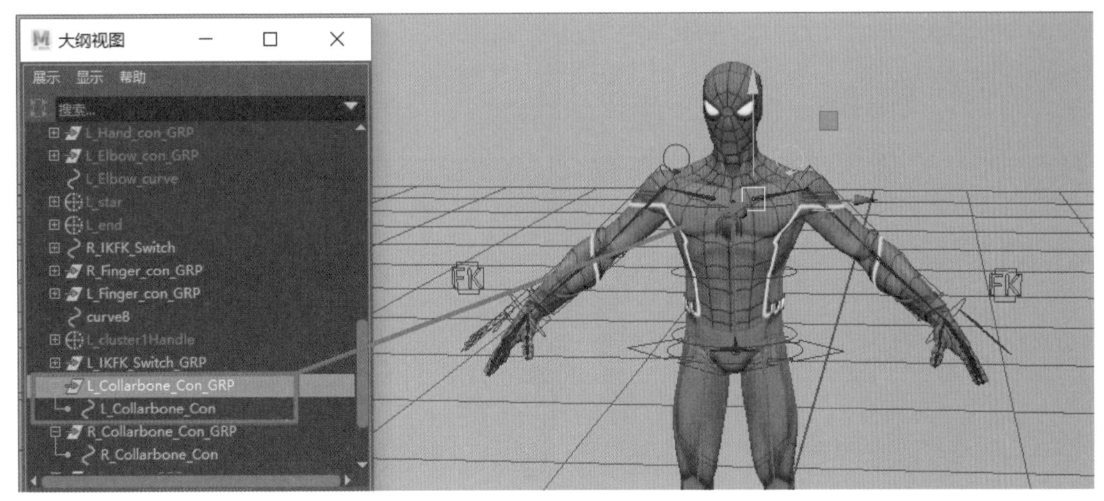

图 6-79

04 打开控制器创建插件，创建左侧定位器控制器，单击十字形曲线，将其缩放并旋转至合适大小后命名为 L_Loc_con。执行“冻结变换”命令，再按组合键 Ctrl+G 创建分组并将其命名为 L_Loc_con_GRP。选择 L_Loc_con_GRP 组层级，然后使用 Ctrl+D 快捷键复制命令，按 R 键将 X 缩放为 –1，得到 R_Loc_con_GRP 右侧定位器控制器组。选择 group1 和 group2，执行“修改”菜单下的“冻结变换”命令，再在“大纲视图”中将 group2 层级下的带 L 前缀的命名分别修改为 R，如图 6-80 所示。选择 L_Loc_con_GRP 组和 R_Loc_con_GRP 组，使用 Shift+P 快捷键取消其父子关系。选择 2 个空组，按 Delete 键删除。

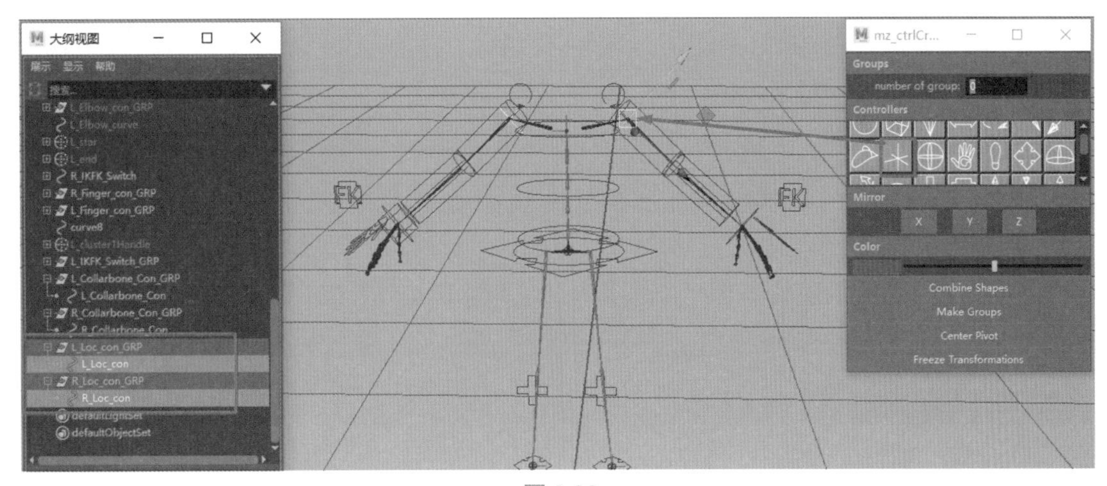

图 6-80

05 在“大纲视图”中选择L_Shoulder_sk关节，按住Ctrl键加选L_Loc_con_GRP组层级，执行“约束”菜单下的“父子约束”命令，取消勾选“保持偏移”，单击“应用”按钮，如图6-81所示。最后在“大纲视图”中删除其建立的父子约束链接节点。

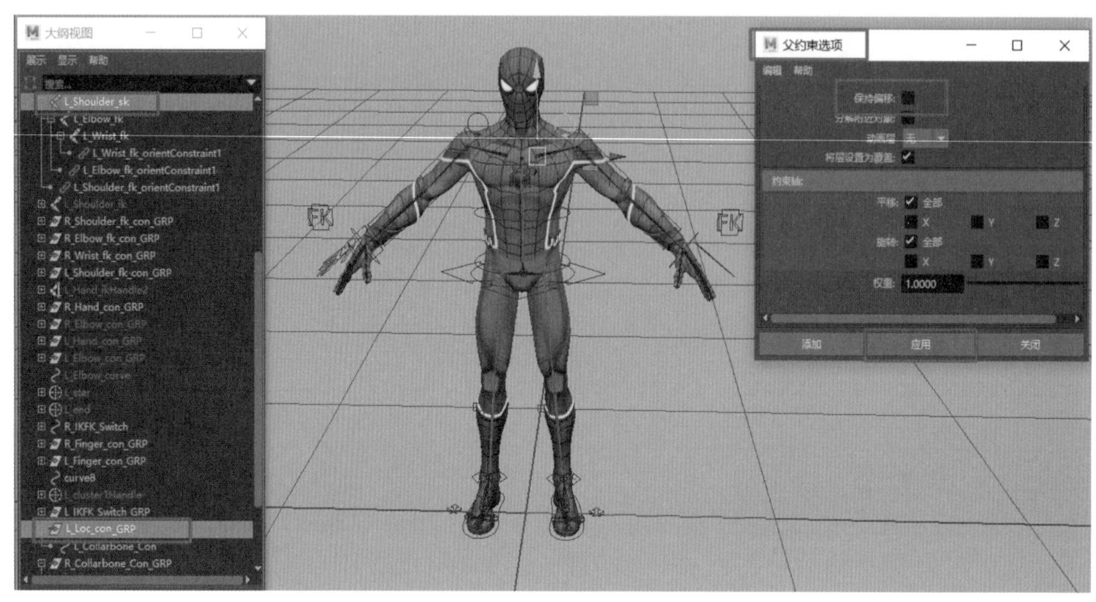

图6-81

06 在“大纲视图”中选择L_Collarbone_con左侧锁骨控制器。按住Ctrl键加选L_Loc_con左定位器控制器，执行“约束”菜单下的“方向”约束，勾选“保持偏移”，单击“应用”按钮，如图6-82所示。

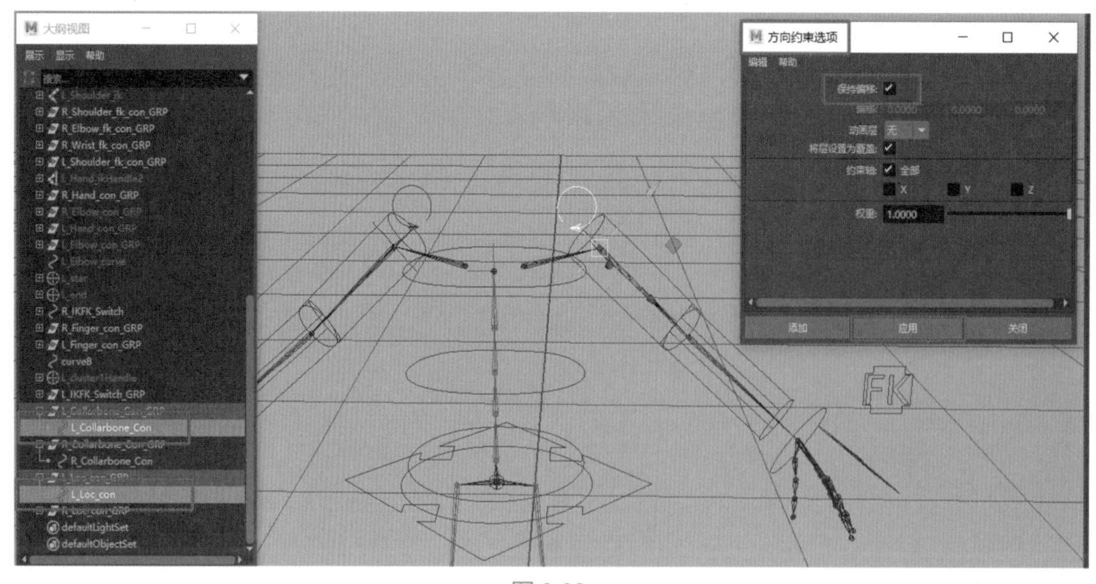

图6-82

07 在“大纲视图”中选择L_Loc_con左定位器控制器。按住Ctrl键加选L_Shoulder_fk_

con_GRP 左肩部 fk 控制器组层级，执行“约束”菜单下的“方向”约束，勾选“保持偏移”，单击“应用”按钮，如图 6-83 所示。

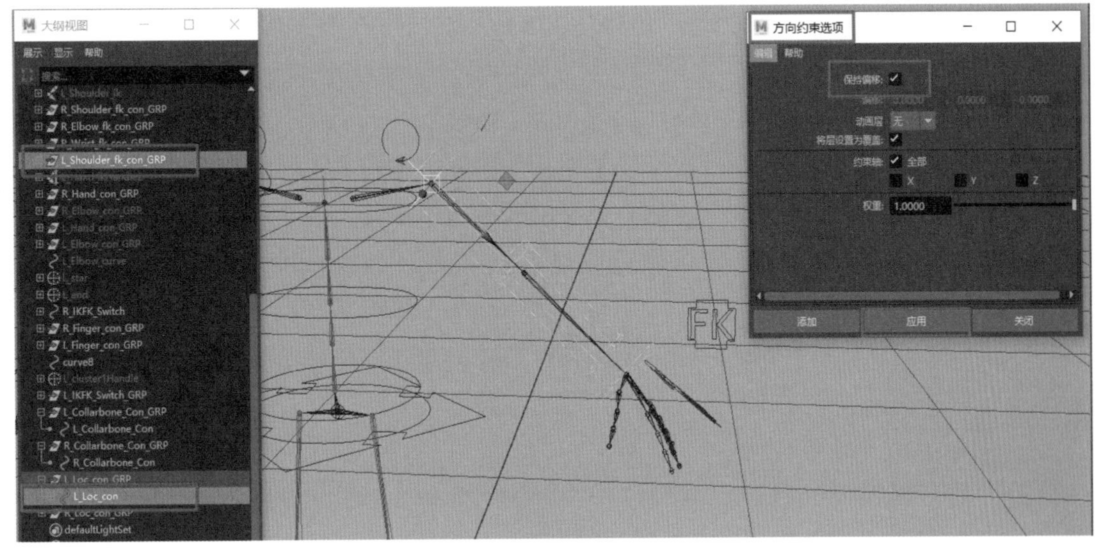

图 6-83

6.9　蜘蛛侠右侧手臂 IKFK 系统切换设置

右侧手臂 IKFK 系统切换设置同左侧手臂 IKFK 系统切换设置，此处不再赘述，详细操作请参看本书配套微课提供的视频教程。

6.10　蜘蛛侠右侧手掌骨骼绑定设置

右侧手掌骨骼绑定设置同左侧手掌骨骼绑定设置，此处不再赘述，详细操作请参看本书配套微课提供的视频教程。

6.11　蜘蛛侠右侧锁骨骨骼绑定设置

右侧锁骨骨骼绑定设置同左侧锁骨骨骼绑定设置，此处不再赘述，详细操作请参看本书配套微课提供的视频教程。

本章总结

通过对蜘蛛侠上肢骨骼绑定案例的学习，应重点掌握的知识点如下：

1. 上肢骨骼绑定制作思路。
2. 认识上肢重要绑定骨骼。
3. 利用创建曲线定位的方法创建角色的骨骼。
4. 建立上肢肩部骨骼 IK，并与控制器建立关系。
5. 驱动关键帧的设置。
6. 上肢手掌骨骼的驱动设置。

第 7 章 蜘蛛侠头部骨骼绑定

本章学习目标

1. 了解头部骨架结构
2. 掌握头部骨骼运动规律
3. 掌握蜘蛛侠头部骨骼绑定
4. 掌握蜘蛛侠蒙皮权重编辑

本章学习电影角色——蜘蛛侠的头部骨骼绑定案例，重点学习如何给蜘蛛侠建立颈部及眼睛部位骨骼，如何设置头部骨骼的 IK 及眼睛的绑定设置。学习蜘蛛侠头部骨骼绑定的制作思路，熟练掌握头部骨骼绑定的制作流程。

7.1 认识人体头部颈部骨骼

1. 头部骨骼

头骨对头部外形起决定作用。头部在外形上分为脑颅与颜面两部分，脑颅部的骨头决定头顶的长短，颜面部的骨头决定脸面的宽窄。头顶的长或短与脸面的宽或窄通常相适应。头部的基本形状略似蛋形，它通过颈部的运动可前俯后仰，左右转动。视线的高低与视角的变化会使头面部的五官位置之间产生各种透视弧线。除下颌骨外，其余各块是连成一体、固定不动的。熟悉头部的骨骼和肌肉，对于头部造型布线及表情动画都很有帮助。头部骨骼如图 7-1 所示。

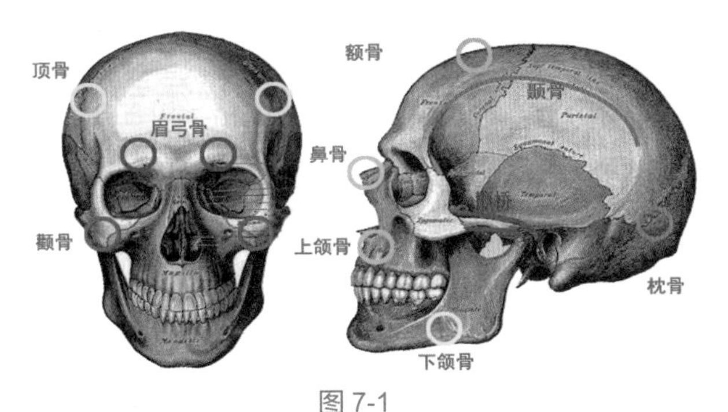

图 7-1

2. 头部肌肉

除了骨骼起到支撑造型的作用以外，附着在头部骨骼上的肌肉也起着同样重要的作用。

另外，面部肌肉还有一种重要的功能，就是通过肌肉的伸缩运动来支持面部的造型变化，以此来生成丰富的表情，传达各种情感的变化。头部及颈部肌肉如图 7-2 所示。

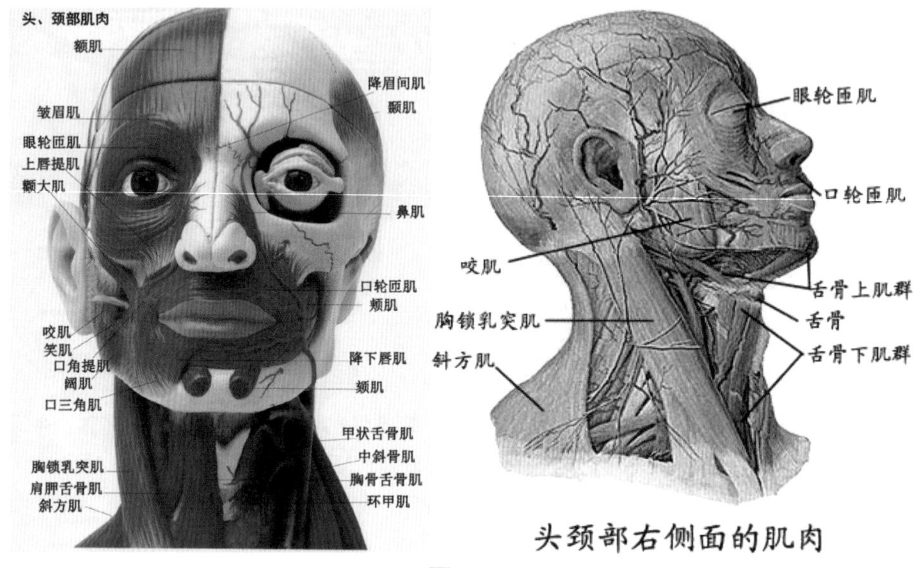

图 7-2

3. 颈部解剖

颈部后侧及两侧由一些大而有力的肌肉块覆盖着，围绕着颈椎层层分布，可以屈、伸并转动头部，还可以使双肩往上朝双耳处耸起。颈部最突出的是斜方肌、胸锁乳突肌和颈阔肌。胸锁乳突肌从胸骨往上延伸到颈窝处的锁骨，直达耳朵后面的乳突，慢慢变细，如图 7-3 所示。

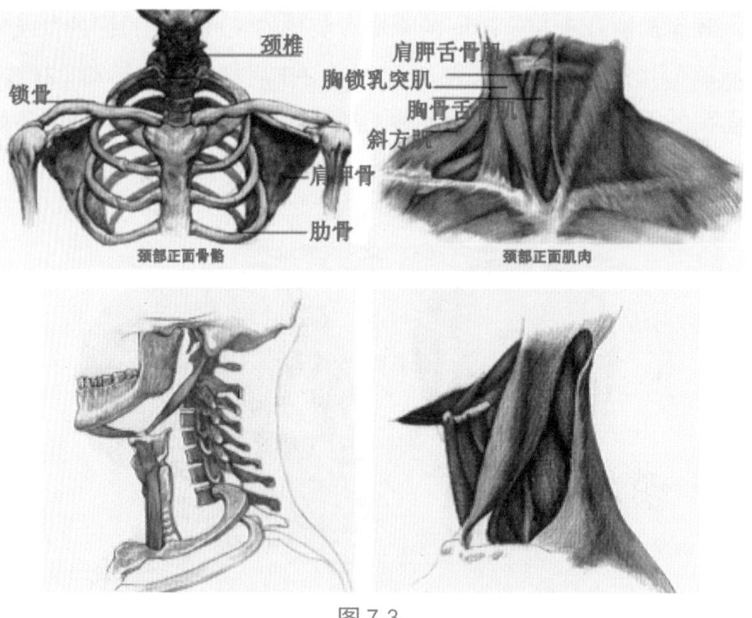

图 7-3

颈部骨骼需要绑定设置的骨骼主要为颈椎骨，如图 7-4 所示。

头部绑定需要设置的除了颈部骨骼外，主要还有嘴部骨骼（上颌骨、下颌骨）、舌头、眼睛部位以及头部（颅骨）。在剧情需要的特殊情况下，角色的鼻子也需要架设骨骼进行绑定。还有一些游戏角色，如长有触角、耳朵、辫子等的动物怪兽类角色，也需要架设骨骼进行绑定，如图 7-5 所示。

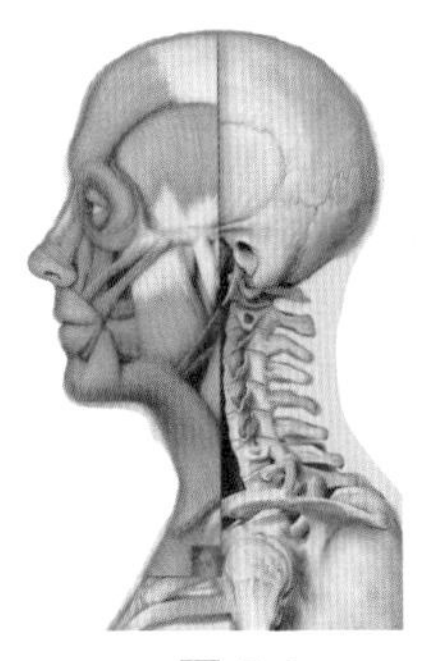

图 7-4

图 7-5

7.2　蜘蛛侠头部与颈部骨骼绑定

了解完颈部和头部骨骼与肌肉后，接下来开始蜘蛛侠角色颈部的绑定设置。

01 打开蜘蛛侠工程目录下的绑定文件，继续学习蜘蛛侠的头部绑定。首先开启 X 射线骨骼显示，如图 7-6 所示。这样就可以透过模型看到创建的骨骼。

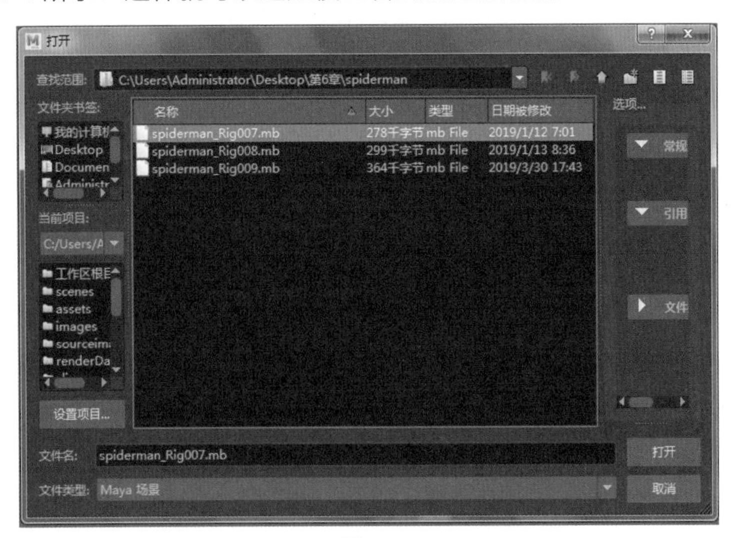

图 7-6

02 按空格键切换到右视图，在视窗中开启 X 射线显示关节图标。执行“骨架”菜单下的“创建关节”命令，创建头部关节，在“大纲视图”中为关节分别命名，如图 7-7 所示。

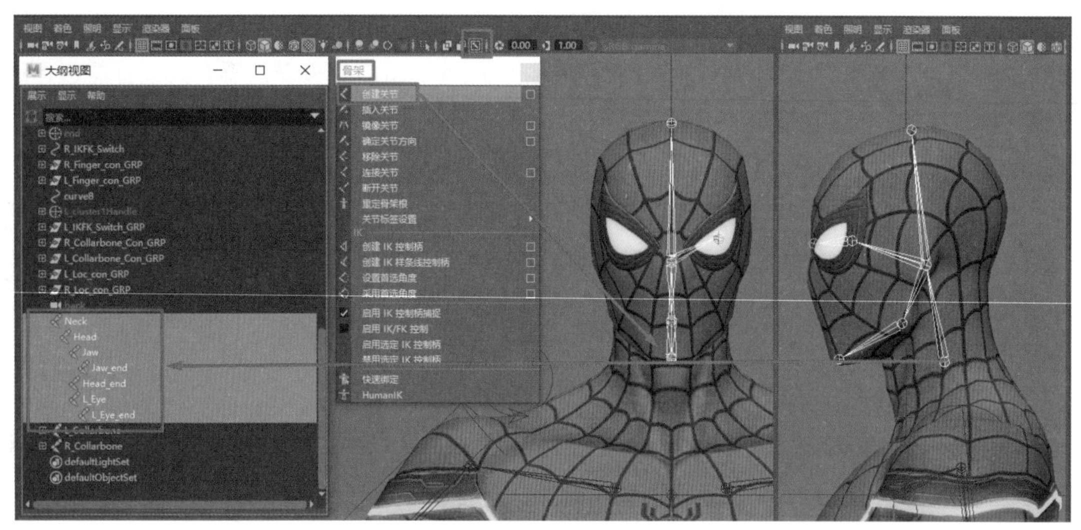

图 7-7

03 选择左侧眼睛关节，执行“骨架”菜单下的“镜像关节”命令，“镜像平面”设置为 YZ，“搜索：”栏中输入 L_，“替换为：”栏中输入 R_，快速得到右侧眼睛关节，如图 7-8 所示。

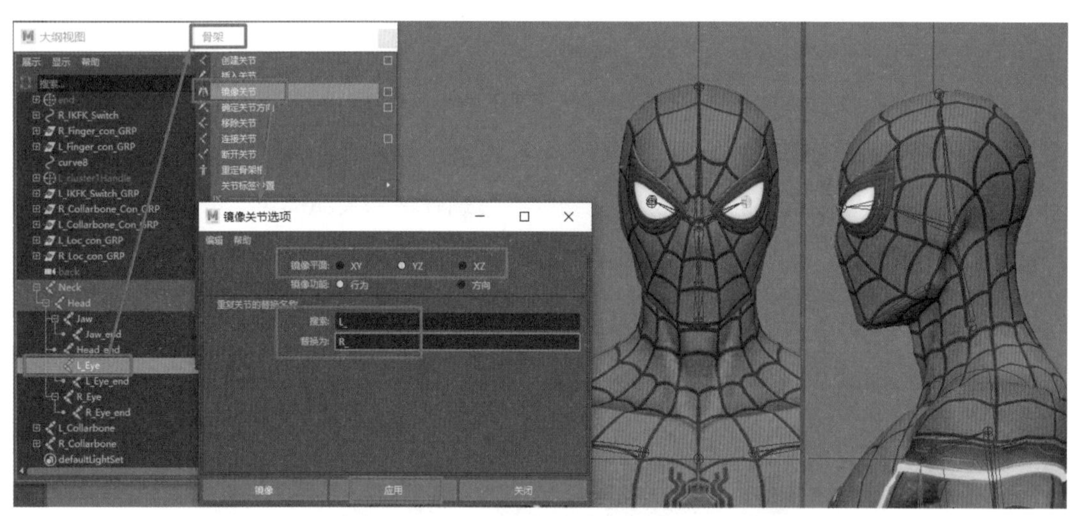

图 7-8

04 应用控制器创建插件创建脖子控制器，将其缩放至合适大小后按下 V 键吸附至脖子关节位置。选择脖子控制器，执行“修改”菜单下的“冻结变换”命令，再执行“编辑”菜单下的“按类型删除历史”操作，然后再在“大纲视图”中将脖子控制器命名为 Neck_con，如图 7-9 所示。

05 应用控制器创建插件创建头部关节控制器，将其缩放至合适大小后按下 V 键吸附至头部关节位置。选择头部控制器，执行“修改”菜单下的“冻结变换”命令，再执行“编辑”菜单下的“按类型删除历史”操作，然后再在“大纲视图”中将控制器命名为 Head_con，如图 7-10 所示。

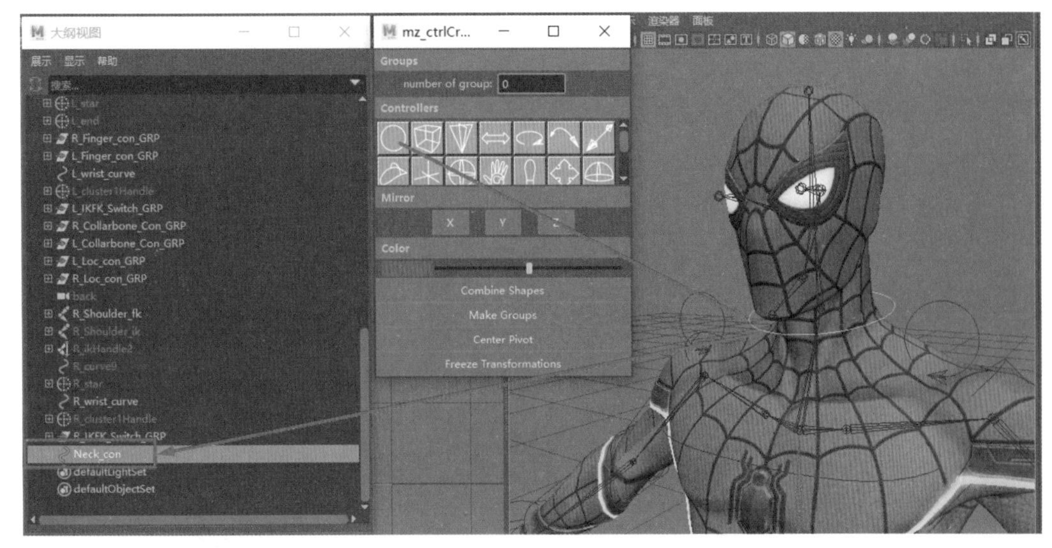

图 7-9

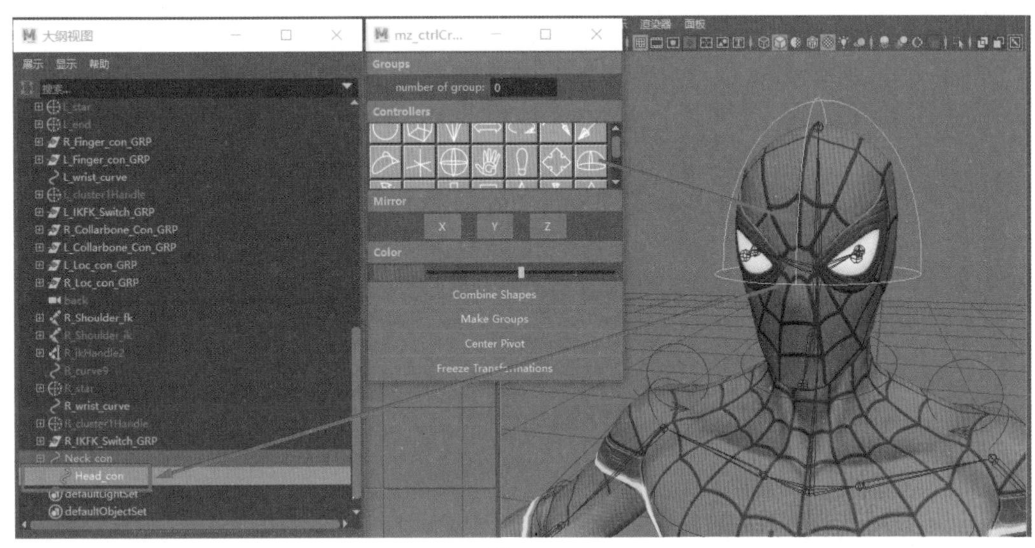

图 7-10

06 应用控制器创建插件创建眼睛控制器，将其缩放至合适大小后移动至头部眼睛位置。选择眼睛控制器，执行“修改”菜单下的“冻结变换”命令，再执行“编辑”菜单下的“按类型删除历史”操作，然后再在“大纲视图”中将眼睛总控制器命名为 Eye_con，左眼控制器命名为 L_Eye_con，右眼控制器命名为 R_Eye_con，如图 7-11 所示。

07 应用控制器创建插件创建下巴控制器，将其缩放至合适大小后移动至下巴关节位置。选择下巴控制器，执行“修改”菜单下的“冻结变换”命令，再执行“编辑”菜单下的“按类型删除历史”操作，然后再在“大纲视图”中将下巴控制器命名为 Jaw_con，如图 7-12 所示。

08 在“大纲视图”中先选择 L_Eye_con（左眼控制器），加选 L_Eye（左眼关节），执行“约束”菜单下的“目标”约束命令，勾选“保持偏移”，单击“应用”按钮，如图 7-13 所示。右眼目标约束操作同理。

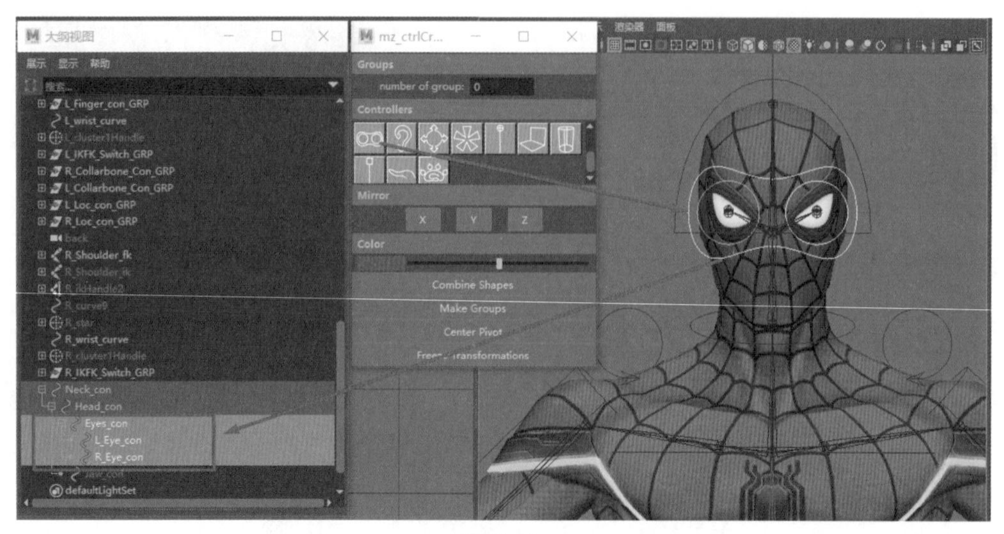

图 7-11

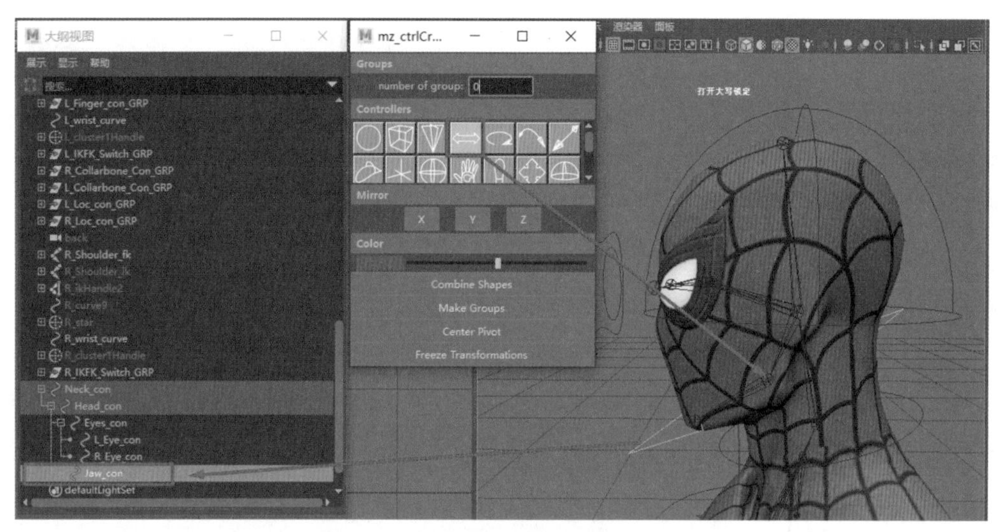

图 7-12

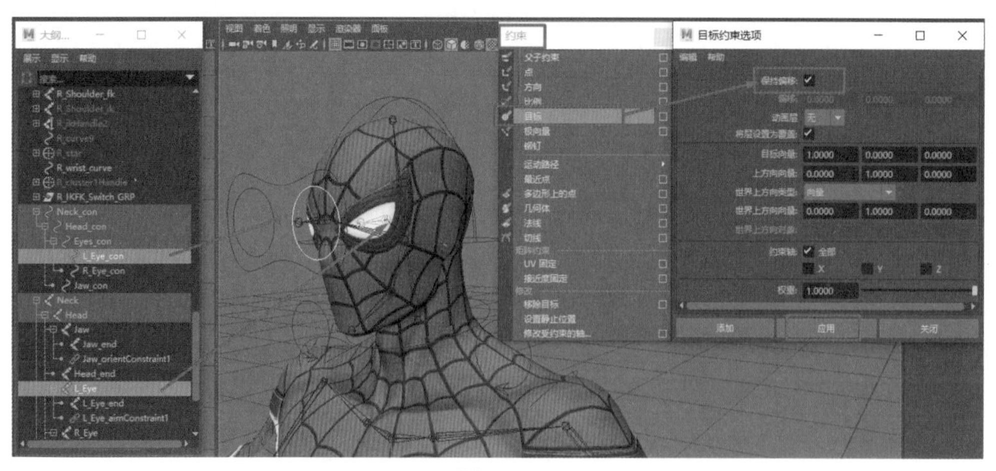

图 7-13

> 提示
>
> 切记，眼睛绑定的时候一定先把两个眼球与头部骨骼建立父子关系，再去与控制器建立约束关系操作，这样才能保证旋转头部时，眼球跟随旋转，确保层级关系准确。

09 在“大纲视图”中选择 Jaw_con（下巴控制器），按住 Ctrl 键，加选 Jaw（下巴关节），执行“约束”菜单下的“方向”约束命令，勾选“保持偏移”，单击“应用”按钮，如图 7-14 所示。

图 7-14

> 提示
>
> 在“大纲视图”中加选按 Ctrl 键，在场景中加选按 Shift 键。

10 在“大纲视图”中选择 Head_con（头部控制器），按住 Ctrl 键，加选 Head（头部关节），执行“约束”菜单下的“方向”约束命令，勾选“保持偏移”，单击“应用”按钮，如图 7-15 所示。

图 7-15

11 在“大纲视图”中选择 Eye_con（眼睛总控制器），按下 P 键，与 Head_con（头部控制器）建立父子关系，选择 Jaw_con（下巴控制器），按下 P 键，与 Head_con（头部控制器）建立父子关系，选择 Head_con（头部控制器），按下 P 键，与 Neck_con（脖子控制器）建立父子关系，选择 Neck_con（脖子控制器），按下 P 键，与 spine_up_con（脊柱顶部控制器）建立父子关系，如图 7-16 所示。

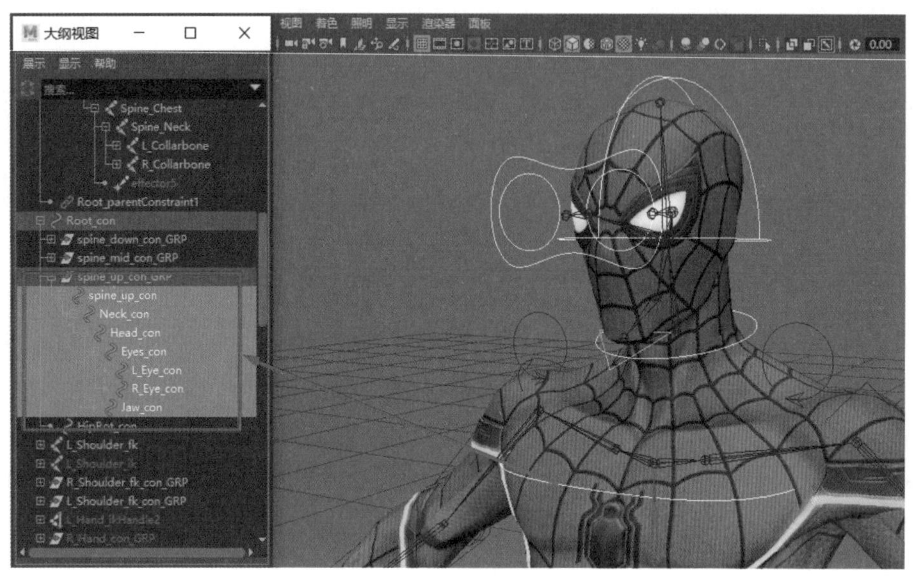

图 7-16

12 在“大纲视图”中选择 Neck（关节），按住 Ctrl 键加选 Spine_Neck（躯干颈部关节），按下 P 键，与 Spine_Neck（躯干颈部关节）建立父子关系；选择 L_Collarbone（左锁骨关节），按住 Ctrl 键加选 R_Collarbone（右锁骨关节），再加选 Spine_Neck（躯干颈部关节）；按下 P 键，将 L_Collarbone（左锁骨关节）和 R_Collarbone（右锁骨关节）与 Spine_Neck（躯干颈部关节）建立父子关系，如图 7-17 所示。最后保存绑定文件。

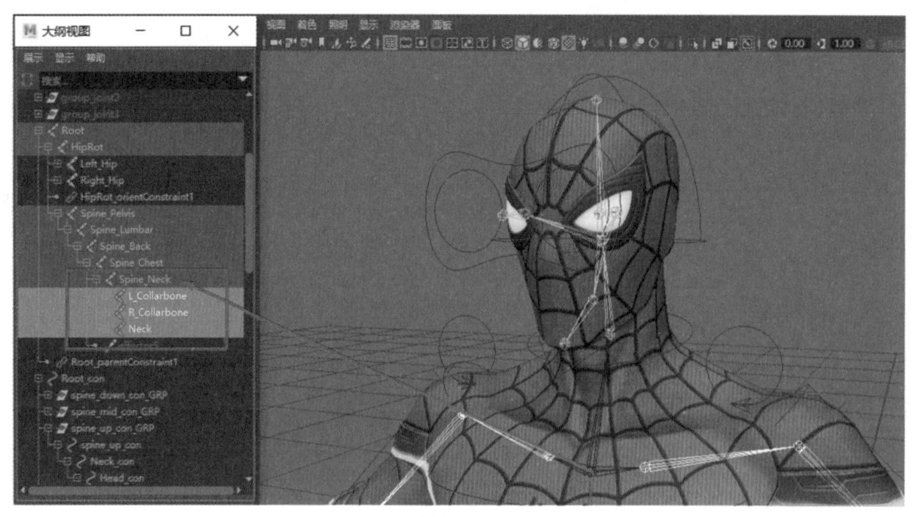

图 7-17

7.3　蜘蛛侠全局整理

01 首先检查左侧手臂骨骼绑定系统，在“大纲视图”中选择 L_Shoulder_fk（左肩部 fk 关节），按住 Ctrl 键加选 L_Collarbone（左侧锁骨关节），然后按下 P 键，与 L_Collarbone（左侧锁骨关节）建立父子关系，如图 7-18 所示。

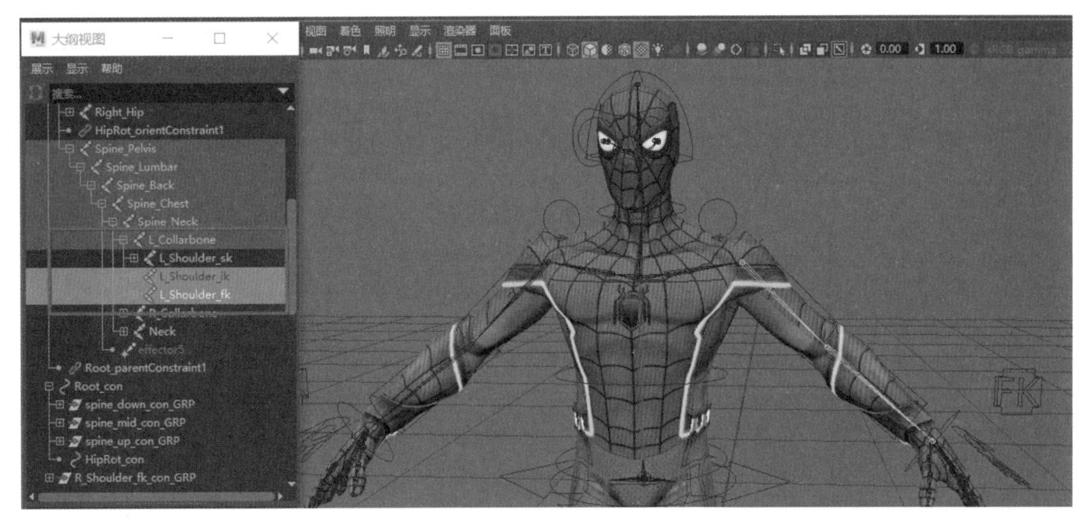

图 7-18

02 检查左侧手臂 IK 绑定系统，选择 L_Elbow_con（左肘控制器）查看其轴心在手肘位置处，按下 D 键，然后再按下 V 键，将轴心修改至左肘控制器处。选择左侧 IKFK 切换器，将 IKFK 设置为 1。选择 L_Elbow_con_GRP（左肘控制器组），按下 P 键，与 L_Hand_con（左手腕控制器）建立父子关系；选择 L_Hand_con_GRP（左侧手部控制器组），按下 P 键，与 L_Collarbone_Con（左侧锁骨控制器）建立父子关系；选择 L_Collarbone_Con_GRP（左侧锁骨控制器组），按下 P 键，与 spine_up_con（脊柱顶部控制器）建立父子关系，建立层级如图 7-19 所示。

03 此时旋转 spine_up_con（脊柱顶部控制器），会发现左肩部的 L_Loc_con（左 Loc 控制器）不跟随运动。选择 L_Shoulder_ik（左肩部 ik 关节），按住 Ctrl 键加选 L_Loc_con_GRP（左 Loc 控制器组）层级，执行“约束”菜单下的“点约束”命令，勾选“保持偏移”，单击“应用”按钮，如图 7-20 所示。

04 检查左侧手臂 FK 绑定系统，选择左侧 IKFK 切换器，将 IKFK 设置为 0。旋转 spine_up_con（脊柱顶部控制器），会发现左侧肩部、肘部、手腕的控制器不跟随运动，选择 L_Wrist_fk（左手腕 fk 关节），按住 Ctrl 键加选 L_Wrist_fk_con_GRP（左手腕 fk 控制器组），执行“约束”菜单下的“点约束”命令，勾选“保持偏移”，单击“应用”按钮，如图 7-21 所示。

05 同理，选择 L_Elbow_fk（左肘部 fk 关节），按住 Ctrl 键加选 L_Elbow_fk_con_GRP（左肘部 fk 控制器组），执行“约束”菜单下的“点约束”命令，勾选“保持偏移”，单击“应用”按钮，如图 7-22 所示。

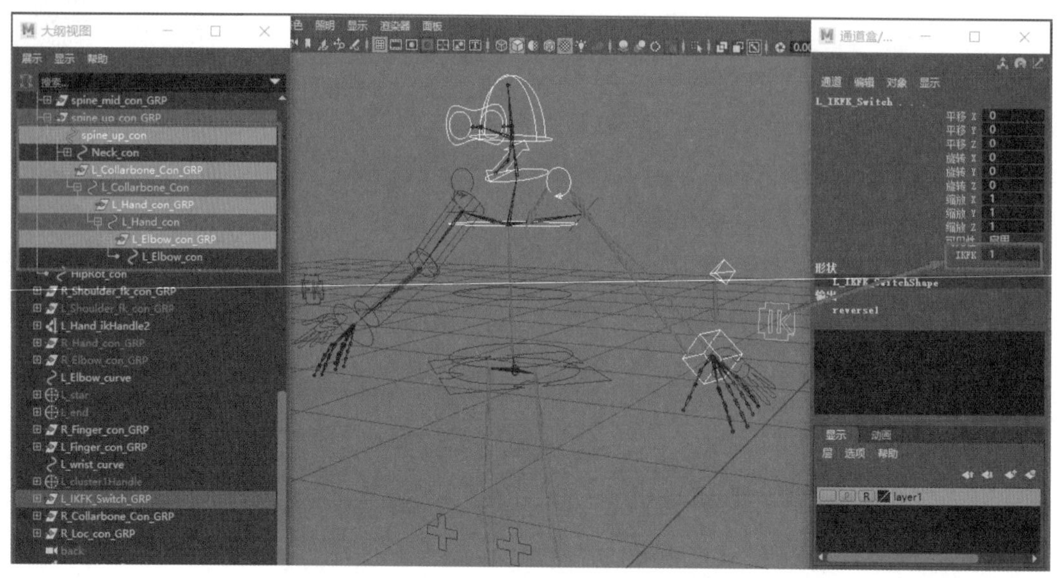

图 7-19

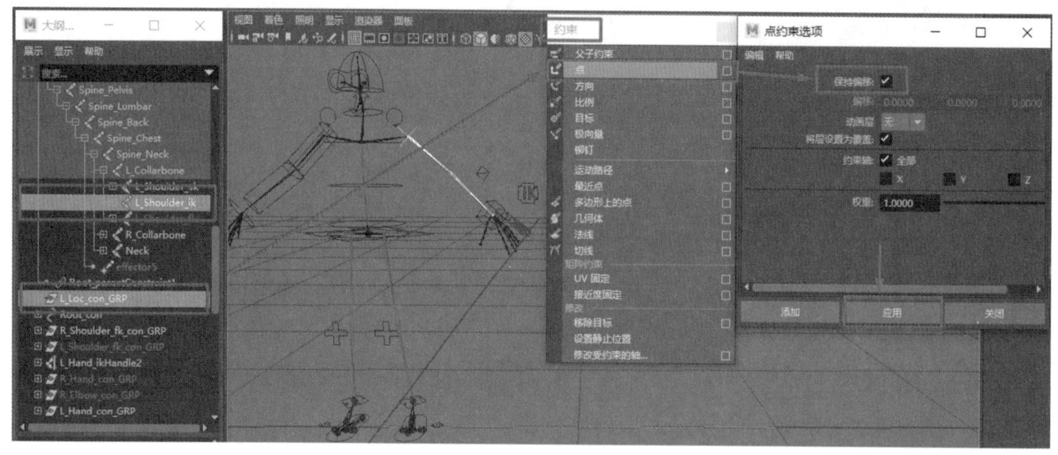

图 7-20

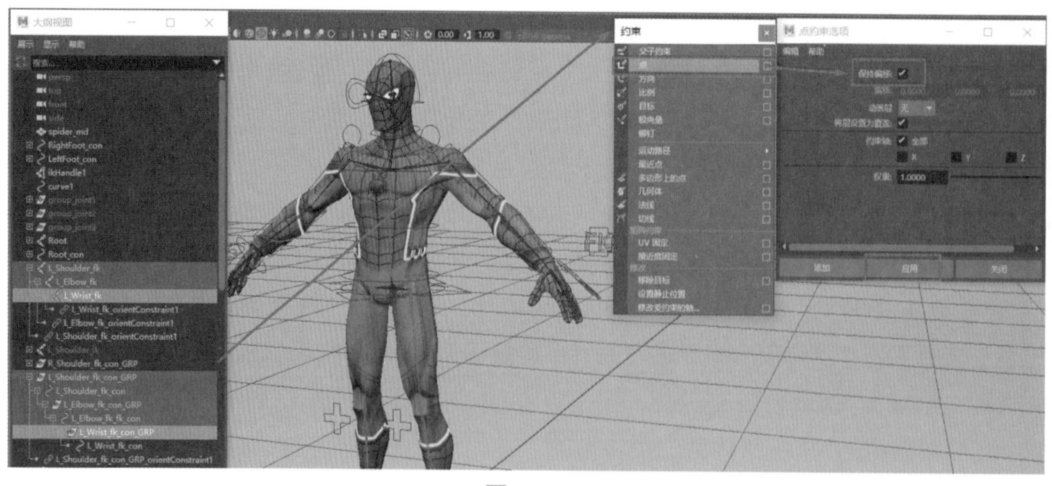

图 7-21

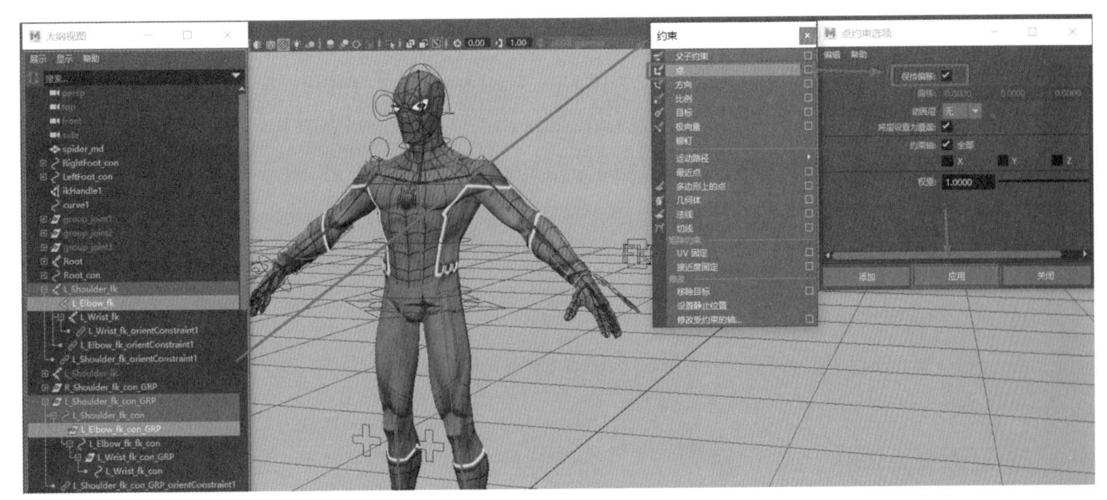

图 7-22

06 选择 L_Shoulder_fk（左肩部 fk 关节），按住 Ctrl 键，加选 L_Shoulder_fk_con_GRP（左肩部 fk 控制器组），执行“约束”菜单下的“点约束”命令，勾选“保持偏移”，单击“应用”按钮，如图 7-23 所示。

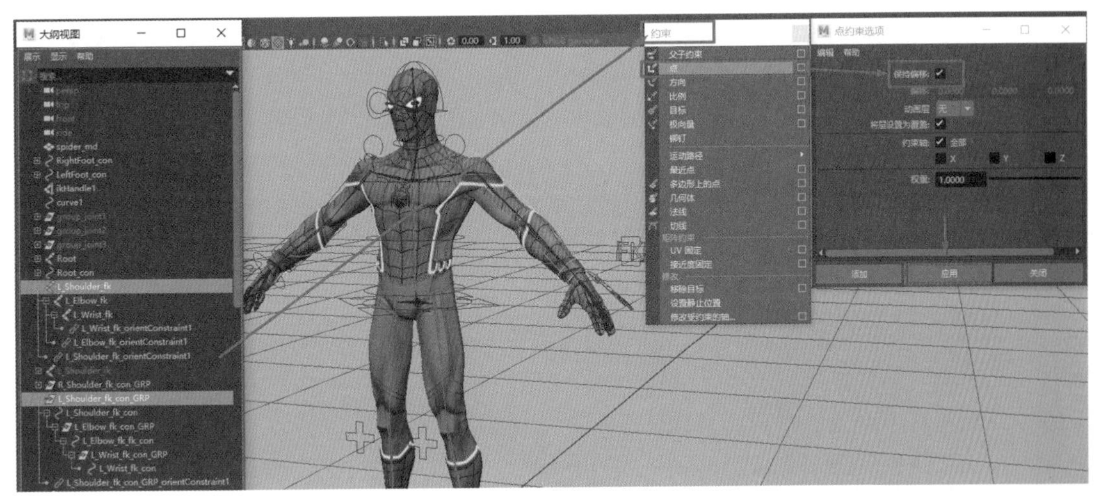

图 7-23

07 右侧手臂 IKFK 绑定系统修改同理，这里不再赘述，详细操作请参见本书提供的微课视频教程。

08 打开创建控制器脚本插件，创建一个圆形曲线总控制器。按 R 键缩放调整其大小，执行“修改”菜单下的“冻结属性”命令，然后在“大纲视图”中将其命名为 Master_Con（总控制器），如图 7-24 所示。

09 选择 LeftFoot_con（左脚控制器）和 RightFoot_con（右脚控制器），按下 P 键，与 Master_Con（总控制器）建立父子关系，如图 7-25 所示。

10 在“大纲视图”中将躯干的线性 IK 重新命名为 spine_ikHandle，将 curve 曲线重新命名为 spine_curve，如图 7-26 所示。

11 在“大纲视图”中选择spine_ikHandle、spine_curve、L_Elbow_curve、L_Hand_ikHandle2、L_star、L_end、L_wrist_curve、L_cluster1Handle、R_Elbow_curve、R_Hand_ikHandle2、R_star、R_end、R_wrist_curve、R_cluster1Handle，按下Ctrl+G组合键执行“分组”命令，然后将新建的组命名为other组，如图7-27所示。

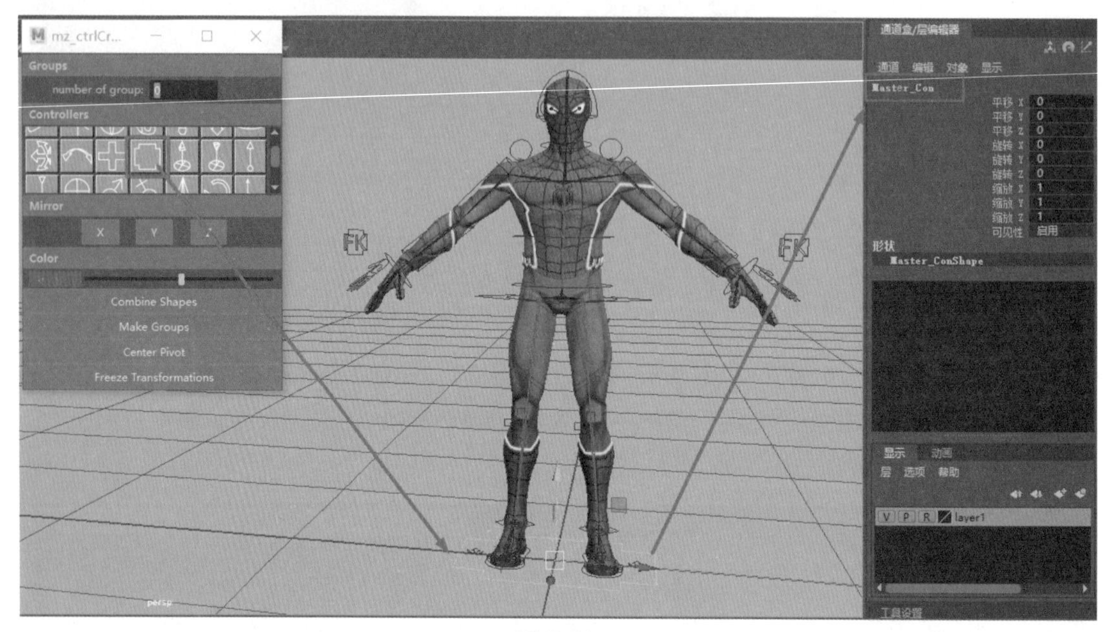

图 7-24

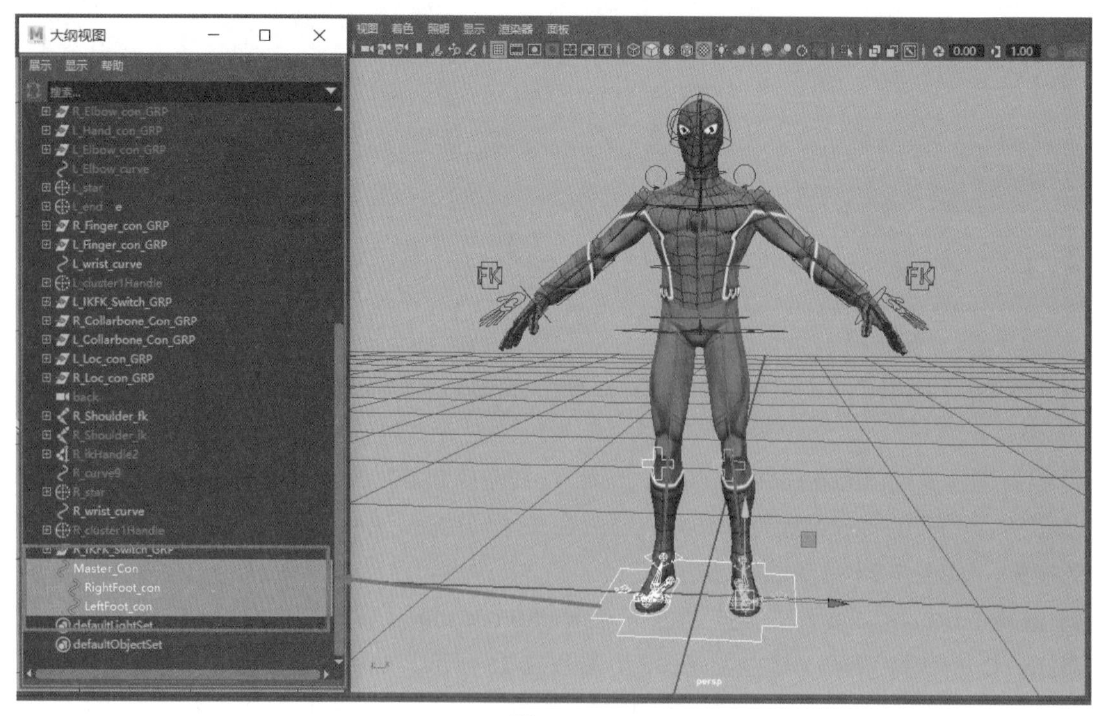

图 7-25

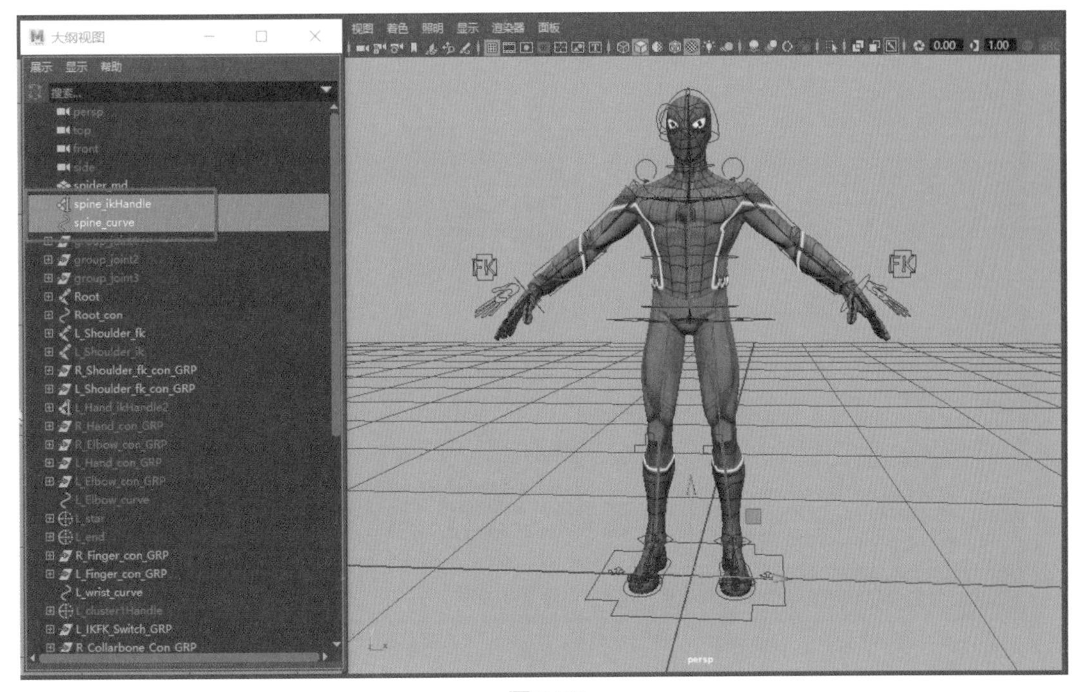

图 7-26

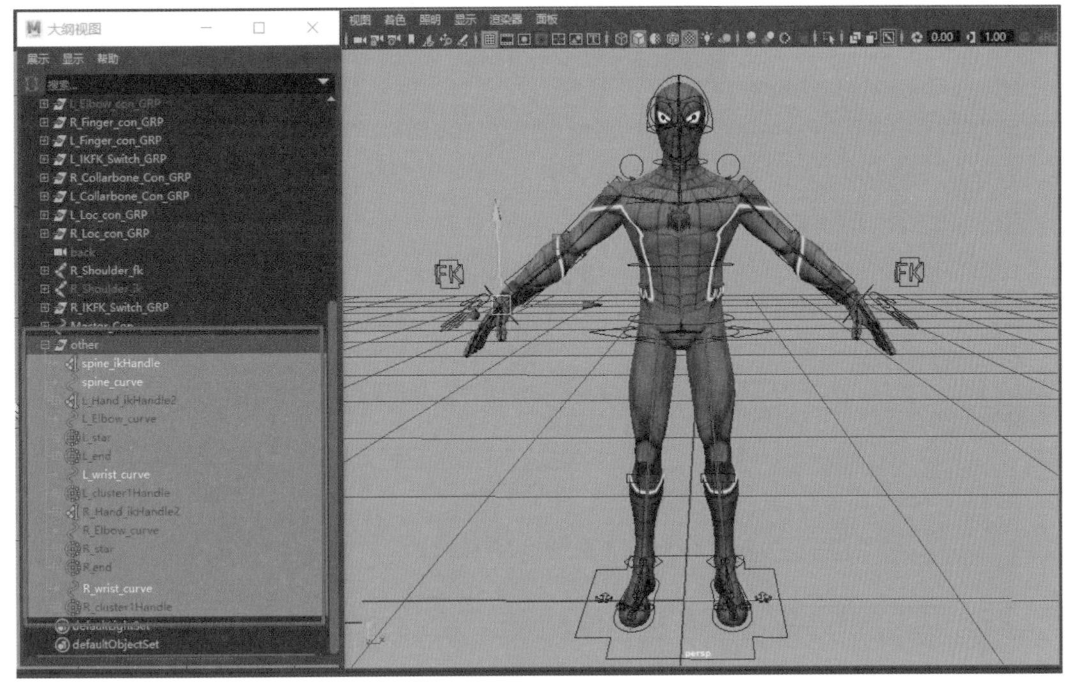

图 7-27

12 除 other 组、spider_md 模型外，在“大纲视图”中选择相应的控制器曲线、IK、控制器组层级以及关节，按下 P 键，与 Master_Con（总控制器）建立父子关系，层级如图 7-28 所示。

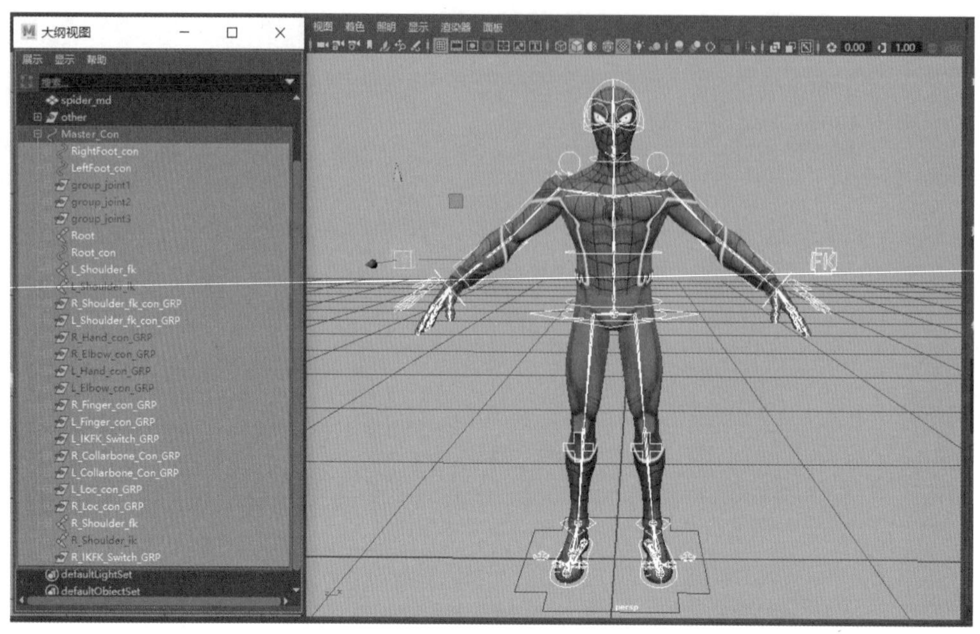

图 7-28

13 选择 other 组、spider_md 模型和 Master_Con 总控制器，按下 Ctrl+G 组合键执行“分组”命令，然后将新建的组命名为 spider_Rig 组，如图 7-29 所示。

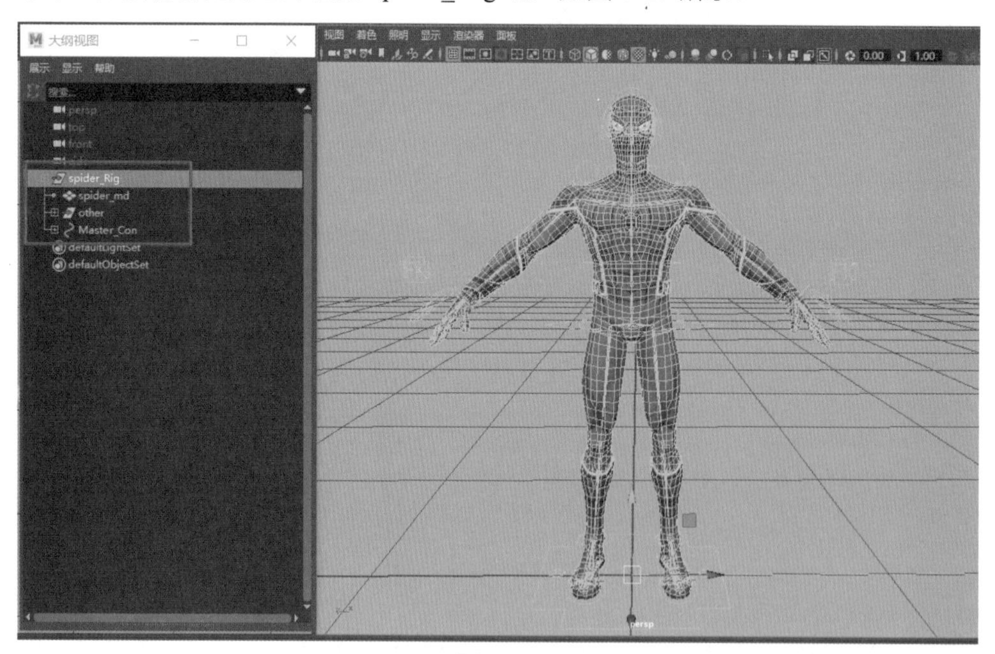

图 7-29

14 在“大纲视图”中选择 Left_Rev_FootIn（左脚反转脚骨骼）和 Right_Rev_FootIn（右脚反转脚骨骼），按下 Ctrl+H 键隐藏关节，如图 7-30 所示。

15 分别为角色绑定系统的左右控制器设置颜色，目的是后续制作动画的时候能够分清楚左右。选择控制器，按下 Ctrl+A 组合键（开启物体属性栏），打开 L_Collarbone_conShape

控制器的 Shape 属性栏，在“对象显示”下的“绘制覆盖”栏中勾选“启用覆盖”选项，然后把“颜色”通过滑块设置为红色，控制器的颜色就变成了红色，如图 7-31 所示。其他控制器颜色设置同理，这里不再赘述。

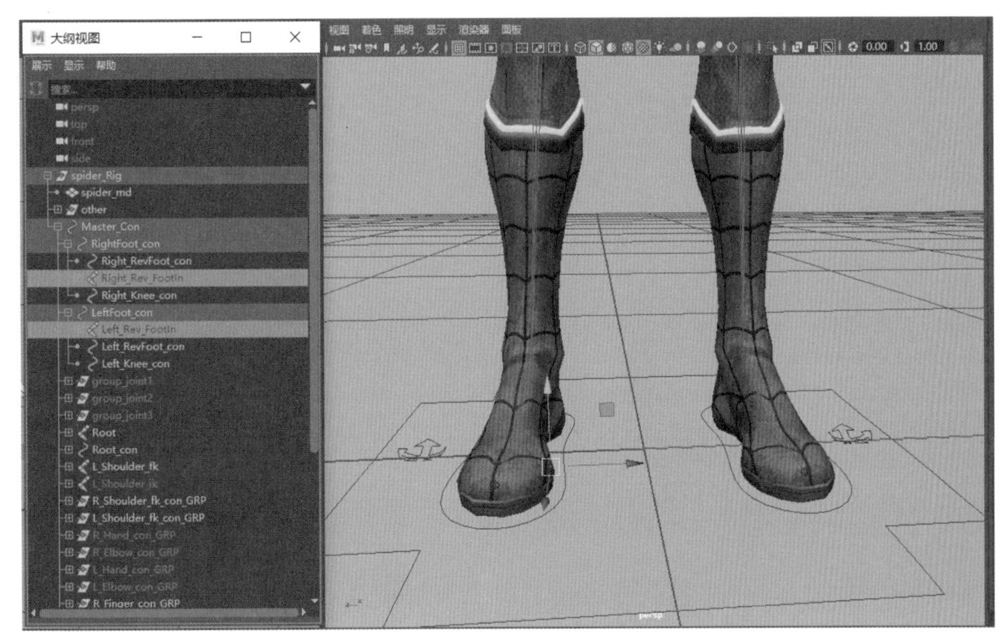

图 7-30

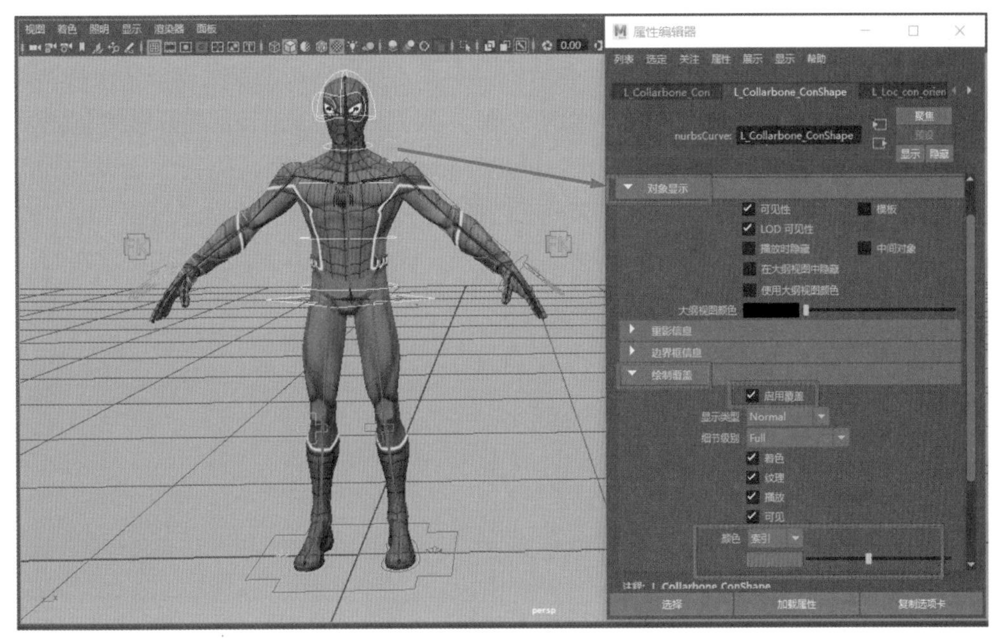

图 7-31

16 最后分别选择角色骨骼绑定系统中的控制器，在“通道盒 / 层编辑器”属性栏下选择控制器中没有用的属性，单击鼠标右键执行“锁定并隐藏选定项”命令，如图 7-32 所示。这里不再赘述，详细操作请参看配套的微课视频教程。

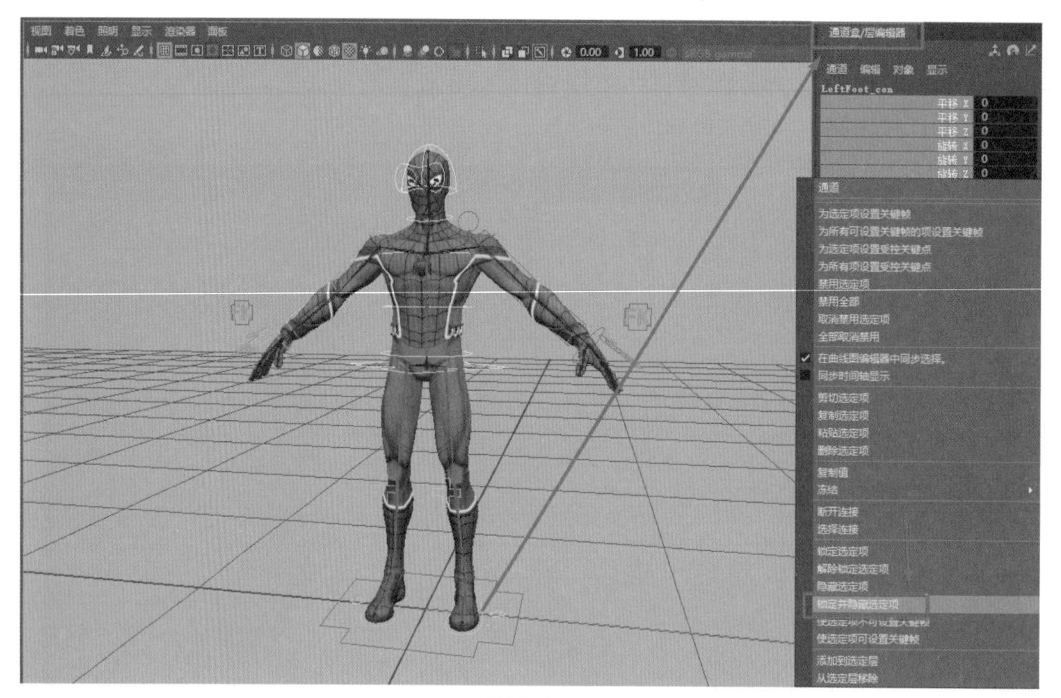

图 7-32

7.4　蜘蛛侠蒙皮权重编辑

这套骨骼系统已经快设置完成了，剩余的一小部分可以通过绑定蒙皮进行最终设置。

01 将图层中的模型取消锁定。打开“大纲视图”，找到 Root 根关节，展开其关节层级。依次选择角色蒙皮关节，按住 Ctrl 键加选 spiderman_bip 角色模型，执行绑定模块“蒙皮”菜单下的“绑定蒙皮”命令。“绑定蒙皮选项”窗口中，“绑定到：”为选定关节，“最大影响物：”为 3。单击“应用”按钮，如图 7-33 所示。详细操作请参看提供的微课视频。

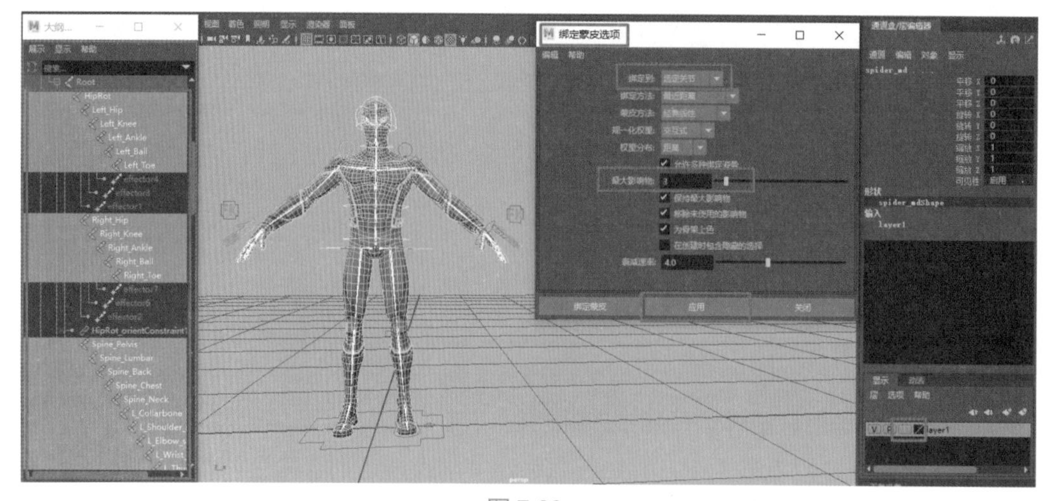

图 7-33

02 在场景中，在模型上单击鼠标右键，选择“绘制蒙皮权重工具”，通过笔刷绘制来分配权重，如图 7-34 所示。

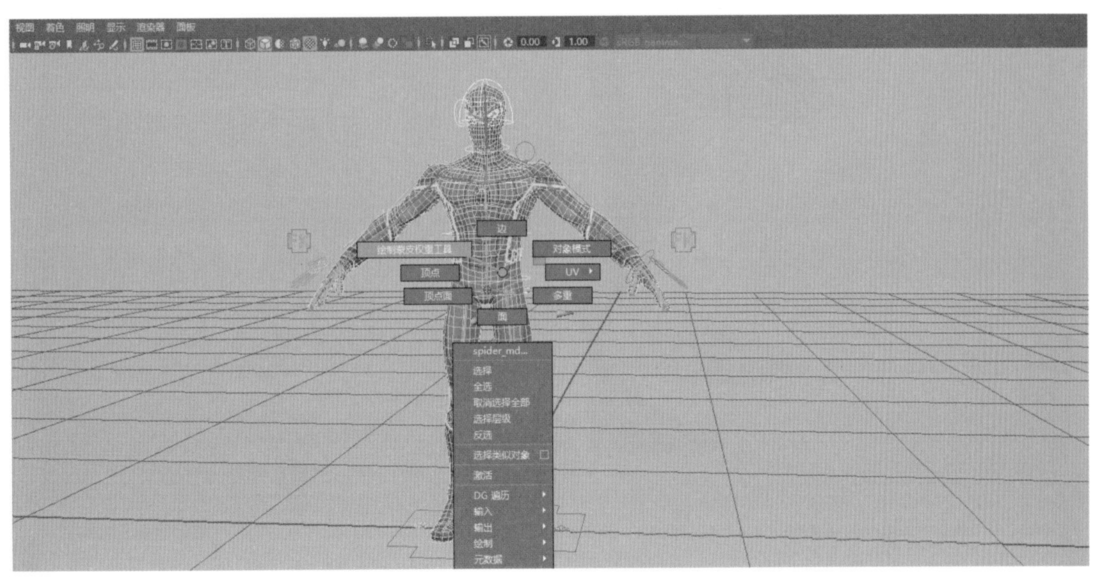

图 7-34

03 当选择“绘制蒙皮权重工具”时，会弹出“绘制蒙皮权重工具”选项框，模型立即呈现黑白显示。这里，白色区域代表完全控制，黑色区域代表不控制，灰色区域代表过渡控制，如图 7-35 所示。

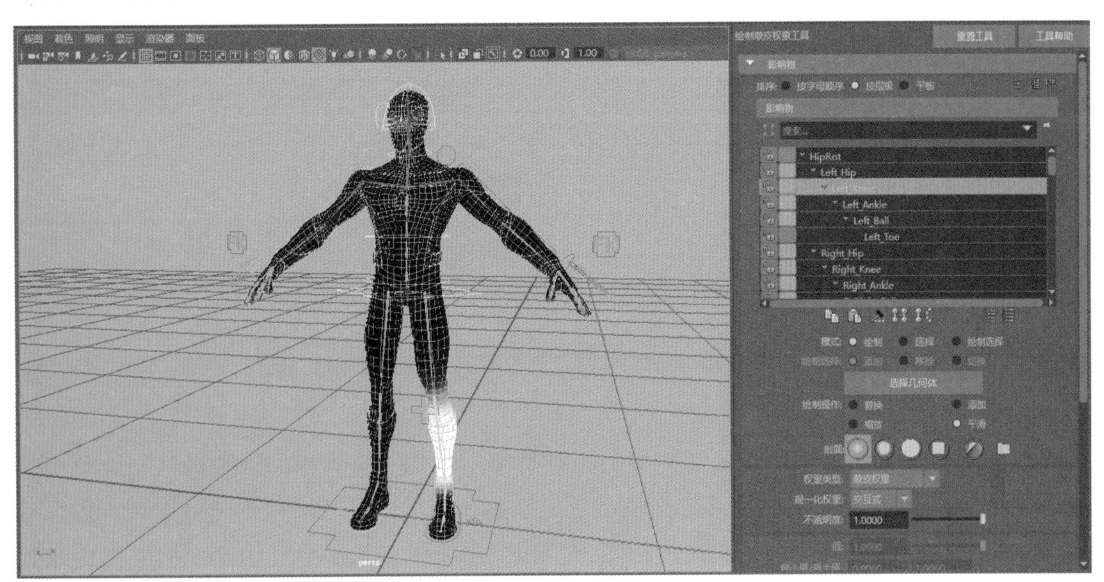

图 7-35

04 通过移动控制器来查看角色的蒙皮效果，然后对不满意的蒙皮效果进行权重编辑。角色蒙皮后或多或少都会产生一些问题，我们可以通过“绘制蒙皮权重工具”中的笔刷绘制操作对权重进行编辑，如图 7-36 所示。

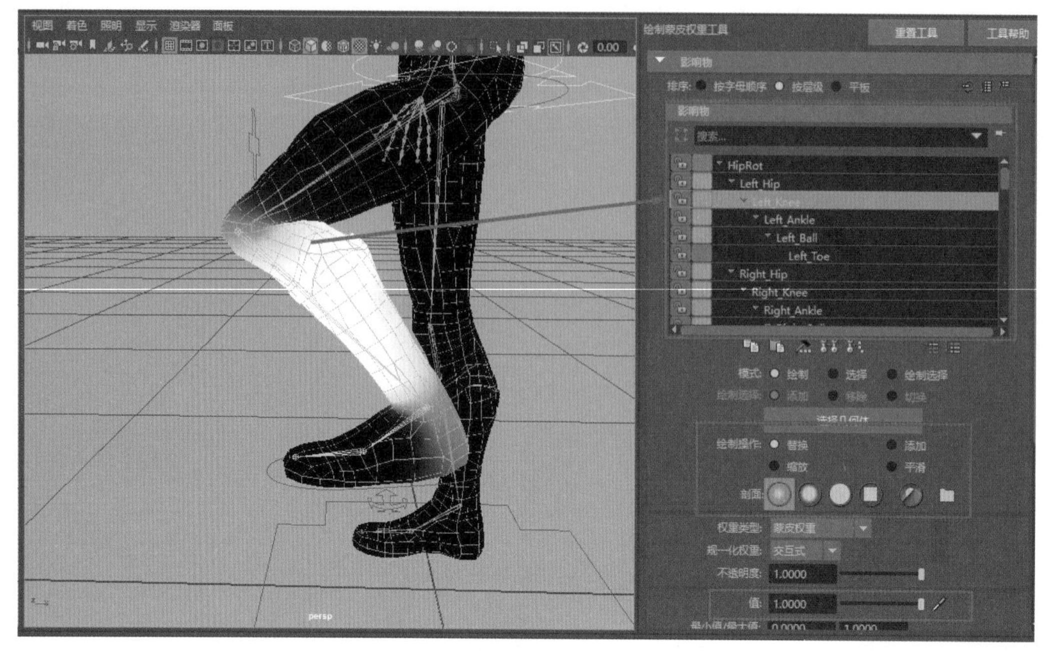

图 7-36

> 提示
>
> 按住 B 键并滑动鼠标左键，调整绘制权重笔刷的大小。

角色骨骼绑定系统完成后，接下来就是绘制编辑角色权重了，这也是绑定的工作范畴。因为权重编辑的好坏直接决定模型与绑定系统的完美匹配，所以说权重编辑至关重要。权重编辑一定要合理。粉刷权重时，一定要注意，每一个关节在运动的时候都不能出现错误，一定要注重细节，否则就会影响角色的动画效果。

那么如何编辑权重呢？这里介绍两种常用的编辑权重的方法。

> 提示
>
> 编辑角色权重之前，通常都是先利用控制器摆个 POSE（姿势）造型，编辑好权重后，再把控制器恢复到初始状态。

方法一：绘制蒙皮权重工具

选中蜘蛛侠角色手指模型，然后单击鼠标右键，选择“绘制蒙皮权重工具”命令，如图 7-37 所示。这时会发现模型会立即呈现黑白显示。这里白色区域代表完全控制，黑色区域代表不受控制，灰色区域代表过渡控制。绘制蒙皮权重工具主要利用笔刷绘制黑色或者白色来影响权重的大小范围。详情请参看提供的微课视频教程。

方法二：组件编辑器

在顶点编辑模式下选中蜘蛛侠角色手指模型的点，执行“窗口”菜单下“常规编辑器”下拉菜单中的“组件编辑器”命令，可以利用它来快速编辑蒙皮权重。虽然最常用的是方法一所介绍的笔刷绘制权重法，但是有的时候用笔刷绘制很难找到相应的黑白颜色显示，这时就要用组件编辑器编辑。打开“组件编辑器”并找到“平滑蒙皮”选项，然后在“组件编辑器”里寻找蒙皮点应该归属于哪根骨骼。正常情况下，骨骼对蒙皮点的最大影响力为“1”，最小影响力为“0”。在 Smooth Bind（光滑蒙皮）方式下，一个蒙皮顶点可以同时受到多根骨骼的影响，因此在骨骼交接位置，蒙皮顶点的影响力（即权重值）多为 0 和 1 之间的小数。从数值的大小能够看出权重范围。“组件编辑器”里面哪个数值最大，就代表模型权重受哪一根关节的影响控制最大。保留数值最大的单元格，在其他单元格中直接输入 0 即可，如图 7-38 所示。详情请参看提供的微课视频教程。

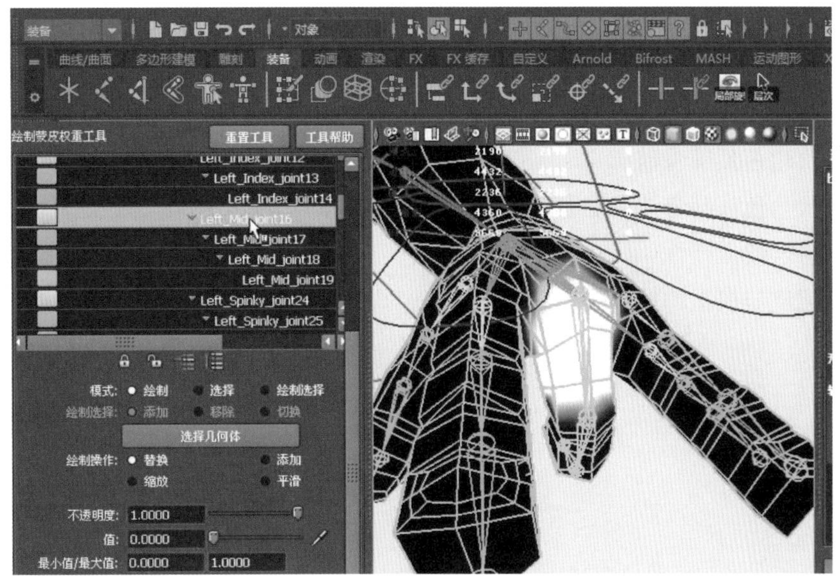

图 7-37

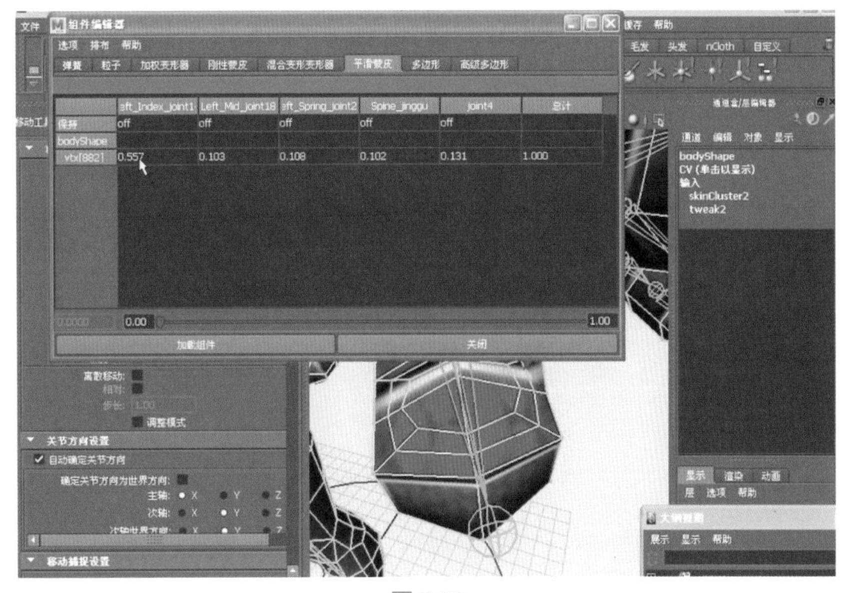

图 7-38

在 Maya 软件内部，通常编辑权重就是使用这两种方法，最常用的是“绘制蒙皮权重工具”，比较高级的则是在“组件编辑器”中输入数值影响权重。用“组件编辑器”编辑权重相对比较快，用“绘制蒙皮权重工具”绘制相对比较慢。

角色绑定系统就是这么简单，主要分为 4 部分（下肢、躯干、上肢和头部），然后与一个总控建立关系，再编辑好模型的蒙皮权重，就大功告成了。

本章总结

通过对蜘蛛侠头部骨骼绑定案例的学习，应重点掌握的知识点如下：

1. 头部骨骼绑定的制作思路。
2. 认识头部、颈部的重要绑定骨骼。
3. 蜘蛛侠角色颈部骨骼绑定。
4. 蜘蛛侠角色头部骨骼绑定及眼睛部位绑定设置。
5. 全局整理的重要性。
6. 角色蒙皮与权重编辑技巧。

第 8 章

HumanIK绑定技术

本章学习目标

1. 了解 HumanIK 角色绑定系统
2. 掌握 HumanIK 绑定系统创建流程
3. 掌握 HumanIK 动画移植功能
4. 掌握 HumanIK 角色绑定技术应用

本章重点学习如何使用 HumanIK 绑定系统对蜘蛛侠角色进行绑定，介绍 HumanIK 绑定系统与 HumanIK 创建流程，以及重定目标动画移植功能。通过对蜘蛛侠绑定案例的学习，读者将熟练掌握 HumanIK 绑定技术的高级应用。

8.1 HumanIK 角色绑定系统

8.1.1 HumanIK 角色绑定系统概述

从 Maya 2011 版本起，原有的 FBIK（全身反向动力学）系统就已升级为 HIK（人类角色反向动力学）系统。HumanIK 工具提供了完整的角色关键帧设置环境，其中有全身和身体部位关键帧设置和操纵模式、辅助效应器和枢轴以及固定，如图 8-1 所示。

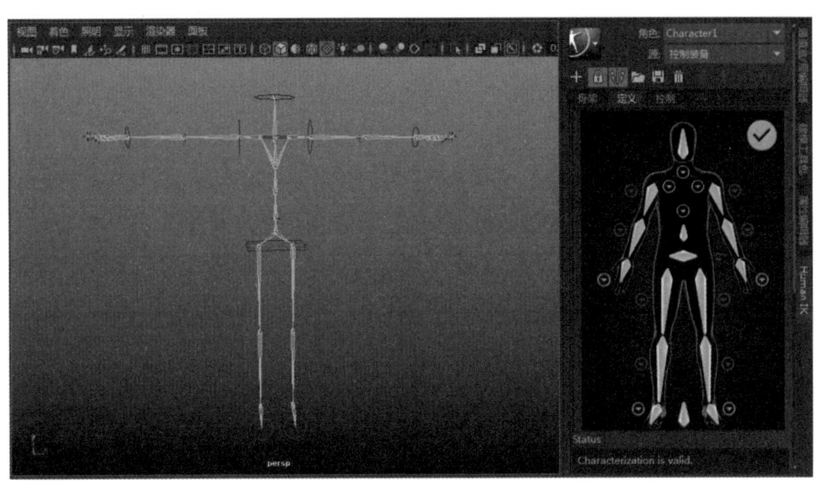

图 8-1

HumanIK 角色绑定系统（HIK）提供了重定目标引擎（动画移植）功能，利用该功能可以轻松在不同大小、比例和骨架层次的角色之间对动画进行重定目标，如图 8-2 所示。该功能不仅适用于人类角色，还可以运用于四足角色。

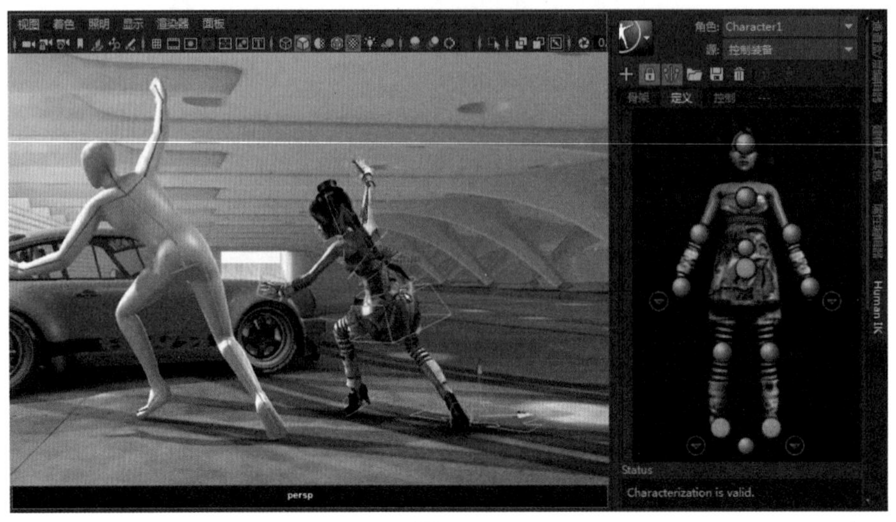

图 8-2

与过去 Maya 中内置的 FBIK 系统相比，HIK 简化了很多流程，并且可以快速地将用户自定义的骨架加入到 HIK 解算系统中。HIK 使用黄色的 FK 骨架图形来代替过去的 FK 关节，可以直接在场景中进行控制，而不需要像传统 FBIK 那样进行 FK 和 IK 模式的切换，使 FK 和 IK 的无缝切换有了崭新的控制方式。事实上，FK 控制器的动画效果也就是最后的关节动画效果，只不过它可以同时通过效应器的移动和自身的旋转来实现相同的动画。它的最终动画效果是由自身的旋转动画和效应器的吸附程度决定的。HIK 的动画设置方法和 FBIK 大同小异，所不同的是，HIK 支持 Autokey（自动设置关键帧）功能，动画曲线的调节也更加直观。

Maya 的 HumanIK 工具已与其他 Autodesk 应用程序保持一致，可以在动画流程中的应用程序之间传递角色资源。例如，在 Maya 中创建和绑定角色时，可以使用“发送到”（Send to）命令在 Maya 和 MotionBuilder 之间传递 HumanIK 角色数据，这意味着不再需要将角色从 Maya 导出 FBX 格式即可将角色导入 MotionBuilder，如图 8-3 所示。将绑定发送到 MotionBuilder 进行运动数据捕捉，然后使用 Maya 中的层动画继续细化动画。

若要在 Maya 的“文件”（File）菜单中查看“发送到 MotionBuilder”（Send to MotionBuilder）命令，必须安装 MotionBuilder 的等效版本。

相信 HumanIK 将会成为一个很流行的角色动画绑定系统。

提示

HumanIK 在 Maya 中作为自动载入插件提供。如果需要手动加载 HumanIK，请使用插件管理器（通过“窗口→设置/首选项→插件管理器”（Window → Settings/Preferences → Plug-in Manager））选择 MayaHIK 插件。

若要对 Maya 中的动画重定目标，每个角色必须有 HumanIK 骨架定义。使用“角色控制”（Character Controls）中的“定义”（Definition）选项卡创建并锁定骨架定义。

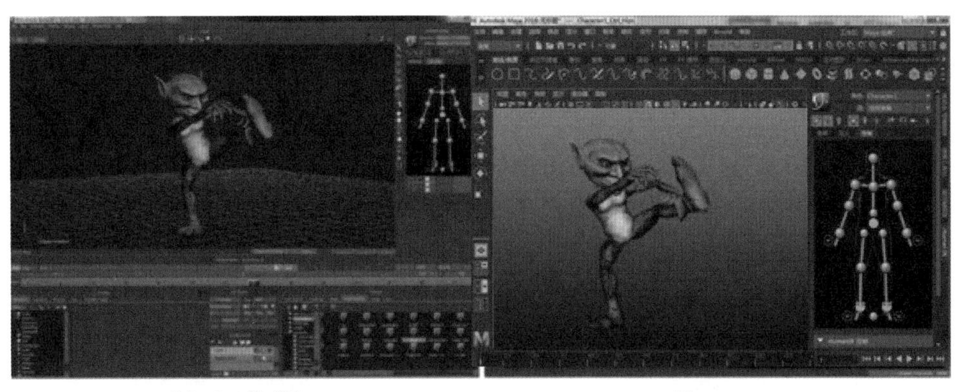

图 8-3

8.1.2 HIK 系统创建流程

（1）启用 HIK 面板。在 Skeleton（骨架）菜单下，选择 HumanIK，进入 HIK 系统的创建面板，如图 8-4 所示。如果 Maya 不包含 HIK 系统，则需要在插件管理器中加载 mayaHIK.mll。

（2）创建 HIK 骨架。如果场景中还没有任何 HIK 系统，则单击 Skeleton 即可创建一套骨骼。

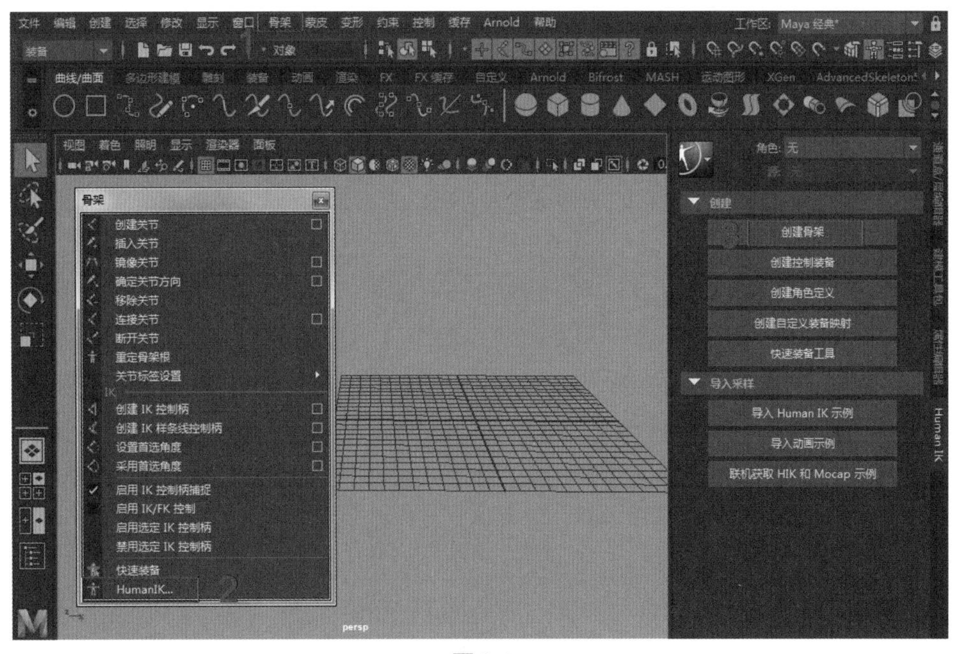

图 8-4

（3）调整比例。HIK 系统的骨架，默认是以 1.8m（Maya 中的场景数值为 180cm）左右的角色身高为基础的，对于通常以 1 ：100（模型：实际）为比例的三维动画而言显得巨大，因此需要将“角色比例”数值设置为 0.01，如图 8-5 所示。

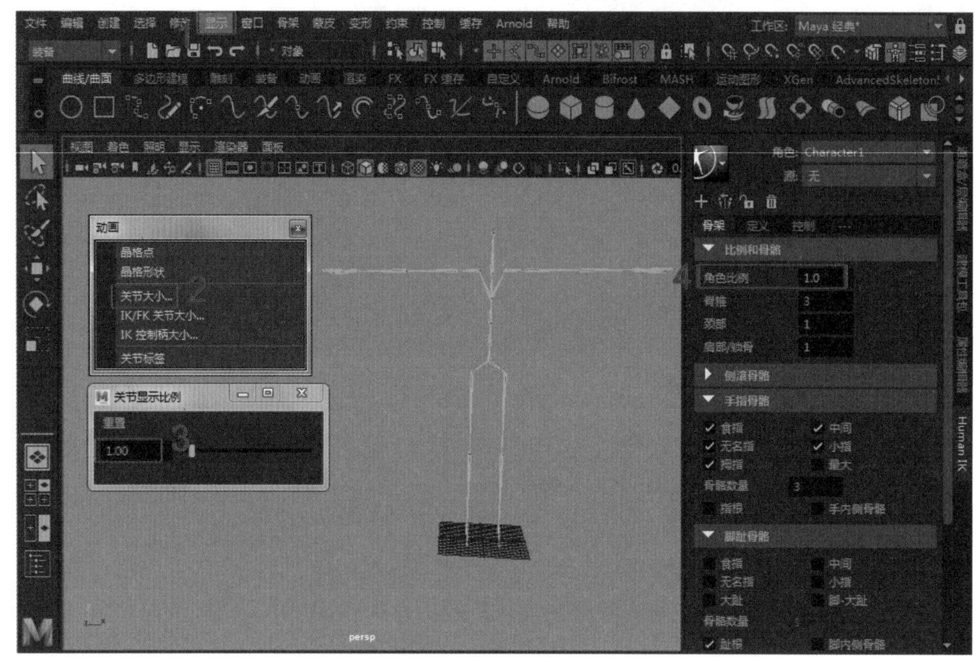

图 8-5

提示

数值会在骨架比例发生变化后自动恢复到 1，用户可根据场景比例进行 HIK 骨架的任意缩放。

游戏通常都会匹配现实的单位比例，此时的骨架需要调整的范围则不会太大。

8.1.3 HumanIK 角色结构

1. HumanIK 角色

每个要在重定目标流程中使用的角色必须设置为 HumanIK 角色。若要作为 HumanIK 角色运行，角色必须具有有效的骨架定义，映射出它的骨架结构。

为使 HumanIK 将生物机械模型应用于角色，需要使用 HumanIK 为内置的映射创建默认 HumanIK 骨架（创建和定义 HumanIK 骨架），或将 HumanIK 可以识别的节点映射到角色现有骨架中的关节（为 HumanIK 定义现有骨架）。如果映射现有骨架，则必须映射 HumanIK 所需的全部 15 个节点，这样即可标识角色骨架的主要元素。如果未为这 15 个必需节点提供映射，则无法在运行时使用 HumanIK 控制角色。在“角色控制”（Character

Controls）中，只有成功映射所有必需节点后才能保存或锁定。

强烈建议读者同样尽可能多地将角色骨架中的其他骨骼映射到其他 HumanIK 可选节点，这样将提高 HumanIK 在运行时构建的姿势的质量和可信度。以下内容提供了一些有关如何确定应将哪些骨骼映射到哪些节点的指导。

提示

如果尚未构建角色骨架并计划使用 Maya 的“骨架生成器”（Skeleton Generator）进行该操作，则不必通过明确映射角色关节来定义角色结构。

2. 必需节点

HumanIK 解算器所需的 15 个节点会显示在“角色”（Character）视图的全身布局中，并一同分组在“名称匹配”（Name Match）视图的“必需”（Required）组中，如图 8-6 所示。

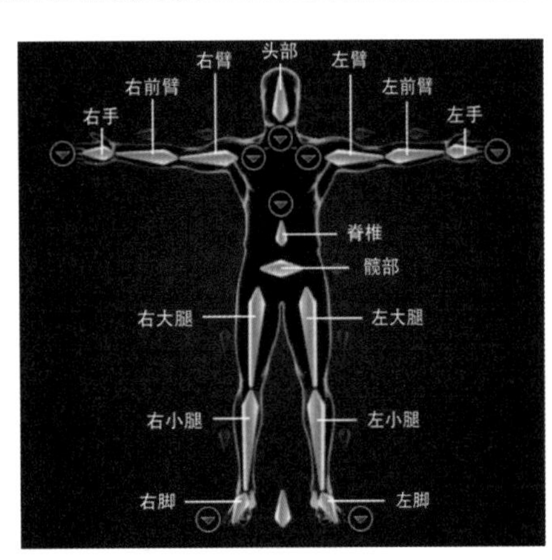

图 8-6

这些必需节点可标识角色骨架中的主要关节：踝关节、膝关节、髋关节、脊椎底部关节、肩关节、肘关节、腕关节和头部关节。找出骨架中哪个关节将映射到这些节点，如表 8-1 所示。

表 8-1

节　点	映 射 到
髋部	角色的脊椎和腿部链的父对象的关节
左大腿和右大腿	角色的大腿中的第一个关节
左小腿和右小腿	角色的小腿中的第一个关节
左脚和右脚	从角色的踝部延伸到脚的第一个关节
脊椎	脊椎中的第一个关节，位于映射到髋部节点的关节之上。表示脊椎底部
左臂和右臂	角色的上臂中的第一个关节
左前臂和右前臂	角色的前臂中的第一个关节
左手和右手	从角色的腕部延伸到手的第一个关节
头部	角色的脊椎中的最后一个完整的关节，不是头顶，而是颈部链中最后一个完整的关节。这通常是控制头部蒙皮的关节

提示

全身布局中还显示两个可选节点：参照节点和髋部转换节点。有关这些可选节点的详细信息，请参见下面的“特殊节点”部分的介绍。

3. 脊椎节点和颈部节点

HumanIK 解算器最多可支持 9 个其他脊椎节点（Spine1~ Spine9）以及 10 个颈部节点（Neck 以及 Neck1~ Neck9）。自下而上对这些节点进行编号，越靠近髋部，编号就越小；越靠近头部，编号就越大。

（1）将角色的脊椎中的第一个关节映射到必需的脊椎节点。

（2）将角色的脊椎中的每个后续关节都映射到下一个可用的脊椎节点（Spine1、Spine2、Spine3 等），直到到达角色的锁骨或肩部关节处与脊椎相连接的点为止。HumanIK 假定手臂已连接到脊椎中定义的最后一个节点。

（3）将未映射到脊椎节点的角色的脊柱中的第一个关节映射到颈部节点。

（4）将位于已映射到颈部节点和头部节点的关节之间的每个后续关节映射到下一个可用的颈部节点（Neck1、Neck2、Neck3 等）。定义脊椎或颈部节点时不能跳过编号。例如，如果 Spine1 和 Spine2 节点为空，则不能将骨骼映射到 Spine3。

4. 手节点和脚节点

手和脚在 HumanIK 中完全等效，每只脚和每只手均可包含相同类型的关节。但是，需要单独定义角色的每只脚和每只手，这使得每个角色内更为复杂。例如，一个海盗角色可以有一条脚踝以下没有任何关节的木制假腿、一根脚趾；有一个关节，但关节连接和脚趾不完整的穿靴的脚；一只关节完整的手和一只缺少几根手指的残疾手。

5. 手指节点和脚趾节点

通过“角色控制”（Character Controls）中的“定义”（Definition）选项卡，可以为每只脚和每只手最多配置 6 个脚趾或手指。人类的 5 个手指通常分别称为拇指、食指、中指、无名指和小指，5 个脚趾通常分别称为大趾、二趾、中趾、四趾和小趾。HumanIK 还支持使用额外的第 6 个脚趾或手指（称为附加脚趾或手指）。但是，剩余手指的关节以及右手、左脚和右脚的关节都会遵循相同的命名约定。

（1）每个手指和脚趾最多可以包含 4 个主要关节，标识为 1、2、3 和 4。映射这些手指节点或脚趾节点时不能跳过编号。例如，在没有映射 LeftHandIndex1 和 LeftHandIndex2 这两个节点的情况下不能映射 LeftHandIndex3 节点。

（2）为达到特殊效果，每个手指还提供了其他附加手内侧关节（LeftInHandPinky 和 LeftInHandThumb）。可以选择这些节点，也可以忽略这些节点。这些可选手内侧关节被忽略时，手指的第一个关节将直接附加到指根节点（LeftHandFingerBase）。指根节点同样被忽略时，所有手指将直接附加到所需的腕部节点。

（3）无论是否存在指根节点，拇指都将始终直接连接到腕部节点。

（4）定义角色的手指和脚趾时，通常建议将每个手指尖和脚趾尖映射到节点。此操作在操纵手指或脚趾 IK 效应器时尤其有用。

6. 指根节点和趾根节点

可选指根节点和趾根节点在角色的手和脚内侧提供了关节，这些关节位于手指和脚趾的弯曲点。每个脚趾或手指不需要完整的关节连接，但在指关节处弯曲手或脚可增加真实感的情况下，这些节点的使用最频繁。例如，对穿有闭合鞋的角色而言，即使未为各个脚趾定义任何节点，通过趾根节点，脚同样可以在趾根处像铰链一样弯曲。

7. 特殊节点

除上面讨论的节点以外，HumanIK 还支持以下节点以达到特殊效果。

1）肩部节点和附加肩部节点

HumanIK 在身体的每一侧都提供了两个肩部节点，这有助于在手臂旋转和抬起时模拟人体肩部的移动。

通常，骨架会包含需要映射的左臂骨骼节点或右臂骨骼节点，可以将这些骨骼映射到左肩节点、右肩节点、附加左肩节点和附加右肩节点。必须首先映射肩部节点；如果已映射左肩节点，则只能映射附加左肩节点。

2）侧滚节点

通过侧滚节点，可以为角色的上臂、下臂、大腿和小腿映射骨骼。HumanIK 解算器将侧滚旋转应用于具有一个子侧滚节点的节点时，就会从父节点提取该侧滚节点的百分比，并将其应用于子侧滚节点，此过程称为侧滚提取。侧滚提取模拟两足动物、四足动物的手臂和腿围绕其轴旋转的实际方式，通过从更合适的位置继续沿着肢体方向控制蒙皮变形，可大大提高为蒙皮角色创建的动画的真实感。

3）参照

此节点旨在用作角色的整体平移、旋转和缩放的可选存储库。可将其视为角色的髋部的抽象父对象。

在大多数情况下，无须使用参照节点。参照节点主要用于某些特定的情况，例如：

（1）模型的髋部包含定义了角色的整体平移、旋转和缩放的父对象时。在这种情况下，使用参照节点可以方便地将数据从父对象同步到 HumanIK。

（2）进行动画重定目标时，可以指示 HumanIK 强制目标角色精确地遵循源角色的移动比例。在这种情况下，使用参照节点是修改目标角色的整体平移、旋转和缩放的唯一方法。

4）HipsTranslation

该节点用作平移角色髋部的独立存储库。如果要针对角色定义该节点，且 HumanIK 解算器需要偏移角色“髋部”（Hips）节点的平移，则结果平移将存储回映射到 HipsTranslation 节点的骨骼中，而不是存储在映射到髋部节点的骨骼中。

默认情况下，即使已定义 HipsTranslation 节点，仍会将髋部的旋转存储在“髋部”（Hips）节点中。但是，可以将 HumanIK 配置为将髋部的旋转存储在髋部转换节点中。也可以使用髋部转换节点将源角色的轨迹重定目标到目标角色。

8.1.4 控制装配、效应器和枢轴

1. 为控制装配设定关键帧

为角色控制装配设定关键帧涉及对多个效应器及其特性的选择。在角色控制（Character

Controls）中，可以在控制选项卡工具栏中选择“设置关键帧模式”按钮，以快速设置一次是要操纵和设置单个效应器（选择）、效应器的逻辑组（身体部位），还是所有效应器（全身）。

为控制装配设定关键帧时，可以根据当前设置的关键帧模式和其他选项，在效应器的逻辑组上快速设置关键帧。关键帧一旦设置完成，即可在“曲线图编辑器”（Graph Editor）、“摄影表”（Dope Sheet）和“时间滑块”（Time Slider）中查看和操纵关键帧组。

2. 效应器固定

如果使用控制装配来操纵角色，则可以固定效应器，以便限制身体移动并影响其他关节相对于固定效应器的行为方式。这种方法可用于选择性地操纵角色部位，而不会影响整个层次。

例如，如果固定两个腕部和踝部的平移和旋转，则可以看到无论如何移动角色身体，手腕都保持在原来的位置。

3. 辅助和枢轴效应器

可以将辅助对象添加到角色的控制装配效应器，以便为角色提供另一级别的 IK 控制。有两种类型的辅助对象：效应器和枢轴。

辅助效应器可在多种情况下提供其他级别的 IK 控制，例如：

（1）确保角色手臂总是能达到并朝向支撑（例如武器）。

（2）稳定角色的脚，使它们不会在地板上滑动。

（3）若要执行该操作，可以为主 IK 脚效应器创建辅助效应器，然后将辅助效应器放置于地板上脚滑动的位置。将“IK 融合”（IK Blend）值定义为最大（达到 100%）。

（4）播放录制时，脚效应器达到并朝向位于脚开始滑动的帧上的辅助效应器，且 IK 融合平移（IK Blend T）和 IK 融合旋转（IK Blend R）滑块随动画播放而移动。

枢轴效应器可用于快速定义，以及为 IK 控制装配效应器的多个旋转枢轴点设定动画。可以将枢轴点用于任何角色动画，这些枢轴点特别适用于使用多个旋转点来操纵角色的脚或手的情况。

例如，通过在角色的脚中为 IK 效应器创建多个枢轴效应器，脚可以围绕多个独立的枢轴点进行旋转，以创建自然的循环行走效果。设定关键帧时，可以在枢轴点之间切换，从而使脚围绕踝部、脚跟、脚趾根部、脚趾尖部甚至脚侧面进行旋转。

枢轴效应器基于其创建 IK 效应器的位置而设立，因此在场景中没有独立的位置。可以将它们作为子控件，用于从不同有利点操纵 IK 效应器。旋转任意枢轴也会对效应器产生影响，类似于对效应器自身进行操纵。

8.2 设置 HumanIK 角色

1. 打开 HumanIK 角色设置工具

打开“角色控制”（Character Controls）并执行下列任一操作：

选择“骨架”→ HumanIK（Skeleton → HumanIK）命令。

选择“窗口”→“动画编辑器”→ HumanIK（Window → Animation Editors → HumanIK）

2. 创建 HumanIK 骨架定义

若要在 HumanIK 设置关键帧或重定工作流目标中发挥作用，角色需要骨架定义。创建骨架定义是映射角色骨架的结构的过程，目的是使 HumanIK 解算器可以理解它。

HumanIK 角色设置的方法取决于是否要使用现有骨架。

3. 为 HumanIK 准备现有骨架

在使用“定义”（Definition）选项卡将角色骨架中的骨骼映射到 HumanIK 解算器理解的节点之前，必须将角色设置为基本的 T 形站姿，以便为 HumanIK 提供有关角色骨架和关节变换比例的重要信息。

角色的 T 形站姿必须尽可能与以下的描述和示例相匹配，以便反向运动学和重定目标解算器为角色生成精确的结果。如果未正确配置 T 形站姿，那么解算器会将全部操作基于错误数据之上，并很可能产生歪斜、古怪或意想不到的姿势。

T 形站姿有以下要求：

（1）角色必须面向 Z 轴的正方向。

（2）手臂必须沿 X 轴扩散。因此，左臂应指向 X 轴的正方向。

（3）角色的头顶必须向上，并位于 Y 轴的正方向上。

（4）角色的手应展平，手掌朝向地面，拇指平行于 X 轴。

（5）角色的脚需要垂直于腿（脚趾指向 Z 轴方向，如图 8-7 所示）。脚不得绕 Y 轴旋转（即左脚脚趾不应向内朝向右腿，也不应向外远离右腿）。

（6）典型的 T 形站姿，如图 8-7 所示。

图 8-7

HumanIK 可用于控制四足动物以及两足动物。如果为四足动物的角色创建特征，就必须将角色骨架设置为如图 8-7 所示的相同的 T 形站姿。尽管此两足动物 T 形站姿对于四足动物而言有些古怪，但必须将角色设置为两足动物姿态，才能确保 HumanIK 可以正确地设置角色骨架的比例。

4. 创建和定义 HumanIK 骨架

例如，如果现有角色模型需要一个骨架，请执行以下步骤。

打开“角色控制”（Character Controls）（“骨架”→ HumanIK（Skeleton → HumanIK）），然后执行下列任一操作来创建新的 HumanIK 骨架定义和骨架。

（1）单击“开始”（Start）窗格的“创建”（Create）区域中的“骨架”（Skeleton）按钮。

（2）选择→“创建”→“骨架”（Create → Skeleton）命令。具有有效骨架定义的默认骨架将显示在场景中。

（3）选择→“编辑”→“定义”→“重命名”（Edit → Definition → Rename）命令，对角色重命名。

（4）使用各种骨骼和关节设置来调整骨架，使其适合角色结构。

提示

如果要将默认骨架绑定到现有模型，请加载模型并使用“角色比例”（Character Scale）滑块以交互方式调整默认骨架的比例，直到其大致匹配模型的大小。

如果默认骨架比例与角色并非完全相符，请根据需要平移并旋转骨骼，直到适合角色为止。

例如，如果角色的肢体比默认生成的骨架更长或更短，请选择生成的骨架肢体并对其进行平移，直到适合角色为止。（请记住，无论角色的比例如何，都必须在 T 形站姿中进行定义，面向正 Z 轴，Y 轴向上，且手臂与 X 轴对齐。）

完成定义骨架后，可以选择→“创建”→“控制装配”（Create → Control Rig）命令来创建控制装配。该操作会自动锁定骨架定义。

5. 为 HumanIK 定义现有骨架

完成角色映射过程主要有两种方法，具体取决于是否为角色的骨骼使用标准命名决定。

对于这两种方法，可以按如下方式做好准备：加载骨架。在尝试创建定义之前，请确保已遵循为 HumanIK 准备现有骨架中的指导方针，并且已按照 HumanIK 角色结构中所述的内容对角色进行设置。

打开“角色控制”（Character Controls）（“骨架”→ HumanIK（Skeleton → HumanIK））命令，然后执行下列任一操作来创建新的 HumanIK 角色。

单击“开始”（Start）窗格的“定义”（Define）区域中的“骨架”（Skeleton）按钮。

选择→“定义”→“骨架”（Define → Skeleton）命令。

（可选）若要重命名角色，请选择→“编辑”→“定义”→“重命名”（Edit →

Definition → Rename）命令。

请选择下列方法之一来映射角色的结构：

1）手动映射骨骼

开始将骨骼映射到“角色”（Character）视图：从“定义”（Definition）选项卡转到骨架，在“角色”（Character）视图中双击单元（单元在单击时将变为蓝色），然后单击场景中对应的骨骼（例如，还可以在“大纲视图”（Outliner）或“超图节点编辑器”（Hypergraph）中选择骨骼）。

从骨架转到“定义”（Definition）选项卡：选择骨骼，然后在“角色”（Character）视图中的相应单元上右击，然后选择“指定选定骨骼”（Assign Selected Bone）命令。“角色”（Character）视图中的骨骼将变为绿色，以指示每个有效的骨骼。

提示

如果已使用标准的左/右命名约定并启用“镜像匹配”（Mirror Matching）选项，且映射（例如）右腿的骨骼，该工具将自动映射左腿的骨骼。

继续映射，直到定义完所有需要的骨骼为止。映射所有必需的骨骼之后，验证状态指示器将变为绿色，如图8-8所示。

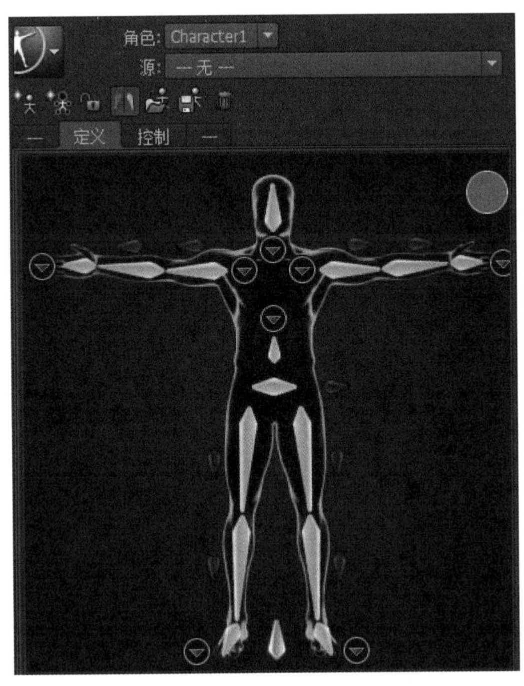

图8-8

（可选）展开“角色”（Character）视图的附加区域，可以映射其他可选关节（如其他脊椎关节或侧滚骨骼）。

（可选）映射引用骨骼。

提示

映射引用对象是可选操作，但强烈建议执行该操作。

若要快速创建引用对象，请创建一个定位器（“创建”→“定位器”（Create→Locator）），并将该定位器设置为角色骨架层次的根的父对象。然后，可以将该定位器映射为角色的“引用”（Reference）。

2）根据命名模板自动映射骨骼

选择要指定的第一个骨骼。

单击“定义”（Definition）选项卡工具栏中的“加载骨架定义”（Load Skeleton Definition）按钮。

在出现的“加载骨架定义”（Load Skeleton Definition）窗口中，从“模板”（Template）下拉列表中选择要应用的命名模板。

默认情况下，该列表包含“角色控制”（Character Controls）提供的所有模板以及已创建的任何模板。若要导航并选择未列出的模板，请单击“浏览”（Browse）按钮。

例如，如果角色关节是根据 HumanIK 命名约定（在名称匹配视图中已列出）命名的，则可以使用 HIK 模板自动完成映射过程。

提示

可以选择“编辑”→“定义”→“加载骨架定义”（Edit→Definition→Load Skeleton Definition）以应用自己的命名模板。

如果要限制模块仅与骨架中的骨骼子集匹配，请选择这些骨骼。

设定名称匹配的范围。

选择“使用前缀匹配所有骨骼”（Match all bones with prefix）选项，可以映射其名称中包含该字段中显示的前缀以及映射模板中所含后缀的所有骨骼。建议的前缀是从选定的骨骼中获取的。如果建议的前缀与要定义的骨架使用的前缀不匹配，则可以更改该前缀。选择“仅匹配选定的骨骼”（Match only selected bones）选项，以限制后缀仅与选定的骨骼匹配。

单击“确定”按钮。

6. 导入或导出 HumanIK 骨架模板

在“角色控制”（Character Controls）中设置骨架时，可以导出关节位置的模板，然后重复使用该模板来创建其他类似的骨架。

1）导出 HumanIK 骨架模板文件

在“角色控制”（Character Controls）中，选择→“编辑”→“骨架”→“导出模板”（Edit→Skeleton→Export Template）命令。

在出现的“导出模板”（Export Template）窗口中，输入文件名，然后单击“保存”

（Save）按钮。

关节的全局转换数据作为文本文件，保存在用户在“导出模板”（Export Template）窗口中选择的位置。

2）导入 HumanIK 骨架模板文件

加载或创建默认的骨架。

在“角色控制”（Character Controls）中，选择 → “编辑” → “骨架” → “导入模板”（Edit → Skeleton → Import Template）命令。

在显示的“导入模板”（Import Template）窗口中，选择之前保存的 .hik 模板文件，然后单击“打开”（Open）命令。

创建或加载的骨架将更新为使用模板文件的关节位置。

7. 定义侧滚骨骼行为

通过“属性编辑器”（Attribute Editor）中的侧滚骨骼控件，可以定义在旋转角色的肢体时希望角色的侧滚骨骼有何行为。

定义侧滚骨骼行为的步骤如下：

在“角色控制”（Character Controls）中，确保将要处理的角色选择为当前角色。

选择 → “编辑” → “定义” → “编辑特性”（Edit → Definition → Edit Properties）命令。

在“属性编辑器”（Attribute Editor）中的 HIKProperties 选项卡上，展开“侧滚和俯仰”（Roll & Pitch）选项。

对于为角色定义的每个侧滚骨骼，请使用“侧滚”（Roll）滑块来定义旋转关联的角色肢体时，每个目标侧滚骨骼受影响的程度。

例如，现已定义了一个“左前臂侧滚”（Left Forearm Roll）骨骼，“左肘侧滚”（Left Elbow Roll）特性控制左前臂侧滚和肘部之间的分布。将“左肘侧滚”（Left Elbow Roll）滑块设定为 0.500，表示在旋转左臂时，左前臂和左肘侧滚之间将分布 50% 的左肘侧滚。

如果没有“左前臂侧滚”（Left Forearm Roll）骨骼，则“左肘侧滚”（Left Elbow Roll）会控制左手和肘部之间的分布。

> 提示
>
> 如果没有为当前角色定义侧滚骨骼，则相关联的“侧滚”（Roll）滑块不可编辑。

8. 激活并配置镜像匹配

典型两足动物骨架中的多个骨骼由身体反面中的另一骨骼镜像而成。例如，右上臂由左上臂镜像，右脚由左脚镜像。许多骨架命名约定除了指示该骨架位于角色的右侧或左侧以外，还会将相同的名称指定给这些已镜像的骨骼。例如，右前臂为 Character_R_ForeArm，左前臂为 Character_L_ForeArm。

如果骨架中使用的命名约定遵循该标准类型，则可以使用镜像匹配模式，以自动映射已镜像的骨骼。

激活镜像匹配模式，执行下列操作之一：

选择→“编辑”→“定义”→“镜像匹配”（Edit → Definition → Mirror Matching）命令。

在“定义”（Definition）选项卡工具栏中单击。

在身体的反面使用镜像映射骨骼时，该工具将检查选定骨骼的名称，查看它是否包含通常用来指示骨骼位于身体左侧或右侧的任何子字符串的预设列表。如果它找到这些子字符串之一，则会查找另一个与当前骨骼具有相同子字符串，但其镜像对子字符串与身体另一侧对应的骨骼。如果在骨架中找到该骨骼，则该骨骼将自动映射到身体另一侧对应的节点中。

例如，如果将右肘节点映射到名为Character_R_ForeArm的骨骼，则“定义”（Definition）选项卡工具栏会将R_ 替换为L_，并将名为Character L_ForeArm（如果存在）的骨骼映射到左肘节点。

如果在骨骼命名约定中使用不同的子字符串来指示身体的左侧和右侧，则可以将新的子字符串对添加到“角色控制”（Character Controls）检查过的列表中。

配置镜像匹配中使用的子字符串对的步骤如下：

选择→“编辑”→“定义”→“配置镜像匹配”（Edit → Definition → Configure Mirror Matching）命令，以打开“镜像配置”（Mirror Configuration）窗口。

该窗口包含当前为镜像匹配模式配置的所有子字符串对列表。

在“镜像配置”（Mirror Configuration）窗口中，执行以下任一操作：

若要添加新的子字符串对，请单击 + 号按钮，将新行添加到该表中。在新行中，为身体的左侧和右侧输入子字符串。

若要移除子字符串对，请在表中选择要移除的行，并单击 - 号按钮。

配置完子字符串对之后，请单击“确定”按钮。

9. 创建控制装配

拥有包含有效骨架定义的骨架后，即可为角色创建控制装配。角色必须具有控制装配才能制作重定目标的动画。

> 提示
>
> 在“角色控制”（Character Controls）中选择“控制装配”（Control Rig）或其他角色作为其源时，将自动为角色创建控制装配，无须手动创建装配。

1）创建控制装配

加载具有有效骨架定义的HumanIK角色。打开“角色控制”（Character Controls）。

从“角色”（Character）菜单中选择HumanIK角色并执行下列操作之一：

从“源”（Source）菜单中选择“控制装配”（Control Rig）命令。

单击→“创建”→“控制装配”（Create → Control Rig）命令。

“控制”（Controls）选项卡将显示在“角色控制”（Character Controls）窗口中。

控制装配效应器是基于角色骨架的结构创建的（在“定义”（Definition）选项卡中定义）。

2）更改现有控制装配效应器的默认外观

在“角色控制”（Character Controls）中，选择 → “编辑” → “控制装配” → “装配外观”（Edit → Controls → Rig Look）命令，然后选择所需的效应器类型，如图 8-9 所示。

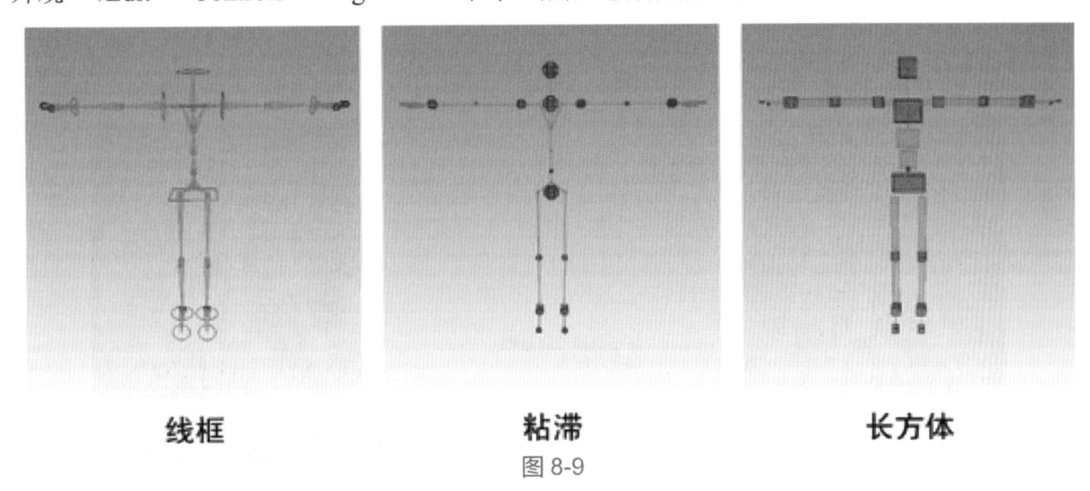

图 8-9

10. 添加辅助和枢轴效应器

可以将辅助和枢轴效应器添加到角色的控制装配中，以提供其他级别的 IK 控制柄。

若要添加辅助或枢轴效应器，应在“控制”（Controls）选项卡的“角色”（Character）选项中，在 IK 控制装配效应器单元上右击，如图 8-10 所示。

在显示的菜单中，选择“创建辅助效应器”（Create Aux Effector）或“创建枢轴效应器”（Create Pivot Effector）命令，结果如图 8-11 所示。

辅助或枢轴效应器位于相同的位置，并作为相应的 IK 效应器旋转。

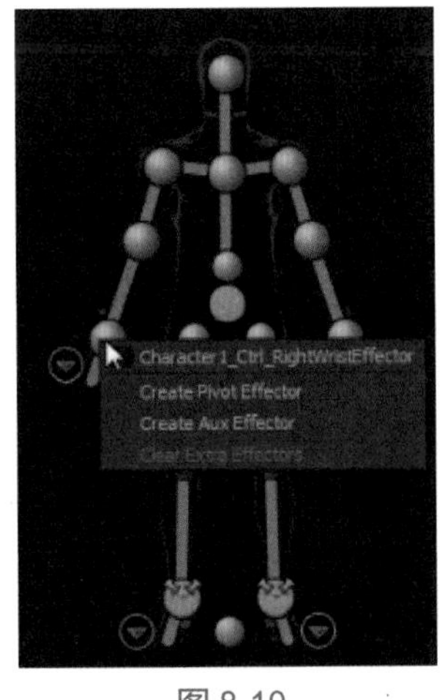

图 8-10

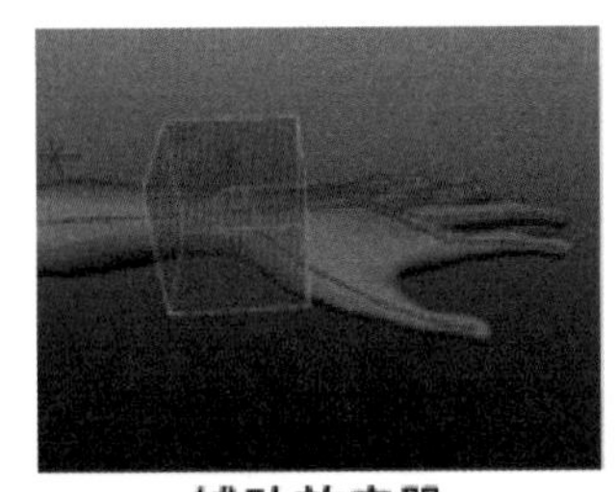

辅助效应器

枢轴效应器

图 8-11

在“控制”（Controls）选项卡中，效应器单元将更新，以表示效应器现在具有的辅助或枢轴效应器，如图 8-12 所示。

若要选择辅助效应器或枢轴效应器，请执行下列任一操作：

在“角色”（Character）选项卡中单击相应的单元，选择当前辅助效应器或枢轴效应器。

创建辅助或枢轴效应器时，单元将更新，以指示当前对象。当前效应器是最后创建的或最后选定的。如果每个单元中有多个效应器，单击 + 号以展开单元，然后选择要在相应单元中设定为“当前”的效应器，如图 8-13 所示。

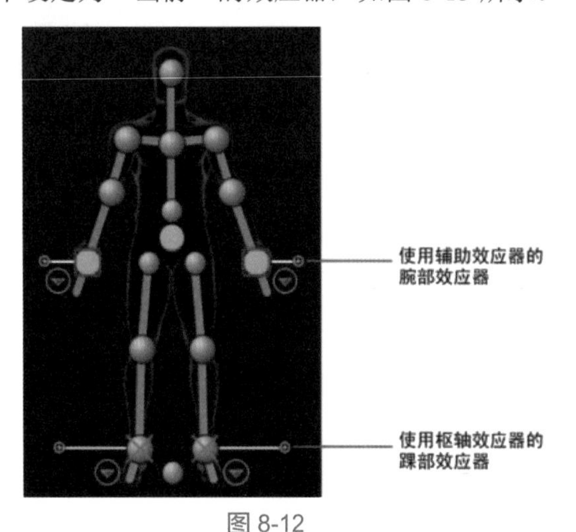

图 8-12

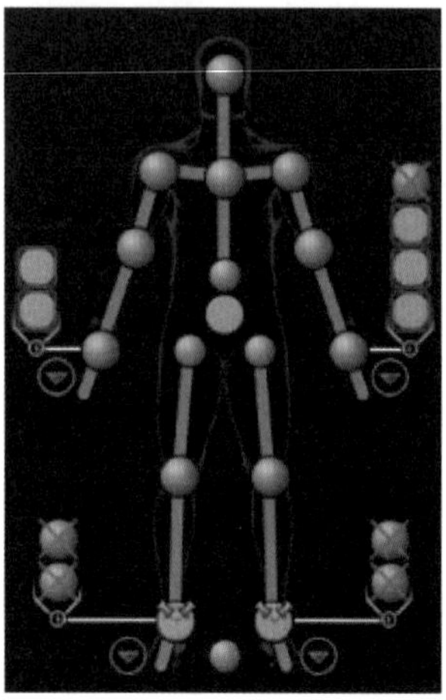

图 8-13

然后可以收拢单元视图并继续通过选择该单元来选择当前辅助效应器或枢轴效应器。

在“角色”（Character）选项卡中的相应单元上右击，然后从显示的菜单中按名称选择辅助或枢轴效应器。

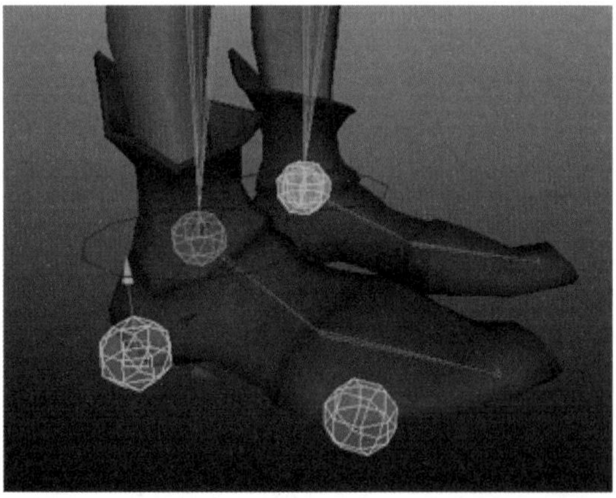

图 8-14

1）调整枢轴效应器在场景中的位置

选择要调整的枢轴效应器，然后选择“移动”工具。

移动显示在枢轴效应器上的操纵器，如图 8-14 所示。

按住 D 键并拖动以定位枢轴效应器。

使用 D 键可以从装配中单独移动枢轴效应器。若移动枢轴效应器而不按住 D 键，可以调整角色的位置。

提示

可以创建多个枢轴效应器，并且可以在不同时间点上创建枢轴效应器的角色动画。例如，制作角色脚部围绕不同的点旋转的效果时，在该时间点的枢轴效应器上设置关键帧动画即可。

2）调整辅助效应器在场景中的位置

在“角色控制”（Character Controls）中，单击 → “编辑” → “控制”（Edit → Controls）

命令，并禁用“对齐控制装配”（Align Control Rig）命令。

选择要调整的辅助效应器，然后选择“移动”工具，将在场景的辅助效应器上显示移动操纵器。拖动以定位效应器。

在“控制”（Controls）选项卡中，调整“IK 融合平移”（IK Blend T）和“IK 融合旋转”（IK Blend R）滑块。

“对齐控制装配”（Align Control Rig）禁用后，可以预览辅助效应器和装配之间达到的操纵效果。

3）移除辅助或枢轴效应器

若要移除辅助或枢轴效应器，请执行下列任一操作：

若要移除单个辅助效应器和枢轴，在场景中将其选中，然后按 Delete 键删除。

若要删除效应器的所有辅助和枢轴效应器，在“角色”（Character）选项卡中的相应 IK 单元上右击，然后从显示的菜单中选择“清除附加效应器”（Clear Extra Effectors）命令。

11. 调整 IK 融合

通过“控制”（Controls）选项卡中的“HumanIK 控制”（HumanIK Controls）滑块，可以调整每个解决方案（IK 或 FK）对特定身体部位的影响量。这种方法能够完全控制骨架在同步的关键帧之间遵循的是哪一个解决方案。

调整 IK 融合时使用以下准则：

- 如果达到 100%，骨架将遵循 IK 解决方案。
- 如果为 50%，骨架将一半遵循 IK 解决方案，另一半遵循 FK 解决方案。
- 如果为 0%，骨架将遵循 FK 解决方案。

调整每个解决方案对骨架的影响的步骤为：在“角色”（Character）表示中选择一个效应器。使用“IK 融合平移”（IK Blend T）和“IK 融合旋转”（IK Blend R）滑块调整 IK 解决方案与 FK 解决方案之间的平移和旋转百分比。角色表示的单元将更新，并提供关于 IK 融合设置的可视反馈。例如，如图 8-15 所示中的“IK 融合平移”（IK Blend T）指定了值为 30%。当平移角色的腕部效应器时，骨架将贴近 FK 装配，因为与 IK 解决方案相比，它更加紧密地遵循 FK 解决方案。

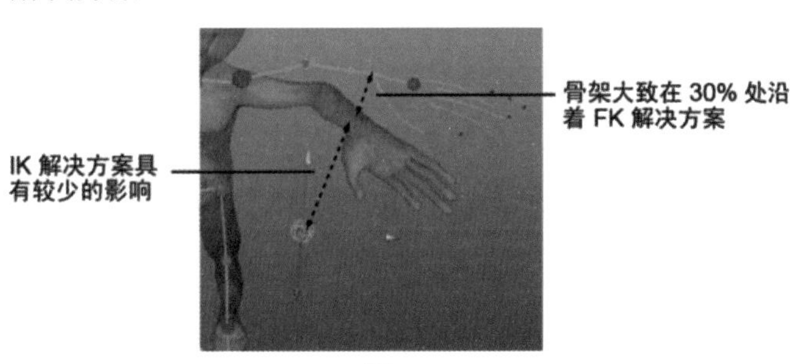

图 8-15

12. 在 Trax 中为 HumanIK 角色设置动画

如果要为 HumanIK 角色创建片段，并使用“Trax 编辑器”（Trax Editor）以非线性方式编辑动画，请注意以下事项：

在“Trax 编辑器”（Trax Editor）中创建动画剪辑需要使用角色集。必须创建角色集以包含 HumanIK 角色，包括角色层次顶部的任何父 / 引用对象。

理想情况下，角色的所有 IK 和 FK 对象都设置为同一引用对象的父对象，并且可以将此引用对象添加到角色集。

Maya 中的 HumanIK 解算器可以使用 IK 或 FK 解算或通过在两个解算器之间设置融合的动画来设置角色的动画。“角色控制”（Character Controls）中的“IK 融合平移”（IK Blend T）和“IK 融合旋转”（IK Blend R）滑块用于在解算器之间进行融合操作。

是否已为“IK 融合”（IK Blend）属性设置动画，在为 HumanIK 角色融合片段时非常重要。在为融合指定偏移对象时，需注意以下事项：

如果 HumanIK 装配具有静态“IK 融合”（IK Blend）值（IK 和 FK 解算间不存在任何融合），则将髋部 FK 对象或控制装配引用对象设置为偏移对象。如果使用髋部 FK 节点，那么，请确保装配的所有 IK 对象已将“IK 融合平移”（IK Blend T）和“IK 融合旋转”（IK Blend R）设置为 0。

> 提示
>
> 髋部 IK 对象不能用作引用对象。

如果 HumanIK 装配具有设置动画的“IK 融合”（IK Blend）值，则“Trax 编辑器”（Trax Editor）无法正确对片段求值，除非使用控制装配引用作为偏移对象。但是，在某些情况下，即使使用控制装配引用，Trax 也无法对融合片段正确求值。如果遇到与该工作流相关的问题，可采用以下解决方法：创建仅包含角色骨架的单独角色集；将 HIK 装配动画烘焙到骨架（“角色控制”（Character Controls）中的烘焙选项），然后创建片段。融合片段时将髋部关节设置为偏移对象。

8.3 设置 HumanIK 重定目标

8.3.1 将动画从一个角色重定目标到另一个角色

（1）为每个角色创建 HumanIK 骨架定义。

（2）打开“角色控制”（Character Controls），并从“角色”（Character）菜单中选择目标角色。

> 提示
>
> 目标角色必须具有控制装配。如果选定角色没有任何控制装配，Maya 会创建一个。

（3）从“源”（Source）菜单中，选择角色，其中角色是源角色的名称。（场景中所有可用的 HumanIK 角色会自动在“源”（Source）菜单中列出。）

（4）对目标角色进行捕捉以匹配源角色的位置。

（5）（可选）若要向新动画层添加目标角色的控制装配，请单击菜单按钮，然后选择“编辑”→“控制装配”→添加到新动画层”（Edit → Control Rig → Add to new animLayer）命令。

通过此设置，可以使用动画层以非破坏性方式轻松修改重定目标的动画。如图 8-16 所示。

图 8-16

> 提示
>
> 若要将控制装配添加到现有的动画层，请在“动画层编辑器”（Animation Layer Editor）中选择该层，然后在“角色控制”（Character Controls）中选择“编辑”→“控制”→“添加到动画层：<layerName>”（Edit → Controls → Add to animLayer:<layerName>）命令。

8.3.2 调整重定目标参数

（1）在“角色控制”（Character Controls）中选择“编辑”→“定义”→“编辑特性”（Edit → Definition → Edit Properties）命令。

（2）重定目标设置显示在“属性编辑器”（Attribute Editor）中的“HIKProperties”选项卡中。

> 提示
>
> HIKProperties 节点还包含许多其他 HIK 解算器属性，如“解算”（Solving）和“地板接触”（Floor Contact）属性。

（3）展开“重定目标特定”（Retarget Specific）标题。该区域包含属性，以提供对源和目标角色之间的重定目标的更好控制。

（4）操纵“达到”（Reach）滑块时使用以下准则：

- 值为 1 时，目标身体部位完全到达源身体部位。
- 值为 0.50 时，目标身体部位在源和角色位置的身体部位之间平均。
- 值为 0 时，对身体部位的影响相当于禁用该选项。

> 提示
>
> “重定目标特定”（Retarget Specific）区域还包括“拉动”（Pull）和“刚度”（Stiffness）属性。调整这些值是高级技术，同时会对于法线重定目标，因此不建议调整默认值。

8.3.3 将重定目标的动画烘焙到目标角色

根据在重定目标工作流中所处的位置，可以将重定目标的动画烘焙到目标角色的骨架、控制装配或自定义装配。

例如，不再需要到源角色的链接，或者想要将装配导出到 MotionBuilder 时，通常会将动画烘焙到目标角色的控制装配。

完成对重定目标的动画的所有调整并对结果满意之后，可以将动画烘焙到目标骨架。

> 提示
>
> 烘焙重定目标的动画时，Maya 会使用在“烘焙模拟选项”（Bake Simulation Options）窗口中设定的选项。可选择“编辑”→“关键帧”→“烘焙模拟”（Edit→Keys→Bake Simulation）命令。

将重定目标的动画烘焙到目标角色，应在“角色控制”（Character Controls）的“角色”（Character）菜单中选择要烘焙到的角色。单击，然后从显示的“烘焙”（Bake）菜单中选择一个选项。随着 Maya 烘焙到目标骨架、控制装配或自定义骨架，场景中会播放重定目标的动画。对于重定目标的动画的每一帧，Maya 会在每个效应器或关节上设置一个关键帧。

如果在重定目标过程中向动画层添加了控制装配，那么分层的动画会覆盖烘焙的动画。

通过禁用或删除层，可查看在控制装配上烘焙的动画的结果。

如果已使用完源角色，可以从场景中删除它。

了解完 HumanIK 技术的相关知识后，本章重点介绍应用 HumanIK 技术将电影角色蜘蛛侠模型进行绑定的案例。

8.4　HumanIK 高级角色绑定案例制作

8.4.1　模型关节定位

01 开启 Maya 软件，打开 spiderman 工程文件里的蜘蛛侠 Tpose 模型，选中模型放入图层里，设置为 R（渲染锁定）管理。创建骨架时，需确保角色开始姿势采用标准 T 形站姿，面向正 Z 轴，Y 轴向上，且手臂与 X 轴对齐，如图 8-17 所示。

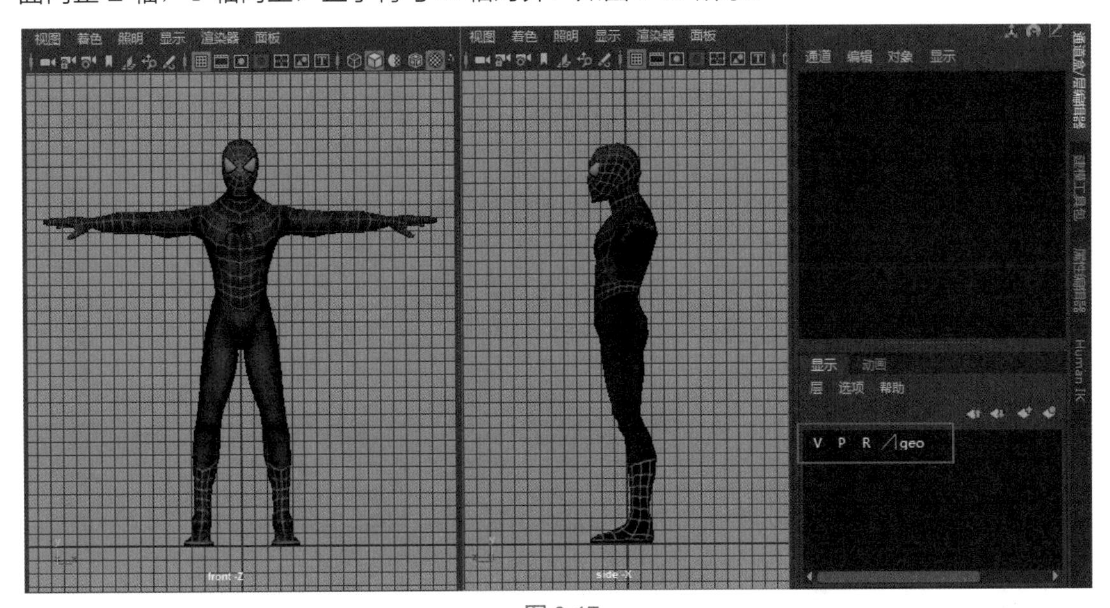

图 8-17

> 提示
>
> HumanIK 对模型的 T 形站姿要求比较严格，因为手臂要和 X 轴向平行，所以只能在 X 轴方向上对手臂关节进行移动，任何其他轴向的运动或者旋转，都会产生 HumanIK 系统的错误警告。不管是手动创建的关节，或者执行了变形冻结，还是改变了关节朝向，关节的唯一的绝对坐标系都会如实地反映给 HumanIK 系统。

02 利用 Maya 绑定模块的“快速装备”命令进行角色关节定位。详细操作请参见微课视频教程，设置步骤如图 8-18 所示。

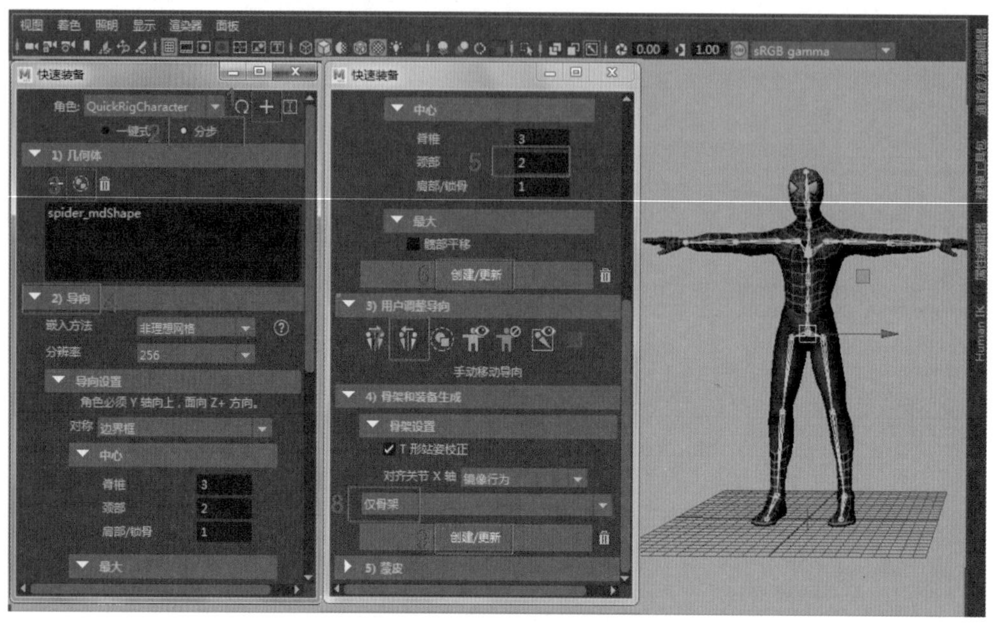

图 8-18

03 创建左侧手掌关节。单击“创建”菜单中的“定位器”命令，连续按 Ctrl+D 键复制得到多个定位器，分别放置在手掌、大拇指、食指、中指、无名指、小指位置处，如图 8-19 所示。

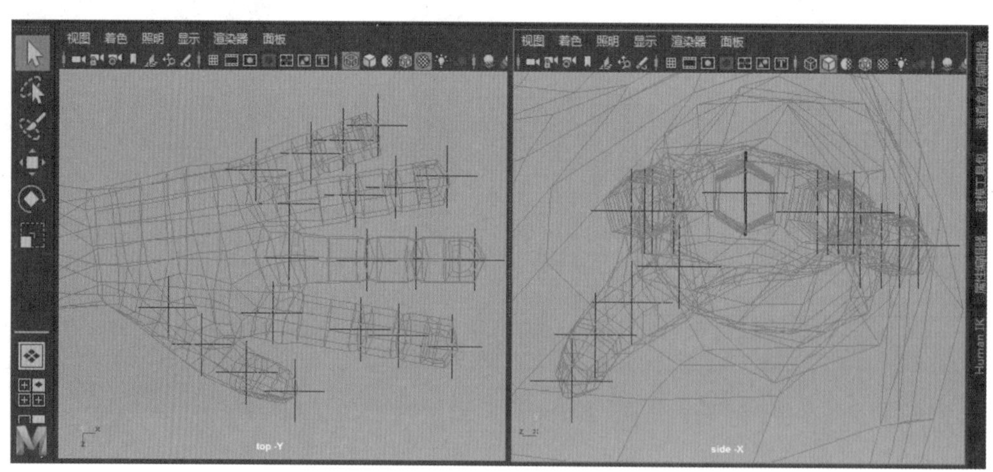

图 8-19

8.4.2 创建角色骨骼

01 单击“骨架”菜单中的“创建关节”命令，首先设置“确定关节方向为世界方向”，然后按 V 键吸附，分别在左大拇指、左食指、左中指、左无名指、左小指位置处创建手指关节，如图 8-20 所示。

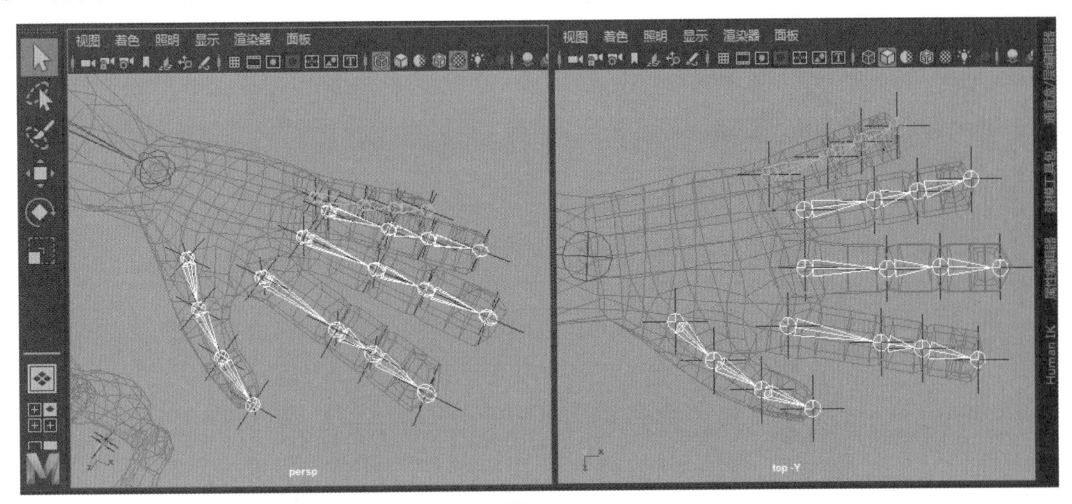

图 8-20

02 把手掌关节与手腕关节连接起来，分别选择左大拇指根关节、左食指根关节、左中指根关节、左无名指根关节、左小指根关节，然后加选手腕关节，先后按下 P 键建立父子关系，如图 8-21 所示。

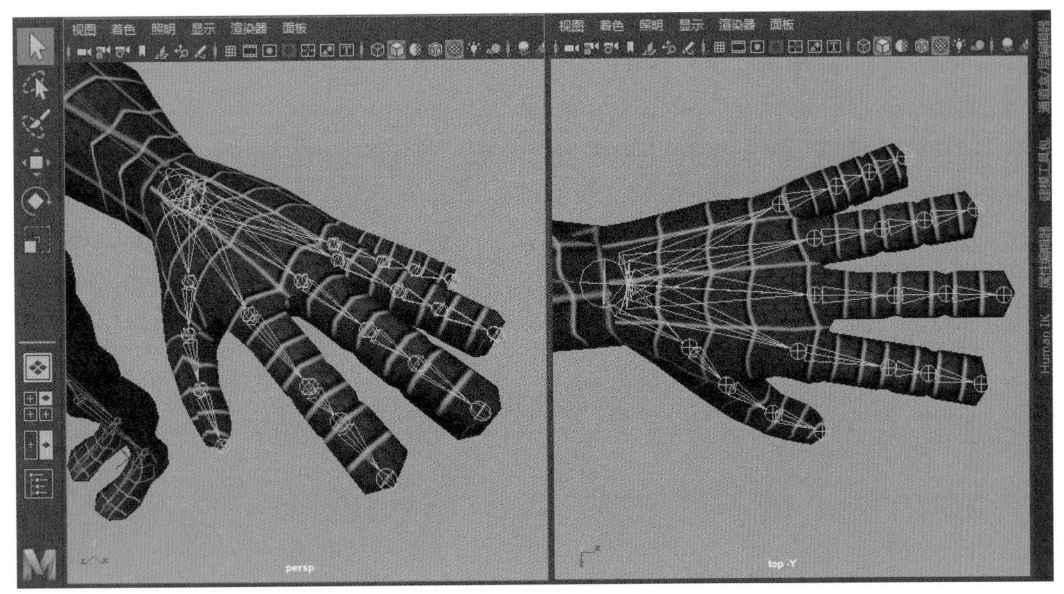

图 8-21

03 选择锁骨关节，按下 P 键，与脊椎关节建立父子关系，然后选择左侧肩部关节，执行“骨架”菜单中的“镜像关节”命令。选择 YZ 轴方向，单击“应用”按钮，可以迅速得到右侧肩部关节链和手掌关节链，如图 8-22 所示。蜘蛛侠骨骼搭建完毕，可以去“大纲视图”把所有的定位器选中并删除。接下来为手掌关节系统命名，需要给每个手掌关节添加关节标签名称。

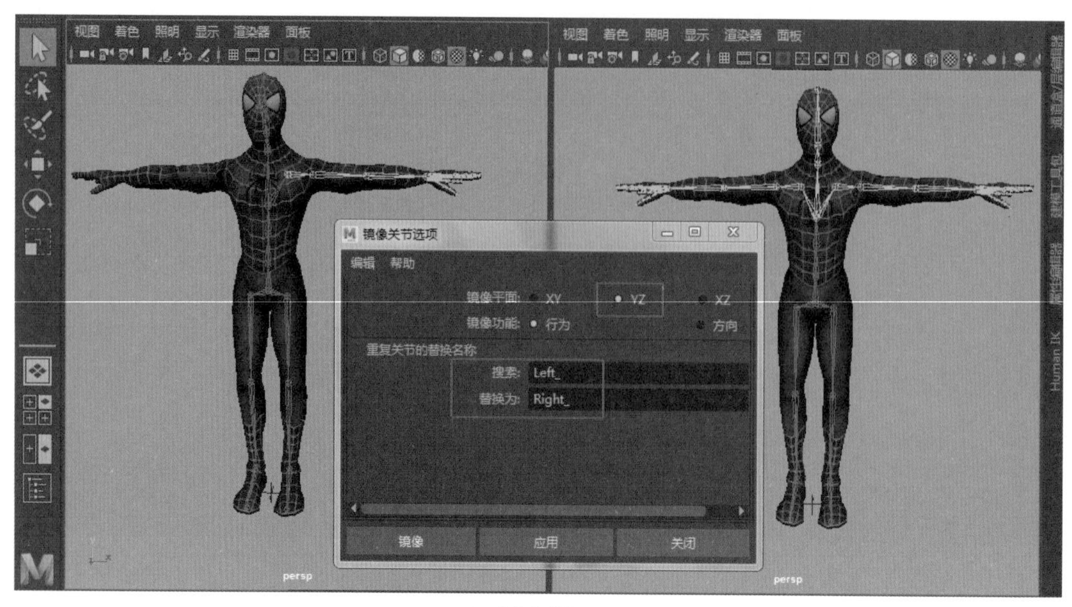

图 8-22

8.4.3 添加关节标签名称

01 分别选择手掌大拇指、食指、中指、无名指、小指关节，单击“骨架”菜单中的“关节标签设置”命令，执行“显示所有标签”命令，如图 8-23 所示。

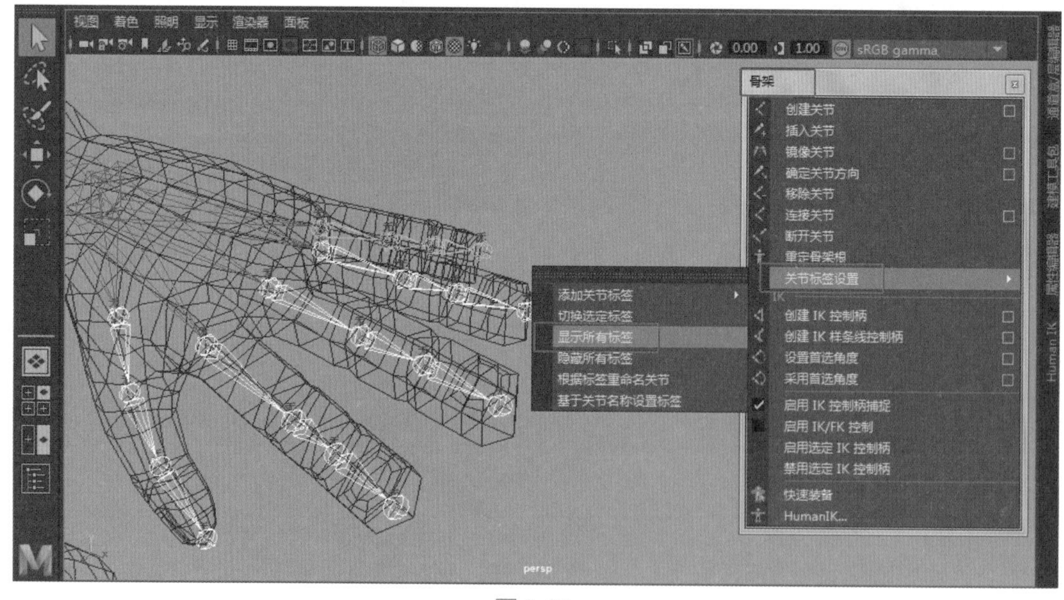

图 8-23

02 分别选中左侧手掌部骨骼，执行“关节标签设置”菜单下的“添加关节标签”下拉菜单中的“设置左侧标签”命令，如图 8-24 所示。

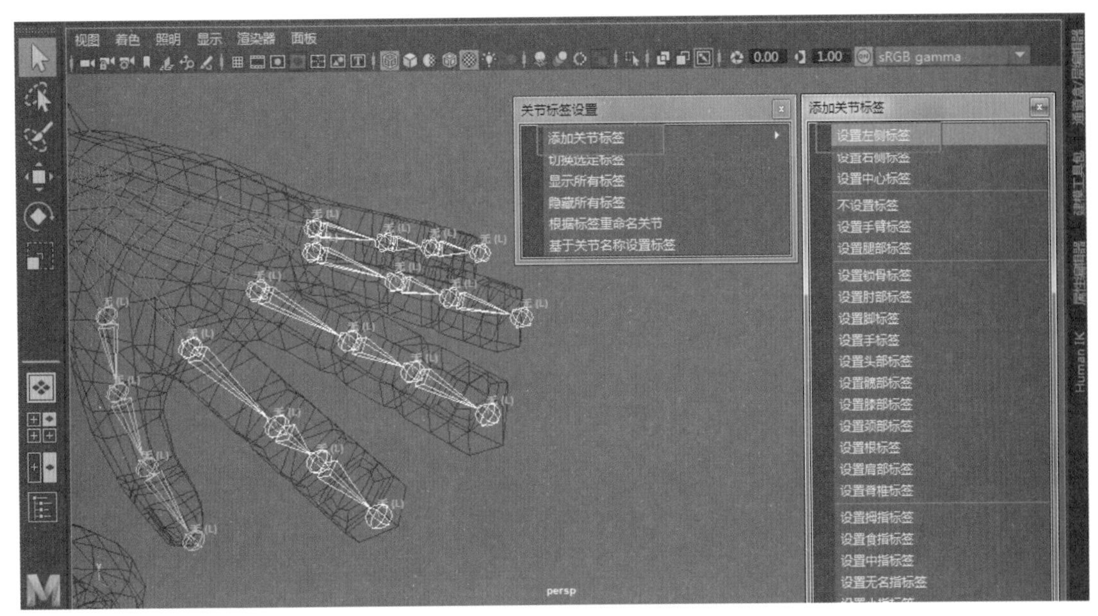

图 8-24

03 分别选中左侧手掌关节，执行“关节标签设置”里的“添加关节标签”下的“设置拇指标签”“设置食指标签”“设置中指标签”“设置无名指标签”“设置小指标签”命令，如图 8-25 所示。右侧手掌关节设置标签方法同理，不再赘述。

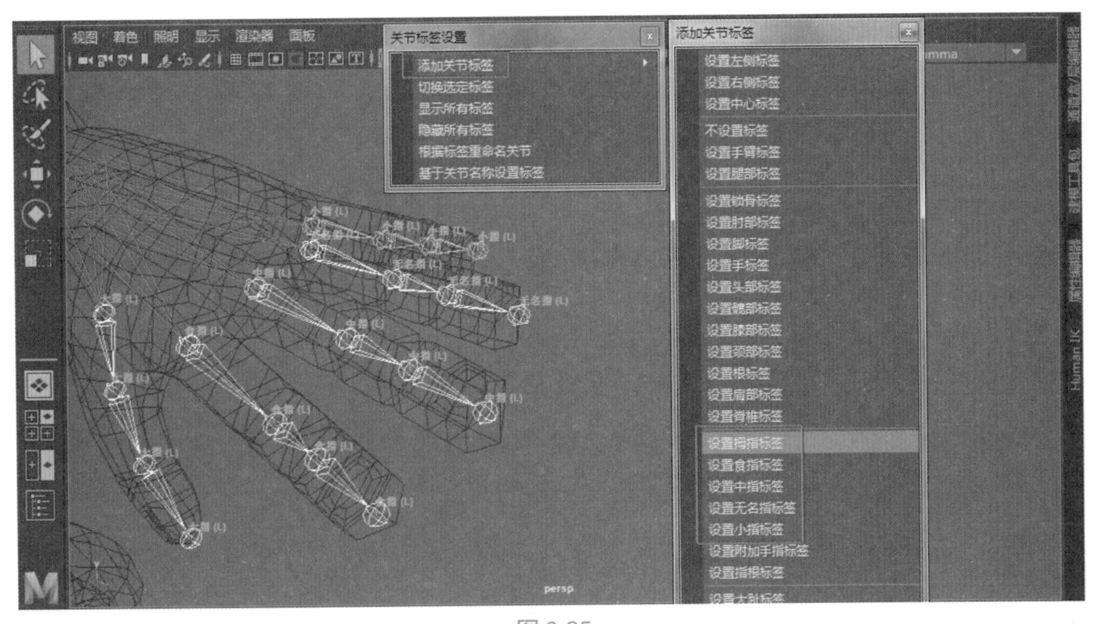

图 8-25

04 在视窗中选中根关节，单击“骨架”菜单下的“关节标签设置”命令，执行“隐藏所有标签”命令，如图 8-26 所示。

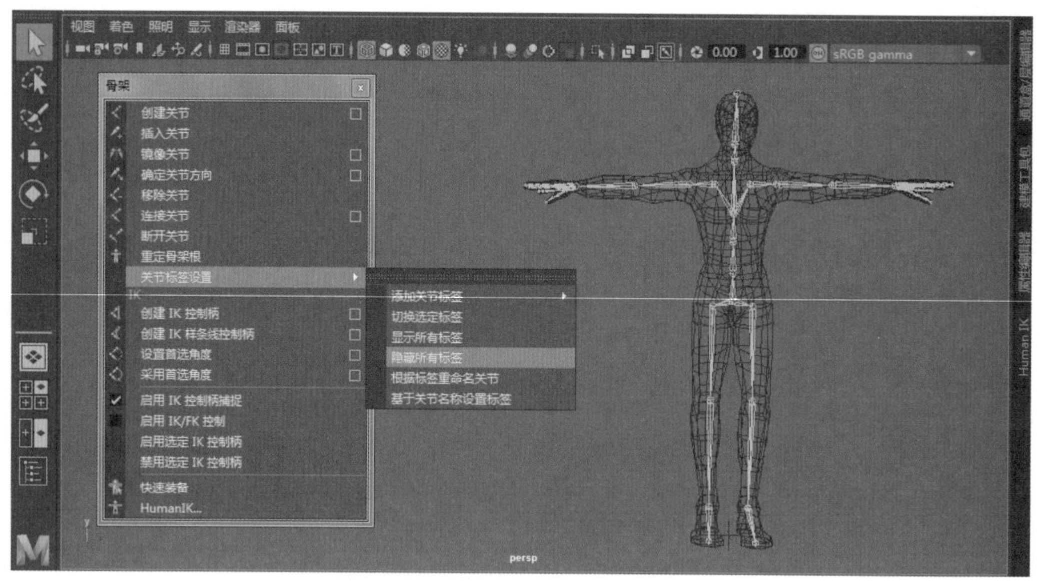

图 8-26

8.4.4 角色绑定蒙皮

取消图层模型的锁定，打开“大纲视图”，选中根部骨骼，加选蜘蛛侠模型，执行“蒙皮”菜单下的“绑定蒙皮”命令，采用默认设置，单击“确定”按钮，如图 8-27 所示。

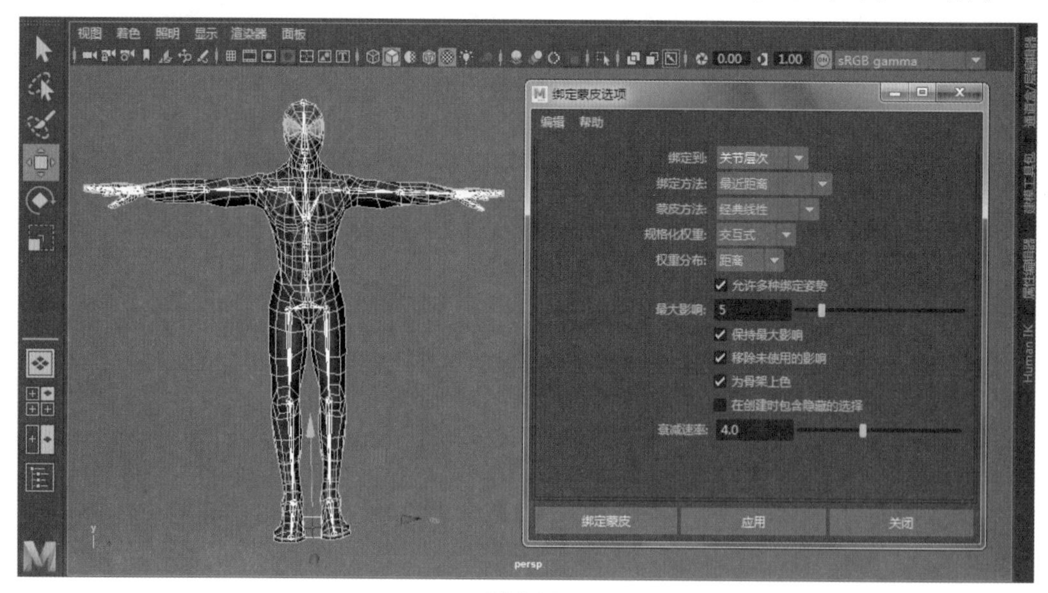

图 8-27

8.4.5 HumanIK 系统创建角色控制

01 单击“骨架”菜单，打开 HumanIK 命令即开启“角色控制”面板，如图 8-28 所示。

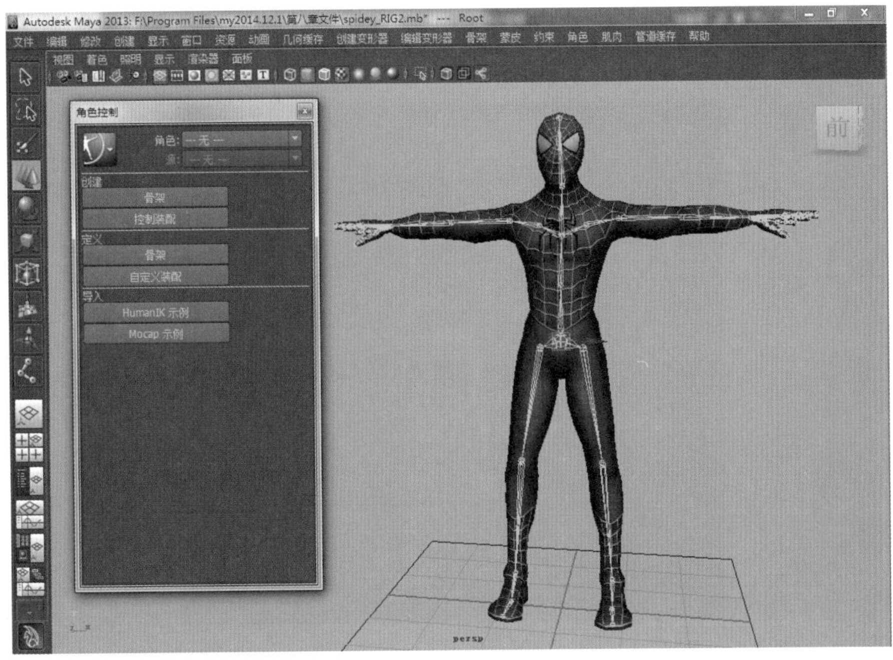

图 8-28

提示

开启“角色控制”的两种方法如下：

（1）选择“骨架”→HumanIK（即角色控制）。

（2）选择窗口→“动画编辑器”→HumanIK（即角色控制）。

02 接下来手动映射骨骼操作。单击“定义”菜单中的“骨架”命令，会出现“定义角色骨架”视图面板，如图 8-29 所示。

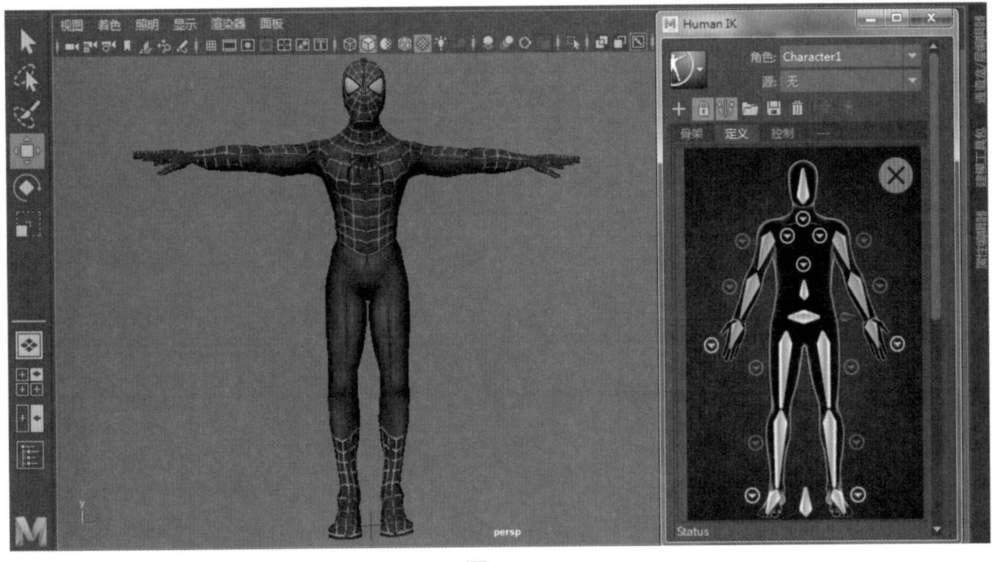

图 8-29

03 HumanIK 解算器所需的 15 个节点会显示在定义角色骨架视图的全身布局中，并一同分组在“名称匹配”（Name Match）视图的“必需”（Required）组中，如图 8-30 所示。

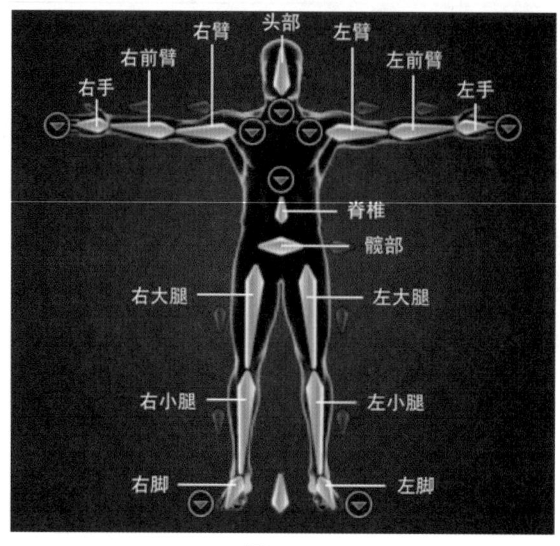

图 8-30

这些必需节点可标识角色骨架中的主要关节：踝关节、膝关节、髋关节、脊椎底部关节、肩关节、肘关节、腕关节和头部关节。找出骨架中哪个骨骼将映射到这些节点通常很简单，如表 8-2 所示。

表 8-2

节　点	映 射 到
髋部	角色的脊椎和腿部链的父对象的关节
左大腿和右大腿	角色的大腿中的第一个关节
左小腿和右小腿	角色的小腿中的第一个关节
左脚和右脚	从角色的踝部延伸到脚的第一个关节
脊椎	脊椎中的第一个关节，位于映射到髋部节点的关节之上。表示脊椎底部
左臂和右臂	角色的上臂中的第一个关节
左前臂和右前臂	角色的前臂中的第一个关节
左手和右手	从角色的腕部延伸到手的第一个关节
头部	角色的脊椎中的最后一个完整的关节，不是头顶，而是颈部链中最后一个完整的关节。这通常是控制头部蒙皮的关节

04 将蒙皮好的骨骼手动映射到“定义角色骨架”视图，首先锁定面，其次开启 X 射线显示关节，最后选中左手的大拇指骨骼并通过右击 Assign Selected Bone（指定所选骨骼）将骨骼添加到 HumanIK 系统里相对应的大拇指处，如图 8-31 所示。注：因为我们使用 Maya 绑定模块新增的快速装备命令定位角色关节，所以关节会自动映射到“定义角色骨架”视图，不再需要手动映射。如果使用定位器方法定位角色关节，还需要分别进行关节手动映射。

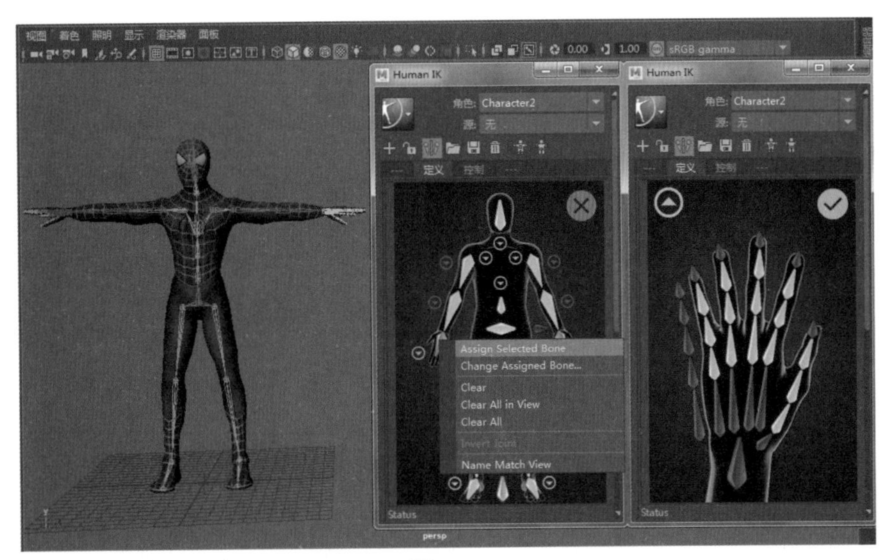

图 8-31

> 提示
>
> 手动映射骨骼的两种方法如下：
>
> （1）从“定义”（Definition）选项卡转到骨架：在“定义角色骨架”视图中双击单元（单元在单击时将变为蓝色），然后单击场景中对应的骨骼（例如，还可以在“大纲视图”或“超图节点编辑器”（Hypergraph）中选择骨骼）。
>
> （2）从骨架转到“定义”（Definition）选项卡：选择骨骼，然后在“定义角色骨架”视图中的相应单元上单击鼠标右键，然后选择“指定所选骨骼”（Assign Selected Bone）命令。

05 同理，分别选中骨骼继续映射，直到定义完所有需要的骨骼为止。映射完所有必需的骨骼之后，验证状态指示器将变为绿色，如图 8-32 所示。

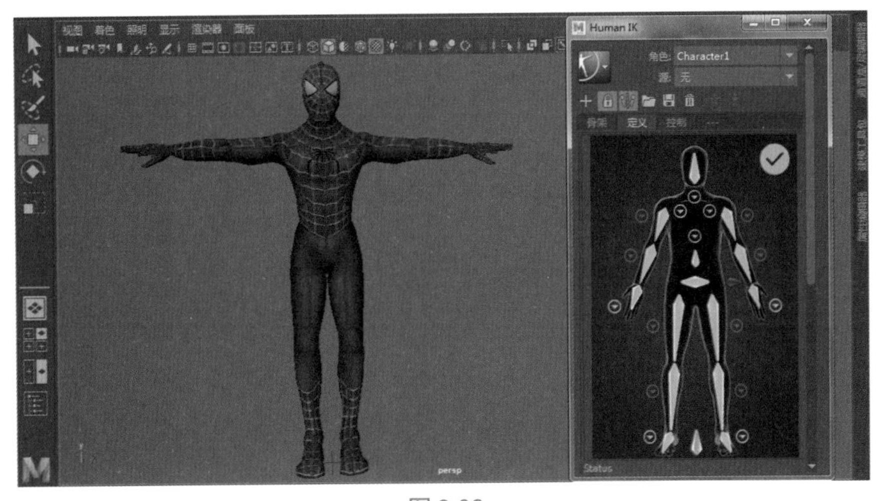

图 8-32

提示

可以将 HIK 系统的“定义”面板置于右边，观察关节的状态变化，确保都是绿色显示。如果出现橙色，就表示手臂与 X 轴不平行，会导致效应器控制时出现异常。

06 完成定义骨架后，可以选择角色骨架定义图标，然后单击角色控制左侧图标→“创建”→“控制装配”（Create → Control Rig）来创建控制装配，这样，系统会自动生成控制器。该操作会自动锁定骨架定义，如图 8-33 所示。

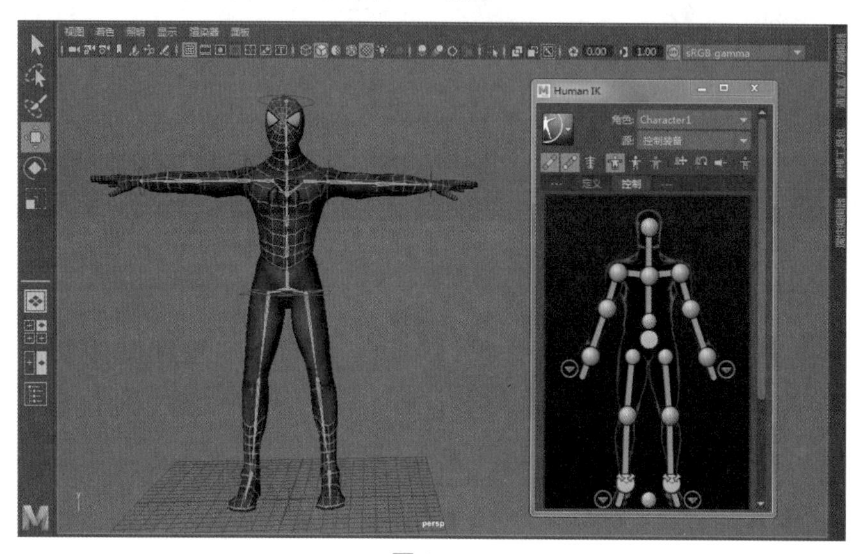

图 8-33

8.4.6 导入动画示例

为了检测骨骼装配系统，在“角色控制”中将“角色”选项设置为无，然后选择“导入采样”菜单下的“导入动画示例”命令，如图 8-34 所示。

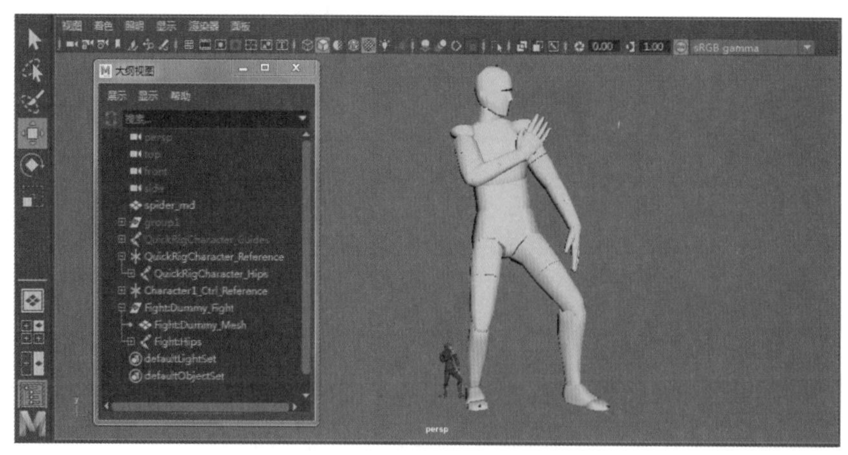

图 8-34

8.4.7 动画移植

01 打开“大纲视图”，找到控制角色全局缩放的角色组（Fight:Dummy_Fight），然后将其缩小至蜘蛛侠模型大小，如图 8-35 所示。

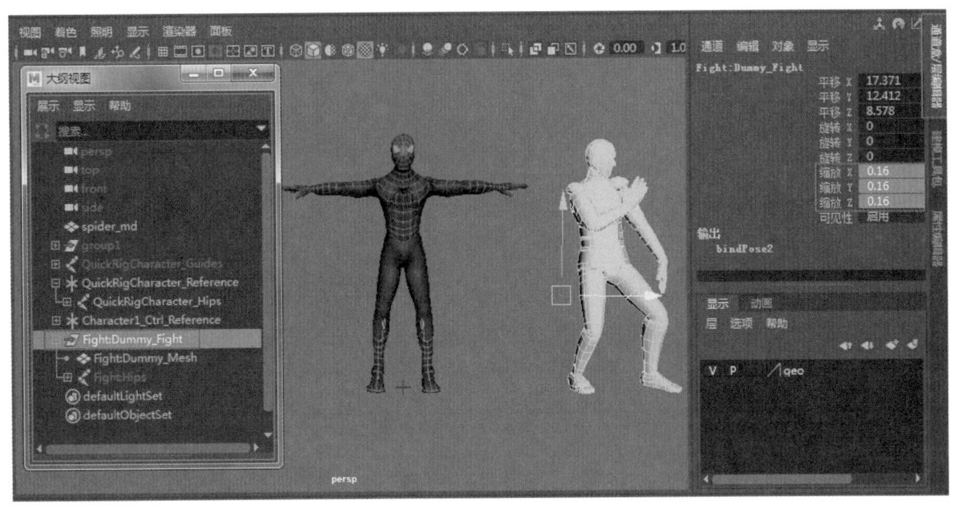

图 8-35

02 打开“首选项”，找到时间滑块，设置“播放速度”为实时，“时间线长度”为 138 帧，如图 8-36 所示。

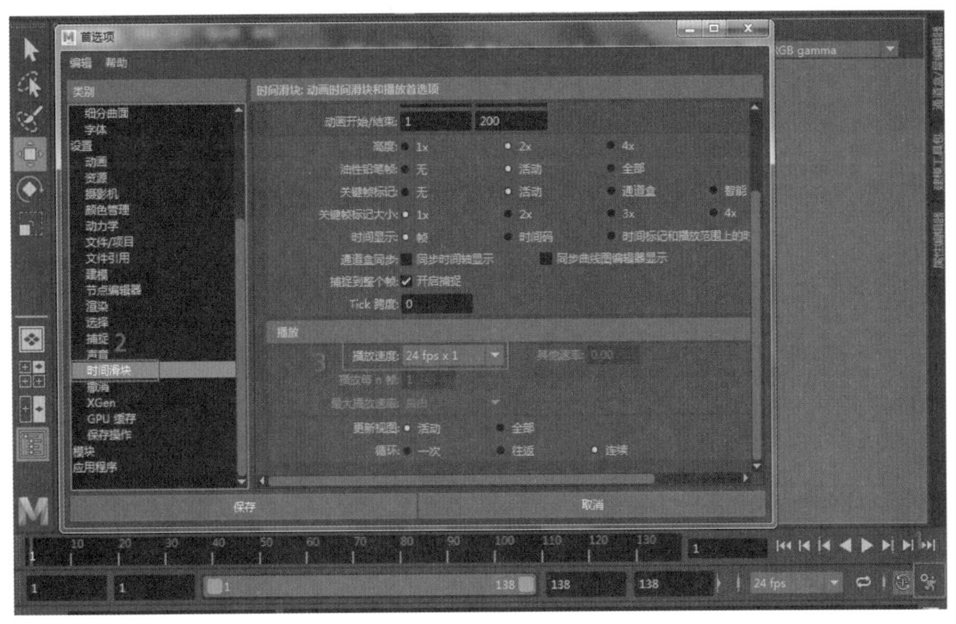

图 8-36

03 选中蜘蛛侠的控制器，在“角色控制”面板中，“角色”选项选择 Character1，“源”选项选择 MocapExample，会发现蜘蛛侠迅速匹配到有动画数据的角色模型上，如图 8-37 所示。

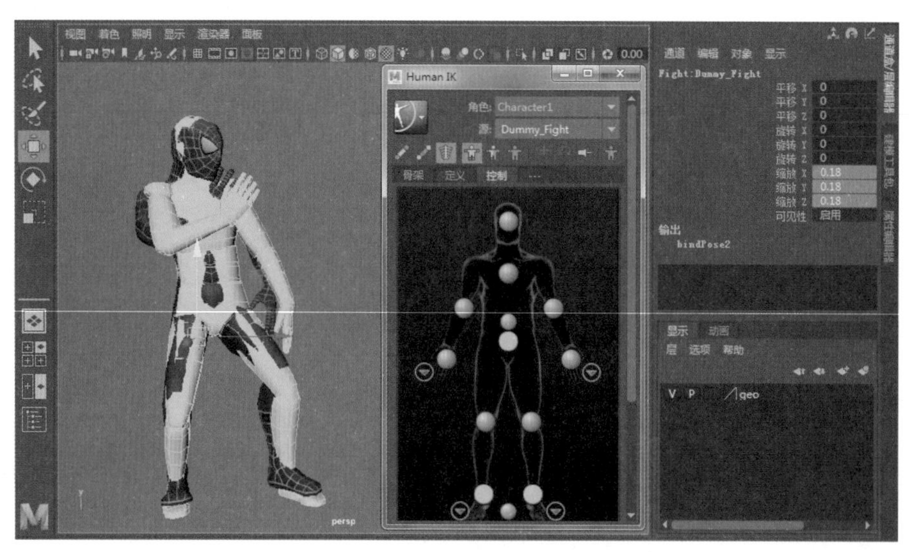

图 8-37

04 这时可以在“大纲视图”中隐藏有动画数据的模型。单击“播放”按钮，绑定好的蜘蛛侠模型就已经具有动画了，如图 8-38 所示。

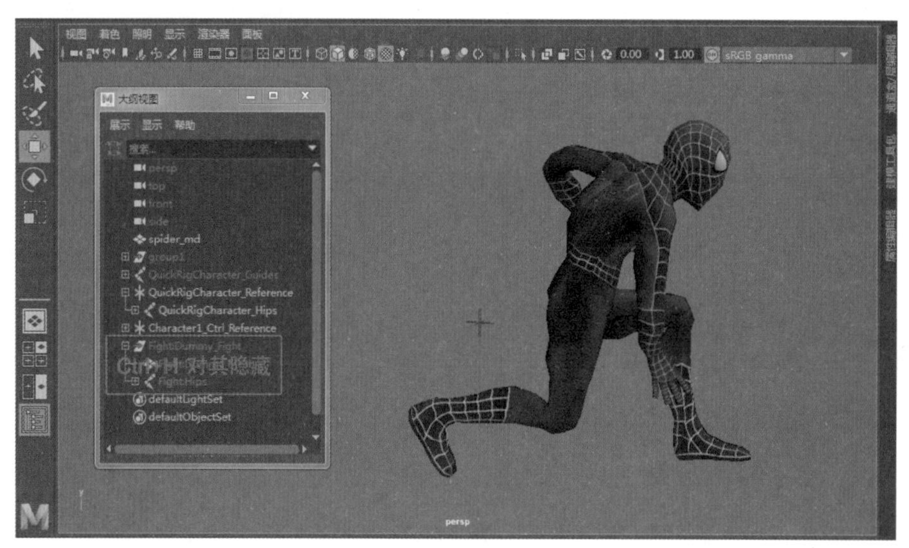

图 8-38

本章总结

通过对蜘蛛侠 HIK 骨骼绑定案例的学习，需要重点掌握的知识点有：

1. HIK 骨骼绑定系统制作流程。
2. 如何设置 HumanIK 角色系统。
3. 如何设置 HumanIK 角色重定目标动画。
4. 如何进行角色绑定蒙皮，编辑角色权重。

第 9 章 AdvancedSkeleton 绑定技术

本章学习目标

1. 学习 AdvancedSkeleton 绑定插件安装
2. 掌握 AdvancedSkeleton 自定义角色动画功能
3. 掌握 AdvancedSkeleton 角色身体绑定术应用
4. 掌握 AdvancedSkeleton 角色面部绑定术应用

本章重点学习如何使用 AdvancedSkeleton 对角色进行身体绑定和面部绑定，介绍 AdvancedSkeleton 插件安装与基本界面及自定义角色动画功能。读者通过学习蜘蛛侠身体绑定案例和阿童木身体和面部绑定综合案例，将熟练掌握 AdvancedSkeleton 插件的高级应用。

9.1 AdvancedSkeleton 绑定插件基础

9.1.1 AdvancedSkeleton 插件概述

AdvancedSkeleton_v5 版本是一款官方发布，方便快捷的骨骼绑定插件。

AdvancedSkeleton 不再局限于初始创建的适合骨骼，可以在生成控制器后，甚至在蒙完皮、绘制完权重后重新调整骨骼位置。

AdvancedSkeleton 拥有保存、载入 pose，镜像 pose 和高级面部表情设置，如图 9-1 所示。它具备自定义创建 UI，自定义角色行走、跑步等高级动画功能，可以让动画师更便捷地制作出满意的动画。

本章介绍骨骼绑定插件 AdvancedSkeleton_v5.550 版本的使用，首先讲解该插件的基本应用方法，然后通过角色蜘蛛侠绑定案例和角色

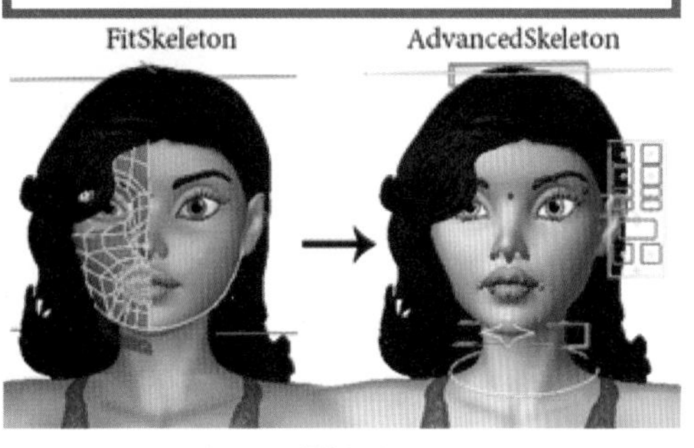

图 9-1

阿童木综合绑定案例来解析它的绑定应用技巧。

骨骼的绑定方法有很多种，其中最简单的方法就是通过插件来绑定骨骼。这里我们重点学习 AdvancedSkeleton 插件（如图 9-2 所示），它是一款能够大幅提升制作效率与文件统一性的高级骨骼绑定插件，是一款简单易上手的骨骼插件，使用它能够快捷地对模型创建骨骼控制系统，并且可以对创建的骨骼姿势进行任意修改，也可以添加骨骼。另外，该插件创建的骨骼可以设定角色的多种基本姿势，并且有 IK 和 FK 的切换，也有拉伸和定位器的锁定跟随功能。它是目前很多大型制作团队最常用到的高级骨骼插件，版本经过不断更新，技术已经比较成熟。

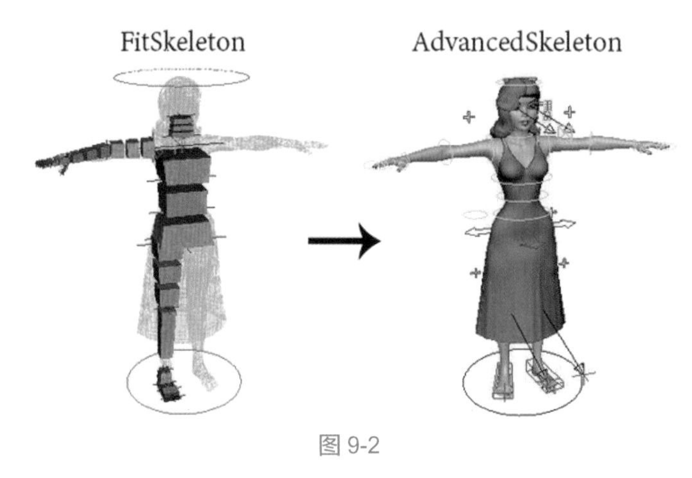

图 9-2

9.1.2 绑定插件介绍与安装

AdvancedSkeleton 是由 Animation Studios 制作发行的一款基于 Maya 制作角色绑定的插件。使用这个插件可以快速创建出角色的半身骨骼，制作人员手动适配骨骼点之后，只需要单击 AdvancedSkeleton 图标，就可以快速生成一套完整的骨骼控制系统，节省了绑定人员创建骨骼及添加控制器的时间，大大提高了工作效率。

AdvancedSkeleton 不仅能够创建人类角色的绑定控制，还内置了四足动物、飞禽类动物的骨骼结构，并且可以根据用户需要设置手指、脚趾、尾巴的数量和关节的数量，如图 9-3 所示。其强大的功能使得它的应用领域更加广泛。

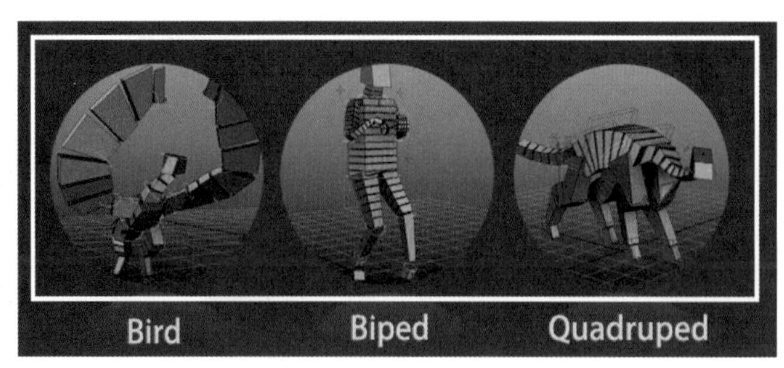

图 9-3

下面介绍 AdvancedSkeleton_v5.550 版本插件的安装方法。

图 9-4

01 打开微课找到提供的插件安装程序，随后将其进行解压，如图 9-4 所示。

02 将解压后的文件夹复制粘贴到“我的文档”中的 maya 里的 scripts（脚本）文件夹里（路径为 D:\ 我的文档 \maya\scripts），如图 9-5 所示。

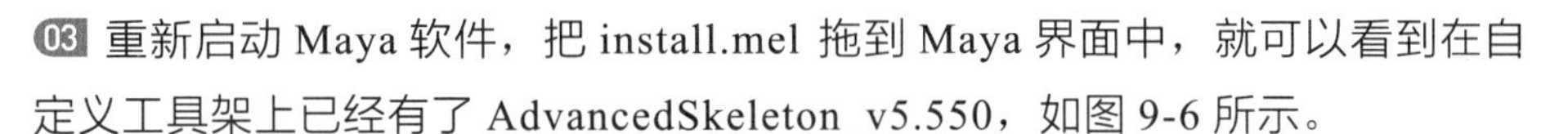

03 重新启动 Maya 软件，把 install.mel 拖到 Maya 界面中，就可以看到在自定义工具架上已经有了 AdvancedSkeleton_v5.550，如图 9-6 所示。

图 9-5

图 9-6

9.1.3 插件基本界面

学习完 AdvancedSkeleton_v5.550 插件的安装方法，本节主要介绍该插件的基本界面。

AdvancedSkeleton_v5.550 插件菜单将比以前版本更为简单，其操作方式和以前版本相同，也是依次单击使用添加在工具架上的图标，最终完成绑定设置。下面先简单了解一下插件的基本菜单。

ADV5（骨骼绑定插件）的使用方法如下。

01 单击工具架上的⑤按钮，打开 AdvancedSkeleton5 高级骨骼绑定系统窗口，如图 9-7 所示。

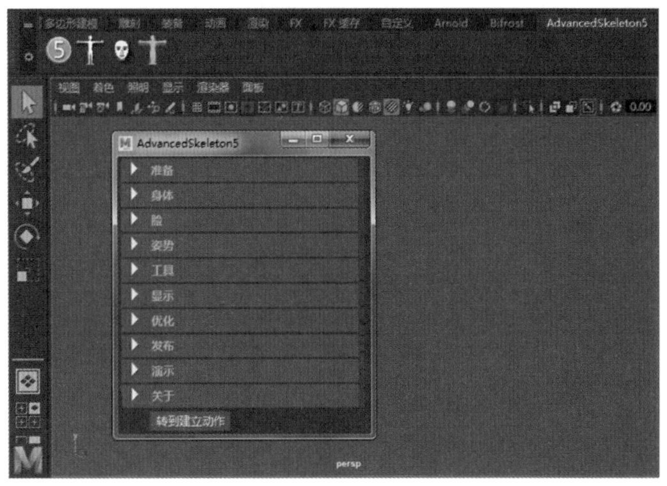

图 9-7

02 单击工具架上的按钮，打开 biped（双足系统控制）窗口，如图 9-8 所示。

03 单击工具架上的按钮，打开 face（面部系统控制）窗口，如图 9-9 所示。

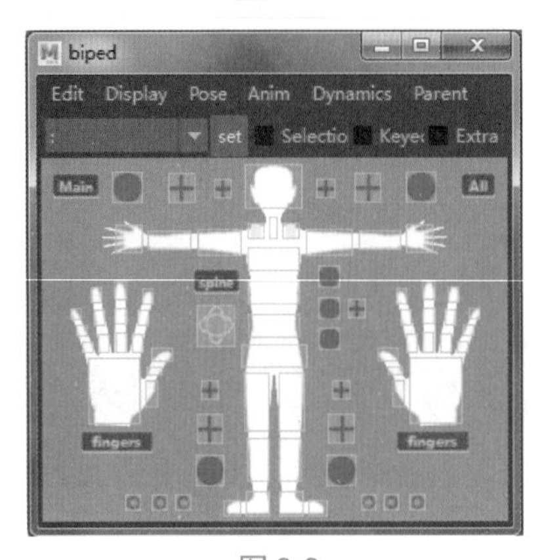

图 9-8

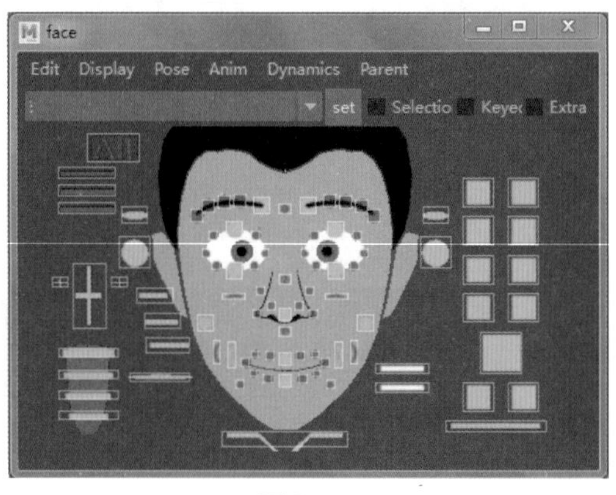

图 9-9

04 “身体”菜单主要包括预置设定、骨骼适配、高级骨骼系统建立、皮肤蒙皮、权重编辑等，如图 9-10 所示。

05 “面部”菜单主要包括预置设定、面部适配、建立面部表情系统、眼睛眉毛控制、眼睛睫毛控制、头部拉伸、编辑融合变形、调整控制等，如图 9-11 所示。

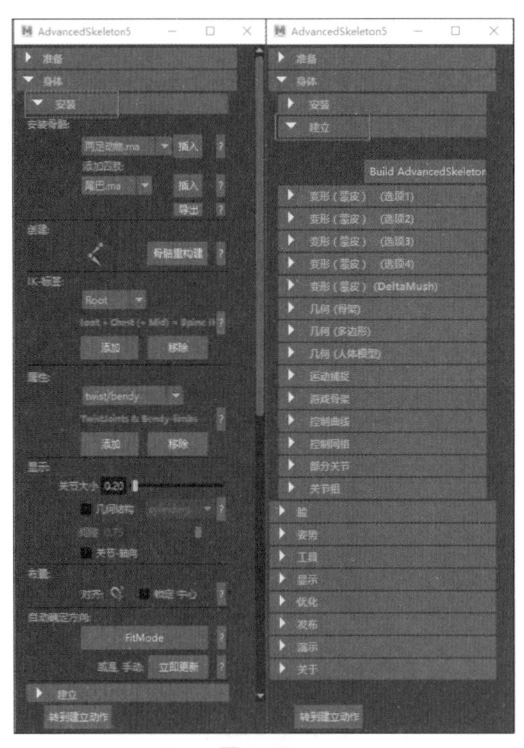

图 9-10

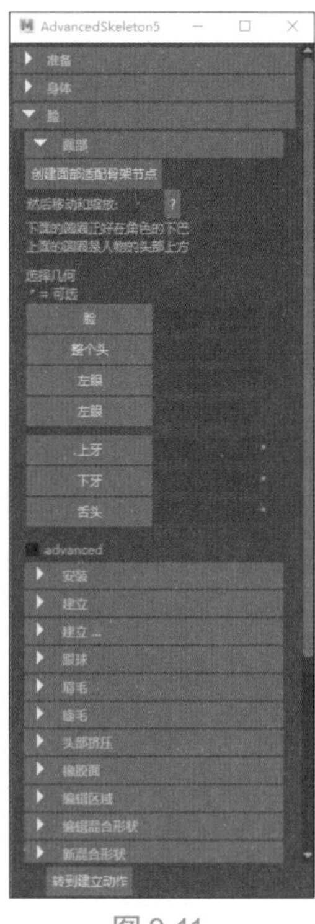

图 9-11

06 “姿势”菜单和“工具”菜单主要包括自定义选择用户界面、自定义姿势界面、自定义走路、跑步动画界面，如图 9-12 所示。

07 “显示”菜单主要包括显示、隐藏与调整关节大小，如图 9-13 所示。

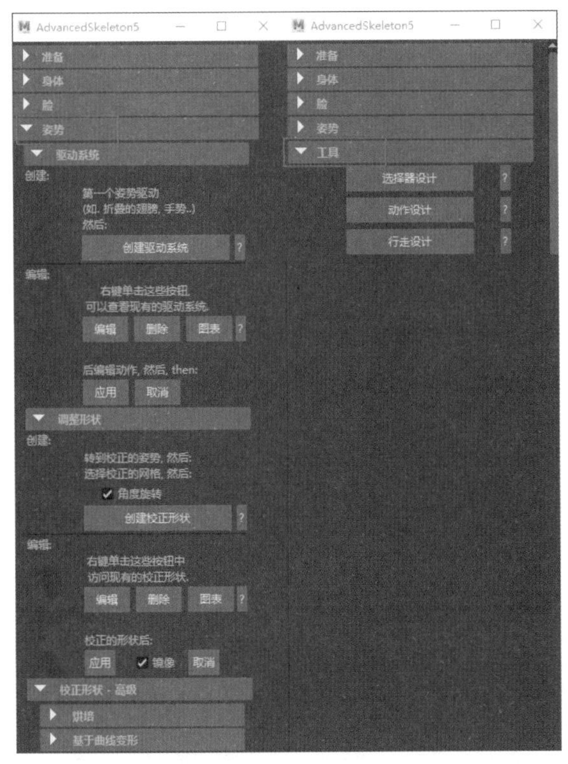

图 9-12

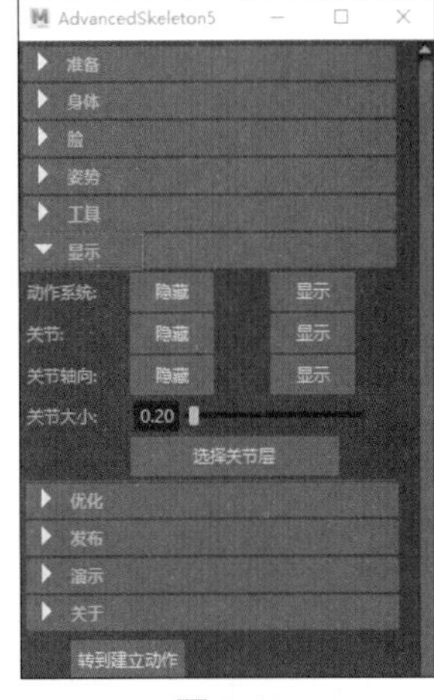

图 9-13

08“优化”菜单如图 9-14 所示。

09“发布”菜单、“演示”菜单、“关于”菜单如图 9-15 所示。

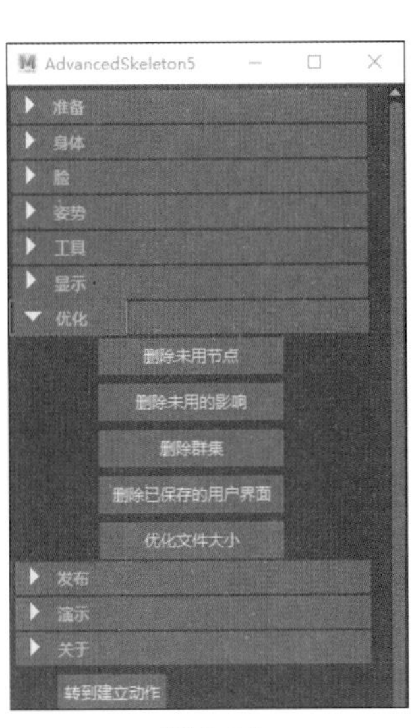

图 9-14

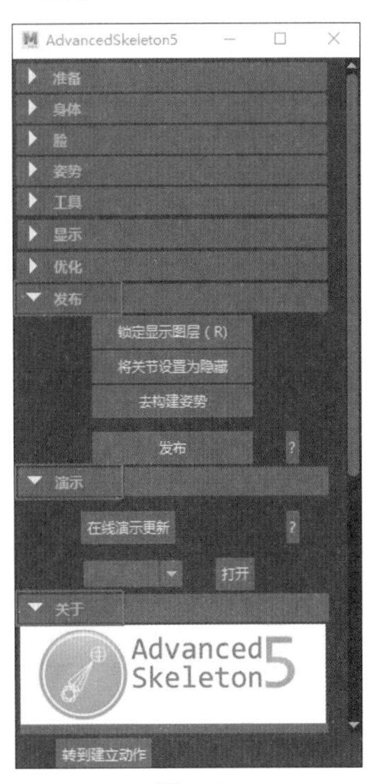

图 9-15

9.2 应用ADV插件进行蜘蛛侠身体绑定

拿到模型后，首先要检查模型，其次是骨骼设置，再次是蒙皮绑定，最后是整理层级。如果权重分配得不合理，会造成角色在动画制作过程中出现穿帮问题。绑定人员还需要做一些修补工作，使动画更完美。

本节先以蜘蛛侠角色为例，讲解如何使用AdvancedSkeleton5插件完成角色身体的绑定，如图9-16所示。

图9-16

提示

虽然通过插件的程序控制可以完成创建骨骼及控制器的工作，但是插件不是万能的。在半身骨骼创建出来之后需要根据角色的身体结构手动适配骨骼点，这是使用插件绑定角色最重要的工作。

9.2.1 创建半身适配骨骼

01 确认模型符合绑定要求以后，在Pre（预置设定）菜单栏下执行Reference-in the model（预置模型文件），将路径指定到工程目录之下要创建骨骼的T_spider_md模型，如图9-17所示。

02 Maya会自动导入模型，并且会把模型放在图层里进行冻结锁定操作，如图9-18所示。

03 通过对脚底大环控制器的缩放来适配角色的大小，如图9-19所示。

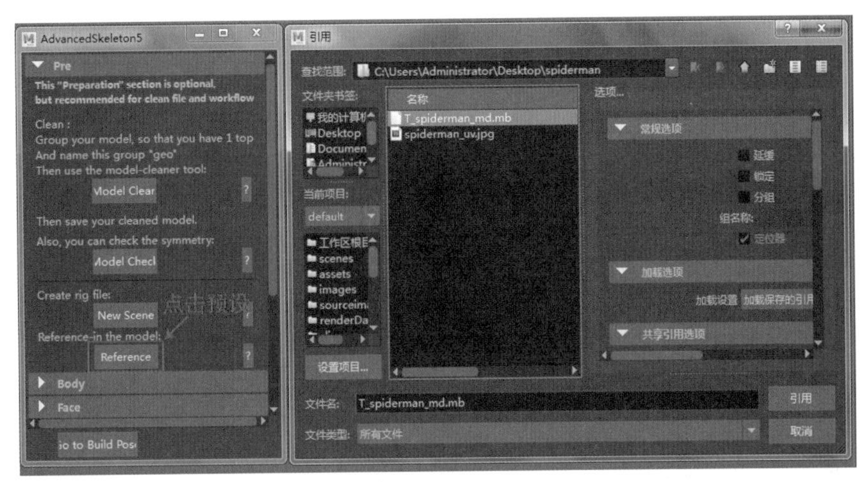

图 9-17

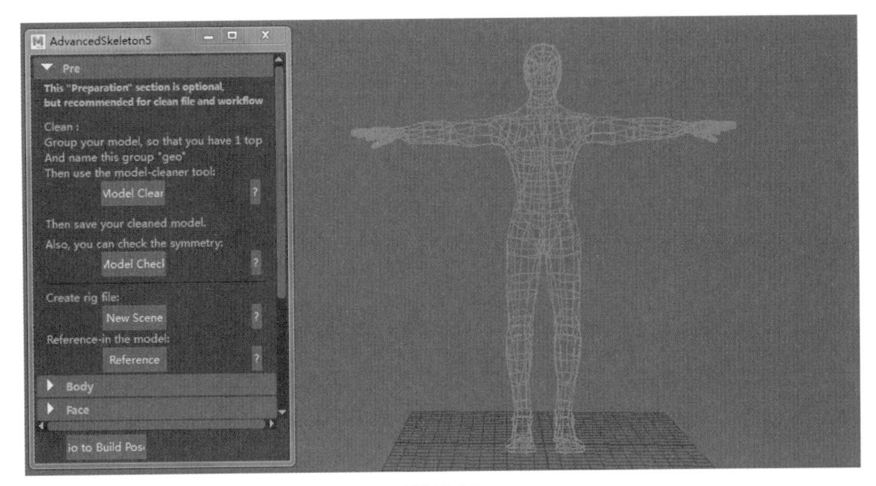

图 9-18

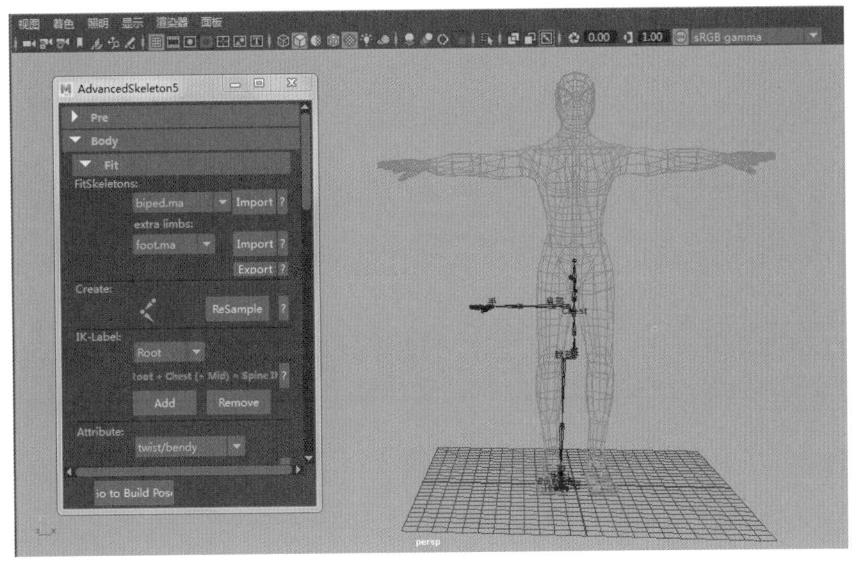

图 9-19

04 创建适配骨骼，在该窗口中可以任意选择导入该插件预设的骨骼类型，具体方法是：单击 Fit 菜单 FitSkeletons（导入匹配骨骼）下的 biped.ma 选项，然后单击 Import（导入）按钮即可，角色半身骨骼将自动创建出来，如图 9-20 所示。

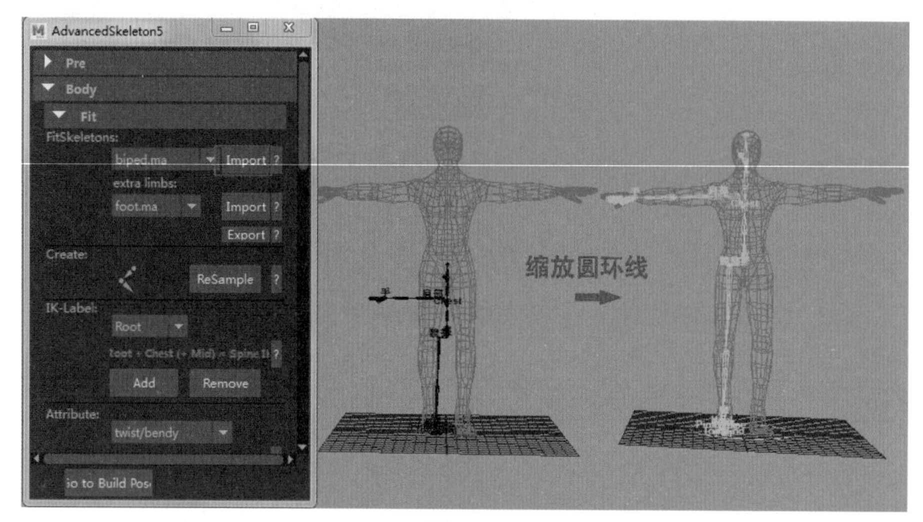

图 9-20

9.2.2 骨骼点适配

模型要想自如地运动，一定要有骨骼的支持。绑定人员要做的就是把骨骼放在合理的位置上。下面就以蜘蛛侠角色为例，演示如何正确合理地适配骨骼点。

01 选择刚导入的匹配骨骼，分别到前视窗、侧视窗和顶视窗，把定位器放在合理的骨骼点位置上。我们可以通过位移定位器和缩放定位器来正确合理地控制适配骨骼点。前视窗骨骼点适配如图 9-21 所示。

图 9-21

侧视窗骨骼点适配如图 9-22 所示。

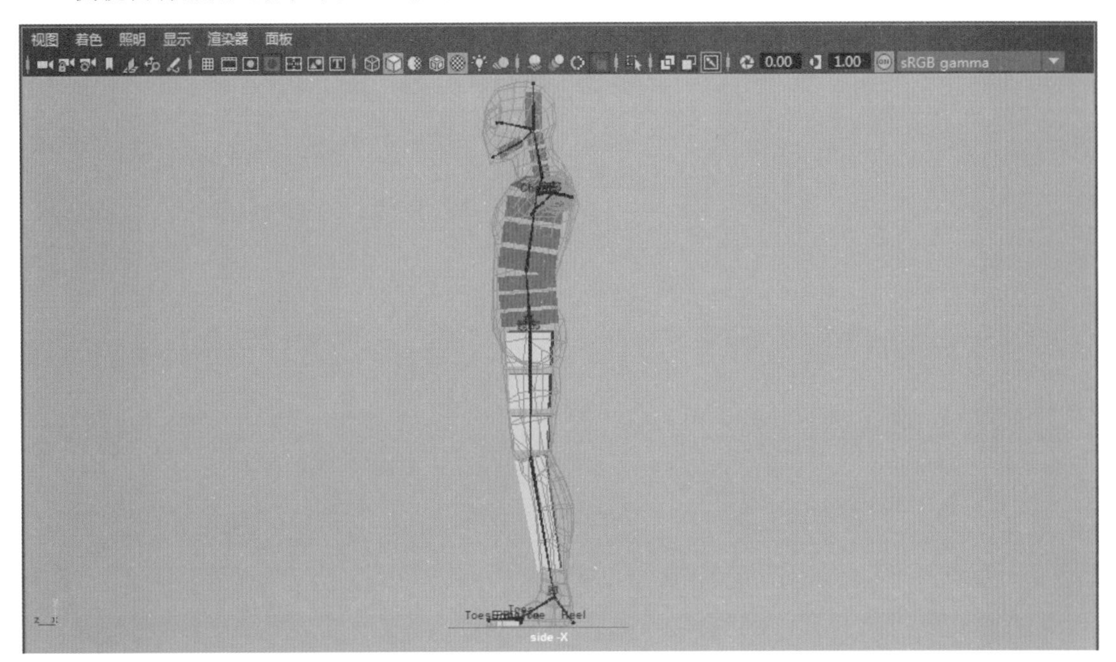

图 9-22

顶视窗手臂骨骼点适配如图 9-23 所示。

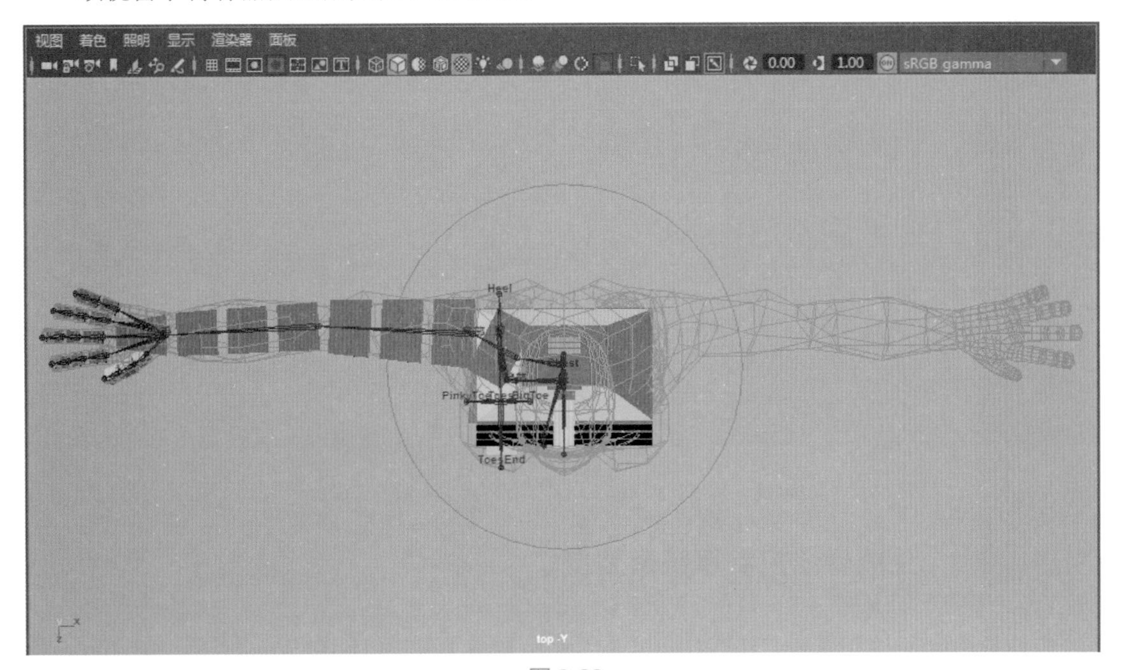

图 9-23

02 通过勾选 pole-vector 来重点检查膝关节、肘关节、手指关节极向量的方向。方向一定要准确，如果方向不准确，后面绑定动画就会出现问题，如图 9-24 所示。

03 检查方向没有问题后，再取消勾选，如图 9-25 所示。

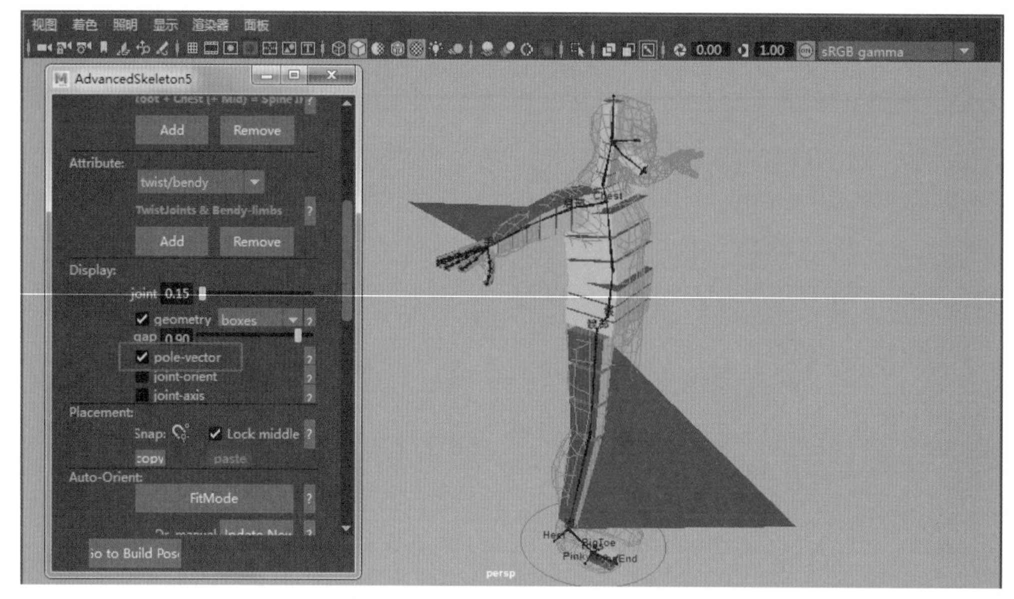

图 9-24

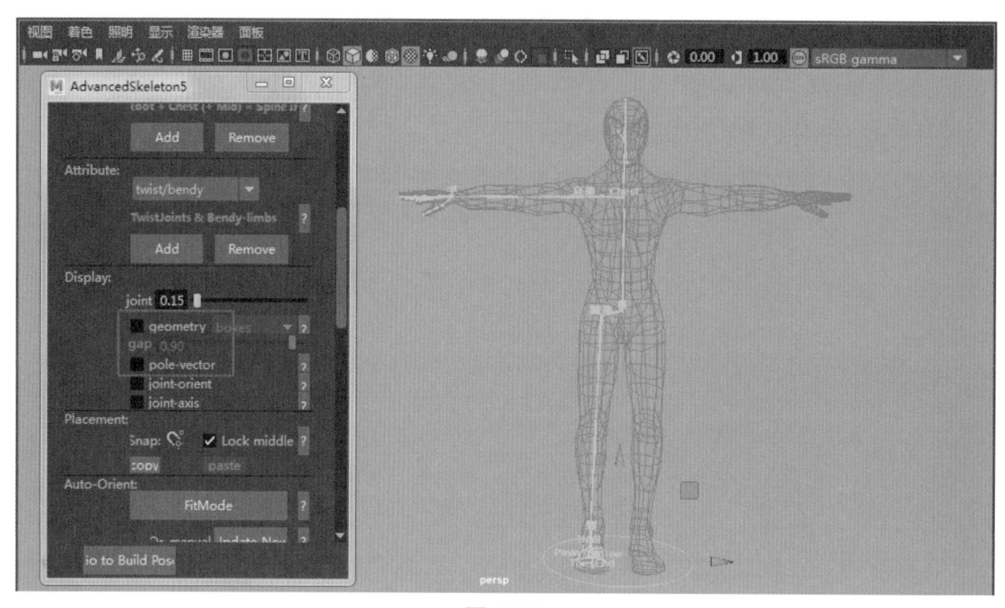

图 9-25

9.2.3 生成骨骼控制系统及蒙皮

01 生成高级骨骼控制系统。单击 Build（创建）菜单下的 ReBuild AdvancedSkeleton（重建高级骨骼控制系统），如图 9-26 所示。

02 单击 Deform（option1）（变形）菜单下的 Select DeformJoints（选定绑定骨骼）按钮，然后按 Shift 键加选场景角色模型，再单击 Set Smooth Bind Options（皮肤平滑绑定）按钮，如图 9-27 所示。

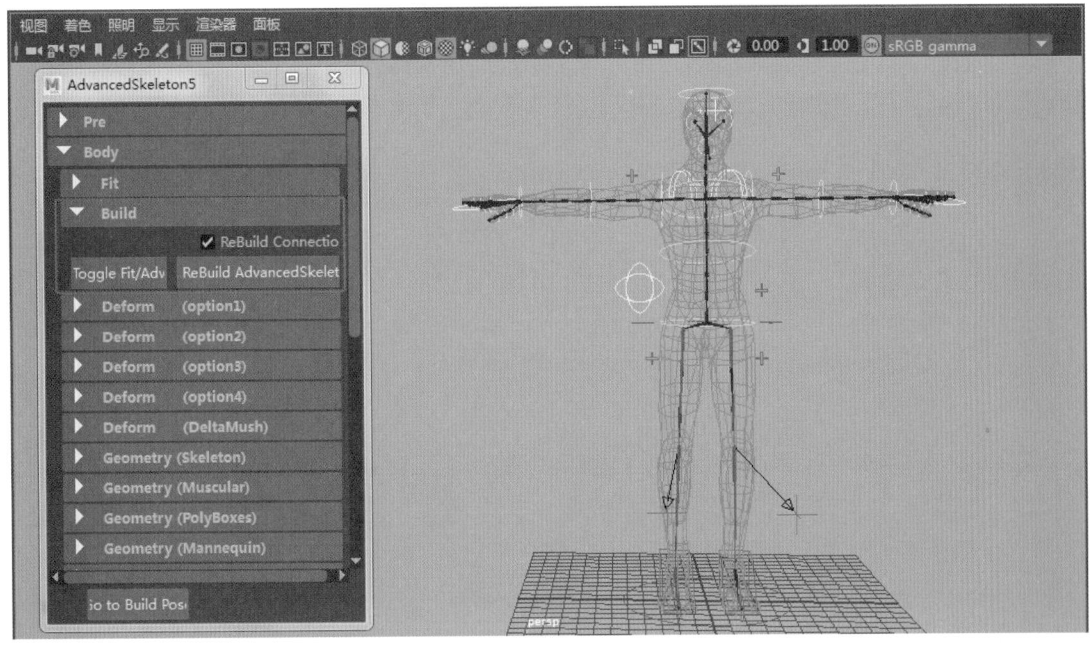

图 9-26

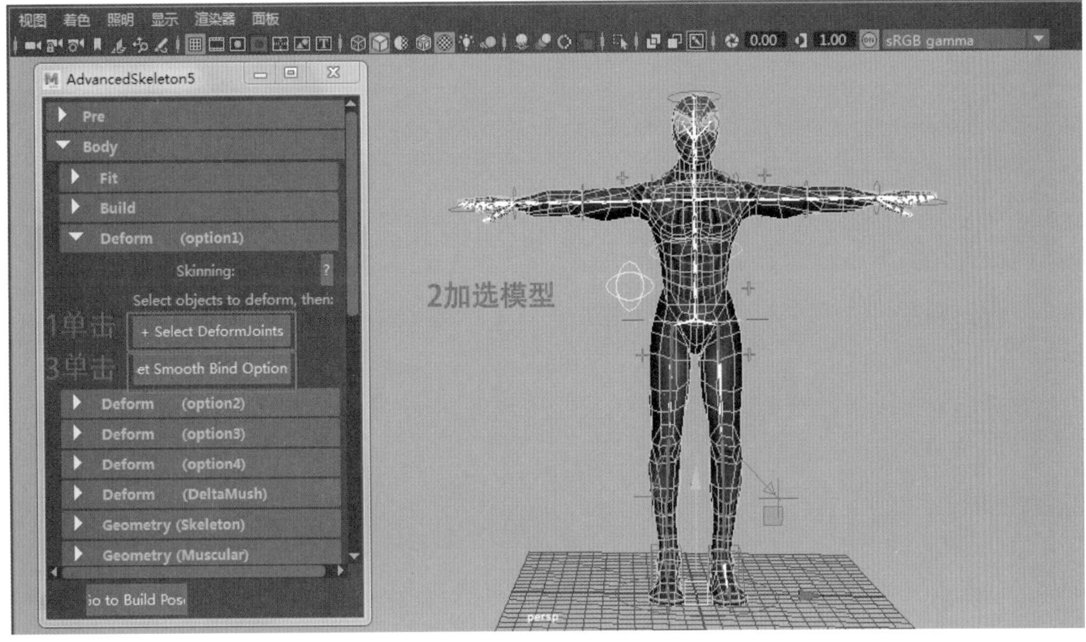

图 9-27

平滑绑定参数采用默认设置，如图 9-28 所示。

03 模型绑定完毕后，接下来就是对模型权重的编辑。这里可以通过两种方式来编辑模型绑定的权重。接下来先学习第一种方法。单击 Deform（option2）（变形）菜单中 Cage 栏下的 Create（创建）按钮，系统会自动生成一套 SkinCage（蒙皮融合系统），然后通过进入点级别模型进行编辑，使其和模型合理匹配，进而完成权重的编辑，如图 9-29 所示。

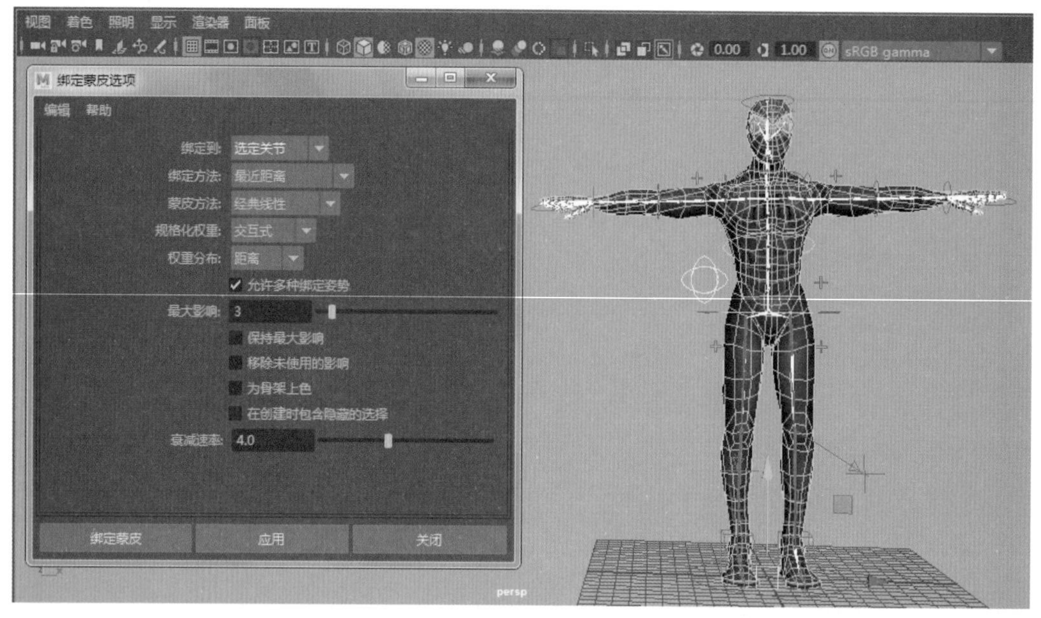

图 9-28

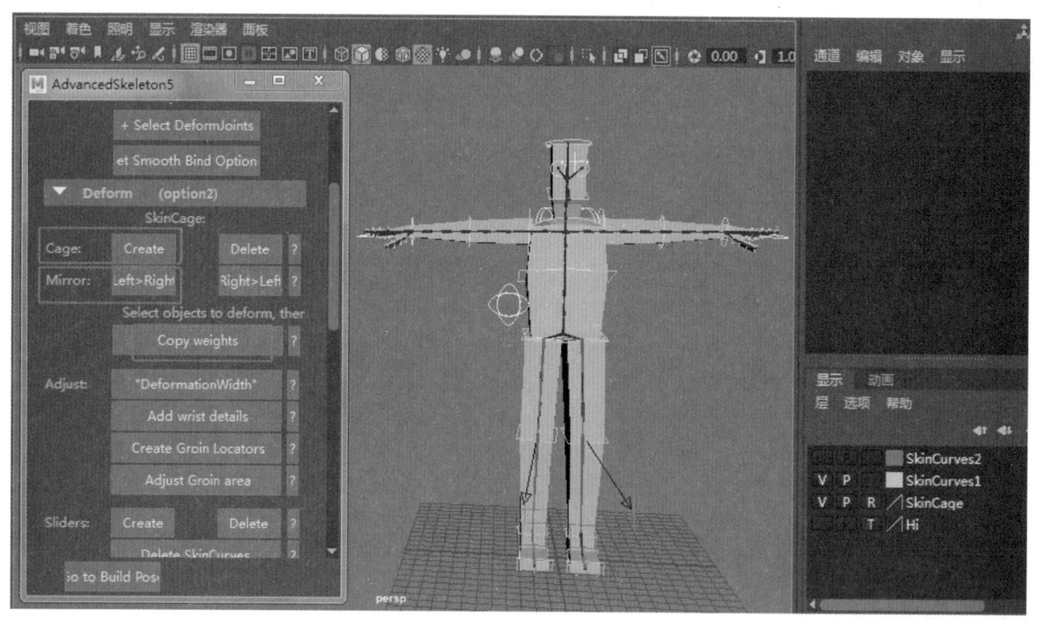

图 9-29

提示

调整 SkinCage（蒙皮融合系统），只需要调整左半部分即可。左半部分调整到位后，单击 Mirror（镜像）命令选项 Left → Right（左边镜像到右边），就可以快速编辑模型的蒙皮效果了。当想要关闭 SkinCage（蒙皮融合系统）时，可以单击 Cage 栏后的 Delete（删除）命令。

04 另外一种方法是单击 Geometry（PolyBoxes）几何体（多边形盒子）菜单下的 Create（创建）按钮，系统会自动生成一套多边形盒子，然后通过顶点组件进行对多边形盒子的编辑，使其与模型合理匹配，以实现权重的编辑，如图 9-30 所示。

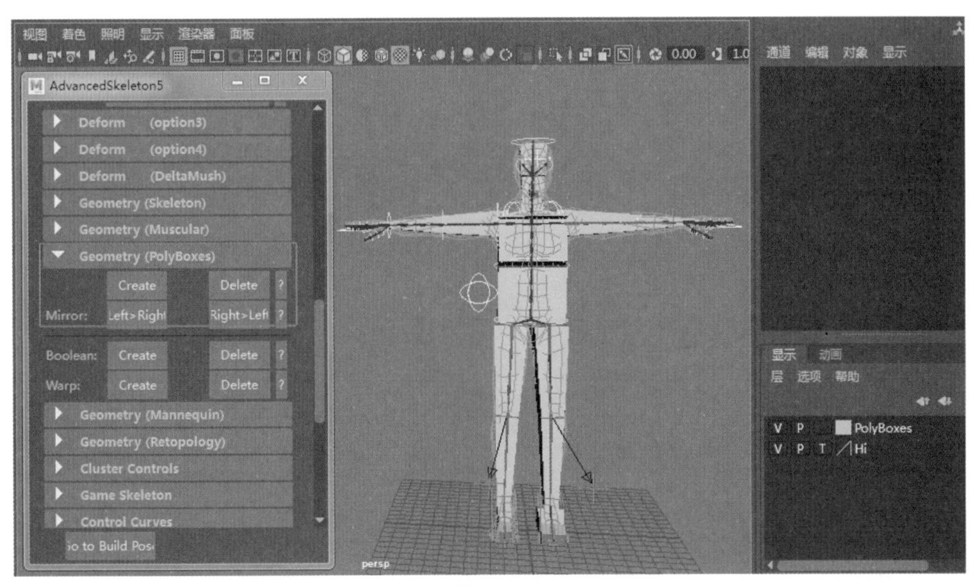

图 9-30

05 模型绑定蒙皮完毕，接下来通过角色动画来测试角色的绑定是否合理准确。AdvancedSkeleton-v5 版本提供自定义角色动画功能，到 Tools 菜单下的 WalkDesigner（自定义走路）界面单击 Start（开始）按钮，我们绑定的蜘蛛侠角色就能行走起来了。这里包括各种走路效果，可以随意调整单击动画播放器查看动画效果，如图 9-31 所示。

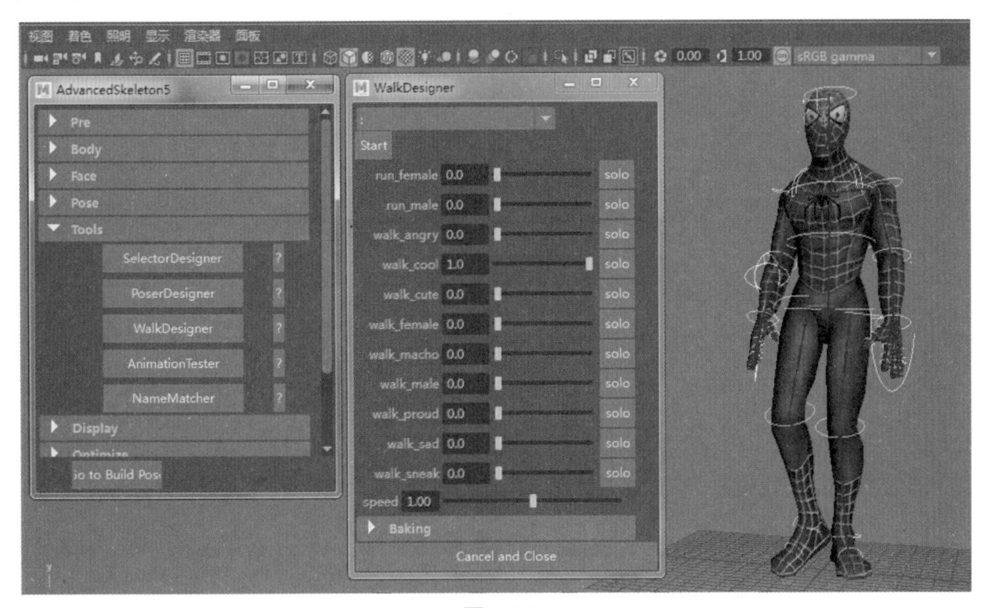

图 9-31

此编辑器功能非常强大，还能自定义调出男人和女人各种各样的走路和跑步动画效果。

9.3 综合应用 ADV 插件进行阿童木角色绑定

9.3.1 阿童木身体绑定

01 开启 Maya 软件，打开本书提供的 Astroboymd（阿童木角色模型），如图 9-32 所示。

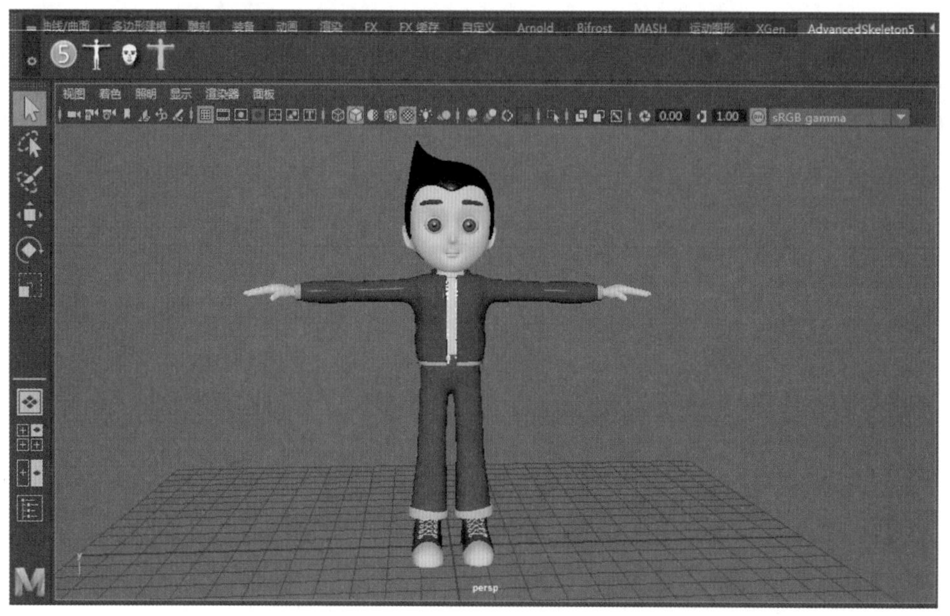

图 9-32

02 在“大纲视图”中对模型进行布线检查、合理命名并分组整理，方便后面选择绑定，如图 9-33 所示。

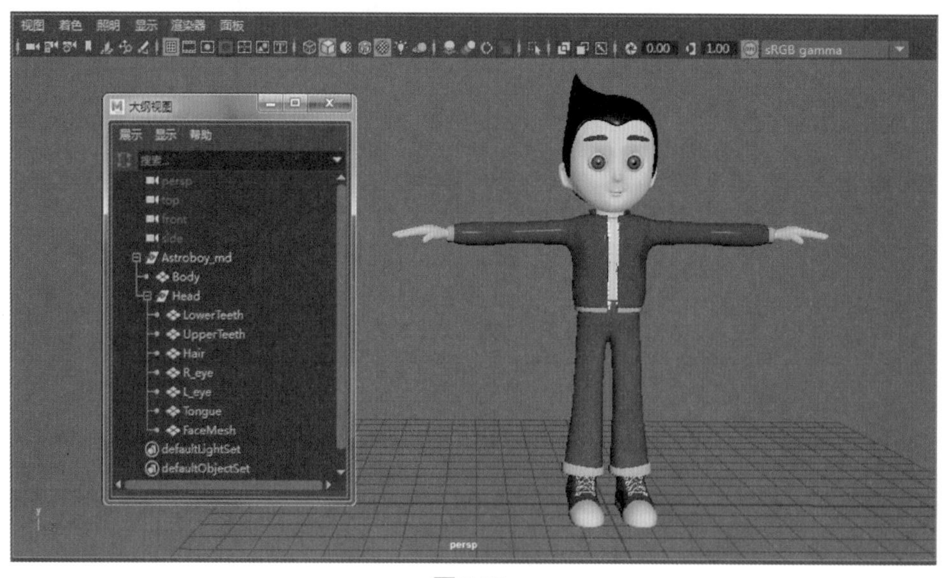

图 9-33

> 提示
>
> 重点检查眼部布线、嘴部布线、肘部布线、膝关节部位的布线。这几处布线一定要合理，否则将严重影响角色动画制作环节。

03 在确认模型符合绑定要求以后，执行 Reference（预置模型文件），指定路径为工程目录下要创建骨骼的 Astroboymd（阿童木角色模型），然后在 Fit 菜单栏下单击 Import 按钮导入角色骨骼（biped.ma），然后适配角色骨骼，如图 9-34 所示。

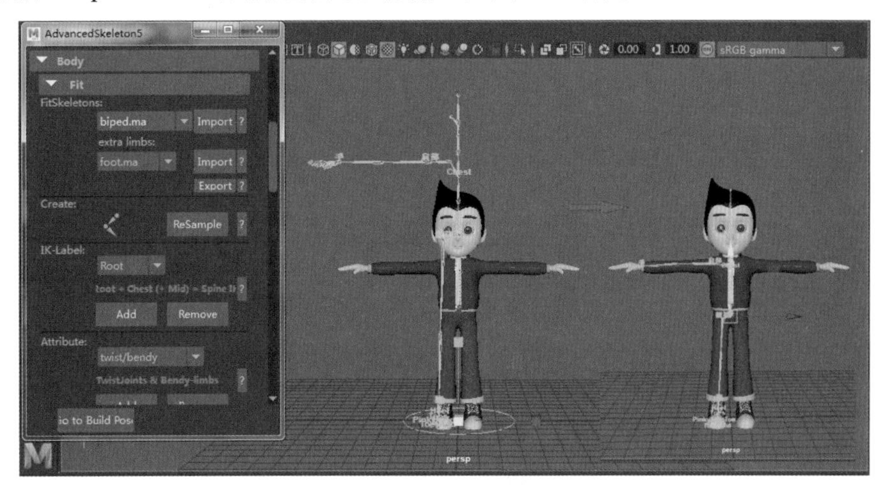

图 9-34

04 适配好骨骼后，单击 Build（建立）菜单栏下的 Build AdvancedSkeleton（建立高级角色骨骼系统），如图 9-35 所示。

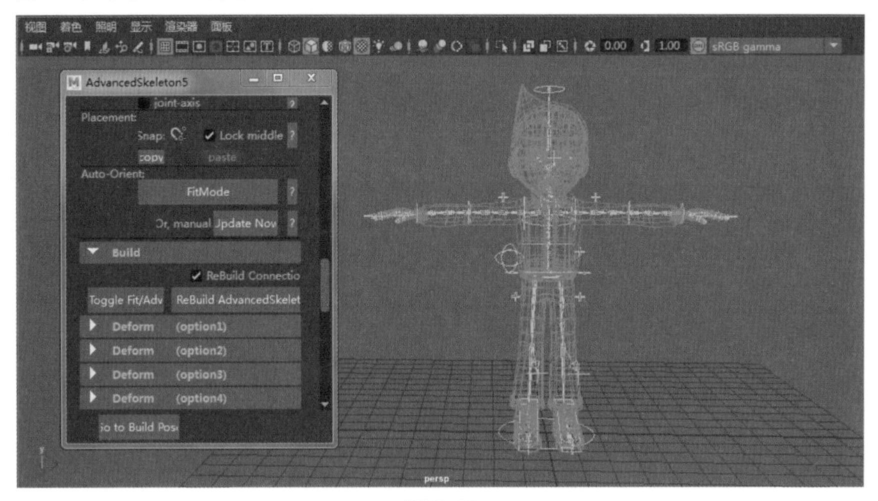

图 9-35

05 在插件的变形菜单栏中选择变形骨骼，如图 9-36 所示。

06 再打开“大纲视图”，加选阿童木模型，执行“绑定蒙皮”，如图 9-37 所示。

07 阿童木角色身体骨骼系统创建成功，如图 9-38 所示。

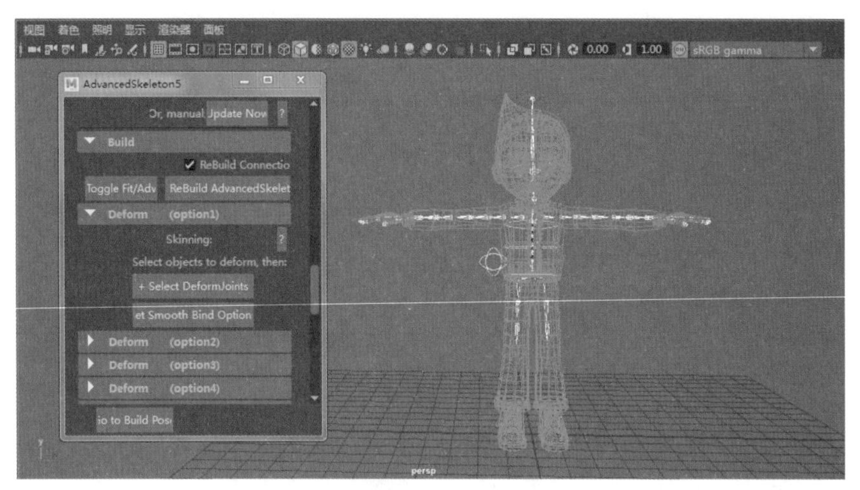

图 9-36

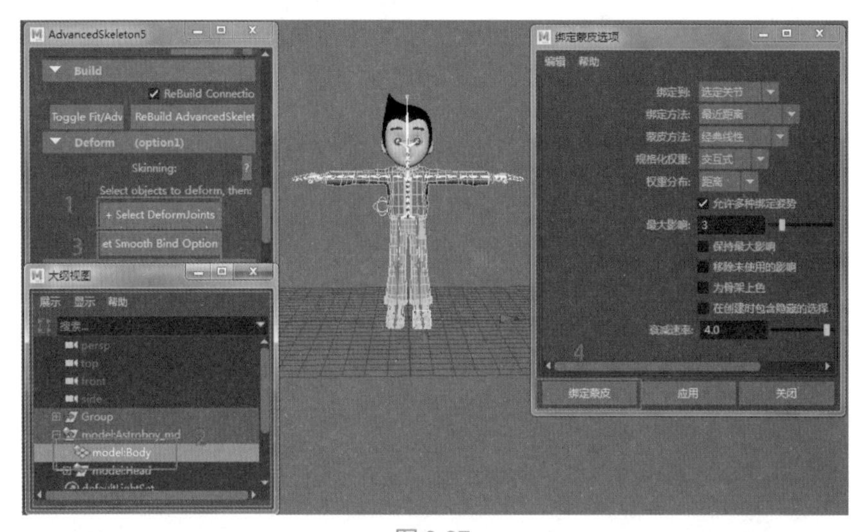

图 9-37

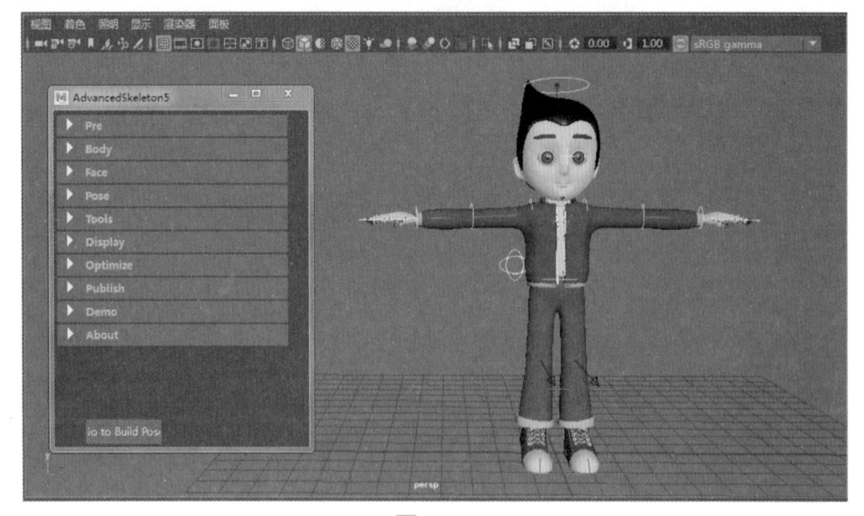

图 9-38

9.3.2 阿童木面部表情绑定

01 先单击 Create Face FitSkeleton Node（创建面部适配节点），接着再单击“?”按钮查看，此时会出现从下巴到头顶的提示，然后使用 R 键进行缩放适配，如图 9-39 所示。

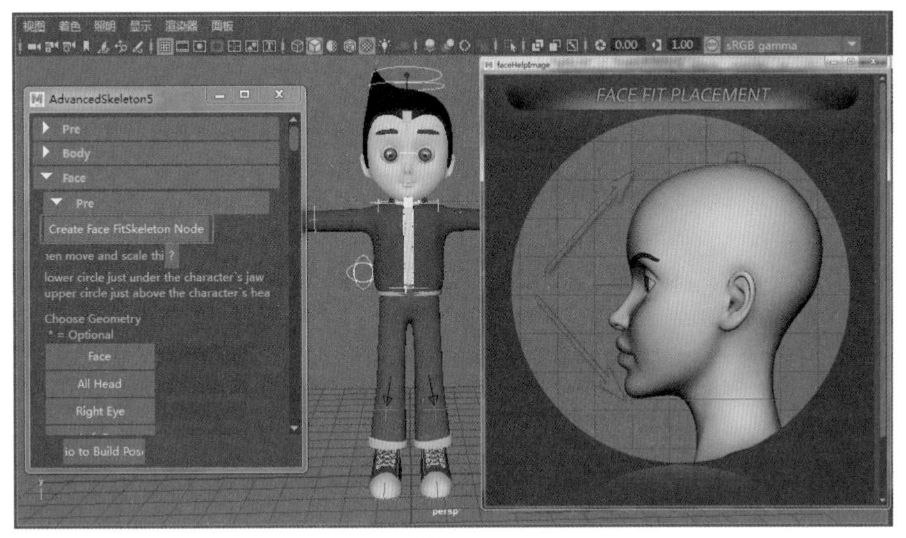

图 9-39

02 打开“大纲视图”，选择阿童木的面部模型添加到 Face（面部）栏中。单击 Face 栏会弹出 Create New SkinCluster 对话框，进行确认即可，如图 9-40 所示。

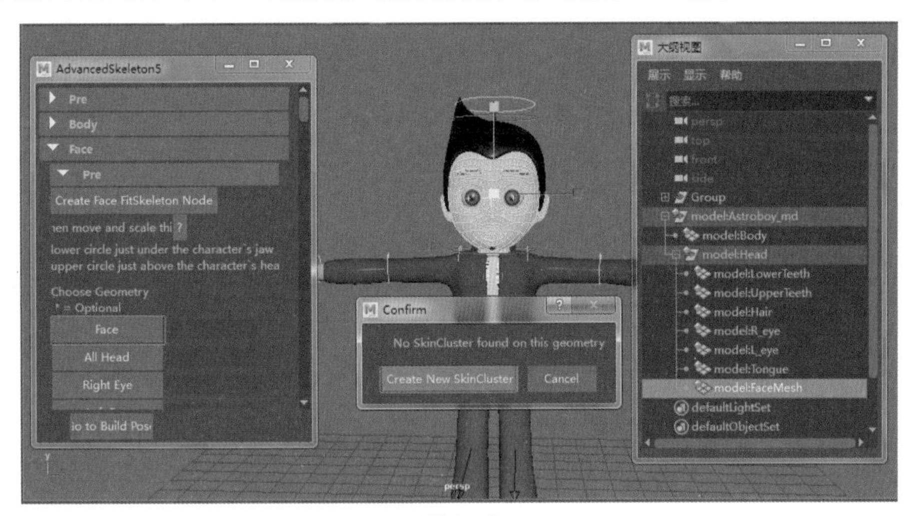

图 9-40

03 在“大纲视图”中选择阿童木与面部相关的其他所有几何体。将所有几何体模型（包括面部、头发、左右眼、上下牙、舌头）添加到 AllHead（头部所有几何形体）栏中，单击 AllHead，会弹出 Create New SkinClusters 对话框，进行确认即可，如图 9-41 所示。

04 在“大纲视图”中选择阿童木的左眼模型，可以直接将其添加到 LeftEye（左眼）栏中，如图 9-42 所示。

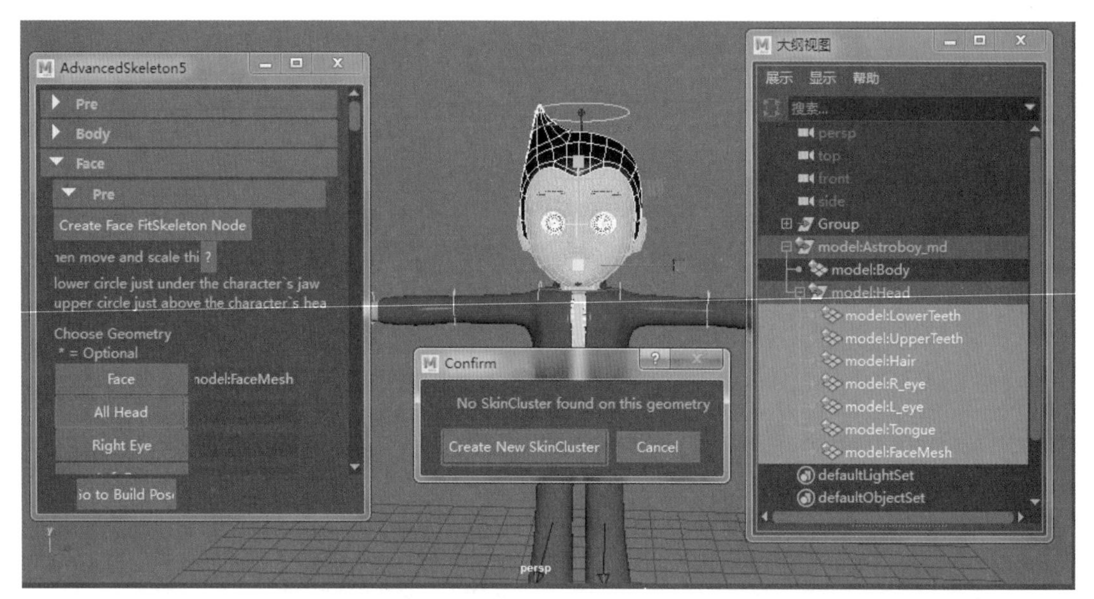

图 9-41

图 9-42

05 在“大纲视图”中选择阿童木的右眼模型，可以直接将其添加到 RightEye（右眼）栏中，如图 9-43 所示。

06 在“大纲视图”中先按 Ctrl+H 隐藏面部模型，以方便选择阿童木的上牙模型，再将上牙模型直接添加到 Upper Teeth（上牙）栏中，如图 9-44 所示。

> 提示
>
> 选择模型，可使用快捷键 Ctrl+H 将其隐藏，使用快捷键 Shift+H 将其显示。

图 9-43

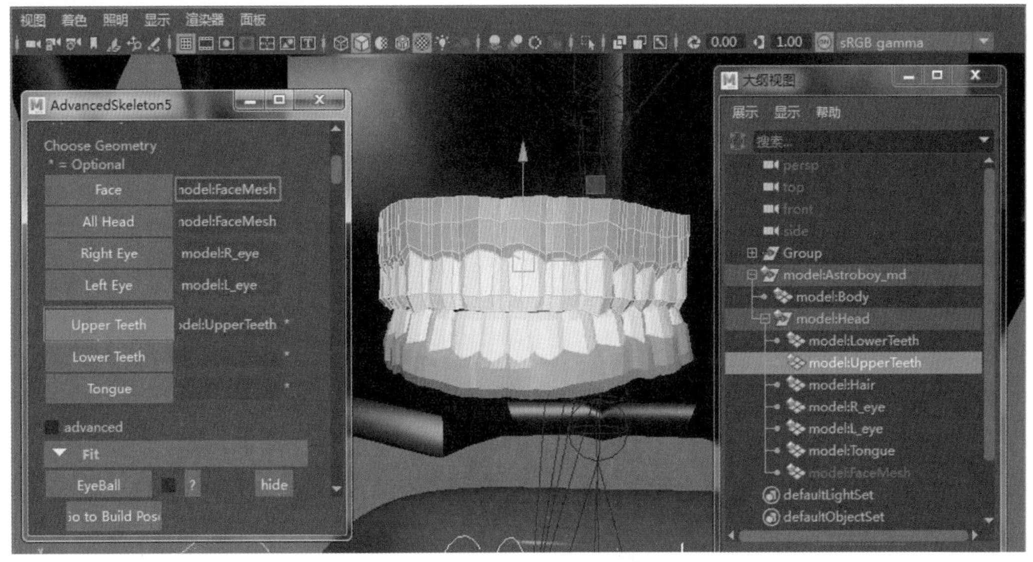

图 9-44

07 在“大纲视图”中选择阿童木的下牙模型，将其直接添加到 Lower Teeth（下牙）栏中，如图 9-45 所示。

08 在“大纲视图”中选择阿童木的舌头模型，将其直接添加到 Tongue（舌头）栏中，如图 9-46 所示。

09 单击 Fit（适配）展开后，可以先单击“?”按钮查看提示，如图 9-47 所示。

> 提示
>
> 勾选 advanced 选项可以增加眼睑控制，可根据需要开启。

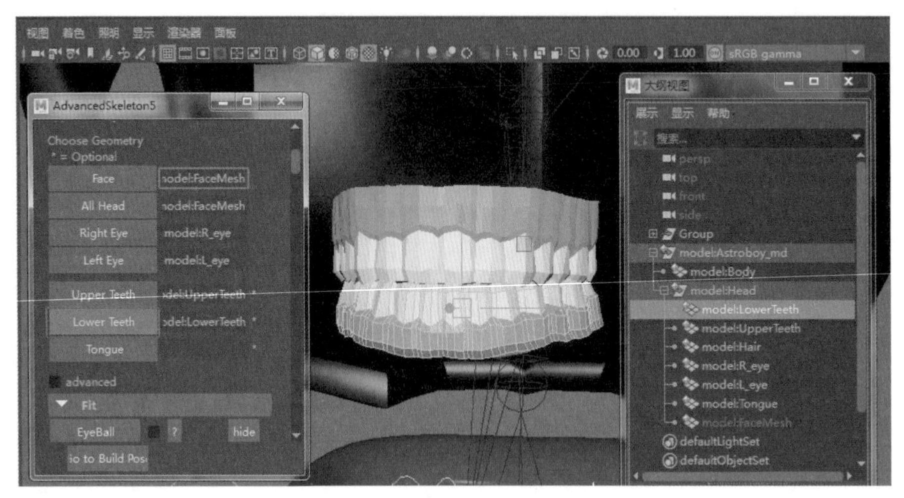

图 9-45

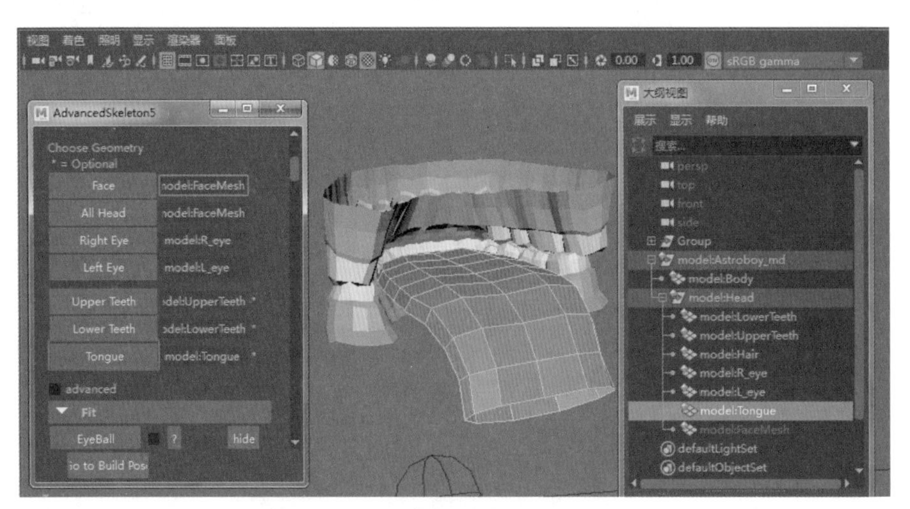

图 9-46

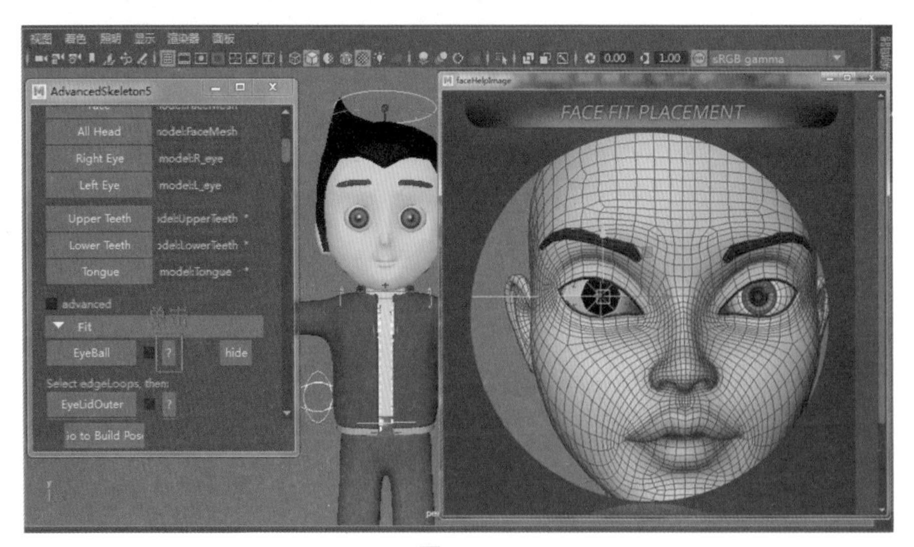

图 9-47

10 单击 EyeBall（眼球）按钮，如图 9-48 所示。

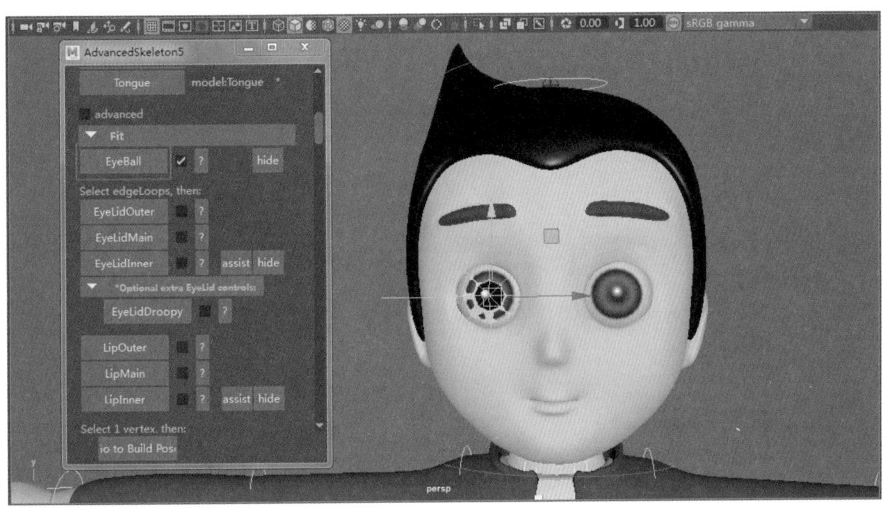

图 9-48

11 单击 EyeLidOuter（外眼睑）按钮右边的“?”按钮，可以查看应选择的模型环形线，如图 9-49 所示。

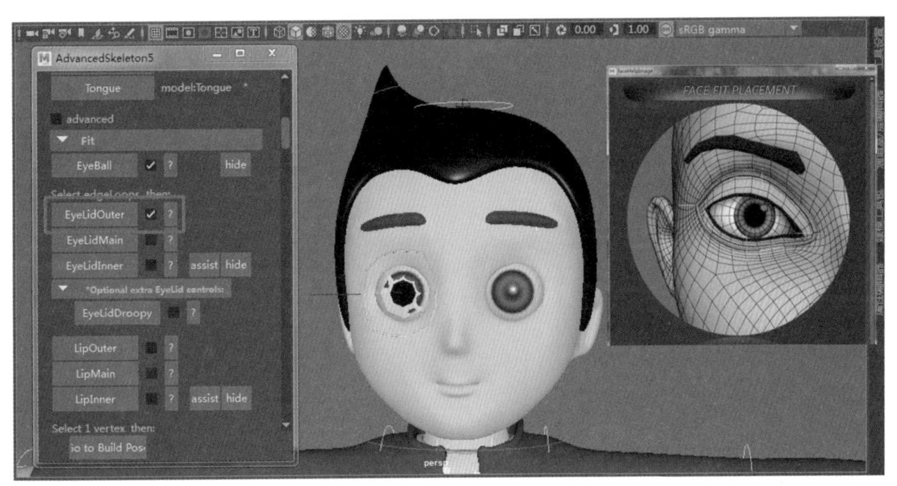

图 9-49

12 查看应选择的模型环形线，选择内线圈后，单击左边的 EyeLidMain 按钮，完成内眼睑影响物体的添加，如图 9-50 所示。

> 提示
>
> AdvancedSkeleton 5 版本对模型环形布线要求做了调整，可以通过按 Shift 键加选线段完成环线的选择，并将其有效绑定。在此版本之前，模型环线必须是闭合的，并且须通过双击完成环线的选择。通过按 Shift 键加选线段完成环线的选择都将是无效的。
>
> 另外，各种选择应该在角色的右边进行，也就是用户正对视图的左半模型。

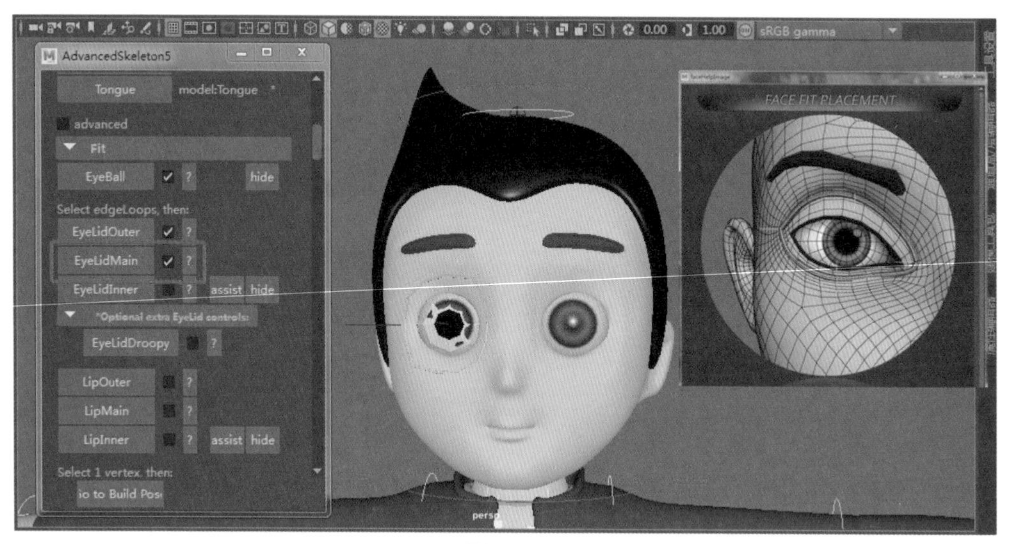

图 9-50

13 单击 EyeLidInner（内眼睑）按钮右边的“?”按钮，可以查看应选择的模型环形线，如图 9-51 所示。

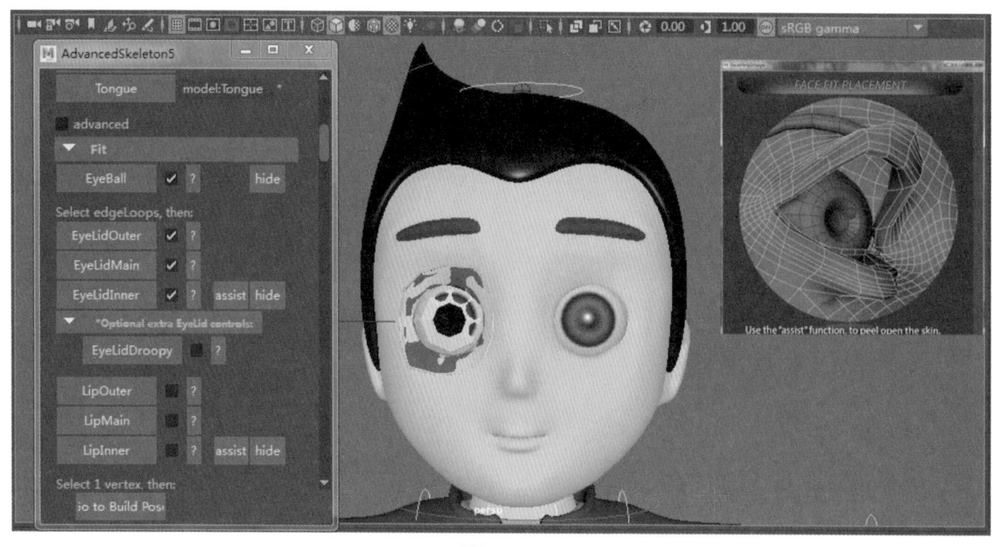

图 9-51

14 查看应选择的模型环形线，选择内线圈后，单击左边的 EyeLidDroopy，完成外眼睑影响物体的添加，如图 9-52 所示。

15 单击 Lip Outer（嘴唇外侧）、Lip Main（嘴唇主要影响区域）、Lip Inner（嘴唇内侧）按钮右边的“?”按钮，可以查看应选择的模型线，如图 9-53 所示。

16 分别单击 EyeBrowInner（内侧眉毛）和 EyeBrowOuter（外侧眉毛）按钮，完成内侧眉毛和外侧眉毛影响物体的添加，如图 9-54 所示。

17 单击 EyeBrowMiddle（眉心）、EyeBrowMid1、EyeBrowMid2、EyeBrowMid3 按钮右边的“?”按钮，可以查看应选择的模型线，然后添加影响物体，完成效果如图 9-55 所示。

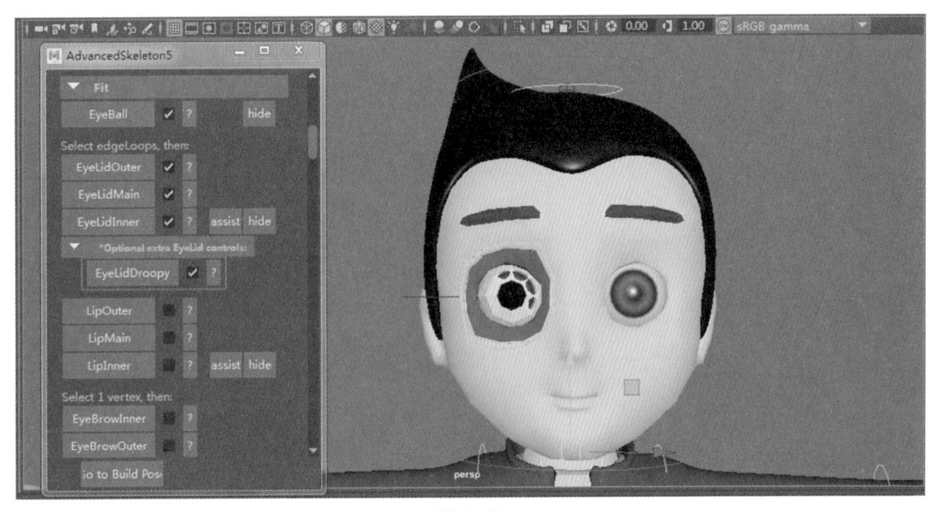

图 9-52

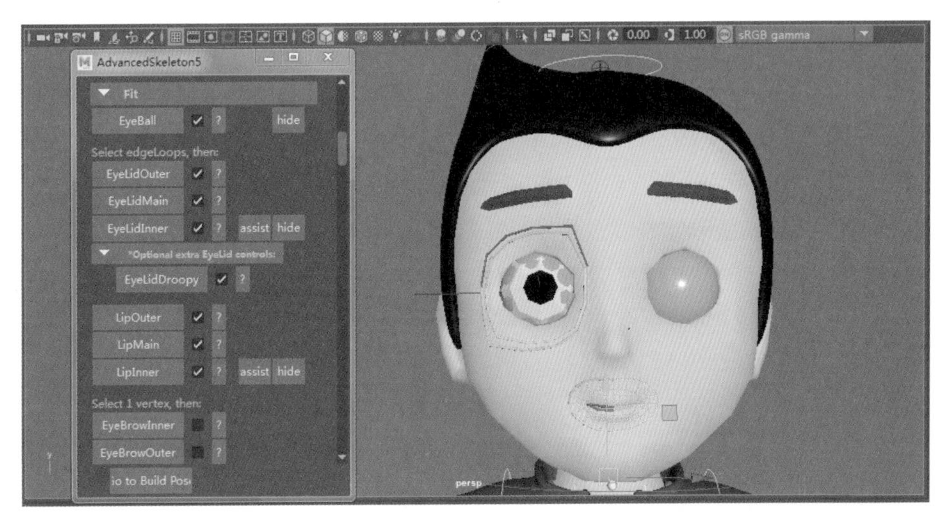

图 9-53

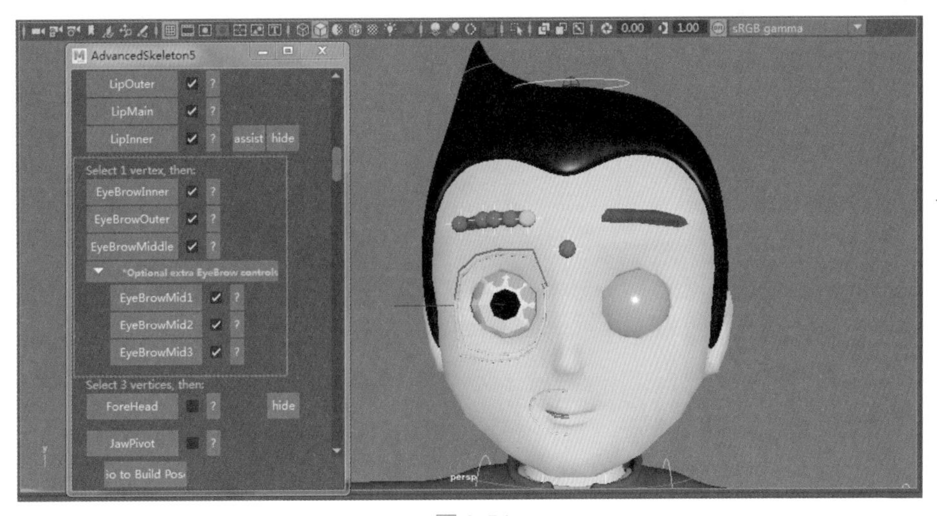

图 9-54

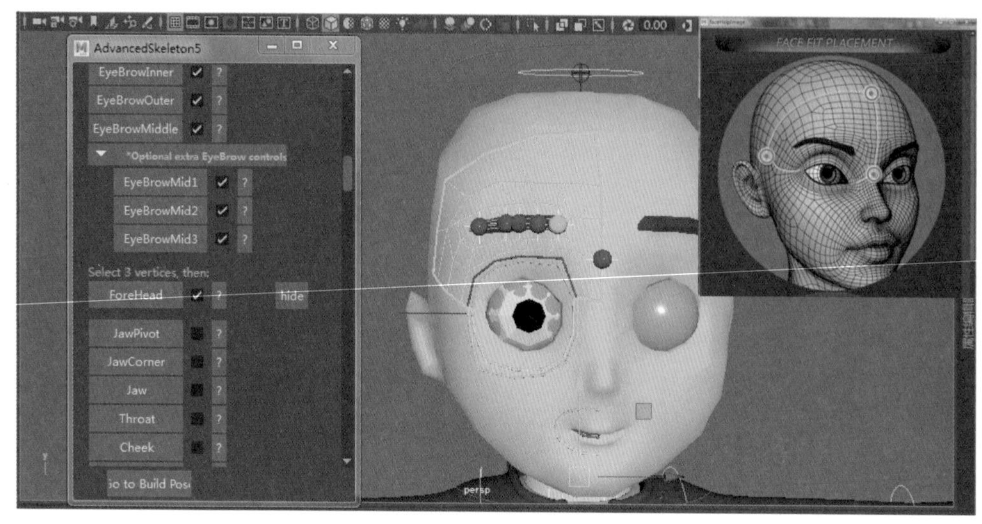

图 9-55

18 单击 ForeHead（前额）、JawPivot（下巴轴心）、JawCorner（下巴拐角）、Jaw（下巴）、Throat（咽喉）、Cheek（脸颊）、CheekRaiser（脸颊集结区域）、SmileBulge（微笑突起）、FrownBulge（皱眉突起）、Nose（鼻头）、NoseUnder（鼻底）、NoseCorner（鼻翼拐角）按钮右边的“?”按钮，可以查看应选择的模型点，然后根据提示选择相应的点添加影响物体，完成效果如图 9-56 所示。

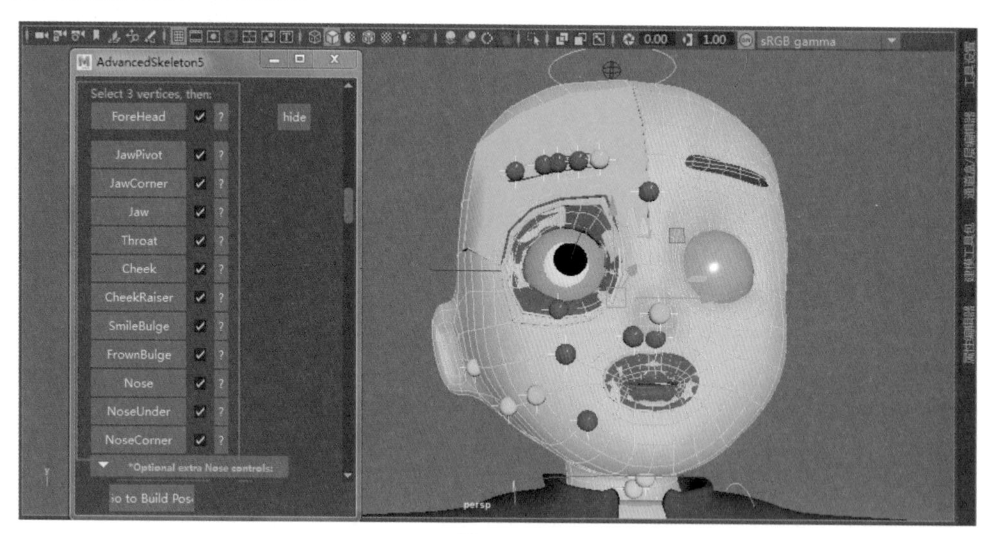

图 9-56

19 单击 NoseSide（鼻翼侧区域）、NoseMiddle（鼻中间区域）、Nostril（鼻孔）按钮右边的“?”按钮，可以查看应选择的模型线，然后添加影响物体，完成效果如图 9-57 所示。

20 单击 Tongue（舌头）按钮右边的“?”按钮，可以查看应选择的模型位置，然后通过 W（移动）和 R（缩放）对空物体进行操作调整，添加完成效果如图 9-58 所示。

21 单击 JawCurves（下巴曲线）按钮右边的“?”按钮，然后单击 Tweak curves（扭曲曲线）按钮，计算机会自动检测，完成效果如图 9-59 所示。

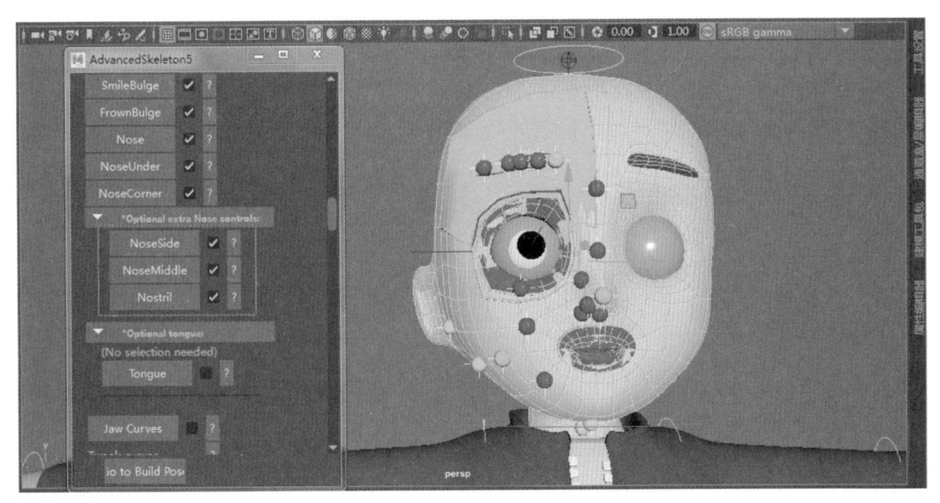

图 9-57

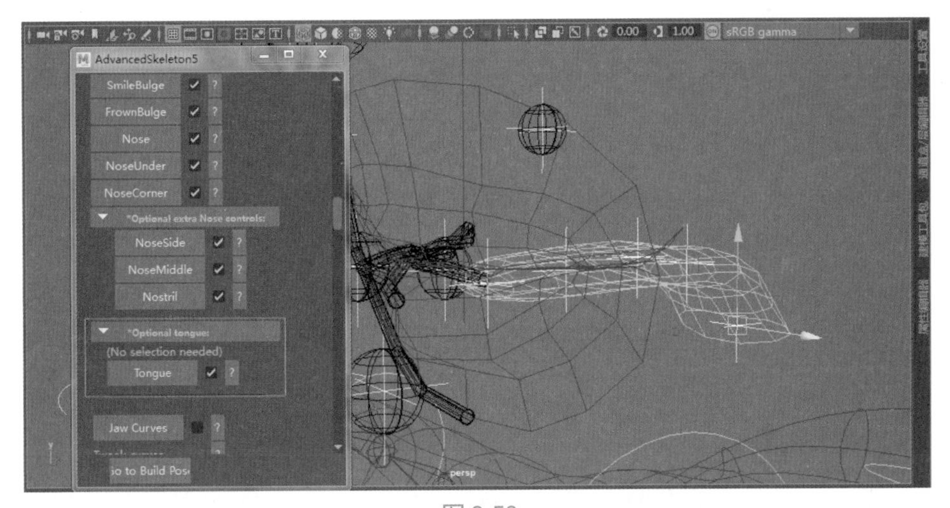

图 9-58

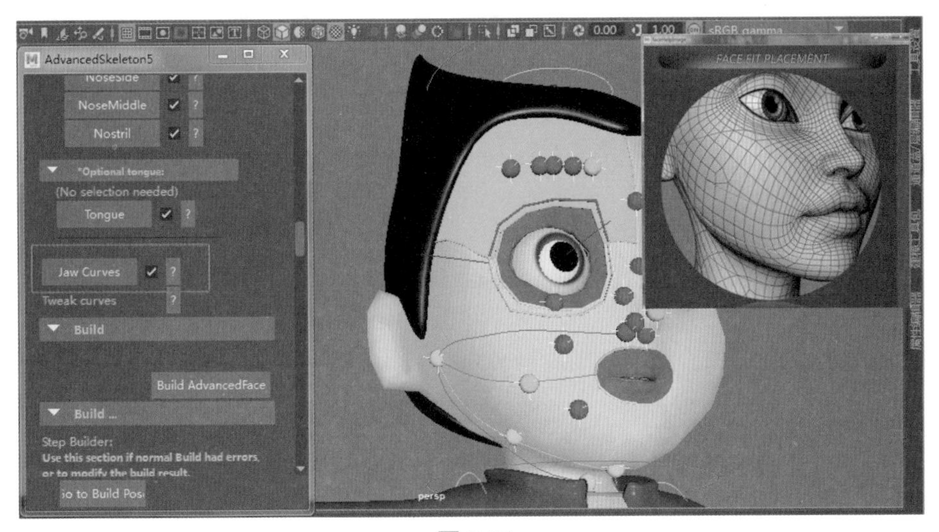

图 9-59

㉒ 此时可以单击 Build 窗口下方的 Build AdvancedFace 按钮。计算机经过几秒钟的自动运算便可完成阿童木角色表情的高级控制系统，如图 9-60 所示。

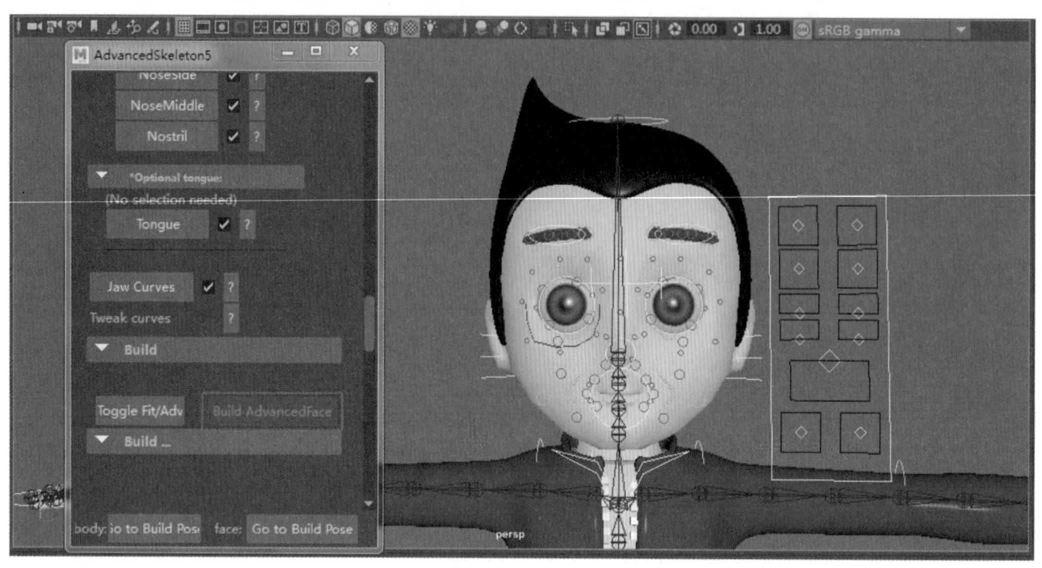

图 9-60

㉓ 还可以单击 HeadSquash（头部拉伸）窗口下方的 Create HeadSquash 按钮，增加角色头部的自由拉伸变形功能，如图 9-61 所示。

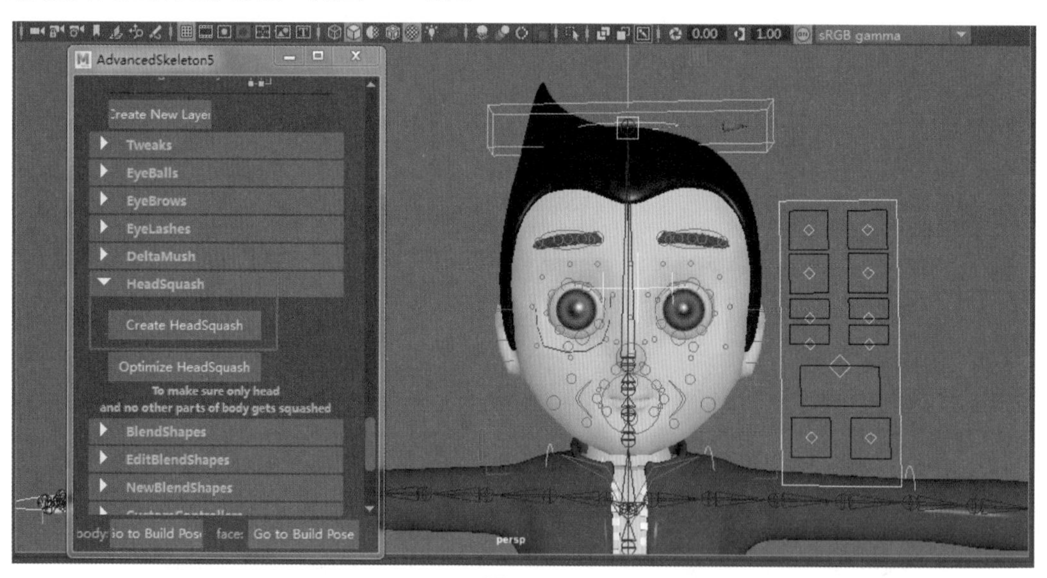

图 9-61

㉔ 调整角色头部控制器后，自由拉伸变形效果如图 9-62 所示。

㉕ 通过调整角色头部控制器，可随意调整出想要的角色表情，如图 9-63 所示。

㉖ 还可以通过 EditBlendShapes（编辑融合变形）栏下的 Create BlendShape（创建融合变形）选项调整出更丰富的表情，然后将其传递给角色，这样就可以更加方便地改善表情细节，如图 9-64 所示。详细操作请参看视频教程。

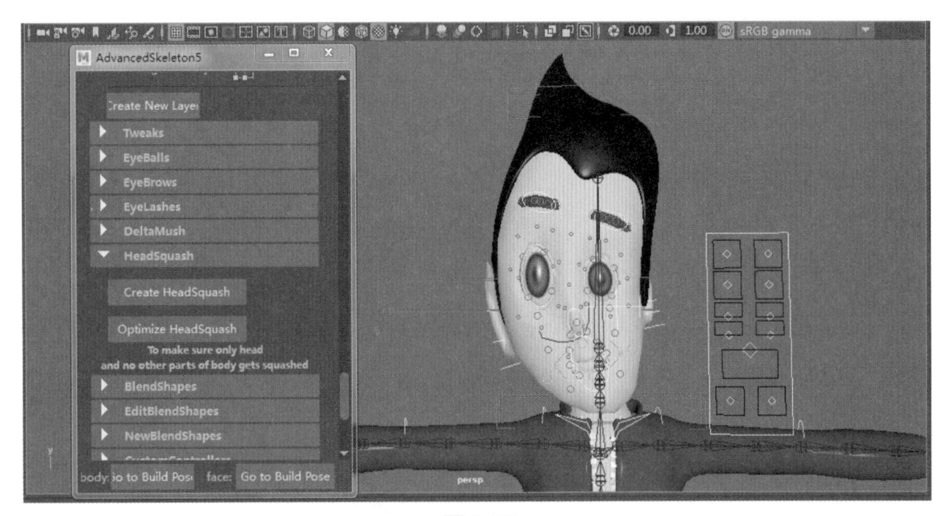

图 9-62

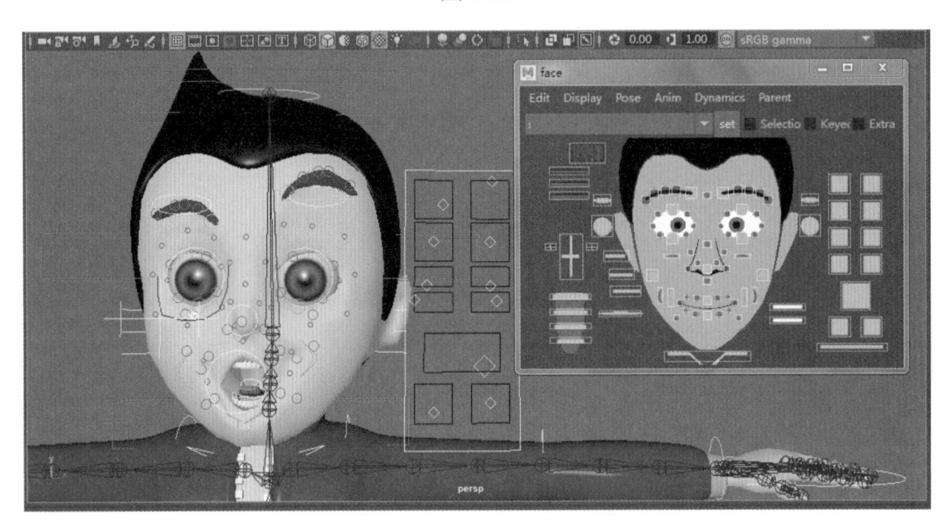

图 9-63

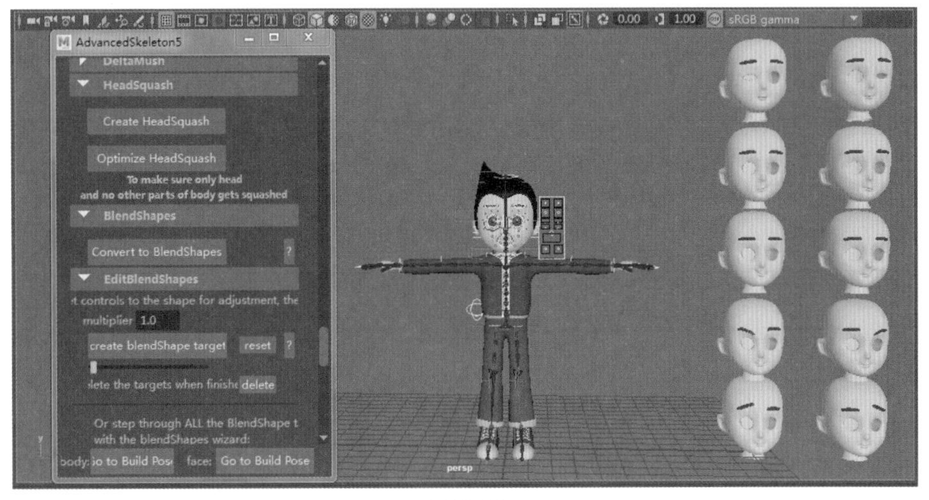

图 9-64

> 提示
>
> 调整角色身体动作或者角色表情动画后，若想快速恢复到初始状态，可以通过 body: GotoBuildPose（身体绑定初始状态）和 face: GotoBuildPose（面部绑定初始状态）命令快速恢复。

27 至此，阿童木角色的面部绑定就大功告成了，如图 9-65 所示。

图 9-65

应用 AdvancedSkeleton 骨骼插件完成阿童木角色的整体绑定，效率是比较高的。不过，通过关节和影响物体控制表情，在权重分配上较难控制，所以结果不一定都很理想。尤其应注意，模型布线要尽量符合插件所给的图片范例，否则控制器的生成会失败。除了直接使用表情绑定系统的控制器设置动画，也可以通过这个系统来制作用于 BlendShape 的目标物体，进一步改善表情细节。总之，AdvancedSkeleton 插件升级后，较以前版本绑定功能进一步提高，深受广大绑定师和动画师们的喜爱。

本章总结

通过对 AdvancedSkeleton 骨骼插件绑定案例的学习，需要重点掌握的知识点有：

1. AdvancedSkeleton 插件介绍与安装及插件基本界面。
2. 应用 ADV 插件进行蜘蛛侠身体绑定。
3. 自定义角色动画功能。
4. 应用 ADV 插件进行角色面部表情高级绑定。
5. 应用 ADV 插件进行阿童木高级绑定。

第 10 章
角色面部绑定技术

本章学习目标

1. 了解主流面部绑定制作技术
2. 使用融合表情制作角色面部绑定
3. 掌握如何制作角色镜像表情
4. 熟练掌握角色面部绑定技术

本章学习主流面部绑定制作技术，学习使用融合表情和制作镜像目标形状。本章主要通过案例综合学习如何使用关节蒙皮、形变编辑器，综合应用面部绑定技术制作角色面部表情；通过对角色头部创建骨骼、蒙皮设置、镜像表情制作、关联设置、表达式控制，完成完整的面部绑定流程，为头部、眼睛、嘴部、眼睫毛及头发等设置绑定系统，从而为设置角色面部表情动画奠定基础。

10.1 角色面部绑定概述

在三维动画里，要想将一个角色制作成动画，前提就是对角色进行绑定设置。角色绑定设置主要分为两部分，一部分是角色肢体绑定，另一部分就是角色面部表情绑定。

不管是电影行业还是游戏制作行业，角色的面部表情绑定始终是制作难点。面部表情都是由内在的情绪驱动产生的，即使是同一种情绪，也会根据不同性格、年龄、职业等因素，展现出不同的表情。例如，对于外向的人和内敛的人来说，同样是笑，外向的人就会表现得非常明显，内敛的人笑起来的表情幅度则会小一些。

角色肢体表演和角色面部表情是让一部动画作品生动起来的关键因素，因此，角色面部绑定是角色动画制作非常重要的环节。面部绑定技术广泛应用于影视动漫制作、游戏动画制作、CG 电影动画制作等领域，如图 10-1 所示。

图 10-1

10.2 主流面部绑定制作技术

10.2.1 面部表情捕捉设备

依靠动作传感系统完全捕捉演员的面部表情，可以将真人演出影像与电脑动画结合，令动画人物的造型与表情更接近于真人。这样一来，角色的面部表情会变得十分逼真可信。例如，在电影《阿凡达》中，有60%的镜头都采用了“动作捕捉”技术和“表演捕捉”技术。《阿凡达》中使用了创新的面部捕捉头戴设备，如图10-2所示，在每个进行“表演捕捉”的演员头上佩戴一套摄像装置。这个头戴装置的核心便是一个离演员面部只有几厘米的微缩高清摄像机，它能用广角镜头记录下演员面部最微妙的表情变化，将演员95%的面部动作传送给计算机里的虚拟角色，使得最后由电脑生成的CG角色与真人演员无异。这种方法主要应用在电影中，除捕捉设备昂贵外，还存在一大缺点，那就是演员面部无法表现出非常夸张的表情，后期还需要到三维软件Maya中进行表情的夸张处理。

图10-2

10.2.2 绑定插件技术

面部绑定插件技术是诸多角色表情制作技术中最简单高效的一种技术。面部绑定插件包括AdvancedSkeleton插件和TheFaceMachine插件等，如图10-3所示。TheFaceMachine插件需要到官方网站付费购买，购买后需要将插件安装到Maya脚本文件夹。使用该插件，可以快速生成表情绑定系统，最终制作出丰富的角色面部表情动画。本书第九章中重点学习了AdvancedSkeleton免费绑定插件，通常用此工具来快速制作角色面部表情动画。此插件的原理就是通过面部适配建立面部表情控制系统，通过调整视窗中的面部控制器来控制角色的面部表情，最终制作出丰富的角色面部表情动画。

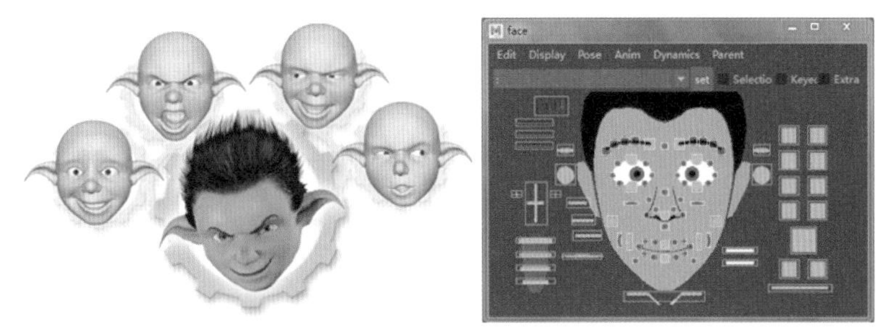

图 10-3

10.2.3 关节蒙皮技术

关节蒙皮为角色面部的点分区域地分配骨骼影响权重，通过调整骨骼的旋转和位移来控制角色面部相关的点，从而控制角色的面部表情动画，如图 10-4 所示。关节蒙皮解决了表情夸张的问题，它可以通过控制骨骼来制作出任何夸张的表情，只是效率会降低。这种制作面部表情动画的方法需要一帧一帧地通过调整骨骼来生成，并且绘制骨骼的权重对于新手来说也较难掌握。

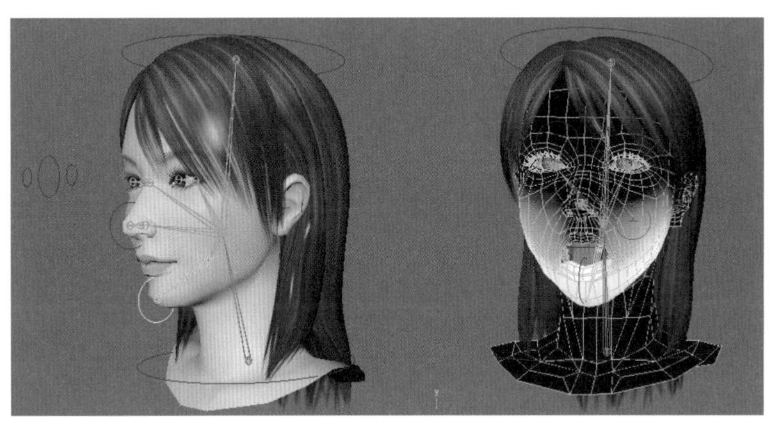

图 10-4

10.2.4 融合变形技术

融合变形是通过制作大量目标形状，将其应用于基础对象并混合生成面部表情的动画技术。用户可以更改每个目标形状的权重，从而更改它对融合变形的影响程度，通过面部模型融合目标形状来制作角色的各种面部表情。制作流程通常为：先复制角色面部基础模型，然后将复制的面部基础模型修改成所要制作的目标表情模型，这种修改后的表情被称为对象目标；将多个对象目标形状加选面部基础模型后进行融合变形，然后到形变编辑器或者通道盒融合变形属性通道中，通过调整数值的大小来控制面部表情，制作表情动画，如图 10-5 所示。融合变形方法的制作效率相对比较高，有各种操作滑块，方便制作，并且易于后期调整与修改，是相对比较可取的方法。

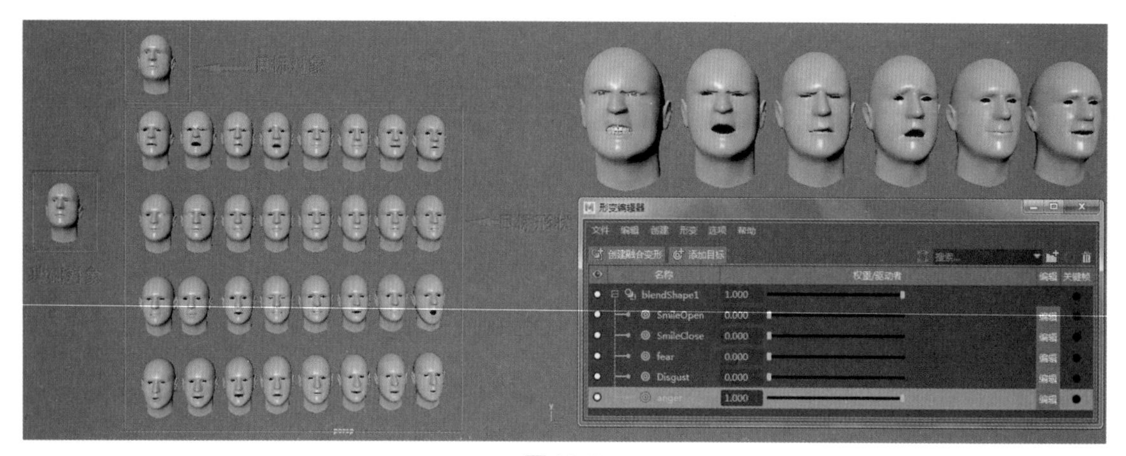

图 10-5

提示

融合变形的优势是可以制作更精确的面部表情，而且关节可以实现面部区域的拉伸，增加更多的表情灵活性。

10.2.5 综合方法绑定技术

综合方法绑定技术通过将三维软件 Maya 中的关节蒙皮、融合变形、变形工具（簇变形、线变形、晶格变形）等各种绑定方法结合在一起，综合应用，实现具有各种情感、高度灵活的角色面部表情绑定，如图 10-6 所示。此技术涉及的绑定知识点比较多，是一种制作角色面部表情的综合应用方法。此方法制作效率较高，变形效果较好，可以获得比较满意的面部表情，是目前行业中应用最普遍的一种制作方法。

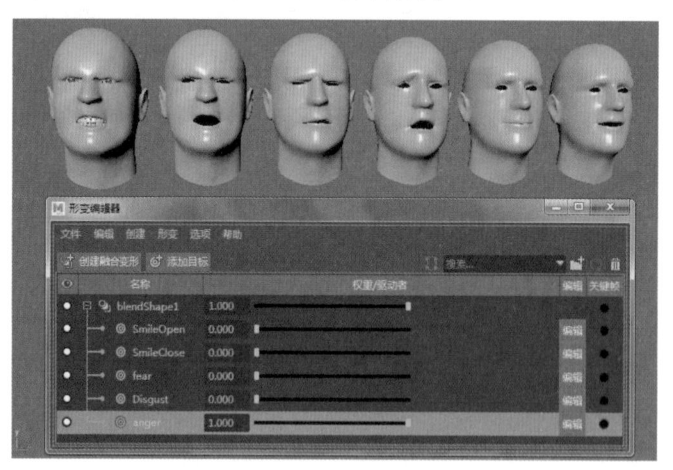

图 10-6

本章将以实际案例讲解此方法的应用。读者熟练掌握此方法，也就掌握了关节蒙皮技术和融合变形技术的制作方法。

10.3 使用 BlendShape 制作角色面部表情

案例分析

角色表情的制作在 Maya 中可以理解为模型点的位移。Maya 中对于点的控制有多种方式，包括 Springs（弹性约束）、Particles（粒子控制）、Weighted Deformer（变形权重）、SmoothSkins（光滑蒙皮）、BlendShapeDeformers（融合变形）等，其中常用于角色表情绑定的为变形权重、光滑蒙皮、融合变形。动画师调节角色动作时，通常都是对控制器设置动画，然后通过控制器驱动各种变形约束来改变模型的形态。

BlendShape（融合变形）常用于角色表情的制作，因为其面板有方便的动画操作滑块，并且支持多个变形的过渡。虽然它可调节的幅度不是很大，但辅助骨骼控制，可以制作丰富细微的表情（尤其是皱纹）。

> 提示
>
> 表情动画制作主要需要注意两个部分：一是口型；二是面部肌肉和面部布线的合理性，如图 10-7 所示。

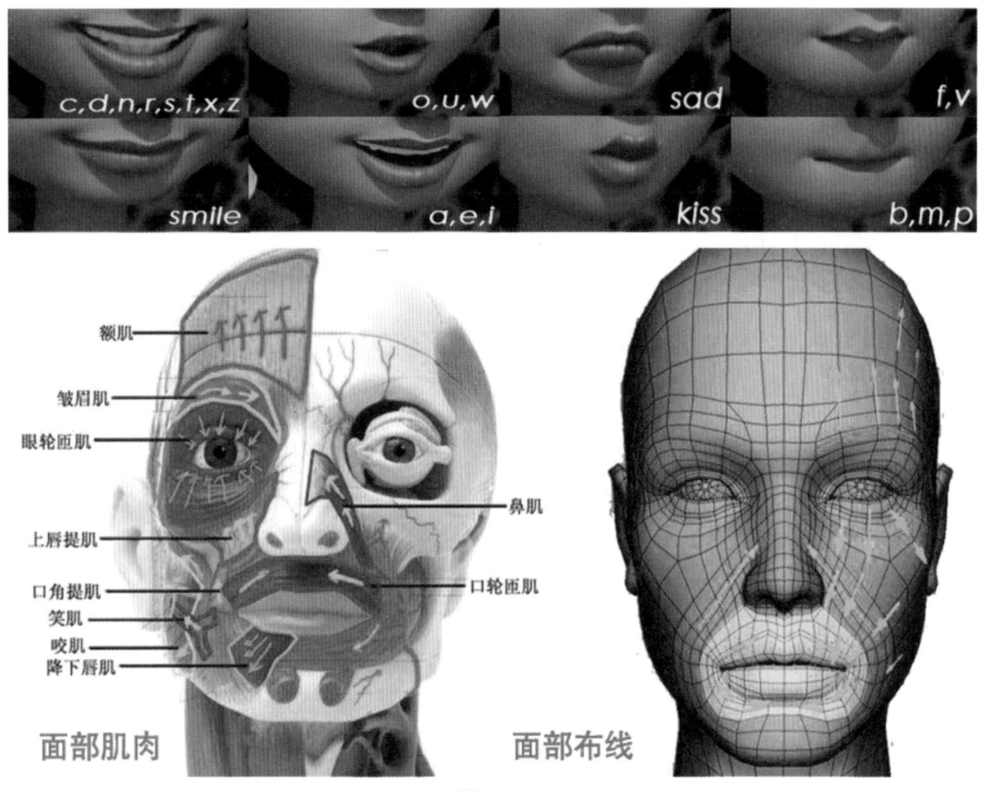

图 10-7

10.3.1 使用 BlendShape 进行面部表情绑定

在三维制作项目中，完成模型及贴图之后，应该先考虑角色的 BlendShape（融合变形）面部绑定（或者为 BlendShape 预留一个基本对象副本），如图 10-8 所示，接着才是骨骼蒙皮。尽管这两者并不冲突，但是合理的操作顺序有助于工程的管理和完善。

图 10-8

通常，角色模型的头部和身体是结合在一起的，在制作角色表情时需要将角色的表情部位（通常是头部和颈部）作为单独的一个对象分离出来。分离操作虽然使头部与身体模型间产生了接缝，但是能简化表情绑定的操作，可以最大限度地节省资源。

制作角色融合表情时，首先要弄清楚基本对象、目标对象、目标形状和融合变形的概念，如图 10-9 所示。

（1）基础对象（即原始模型）是要应用融合变形的原始模型。

（2）目标对象（即目标模型）通常是通过复制基础对象得到的副本模型。

（3）目标形状（即目标变形模型）是目标对象的变形副本。用户也可以将基础对象直接修改为不同的姿势，并将每个姿势另存为目标形状。顶点与基础形状的修改将保存在每个目标形状中。

（4）融合变形是指将目标形状应用于基础对象而生成的形状。用户可以更改每个目标形状的权重，从而更改它对融合变形的影响程度。

提示

在进行角色面部表情制作前，一定要将模型的所有操作历史删除，并冻结所有属性信息。

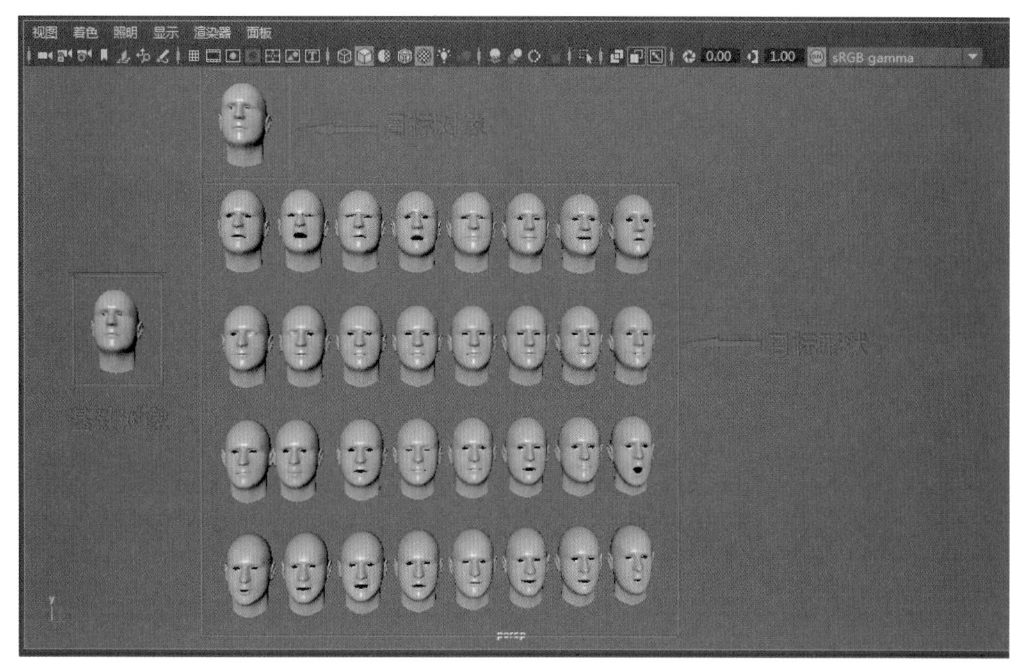

图 10-9

01 打开本书提供的角色头部模型，如图 10-10 所示。

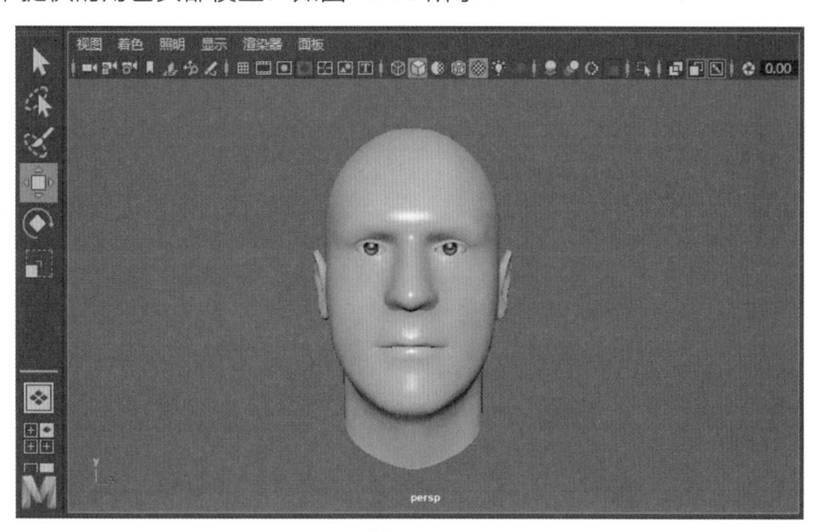

图 10-10

02 将模型的所有操作历史删除，并冻结所有属性信息。复制头部模型（基础对象），移动至一侧，如图 10-11 所示。复制出的模型保留了原模型的变形信息，因此一定不要将复制出的模型（目标对象）进行冻结变换操作，否则执行 BlendShape（融合变形）后会出现异常移动。

03 改变复制出来的目标形状的外形，制作主要口型和面部表情，如图 10-12 所示。制作方法有很多，可以使用各种变形工具来改变模型，也可以直接移动点。需要注意的是一定不能改变模型的拓扑，也就是不要对模型的点线面进行增减操作。

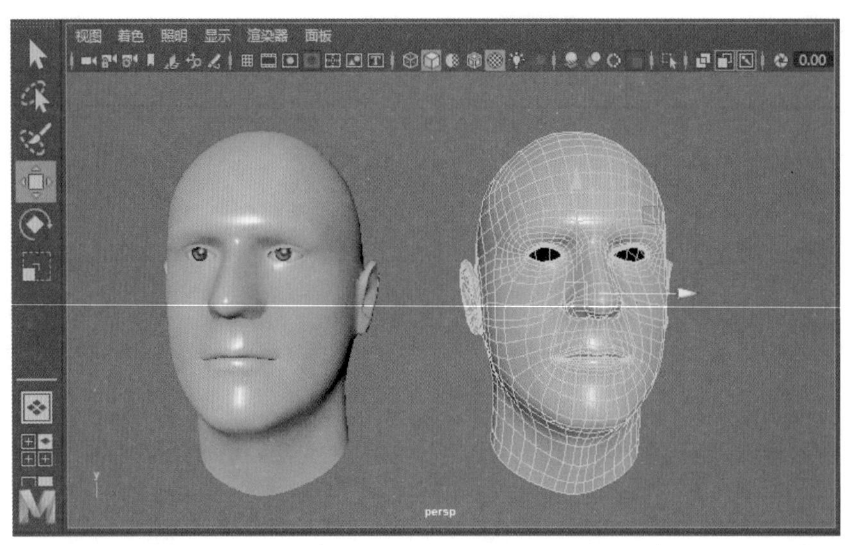

图 10-11

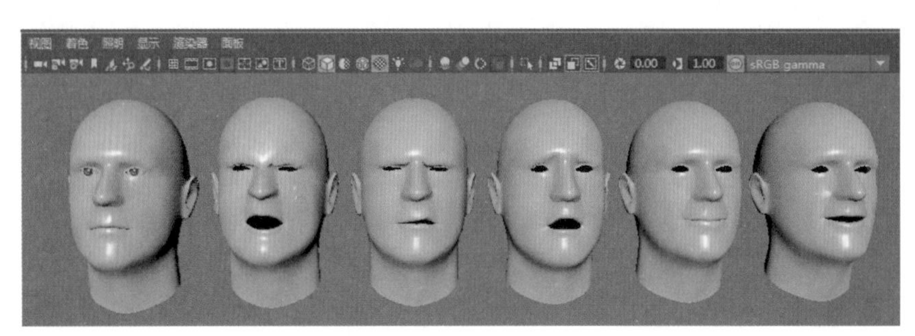

图 10-12

04 选择目标对象删除历史，但一定不能冻结变换操作。现在可以按顺序选择多个目标形状，最后加选目标对象，选择“窗口”菜单“动画编辑器”下的“形变编辑器”，在对话框中单击“创建融合变形”按钮，如图 10-13 所示。

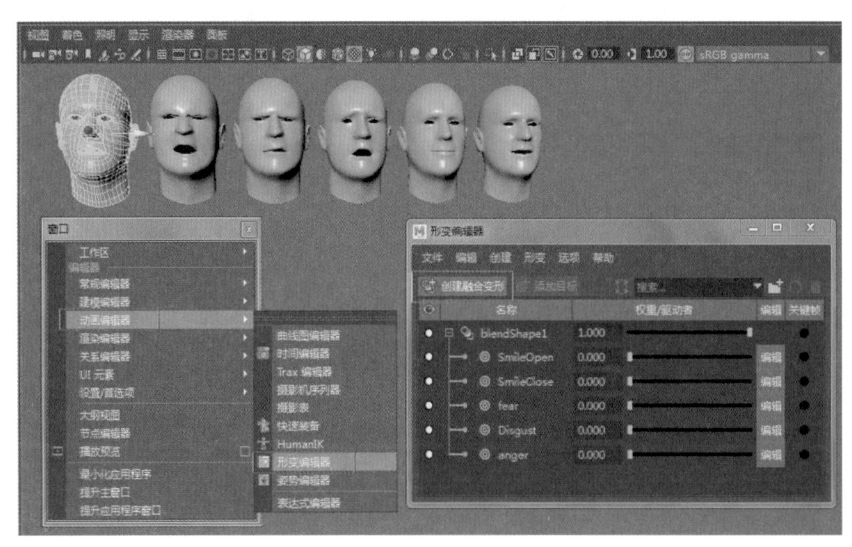

图 10-13

05 融合表情创建完毕。如何调节融合表情动画？第一种方法是在通道盒下输入节点的blendShape1（融合变形）下进行 fear、Disgust、anger 属性的调节，如图 10-14 所示。

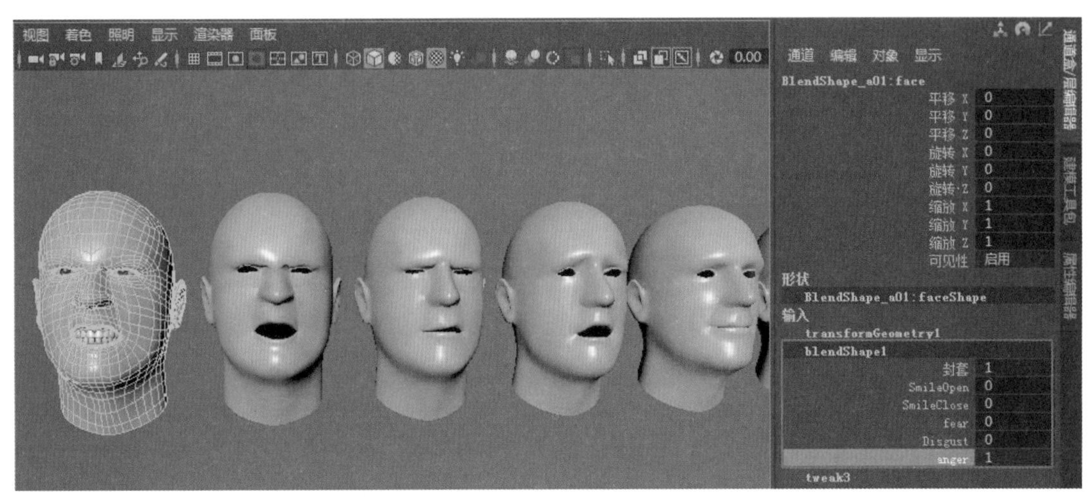

图 10-14

06 融合表情动画调节的第二种方法是选择“窗口”菜单“动画编辑器”下的“形变编辑器”，在弹出的对话框里的融合变形控制面板进行 fear、Disgust、anger 属性的调节。拖动相应滑块，可以看到模型的表情变化，如图 10-15 所示。

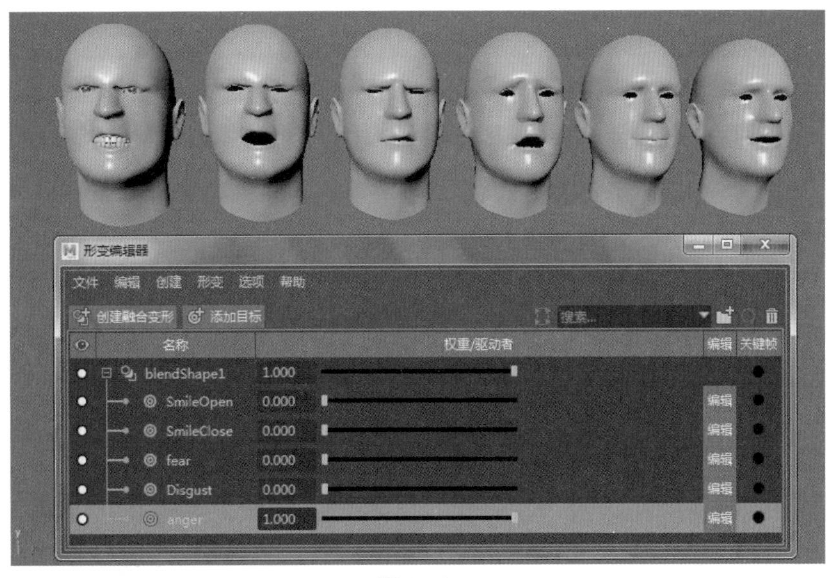

图 10-15

提示

角色表情制作完成。执行融合变形（BlendShape）操作后，Maya 已将动画信息保存在文件中，即使删除目标对象，表情动画也仍然存在。不过，为了以后的管理和修改，建议保留目标模型。

10.3.2 使用 BlendShape 设置属性连接

常规的融合表情制作方法会限制对绑定后角色的表情设置。具体来说，就是无法在绑定后继续增加用于制作表情的基础对象，除非愿意增加一堆分离合并的历史节点。因此，可以采用属性连接的方法，将其中一个目标对象作为其他目标形状和基本对象连接的桥梁，如图 10-16 所示。

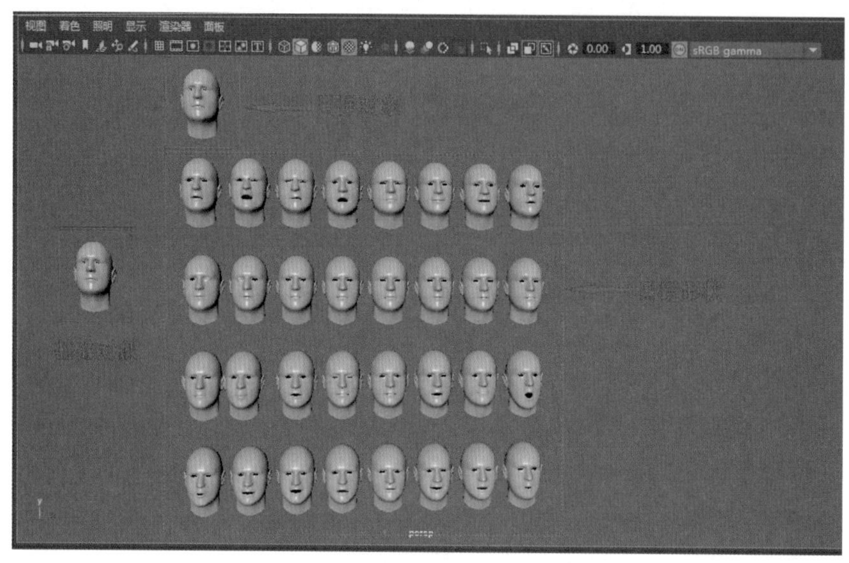

图 10-16

01 先选择目标对象，然后按 Shift 键加选基本对象。按键盘上的 ↓ 键，选择对象的形状节点，然后选择菜单“窗口”→“常规编辑器”→“连接编辑器”，打开属性连接器，如图 10-17 所示。

注意：如果选择顺序相反，可以单击 from → to 改变基本对象和目标对象的输入输出关系。

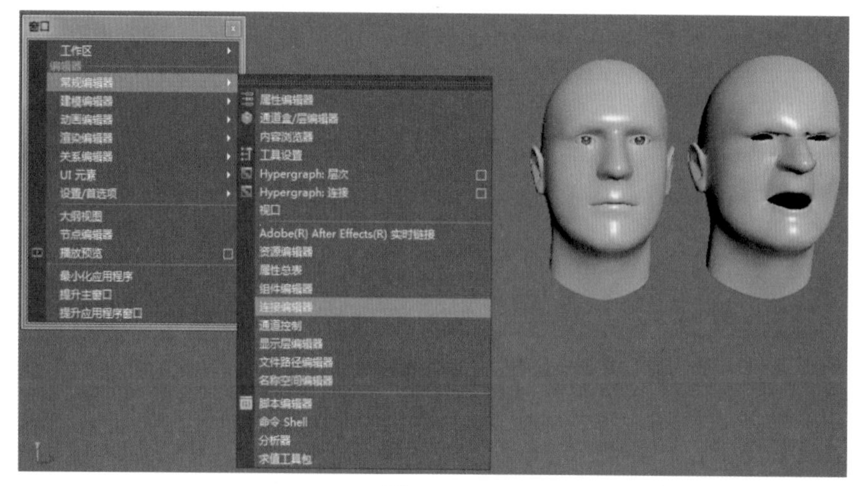

图 10-17

02 单击输出面板中的输出网格（outMesh）属性，与输入面板中的输入网格（inMesh）属性进行连接，如图 10-18 所示。

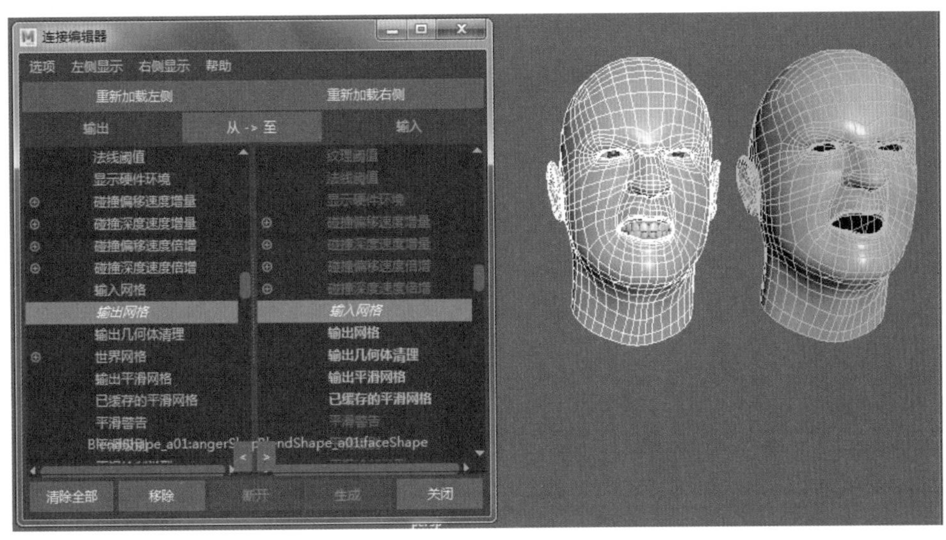

图 10-18

03 此时，基本对象将受到目标对象的控制。改变目标对象的外形（包括点线面的增减操作），基本对象也将随之改变，如图 10-19 所示。

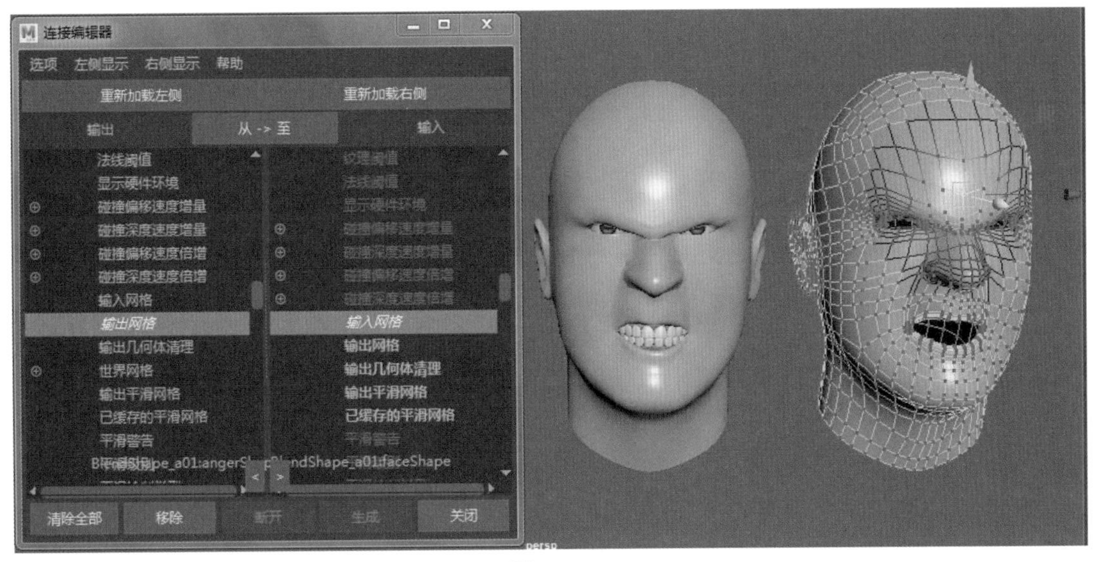

图 10-19

10.3.3 BlendShape 的相关操作

（1）勾选“基本”（Basic）选项卡中的“介于中间”（In-between）选项，可以参考多个目标对象的变形，对基本对象进行变形引导，如图 10-20 所示。例如，制作一根弯曲的管子，需要先创建弯曲幅度不大的多个目标对象。

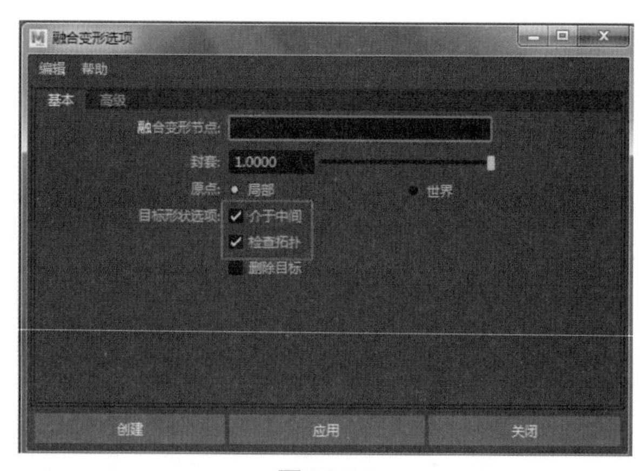

图 10-20

（2）编辑“变形”菜单下的绘制融合变形权重工具，可以绘制基本对象受相应目标对象影响的权重，如图 10-21 所示。

（3）编辑“变形”菜单下的“融合变形”工具，如图 10-22 所示。

添加：对指定的 BlendShape 节点增加动画控制，可将新增加的表情动画添加到同一个 BlendShape 节点。

移除：将所选目标对象从基本对象的 BlendShape 节点中移除动画控制。

交换：将所选的两个目标对象在 BlendShape 节点中的动画控制进行互换。

将拓扑烘焙到目标：当基本对象外形改变后，选择基本对象，执行该操作，可以同时改变 BlendShape 节点下的所有目标对象外形。

图 10-21

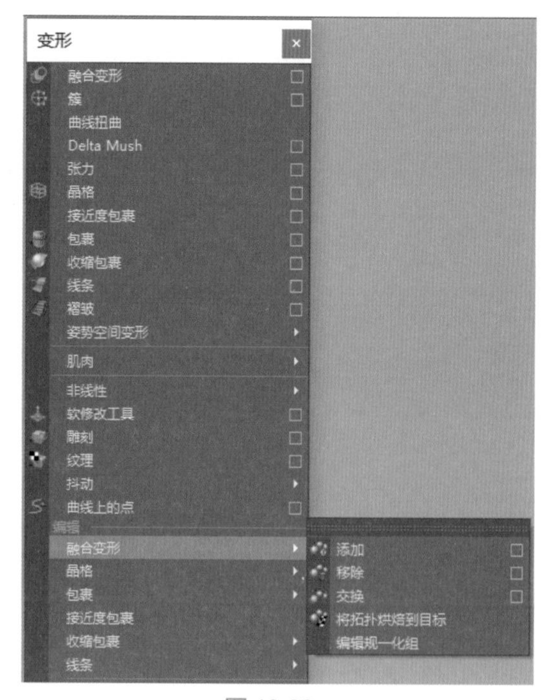

图 10-22

（4）对 BlendShape 设置动画关键帧，在“形变编辑器”对话框中单击相应的关键帧单选按钮，如图 10-23 所示。

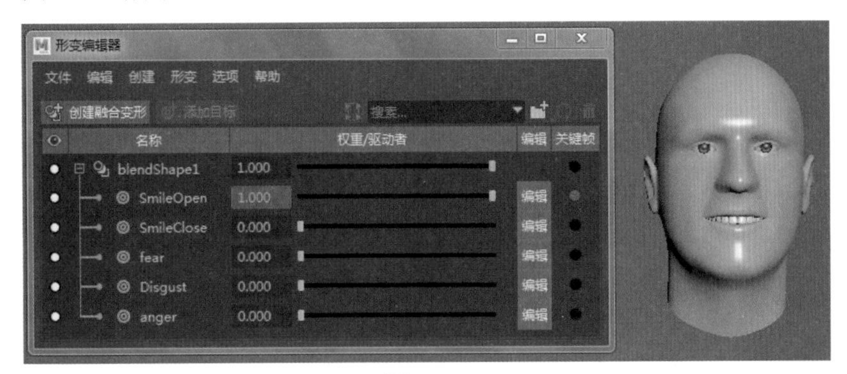

图 10-23

（5）在对基本对象进行融合表情制作时，可以重新编辑目标形状，设置动画关键帧：单击“形变编辑器”对话框中的“编辑”按钮或者用软选择工具调整基础对象，编辑完形状后，再次单击“编辑”按钮，退出编辑模式，如图 10-24 所示。

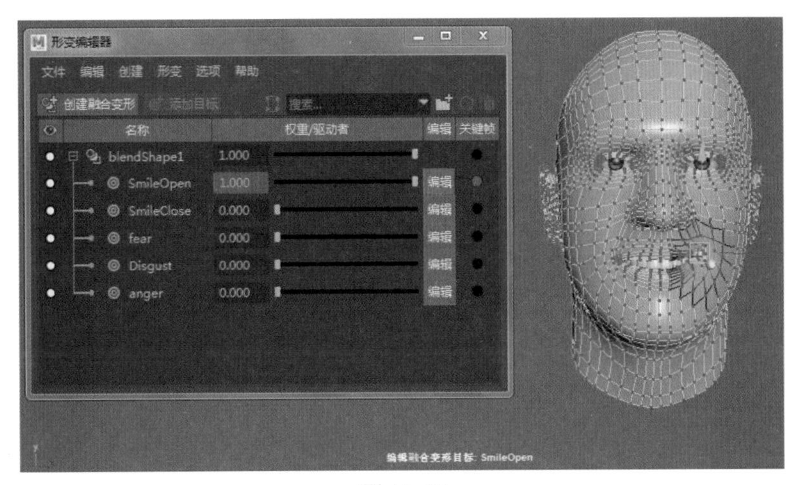

图 10-24

提示

在 Maya 节点优先级别中（仅对角色绑定而言），BlendShape（融合变形）的默认设置（DeformationOrder 为 Front of chain）是最高级别的，也就是无论先制作表情还是先绑定骨骼，都不影响 BlendShape 的节点优先顺序。BlendShape 会始终位于其他变形器和平滑蒙皮之前。变形器常用于角色身体细节的挤压或拉伸，一般是在骨骼绑定平滑蒙皮之后。

一个微不足道的表情需要不断观察、分析、制作，经过反复细致的修改才能展现在电影与动画作品中。栩栩如生的面部表情绑定可以让动画角色看起来更生动，更具有生命力，如图 10-25 所示。

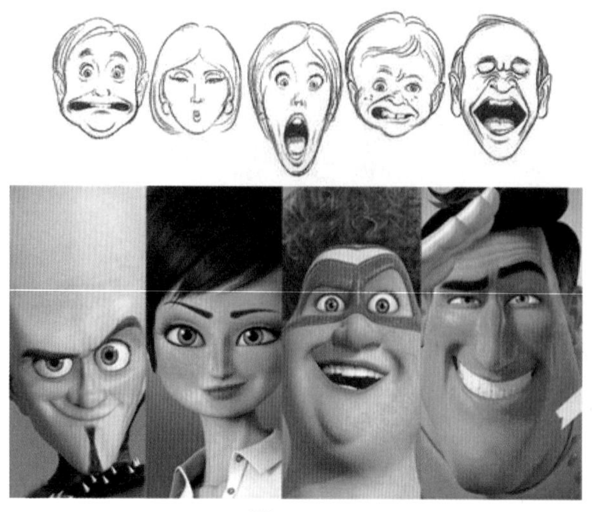

图 10-25

提示

在制作过程中要了解构成面部表情的几个器官：眉毛、眼睛、鼻子、嘴唇。

眉毛和眼睛之间密不可分，因此制作中要分析眉毛在做动作的时候眼皮是怎么动的，因为眉弓和眼皮之间的肌肉是连带的，所以在制作的时候一定要统一。在制作三维角色模型时，眼睛要分成三部分——上眼皮、下眼皮和瞳孔。这三部分都很重要，瞳孔掌握角色的视线方向，上下眼皮则是做出表情的关键。

人物内心各种心理活动主要通过面部表情的变化反映出来。面部动作最丰富的部位是眼部（眉毛）和口部，其他部位则相应地会受这两部分影响。人的面部主要是通过眼部肌肉、眉部肌肉、嘴部肌肉和鼻部肌肉的变化来表现各种情绪状态的。分析面部表情时，必须把全部面部器官结合起来分析。只包含部分器官的表情不能够准确表达人物的内心活动。

每个表情都有特定的情绪，你可能会因为开心而做出一个表情，因为失落而做出另一个表情。美国心理学家保罗·爱克曼根据对大量图像和人物的观察研究，把人物表情归类成六种基本表情，分别是快乐、悲伤、愤怒、厌恶、惊讶和恐惧，如图 10-26 所示。

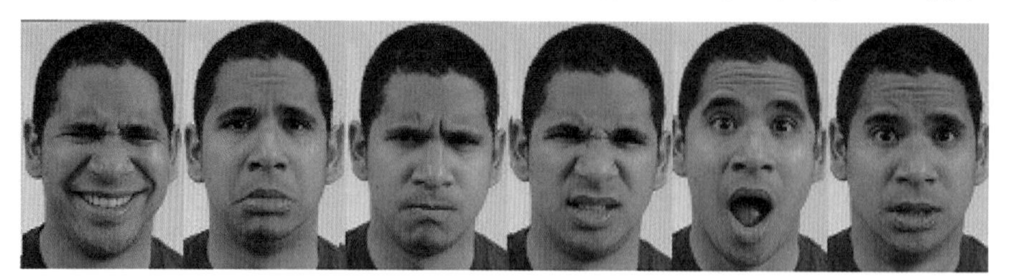

图 10-26 （图片来源：https://news.osu.edu/computer-maps-21-distinct-emotional-expressions--even-happily-disgusted/ ）

六种基本表情的特征主要概括如下。

快乐：眉毛放松，眼睛眯起，眼角会有鱼尾纹，嘴角翘起拉伸，鼻唇沟、脸颊上扬鼓起。

悲伤：眉头上扬，眉毛整体保持下压，上眼睑下垂，两侧嘴角微微下拉。

愤怒：眉头皱起，紧咬牙根，上眼睑提升，同时下眼睑绷紧。

厌恶：上嘴唇上翘，鼻翼两侧形成鼻唇沟。

惊讶：眉毛上扬，两眼瞪大，嘴巴微微张开。

恐惧：眉毛皱起并抬高，眉毛在内侧形成扭曲，上眼睑提升，漏出虹膜。

> 提示
>
> 如果读者还想深入研究角色的口型设计和面部表情设计，建议参阅美国马克·西门著的《面部表情大全》，此书一直是DC、漫威、迪士尼动画师使用的美术参考素材库。书中收录了3000多组人物表情照片，拍摄自50多位特征各异的模特，涵盖了人物的喜、怒、哀、乐等数十种细微表情变化和12种音节的发音口型，能够精准抓住人物面部表情变化的细节，可以帮助读者制作出丰富的角色面部表情动画。

10.4　创建角色面部绑定系统

10.4.1　检查角色模型拓扑

首先检查三维角色模型的布线是否合理、是否有多余的面，然后在“大纲视图”中对模型组件分别进行命名。如图10-27所示，模型布线要求简洁干净，特别是眼睛、嘴巴部位的布线要遵循面部的自然肌肉运动规律。只有模型的布线合理，才能制作出更贴近于真实的面部表情变化。

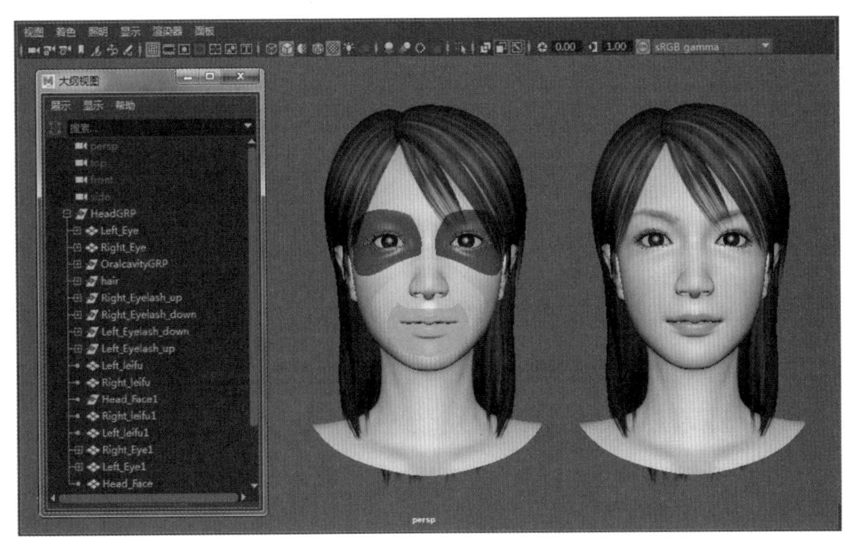

图10-27

10.4.2 使用形变编辑器制作镜像表情

形变编辑器是 Maya 2018 新增的工具，它是用于创建融合变形、编辑目标形状和管理形变以进行角色融合表情制作的主要工具。这里重点学习使用形变编辑器制作面部镜像表情。

01 选择基础对象，使用 Ctrl+D 键复制出一个目标对象，如图 10-28 所示。

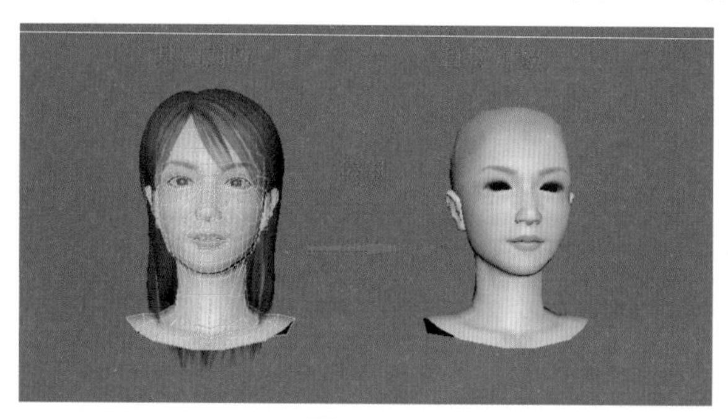

图 10-28

> 提示
>
> 如果模型被绑定蒙皮，模型属性会被锁定而不能移动。此时可以打开蒙皮模型的属性通道盒，选择“位移”属性并右击，执行解锁选择。

02 先选择目标对象，然后加选基础对象，按键盘上的↓键，选择两个模型的形态节点，执行“窗口”菜单下“常规编辑器”下的“连接编辑器”命令，目标对象加载在左侧，基础对象加载在右侧，单击左侧栏里输出面板中的输出网格（outMesh）属性，与右侧栏里输入面板中的输入网格（inMesh）属性进行连接，如图 10-29 所示。

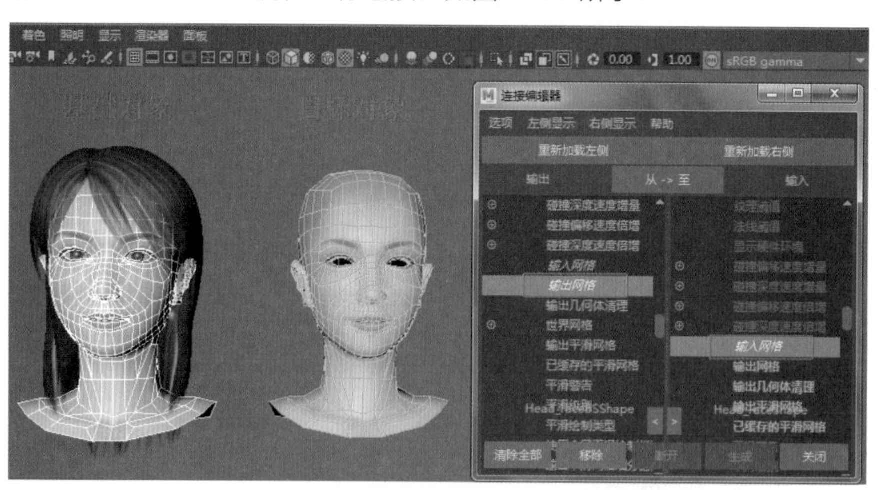

图 10-29

03 选择目标对象，执行复制命令，复制出一个目标形状模型，如图 10-30 所示。

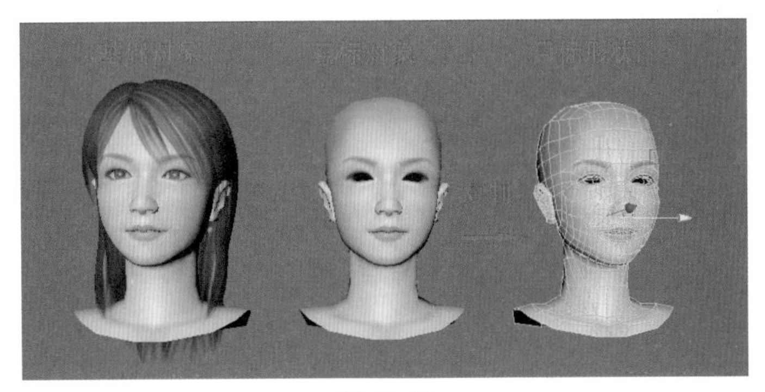

图 10-30

04 这里示范制作闭眼动画。首先利用簇变形制作左闭眼目标形状，具体操作请参见微课视频教程。制作完成后命名为 Face_LeftEyeClose，如图 10-31 所示。

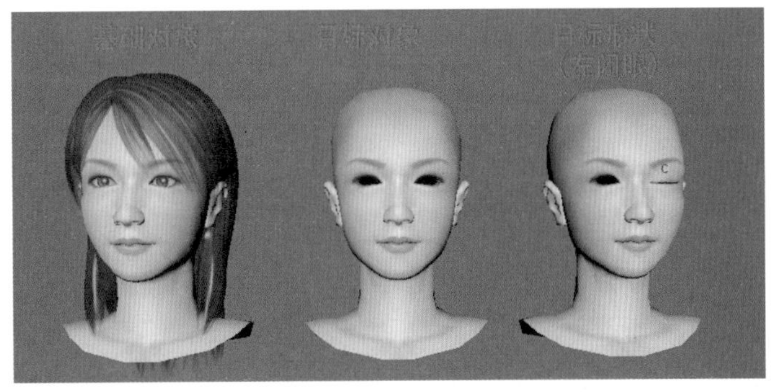

图 10-31

05 选择左闭眼目标形状，加选目标对象，执行“窗口”菜单“动画编辑器”下“形变编辑器”，在弹出的对话框中选择“创建融合变形”选项卡，拖动 Face_LeftEyeClose“权重 / 驱动者”的滑块至 1，如图 10-32 所示。

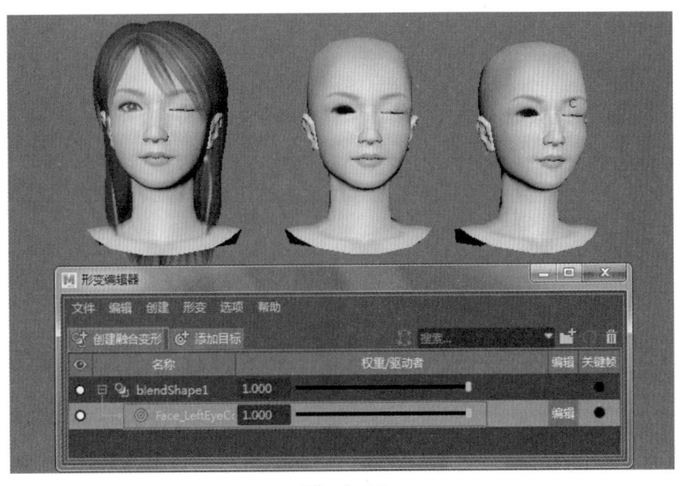

图 10-32

06 单击“编辑”（按钮变成红色），然后选择 Face_LeftEyeClose 并右击，执行翻转目标。打开其复选框，设置对称轴为拓扑，单击“应用”按钮，如图 10-33 所示。

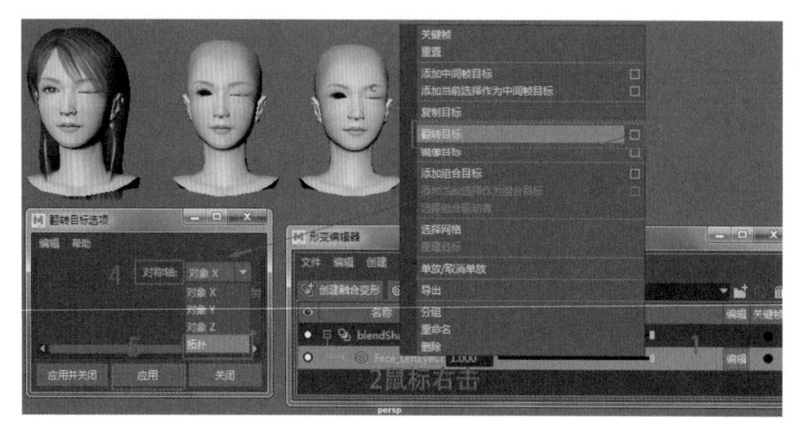

图 10-33

07 目标对象显示为蓝色，此时系统会提示用户选择一条边作为镜像轴。双击目标对象模型的中缝线作为对称轴，如图 10-34 所示。

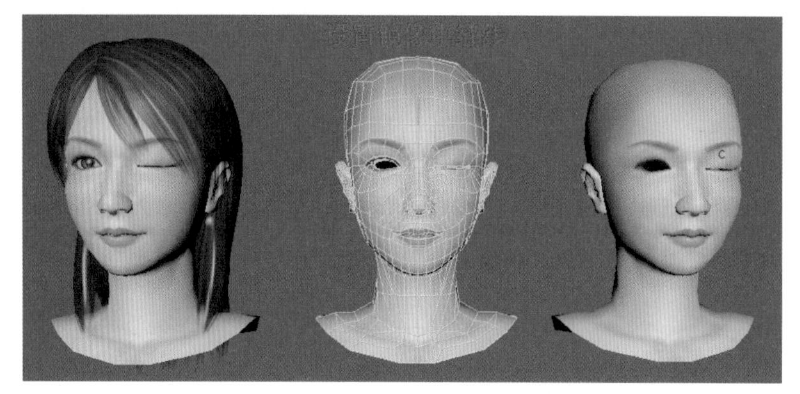
图 10-34

08 按 Enter 键，这样就快速得到了右闭眼目标形状，如图 10-35 所示。

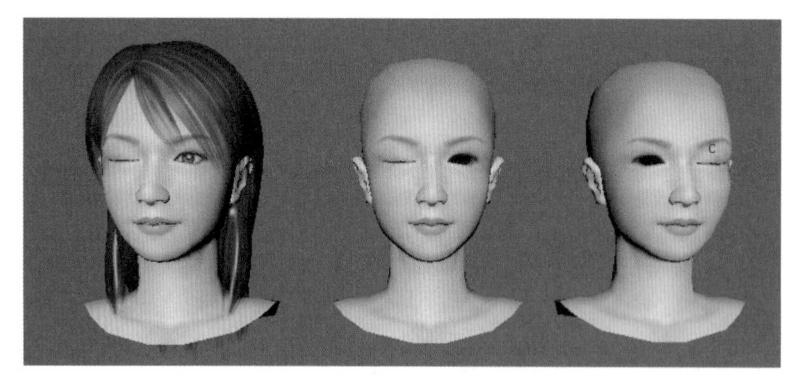
图 10-35

09 单击“退出编辑”（按钮变成灰色），然后选择目标对象，执行复制命令，得到右闭眼目标形状。将该目标形状移动到一边并命名为 Face_RightEyeClose，如图 10-36 所示。

10 拖动 Face_LeftEyeClose“权重 / 驱动者”的滑块至 0。注意观察，目标对象和基础对象恢复正常，右闭眼目标形状被复制保留下来，如图 10-37 所示。

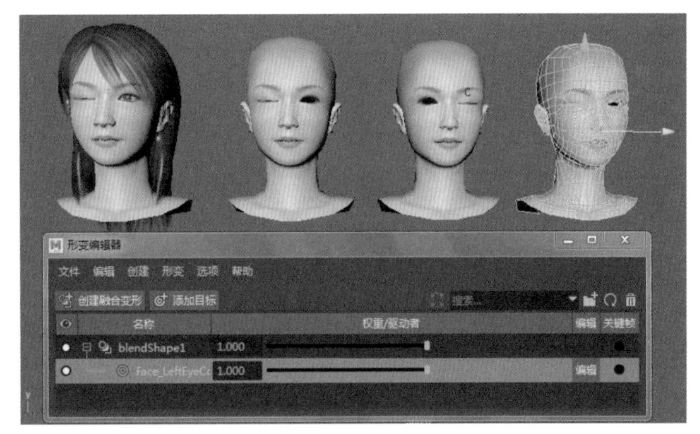

图 10-36

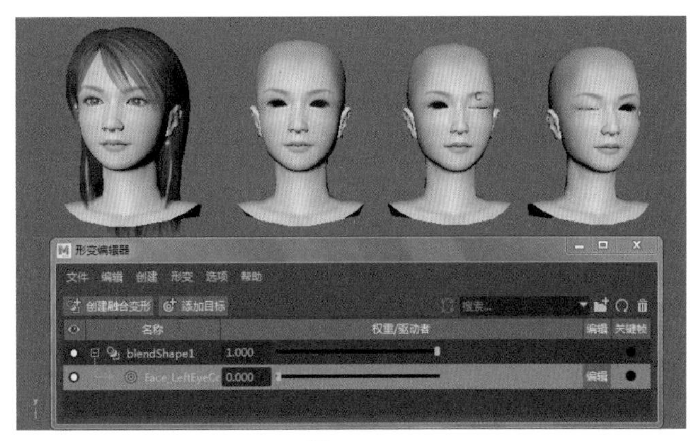

图 10-37

⑪ 同理，在“形变编辑器”中拖动 Face_LeftEyeClose“权重 / 驱动者”的滑块至 1，单击“编辑”（按钮变成红色），然后选择 Face_LeftEyeClose 并右击，执行镜像目标，打开复选框，设置镜像方向为默认，对称轴为拓扑，单击“应用”按钮，如图 10-38 所示。

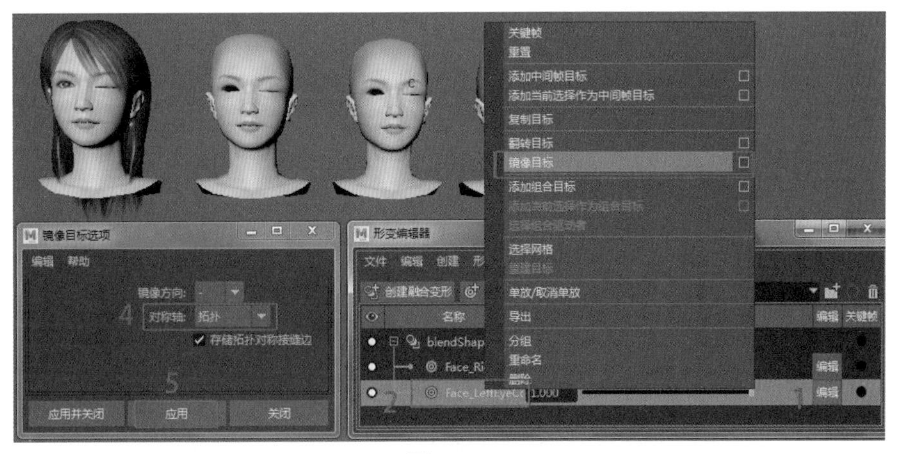

图 10-38

⑫ 目标对象显示蓝色，此时系统也会提示用户选择一条边作为镜像轴。双击目标对象模型的中线作为对称轴，按 Enter 键确认，如图 10-39 所示。

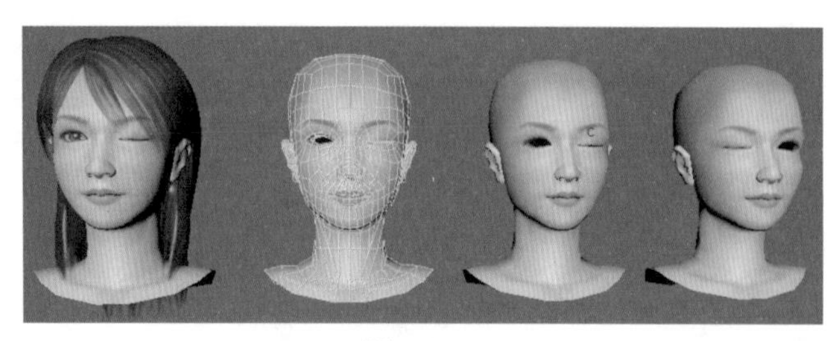

图 10-39

⑬ 这样就可以快速得到全闭眼目标形状了。单击退出“编辑”（按钮变成灰色），然后选择全闭眼目标形状，执行“复制”命令，将新的目标形状移动到一边并命名为 Face_AllEyeClose，拖动 Face_LeftEyeClose“权重 / 驱动者”的滑块至 0，恢复默认设置，如图 10-40 所示。

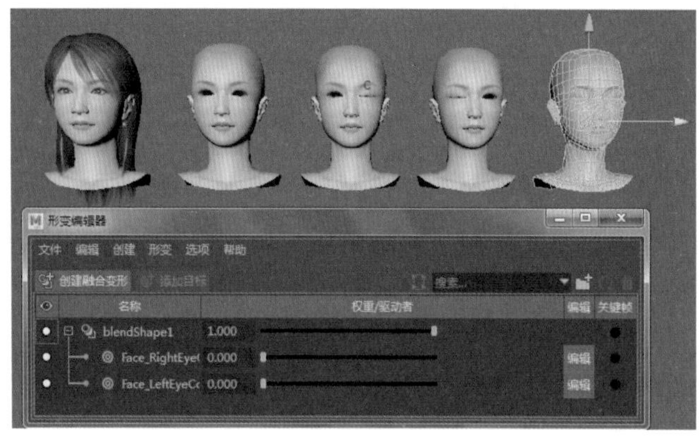

图 10-40

⑭ 选择左闭眼目标形状、右闭眼目标形状、全闭眼目标形状和目标对象，执行“编辑”菜单下的“按类型删除历史”操作。然后选择左闭眼目标形状、右闭眼目标形状、全闭眼目标形状，加选目标对象，选择“形变编辑器”对话框里的“创建融合变形”选项卡，此时可以拖动滑块进行测试，如图 10-41 所示。

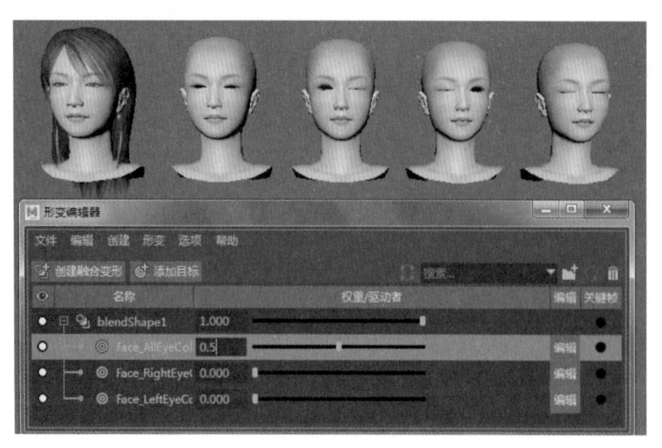

图 10-41

⑮ 其他的面部镜像表情制作方法同理，这里不再赘述，详细操作请参见视频教程。

10.4.3 角色头部骨骼设置

01 执行“骨架”菜单下的“创建关节”命令，从颈部开始创建关节，然后分别绘制出头部骨骼、下巴骨骼、眼睛骨骼、嘴部骨骼、鼻部骨骼，如图 10-42 所示。

02 在“大纲视图”中选择骨骼，分别进行命名操作，如图 10-43 所示。

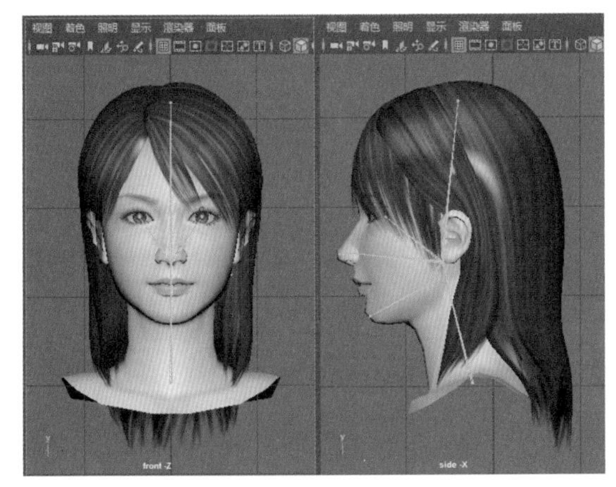

图 10-42

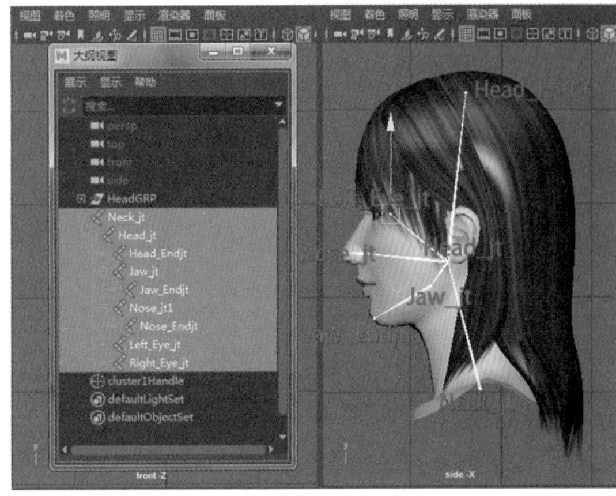

图 10-43

03 执行骨架菜单下的“创建 IK 控制柄”命令，“当前解算器”选择“单链解算器”，先单击颈部关节，再单击头部关节，如图 10-44 所示。

04 创建颈部控制器、头部控制器、下巴控制器、鼻子控制器、左眼控制器、右眼控制器、眼睛总控制器，建立分组并分别将控制器吸附至相应位置。打开“大纲视图”，分别为控制器命名，如图 10-45 所示。

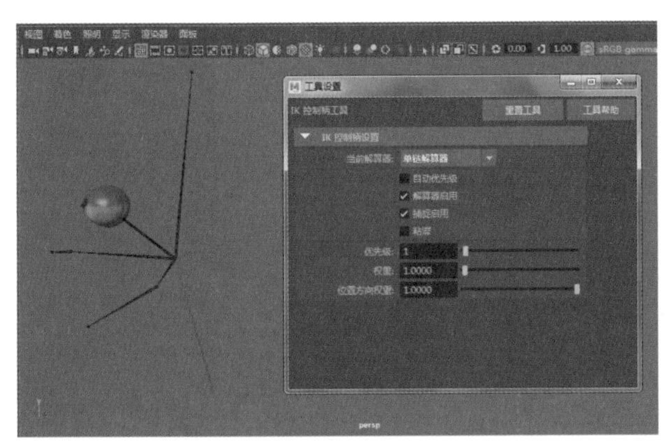

图 10-44

图 10-45

05 在透视图中选择左右眼模型，按 P 键，与左右眼睛骨骼建立父子关系，如图 10-46 所示。

06 选择左右眼控制器，按 P 键，与眼睛总控制器建立父子关系。然后先选择左眼控制器，加选左眼模型，执行“约束”菜单下的“目标约束”命令，注意勾选“保持偏移”。右眼同理设置，如图 10-47 所示。

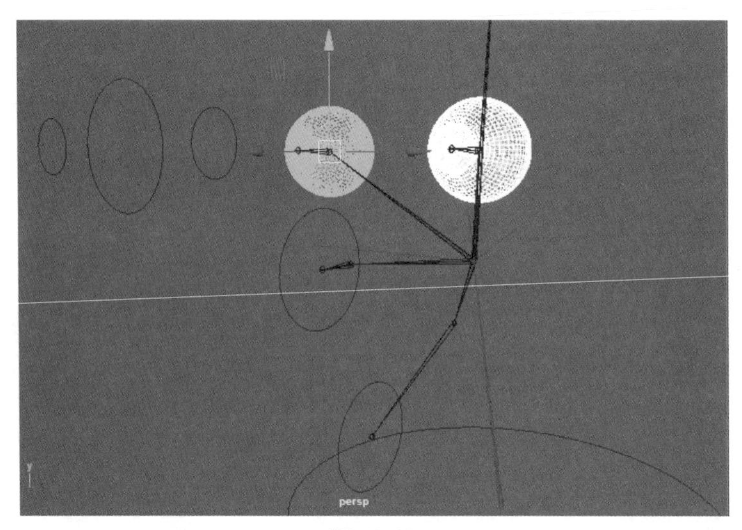

图 10-46

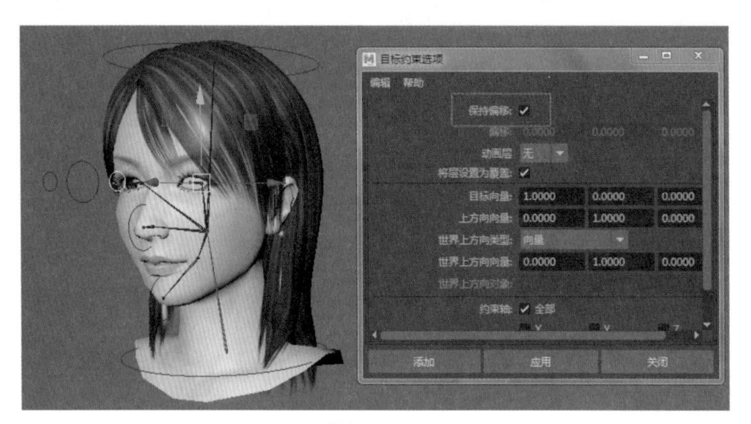

图 10-47

07 选择 Nose_con（鼻子控制器），加选 Nosejt（鼻子关节），执行“约束”菜单下的“方向约束”命令，如图 10-48 所示。

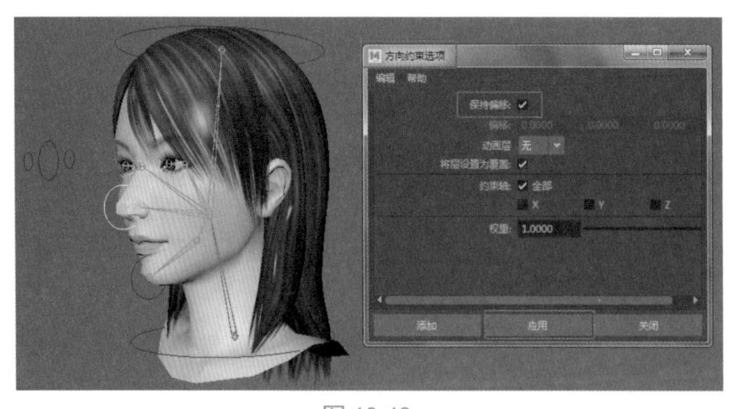

图 10-48

08 选择 Jaw_con（下巴控制器），加选 Jawjt（下巴关节），执行“约束”菜单下的“方向约束”命令，如图 10-49 所示。

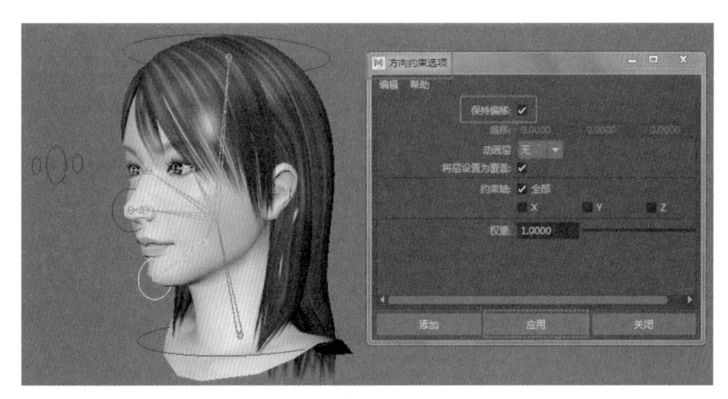

图 10-49

09 选择 Head_con（头部控制器），加选 Headjt（头部关节），执行“约束”菜单下的“方向约束”命令，如图 10-50 所示。

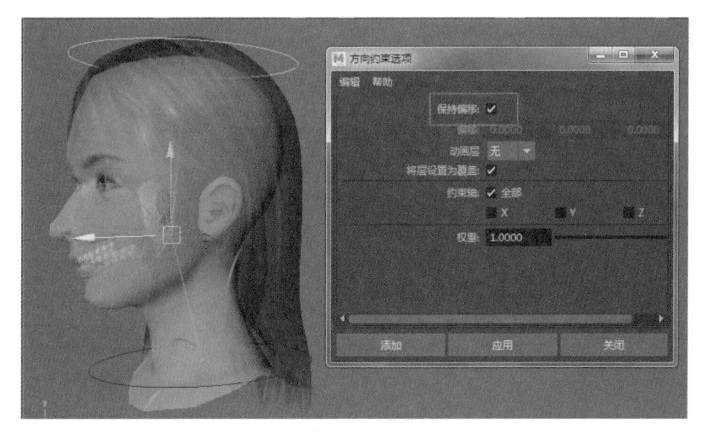

图 10-50

10 选择 Head_con（头部控制器），加选 IKHandle1，执行“约束”菜单下的“点约束”命令，注意勾选“保持偏移”，如图 10-51 所示。

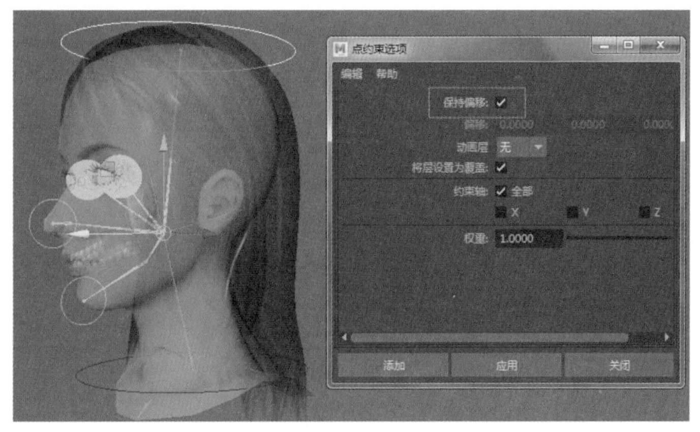

图 10-51

11 在“大纲视图”中选择 Head_con_group2（头部控制器的组），按 P 键，与 Neck_con（颈部控制器）建立父子关系，如图 10-52 所示。

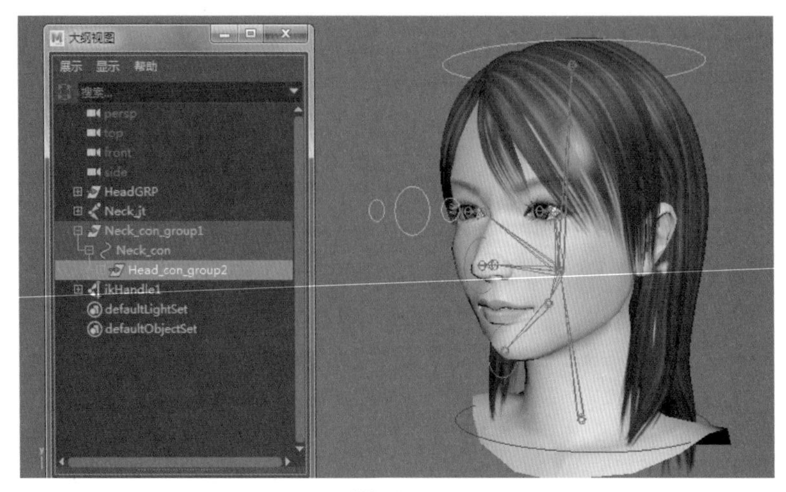

图 10-52

⑫ 选择 Neck_con（颈部控制器），加选 Neckjt（颈部关节），执行“约束”菜单下的“父子约束”命令，如图 10-53 所示。

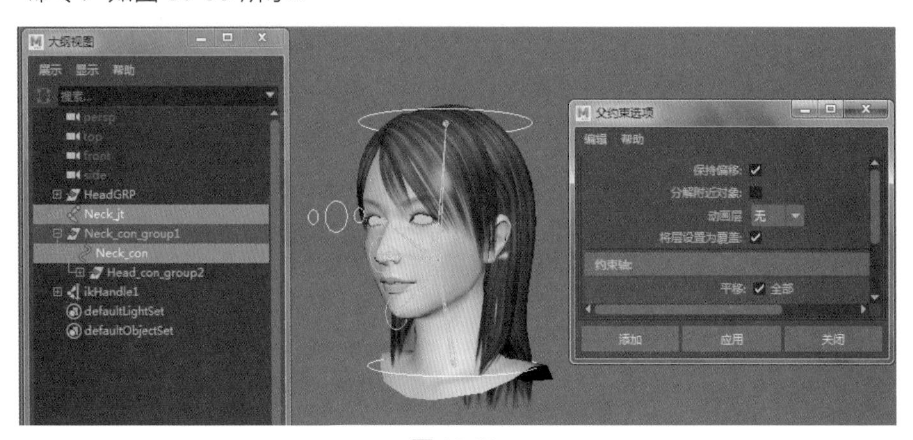

图 10-53

⑬ 选择 IKHandle，建立分组，命名为 IKGRP；选择 Neck_con（颈部控制器），加选 IKGRP，执行“约束”菜单下的“父子约束”命令，如图 10-54 所示。

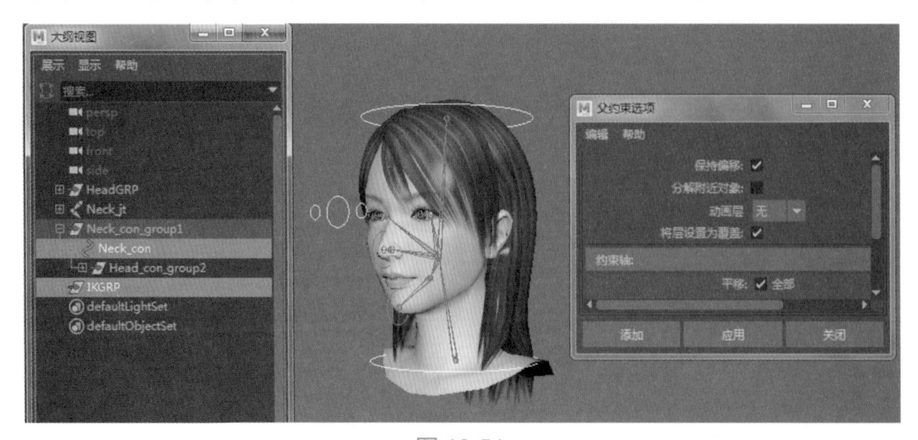

图 10-54

14 选择 Neckjt（颈部关节），加选 HeadGRP 模型，执行“蒙皮”菜单下的“绑定蒙皮”命令，取消勾选所有复选框，设置最大影响为 1、衰减率为 10.0，如图 10-55 所示。

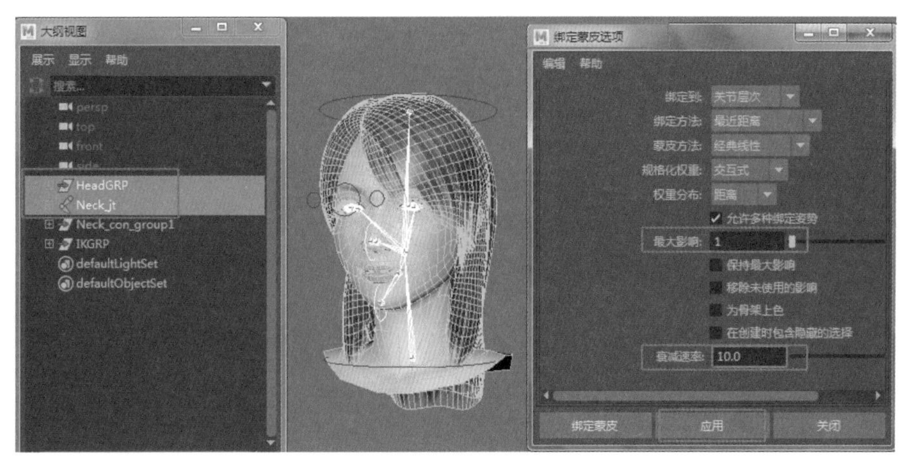

图 10-55

15 对绑定蒙皮的头部进行权重编辑。旋转下巴控制器，选择头部模型，执行“蒙皮”菜单下的“绘制蒙皮权重”命令，绘制下巴影响权重，如图 10-56 所示。详细操作请参见微课视频教程。

图 10-56

10.4.4 眉毛控制

01 在“大纲视图”中选择 Hair 组，选择模型面部眉毛位置的边，执行“建模”模块“曲线”菜单的“复制曲面曲线”命令，如图 10-57 所示。

02 打开“大纲视图”，选择复制的曲线，执行“建模”模块“曲线”菜单下的“附加曲线”命令，如图 10-58 所示。

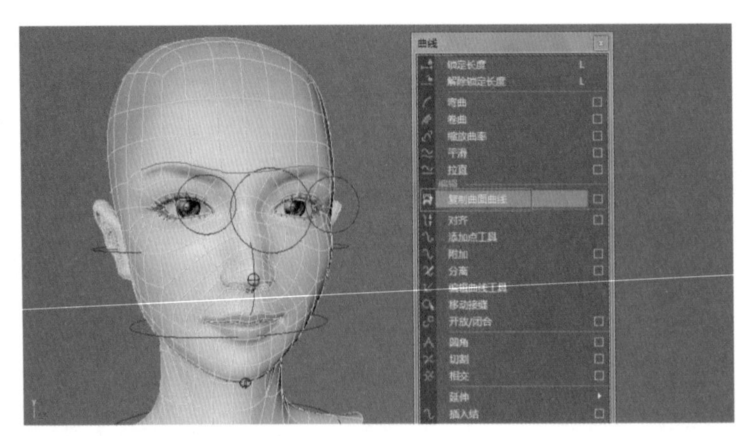

图 10-57

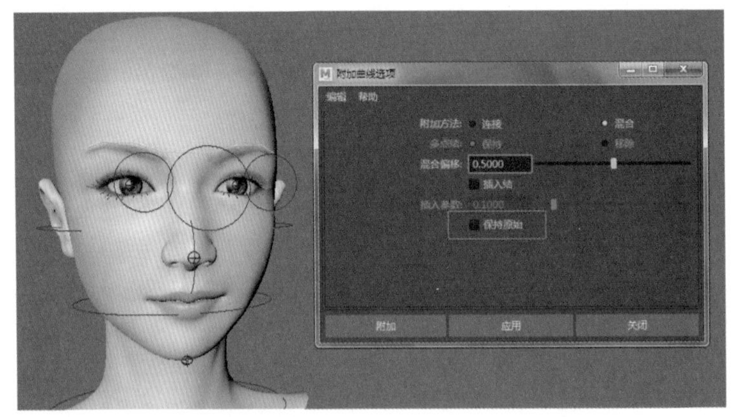

图 10-58

03 删除历史，在“大纲视图”中删除多余的复制曲线，只保留附加后的曲线并将其命名为BrownCurve，如图 10-59 所示。

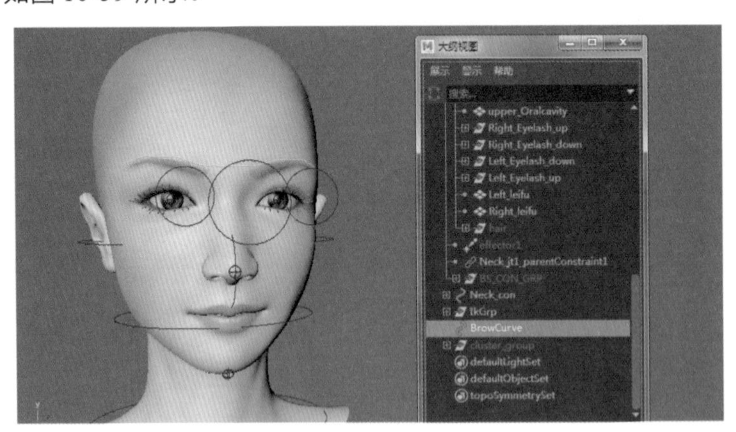

图 10-59

04 执行绑定模块“变形”菜单下的“线”命令。先单击头部模型，按 Enter 键，然后再单击曲线，按 Enter 键确认，选择曲线，执行“修改”菜单下的“中心枢轴”命令，如图 10-60 所示。

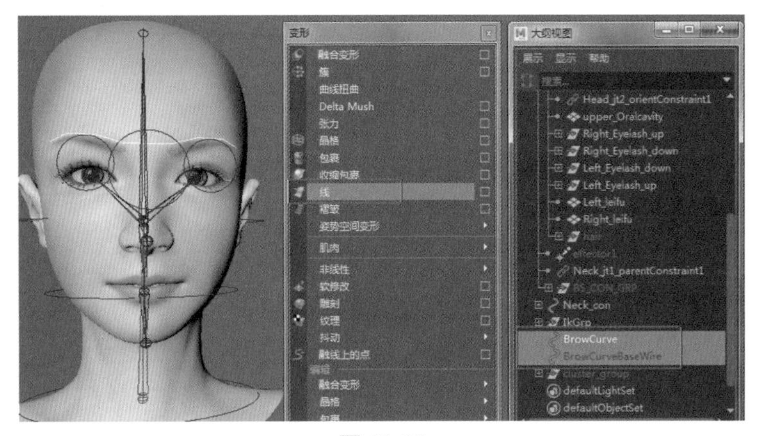

图 10-60

05 选择曲线就可以控制面部，但是需要精确编辑曲线控制的权重。执行“变形”菜单“绘制权重”下的“线”命令，先整体清除权重再手动添加曲线的权重，如图 10-61 所示，具体操作请参见微课视频教程。

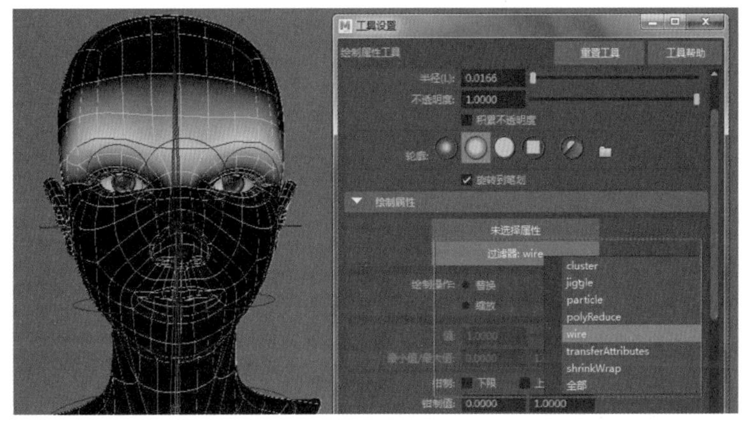

图 10-61

06 选择曲线控制点，分别创建簇点进行控制，再分别为簇点创建控制器，选择控制器与簇点，分别进行“点约束”操作，如图 10-62 所示。创建方法同上，这里不再赘述。

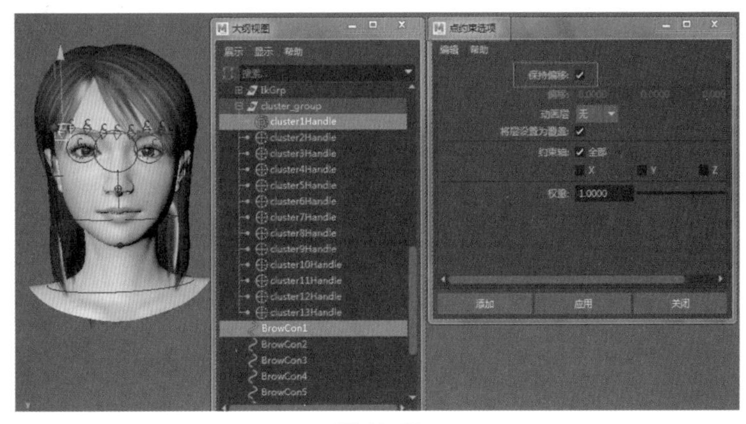

图 10-62

10.4.5 眼睫毛控制

01 打开“大纲视图”，选择左上眼睫毛组、左下眼睫毛组，执行“编辑”菜单下的“中心枢轴”命令；分别选择左上眼睫毛组、左下眼睫毛组，执行“变形”菜单下的“簇”命令，如图 10-63 所示。

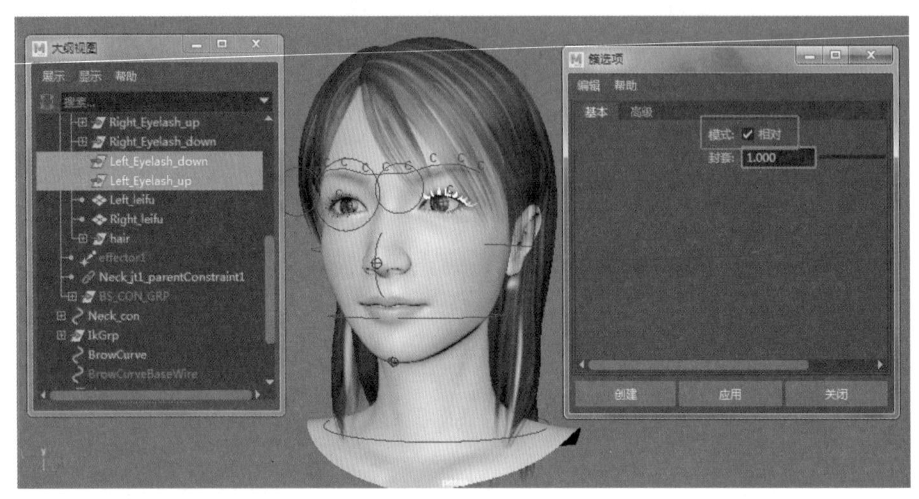

图 10-63

02 显示网格线，分别选择上下眼睫毛组，按下 D 键修改轴心，然后按下 V 键将眼睫毛组吸附至眼角位置，按 D 键结束操作，如图 10-64 所示。

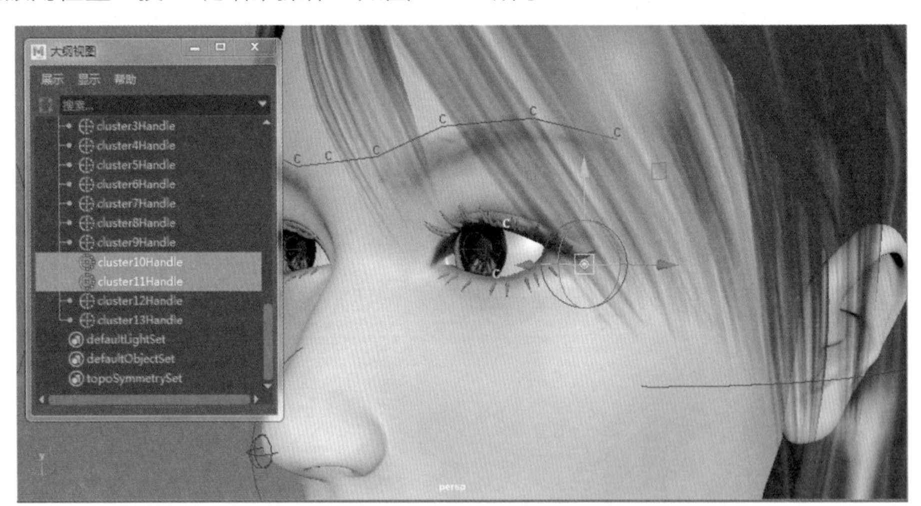

图 10-64

03 打开动画模块，执行“关键帧”菜单下的“设置受驱动关键帧”命令，选择 Head_FaceBS 通道盒下的 blendShape1（融合形态节点），单击加载驱动帧，在“大纲视图”中选择上下眼睫毛组的簇，分别加载受驱动项，如图 10-65 所示。具体驱动请参见微课视频教程。

04 驱动完成后，打开“窗口”菜单“动画编辑器”下的“形变编辑器”，调节 Face_

LeftEyeClose（左闭眼）滑块到 1，此时眼睫毛跟随运动，如图 10-66 所示。

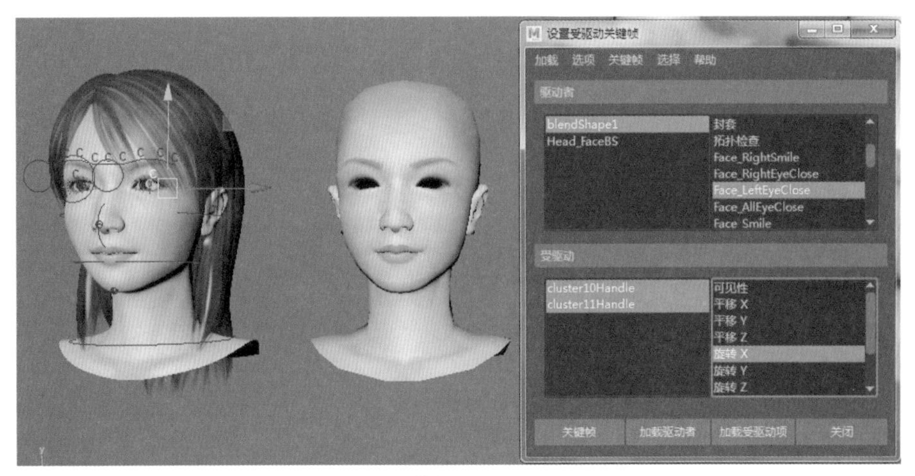

图 10-65

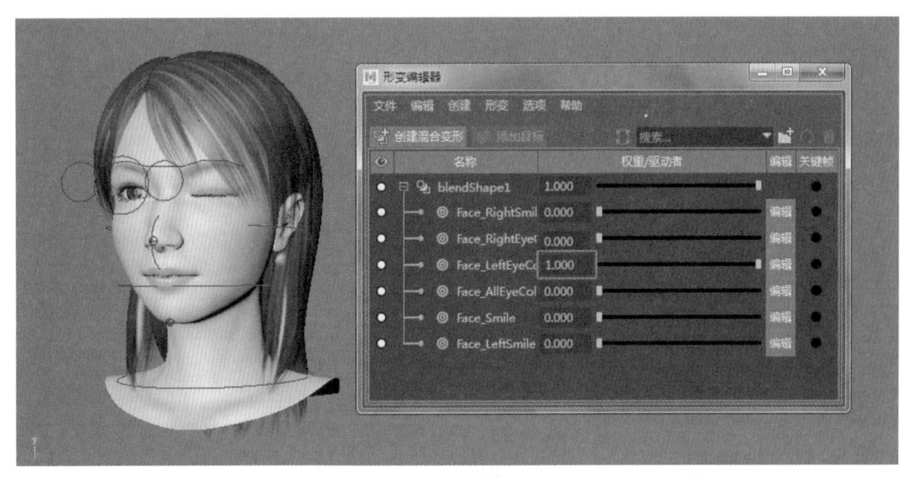

图 10-66

05 同理设置右闭眼，如图 10-67 所示。详细操作请参见微课视频教程。

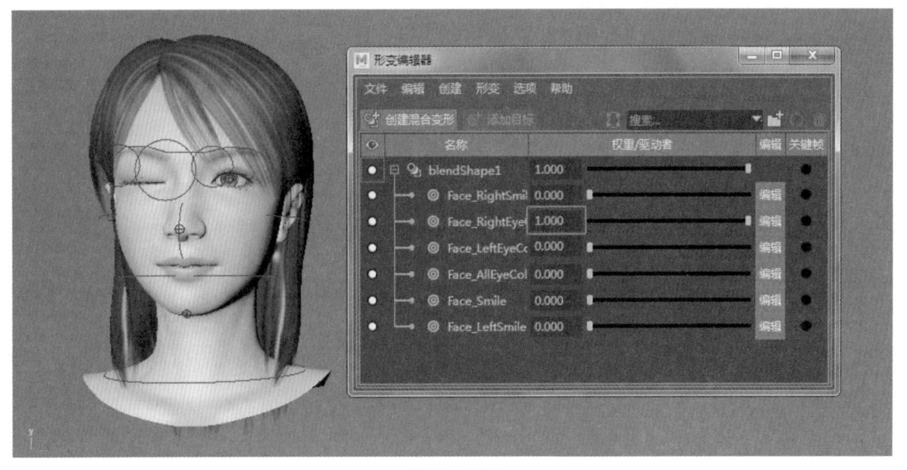

图 10-67

06 左右眼同时闭合也需要驱动，如图 10-68 所示。设置方法同理，在此不再赘述。

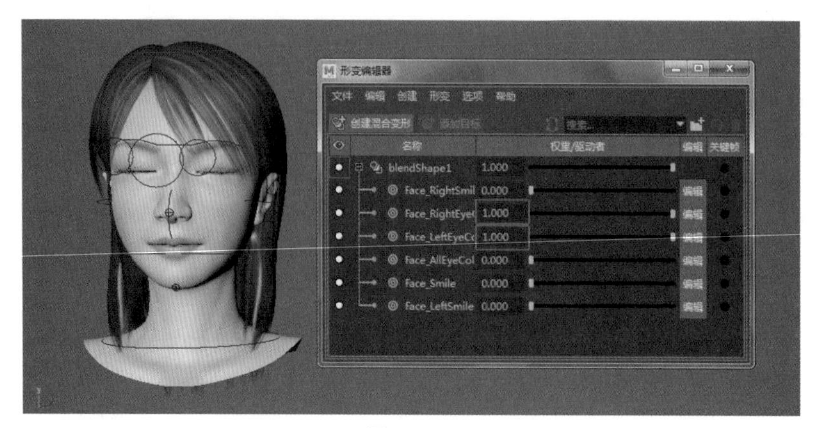

图 10-68

10.4.6 创建面部控制器

创建角色面部控制器时，主要根据个人喜好进行形状创建。选择形状的主要作用是方便动画师快速选择，提高角色面部表情动画的制作效率。

01 切换到前视图，选取 EP 曲线工具，设置“1 线性”，绘制一条方形曲线，然后再创建一条圆形曲线。选择方形曲线和圆形曲线，执行“修改”菜单下的“中心枢轴”命令，完成冻结变换和删除历史操作，如图 10-69 所示。

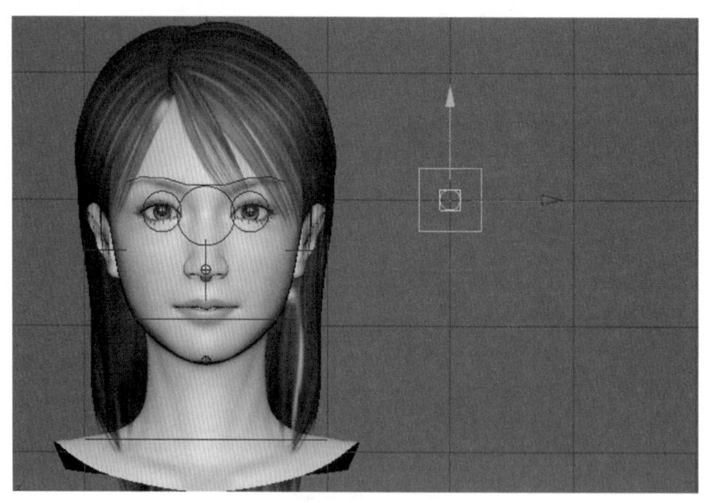

图 10-69

02 选择圆形曲线，设置“限制”信息下的“移动限制”。选择圆形曲线，按 Ctrl+A 键，在圆环节点下设置最大移动范围为 1、最小移动范围为 –1，如图 10-70 所示。

03 现在对左闭眼进行设置。在大纲视图中将方形曲线命名为 LeftEyeClose_temp，将圆形曲线命名为 LeftEyeClose_con，选择圆形曲线和方形曲线，执行分组命令，执行“修改”菜单下的“中心枢轴”命令，然后将组命名为 LeftEyeClose_Grp，如图 10-71 所示。

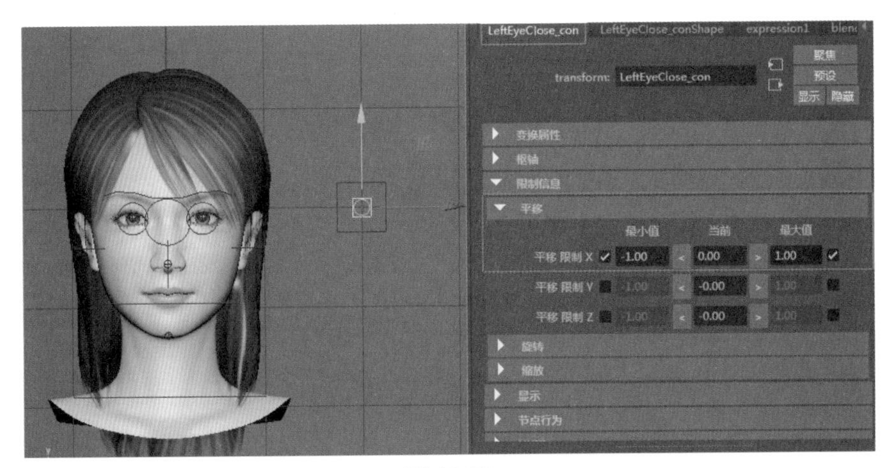

图 10-70

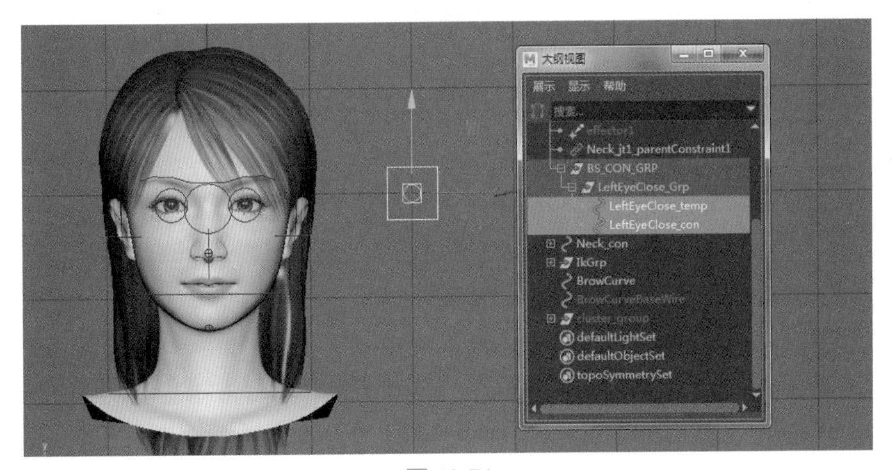

图 10-71

04 选择方形曲线，设置为“模板显示”方式，在方形曲线的形态节点下，在“对象显示”选项卡中勾选“模板”复选框，如图 10-72 所示。

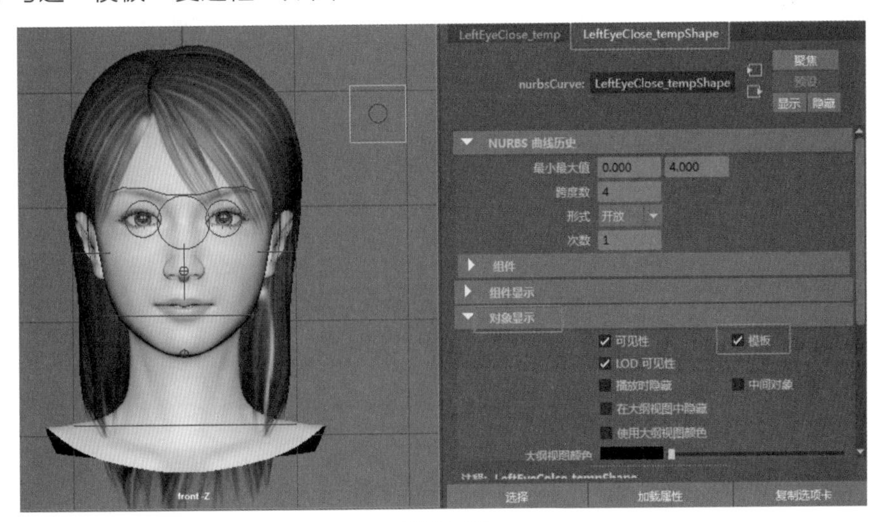

图 10-72

10.4.7 面部表情与控制器关联

实现面部表情控制的方法有很多，通常使用驱动关键帧方法、属性连接方法、表达式方法进行控制。下面学习如何用最高效的方法即表达式方法进行面部表情的控制。

01 选择圆形曲线，执行“窗口”菜单“动画编辑器”下的“表达式编辑器”命令，输入表达式 blendShape1.Face_LeftEyeClose=Face_LeftEyeClose_con.translateX; 如图 10-73 所示。

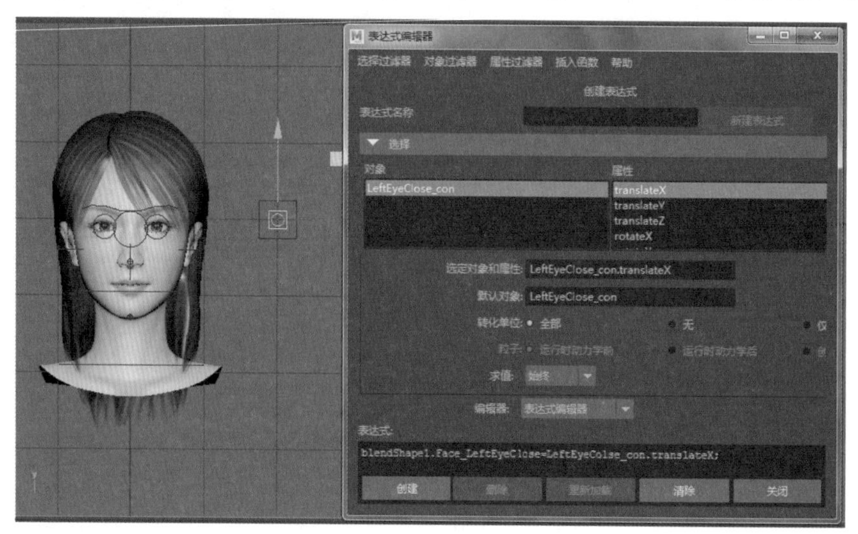

图 10-73

02 复制 LeftEyeClose_Grp（左眼控制器组），然后将其组名修改为 RightEyeClose_Grp。将 LeftEyeClose_temp 修改为 RightEyeClose_temp，LeftEyeClose_con 修改为 RightEyeClose_ con，如图 10-74 所示。

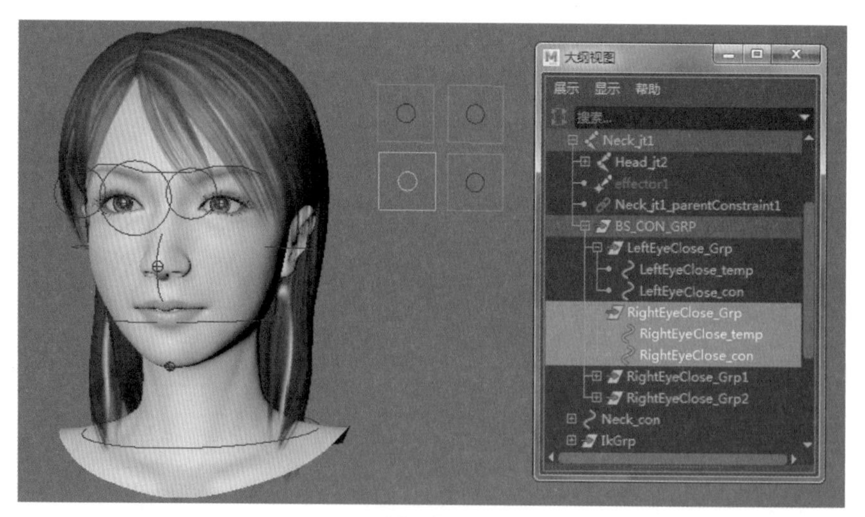

图 10-74

03 执行“窗口”菜单“动画编辑器”下的“表达式编辑器”命令，在“表达式编辑器”对话框的“选择过滤器”选项卡中，“表达式名称”选择 expression1，然后在表达式栏中输

入 blendShape1.Face_RightEyeClose=RightEyeClose_Grp|RightEyeClose_con.translateX;如图 10-75 所示。

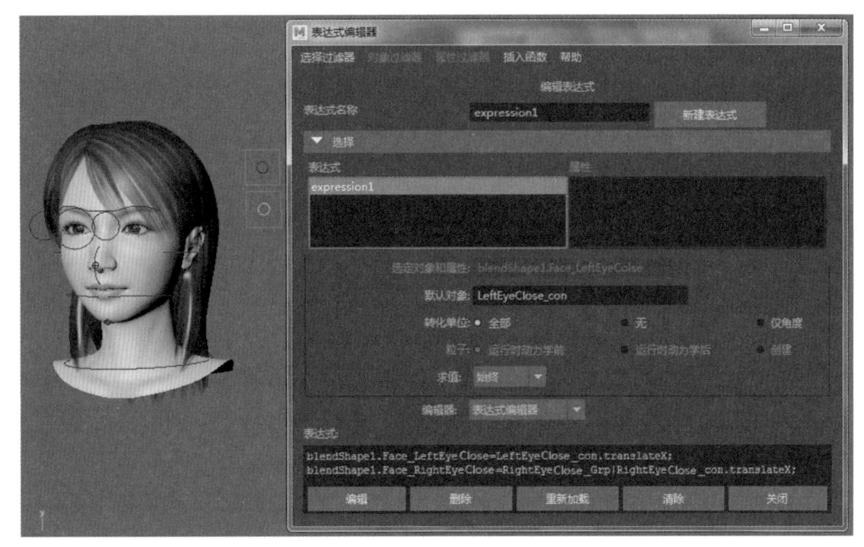

图 10-75

04 其他控制器实现控制的制作方法同理，这里不再赘述。

05 选择面部所有控制器组进行分组并命名为 BS_CON_GRP，然后把 BS_CON_GRP 组的轴心修改至脖子关节位置处，按 P 键，将 BS_CON_GRP 组与脖子关节建立父子关系，让其跟随头部运动，如图 10-76 所示。

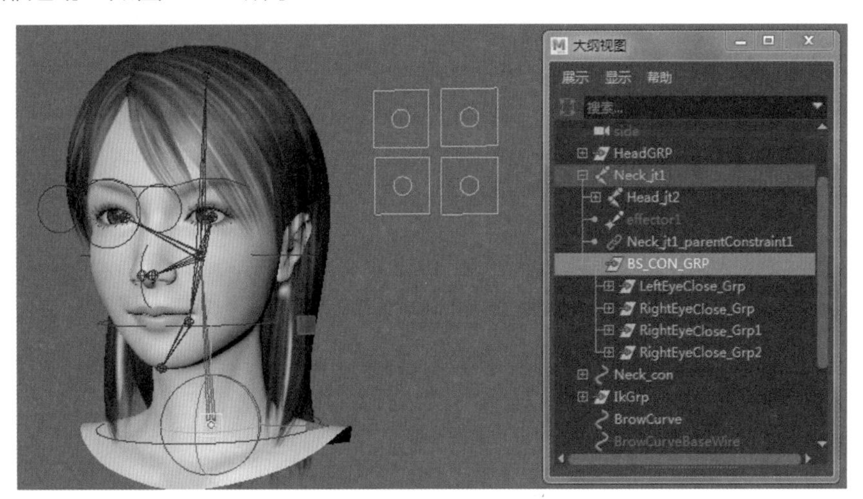

图 10-76

06 在“大纲视图”中选择 Hair 组，然后按 P 键，将 Hair 组与 Head_jt2 头部关节建立父子关系，如图 10-77 所示。

07 整理“大纲视图”层级，将没有用的簇点分组隐藏。选中 cluster_group（簇组）和 BrowConGRP（眉毛控制器组），按 P 键，与 BrownCurve（眉毛控制曲线）建立父子关系，如图 10-78 所示。

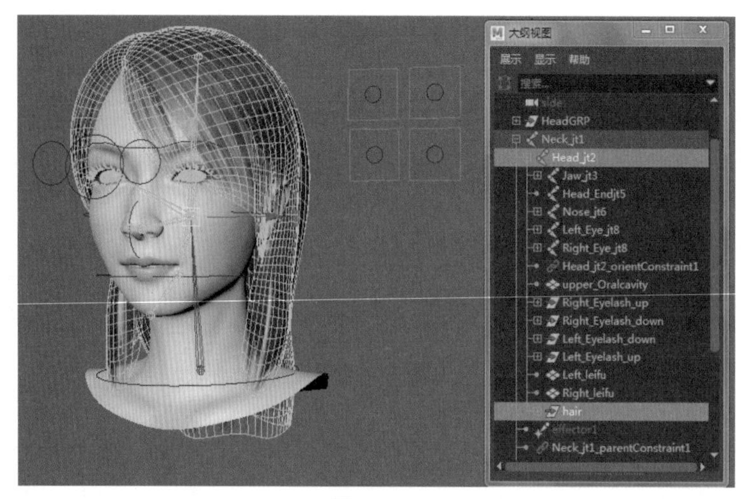

图 10-77

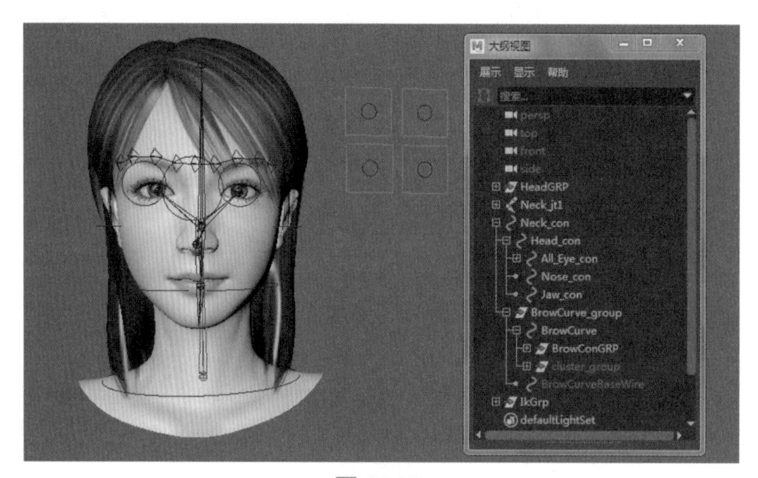

图 10-78

08 场景中只保留模型和显示控制器，这样角色面部表情控制系统就制作完成了，如图 10-79 所示。有关本节的视频讲解请参见配套的微课视频教程。

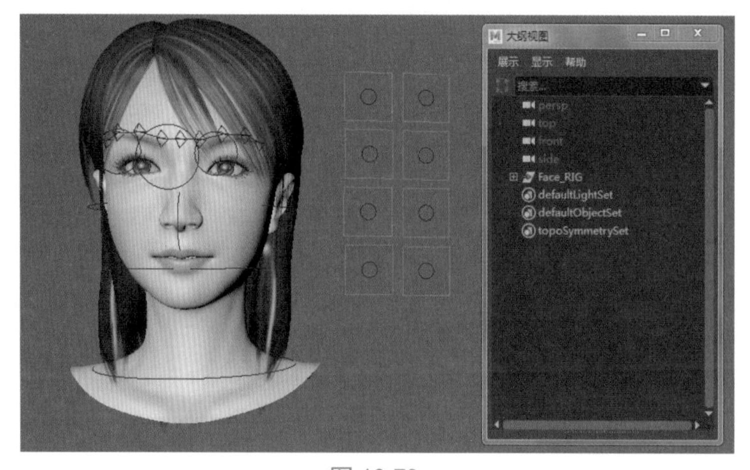

图 10-79

10.5　角色高级绑定进阶

角色高级绑定师的工作内容就是根据动画项目的需求，在 Maya 中完成角色（身体和面部）与道具的绑定，要求创建简单高效的控制系统和合理可信的表面变形。还有一些情况需要使用 MEL 或 Python 开发相应的工具，完成角色相关的毛发、布料的设置解算工作，提高绑定及动画流程的效率。

“路漫漫其修远兮，吾将上下而求索。”要想成为一名出色的角色高级绑定师，就需要不断地积累与学习。由于版面所限，不可能在一本书中将绑定的所有知识全部体现。在实际工作中，除了掌握本书所讲的骨骼绑定技术外，建议读者继续深入研究并掌握骨骼的拉伸技术、Maya 的 MEL 脚本语言运用、肌肉系统、布料系统解算等。

10.5.1　骨骼的拉伸技术

在一些动画或者特效影片中，我们经常可以看到一些角色的身体或者四肢像橡皮筋一样进行夸张的压缩或拉伸。电影《超人特工队》角色手臂骨骼的拉伸效果如图 10-80 所示。如今，这种拉伸动画的应用非常广泛，不仅在动画片中会用到，在半写实的角色运动中也会用到。那么，为了实现这种效果，绑定中需要做哪些工作呢？

图 10-80

绑定中的骨骼拉伸是通过骨骼的 Scale（缩放）属性使骨骼发生长短粗细的变化，从而影响蒙皮来实现的。这里简单介绍制作骨骼拉伸的一般制作思路，大家可以根据这个思路进行尝试。

制作骨骼拉伸需要用到 Distance Tool（距离测量工具）、Condition（判断节点）、Multiply Divide（乘除节点）等。创建好骨骼后，需要用 Distance Tool 测量拉伸骨骼的长度（如手臂长度），然后将测量数据与 Condition 在材质编辑器中进行关联，通过判断节点控制开始拉伸的基数，再通过 Multiply Divide 将测量数据转换成一个比值，用于控制骨骼的 Scale 属性。这样，拉伸就能够实现了。

当然，骨骼拉伸有多种不同的制作方法，本节涉及的是基本的原理，大家可以在此基础上进行大胆的探索与创新。

10.5.2 MEL 脚本与表达式

学习 Maya 就不能不知道 MEL 脚本与表达式，它们在 Maya 动力学模块中的应用最广泛，在绑定中也非常重要。要想成为绑定大师，就必须能够熟练运用 MEL 脚本与表达式；即使是一个普通的绑定技术人员，也要对它们有初步的了解。那么，MEL 脚本与表达式是什么？它们又能做什么呢？

一般来说，Maya 用户可以通过两种途径编写自己的脚本：一种是使用“表达式编辑器”输入表达式语句，如图 10-81 所示；另一种是使用 Script Editor（脚本编辑器）编写 MEL 脚本语言或 Python 脚本语言，如图 10-82 所示。

图 10-81

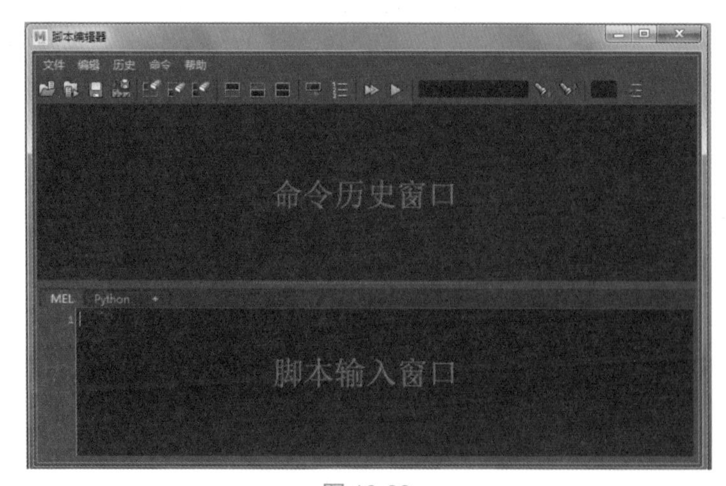

图 10-82

Maya的MEL脚本语言（Maya Embedded Language）是Maya提供给用户的一种嵌入式脚本语言。事实上，整个Maya的图形用户界面都是使用MEL语言来控制的，Maya几乎所有的功能都可以通过MEL语言来实现。用户可以使用MEL访问Maya界面中没有的元素或功能，甚至还可以编写自己的小插件、菜单栏等。

有人会有这样的疑问：一个角色有那么多控制器，有没有简单的方法能够一次性地全部创建出来呢？回答是肯定的，你可以编写一段MEL脚本，让Maya来帮你完成控制器的创建。除此之外，MEL还可以实现更复杂的操作，例如，本书第9章讲解的AdvancedSkeleton高级骨骼绑定插件就是用MEL语言编写的。

此外，从Maya 8.5版本后，Maya开始支持并使用Python语言。Python语言是一种编程语言。Python是FLOSS（自由/开放源码软件）之一。用户可以自由发布这个软件的复制版本，阅读它的源代码，对它进行编辑，把它的一部分用于新的自由软件中。一个用编译性语言（如C或C++）编写的程序需要从源语言（即C或C++语言）转换到计算机使用的语言（二进制代码，即0和1）；而Python是一种脚本语言，写好后可以直接运行，省去了编译连接的麻烦，对于初学者而言，也降低了出错的概率。而且Python还有一种交互的方式，如果是一段简单的小程序，连编辑器都可以省略，直接输入就能运行。用Python编写的程序很容易懂，它的语法中没有各种隐晦的缩写，不需要去强记各种奇怪的符号及其含义。引入Python还有其他好处：首先，也是最重要的，它可以访问MEL所不能涉及的Maya的底层结构，如Maya API等；其次，它的运行速度比MEL快，效率更高。

表达式是以MEL语句为基础的程序，可以为物体的某个属性编写表达式来制作动画，还可以使用表达式实现物体间某些属性的关联。绑定中通常使用表达式进行属性关联，这样的关联根据表达式运算方式的不同，实现的效果也不尽相同。例如，可以通过表达式将物体A的移动属性赋值于物体B的旋转属性，或者通过判断物体C的旋转属性来控制物体B在什么时候缩放。

MEL或Python脚本语言与表达式是Maya给创作者提供的开放性工具。它们功能强大，但是因为都属于编程的范畴，所以需要大家下功夫去学习，这也是踏上高级绑定之路的必经阶段。

10.5.3 肌肉系统

从Maya 2009版本开始，肌肉系统正式成为Maya绑定模块中的一部分，如图10-83所示。常规的骨骼绑定虽然可以解决模型的运动问题，但是无法表现出皮肤在肌肉收缩时的状态变化。当创建一个肌肉丰满的角色时，就需要通过肌肉系统来模拟肌肉的各种运动状态。肌肉系统已经成为当今电影制作的重要工具，电影角色“神奇绿巨人”的肌肉运动就是通过肌肉系统来模拟实现的，如图10-84所示。

图10-83

图 10-84

为角色制作肌肉系统是在完成角色骨骼绑定之后进行的，大致创建流程为：选择需要添加肌肉的骨骼，创建作为影响物体的胶囊，修改胶囊的抖动效果，将胶囊与角色模型进行关联，最后绘制影响权重，肌肉系统就创建成功了。这时可以通过播放预览查看模型受到肌肉影响的范围，能够看到抖动、挤压、拉伸等效果。肌肉系统的原理看起来很简单，实际制作过程却是比较烦琐的，需要绑定人员不断调节才能达到完美的效果。

10.5.4 布料系统

nMesh 系统是由 Maya 版本的 nCloth（新布料）系统集成而来的。nMesh 系统同样基于最新的模拟框架系统——Nucleus 内核。Maya 版本的 nCloth 系统是应用新技术 Nucleus 的首个 Maya 模块，在 Maya 环境中使用布料系统可以为任何运动的模型创建真实的衣服动画效果，表现空气动力学属性和布料的特征。除了可以创建衣服动画外，还可以创建其他类型的布料动画，如床单、桌布、被褥、旗帜及纺织物品等，如图 10-85 所示。

图 10-85

nCloth 成为 Maya FX（特效）（新动力学）模块中的一部分，它的很多常用命令被统一放在了工具架上，如图 10-86 所示。nConstraint 系统能够以全新方式快速支配和调控衣料和其他材质的模拟，以逼真的衣料间相互作用和碰撞的结果快速创建多个衣料的模拟；能够对衣料进行弯曲、伸展、裁剪、撕裂操作，甚至可以用来模拟金属变形和刚体碎裂效果。它的菜单如图 10-87 所示。

图 10-86

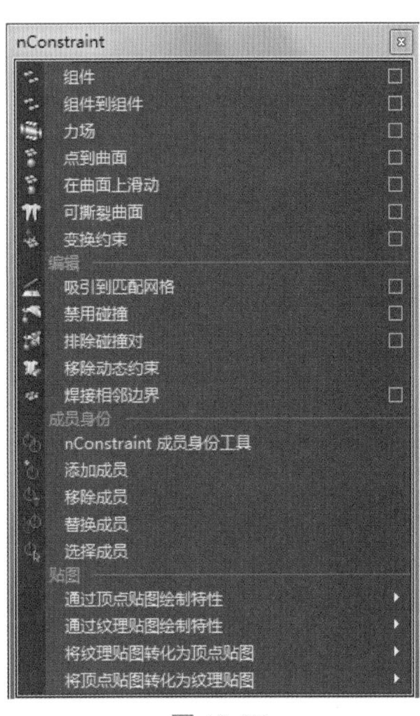

图 10-87

本章总结

通过面部绑定案例的学习，本章需要重点掌握的知识点有：

1. 如何使用 BlendShape 制作角色面部表情。
2. 表情动画制作需要掌握的口型与面部肌肉的细节。
3. 角色面部表情绑定。
4. 角色高级绑定进阶知识。

参考文献

[1] 铁钟 . Maya 2009 高手之路 [M]. 北京：清华大学出版社，2010.

[2] 完美动力 . Maya 绑定 [M]. 北京：海洋出版社，2012.

[3] 万建龙 . Maya 角色绑定火星课堂 [M]. 北京：人民邮电出版社，2012.

[4] 顾德明 . 运动解剖学图谱 [M]. 北京：人民体育出版社，2013.

[5] Autodesk Maya 2022. Maya 用户手册 [EB/OL].[2023-07-10].https://help.autodesk.com/view/MAYAUL/2023/CHS/.